被子植物の起源と初期進化

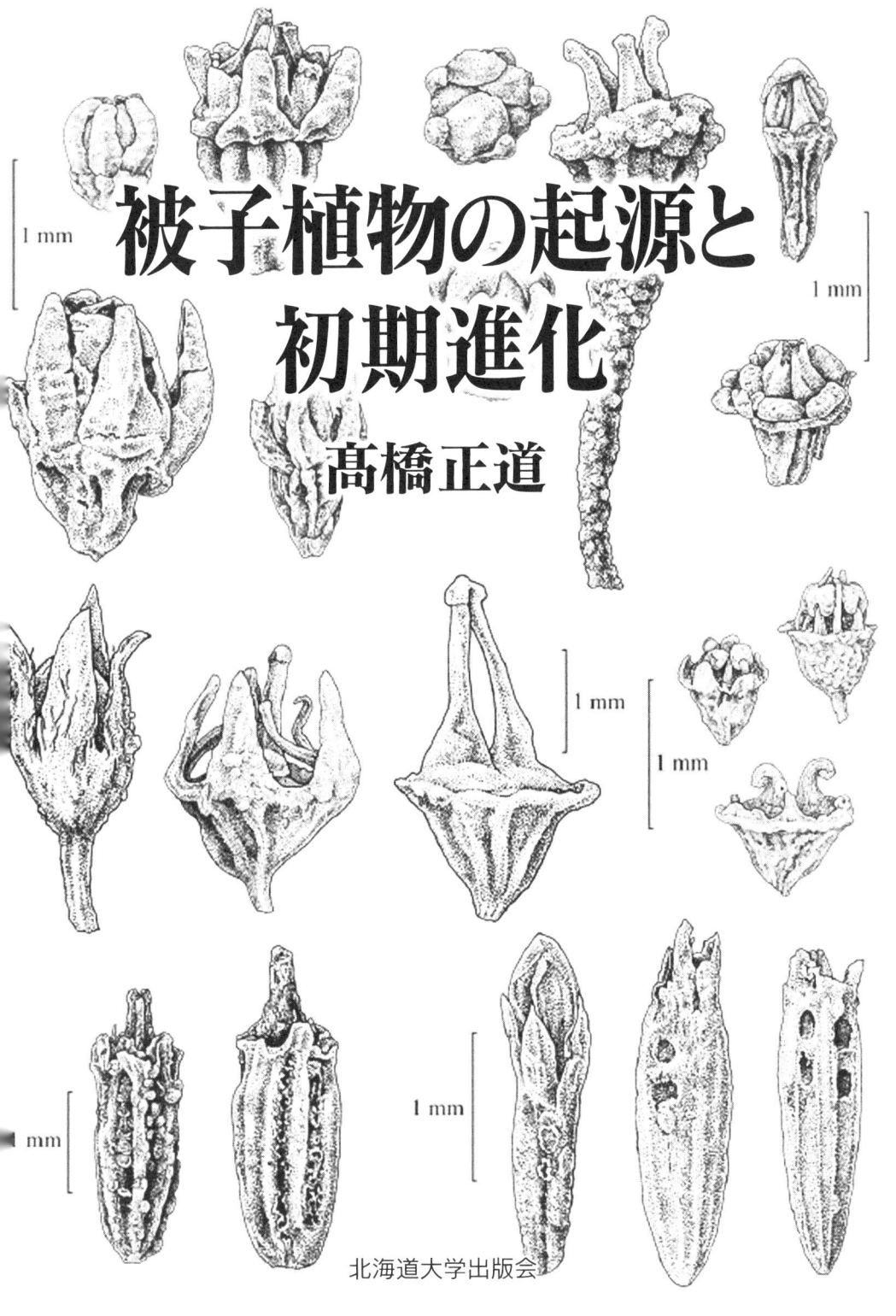

被子植物の起源と初期進化

髙橋正道

北海道大学出版会

はじめに

"The rapid development as far as we can judge of all the higher plants within recent geological times is an abominable mystery."
(Charles Darwin が 1879 年に Joseph D. Hooker へだした手紙の一文)

　かつて，自然に咲いていたオキナグサやオミナエシなどの植物の姿が日本の野山で見かけなくなってから久しい。これらの植物のように，自然のなかでささやかに咲いていた植物のなかにも，現代という時の流れのなかで消えつつある種も少なくない。

　この地球上には，多くの植物が生育している。陸上に生育している植物は，有胚植物 Embryophytes とも呼ばれており，胞子，組織によって保護された胚，表皮のクチクラ層などの陸上生活の乾燥条件に適応している特徴が見られる。地上に生育している植物には，コケ植物やシダ類のように種子をつけない植物もあれば，種子をつける植物もある。種子植物には，イチョウやアカマツのように花をつけない裸子植物と花を咲かせる被子植物が含まれている。陸上植物のなかで，最も種類数が多いのは花をつける被子植物であって，形態的にも多様性に富んでいる。

　被子植物は，バラやユリなどの庭で育てる草花や食物として人間の生活を支えているイネ・ムギ・トウモロコシ・マメ類など，身近な作物なども含まれる大きな植物群である。現在の陸上植物の種類のほぼ9割を占めており，約25万種もあるといわれている。これらの被子植物は，いつ頃から地球上に現れたのだろうか？　そして，初めの頃はどんな花を咲かせていたのだろうか？　被子植物は初期の段階でどのように進化してきたのだろうか？　実は，被子植物に関するこれらの疑問は，そう簡単に解決できるような問題ではなかった。

　「被子植物の起源と初期進化」という研究テーマは，これまでに「Abominable mystery＝忌まわしき謎」とされ，進化論で有名なダーウィンでさえ敬遠してきた。その主な理由は，植物化石のデータが少なく，被子植物の「失われた鎖」を見つけることは容易ではなかったことによるものである。ダーウィン以降，1世紀以上もの長い間，この難問の解決のために多くの植物系統学者が，現生の被子植物のなかに原始的な形質を探そうと比較形態学や植物解剖学的な研究を行なってきた。しかしながら，それらの論争の多くは「原始的な植物群は原始的形質をもっており，原始的な形質をもっている植物は原始的な植物群である」という循環論法に陥りがちであった。つい最近まで，「被子植物の起源と初期進化」は，どうにも解決できない「忌まわしき謎」として，植物学者の前に立ちはだかっている巨大な壁であった。

　ところが，研究者らは，最近，この難問に対して非常に興味深い解決の糸口を見出し，研究は新しい展開を見せてくれている。その1つは，分子遺伝学的手法による研究成果である。分子系統学的研究は，被子植物群の単系統性を強く示唆し，そのなかでアンボレラ *Amborella* が最も原始的な植物であることを明らかにし，原始的被子植物群，モクレン群，単子葉群および真正双子葉群の系統群を構成していることを解明した。これらの分子系統学的研究の成果は，現生の被子植物の系統関係を具体的に示している系統樹の完成が近づきつつあることを意味している。確かに，分子系統学的研究は系統樹という枝分かれしている線を引くことができた。しかし，この系統樹上にあった植物の具体的な姿を明らかにしてくれることはない。

　もう1つの糸口は，長い地球の歴史のなかで，かつて地上に生育していた植物の具体的な姿を再現してくれる植物化石の研究である。従来，植物化石といえば，硬い岩石の層に押し付けられた印影の状態で発見される葉の化石が主なものであり，1億年以上も前の白亜紀の地層から，花の姿がそのまま化石となって発見されることなどは誰にも想像すらされていなかった。ところが1981年，ロンドン大学のFriis博士（現在はスウェーデン自然史博物館）とSkarby博士は，スウェーデン南部の後期白亜紀の地層から，被子植物の花の化石を立体的な構造が保存されたままの状態で発見したのである。彼女らの3ページにも満たない論文が世界を驚愕させた。その後，Friis博

士やシカゴのフィールド自然史博物館のCrane博士（現在はキュー植物園）を中心とした研究者らは，白亜紀の地層から3次元的構造が良好に保存されている被子植物の花，果実や種子などの小型化石（ミーゾフォッセル型植物化石Mesofossils）を次々と発見し，被子植物始原群の解明に画期的な貢献を果たしつつあった。まさに，白亜紀に生育していた被子植物の「失われた鎖」がよみがえろうとしていた。

　花粉化石の研究から被子植物の進化過程を明らかにしようとしていた私は，十数年前にシカゴのPeter Crane博士の研究室を訪れる機会があった。笑顔で迎えてくれたCrane博士の研究室には，白亜紀の堆積岩から取りだした小型植物化石がはいっているサンプル瓶が棚一杯に並べられていた。そして，実体顕微鏡を使いながら，細かい炭化した小型化石を個々に選り分けていくという地道な作業が続けられていた。これまでに地味で目立たない研究分野と思われてきた植物化石の画期的な研究が始まっていたのである。

　私は，帰国後も，相変わらず白亜紀の被子植物の花粉化石の研究を続けていた。白亜紀の堆積岩を酸で処理して，残ったものから花粉化石を探しだすということをしていた。そんなある日，白亜紀の花粉化石の研究のために集めた堆積岩のなかに，柔らかく黒っぽい妙な堆積岩があることに気がついた。その堆積岩は小さな炭化物を含んでおり，Crane博士の研究室で見せてもらった堆積岩とまったく同じ状態であった。もしかしたらと思って，岩石を乾燥させて水にいれるとすぐに分解して泥の状態になった。細かい目のフィルターを使ってその泥を水で流してみた。泥を洗い流した後にフィルターに残った炭化物は，小さな植物化石であった。日本でも植物の小型化石の研究ができるかも知れないと思った瞬間であった。

　その後，白亜紀層の堆積地質学的研究を進めていた茨城大学の安藤寿男博士とともに，国内のいろいろな地域から白亜紀層の堆積岩をサンプリングした。北海道や東北地方で急斜面の崖を下り，増水している河川に腰まではいりながら，保存のよい小型化石が含まれていそうな地層を探した。野外調査でサンプリングする堆積岩は，1tにもおよんだことがある。研究室に持ち込んだ黒っぽい堆積岩で狭い研究室は埋め尽くされ，泥との格闘が始まった。

こんな地道な植物化石の研究から，地球上の植物の歴史の一片を明らかにすることができるかも知れない。

　この間，Crane 博士は 5 回にわたって来日し，日本の白亜紀地層から小型化石の最初の発見をするために力強い支援をしてくれた。そして，ついに日本の白亜紀地層から初めて，被子植物の花・果実・種子などの保存性のよい小型化石を福島県の双葉層群から発見したのである。被子植物の初期進化を解明するための第一歩であった。

　5 億年前は赤褐色の山肌がむきだしになっていた地球上に，どのようにして緑の陸上植物が進出し，そしてさまざまな花が豊かに咲き乱れる被子植物へと進化していったのだろうか？　本書では，陸上植物の進化の歴史をふまえて，被子植物の起源と初期進化について私を含めた最新の研究成果をもとに花粉や植物化石という視点から解き明かされつつある白亜紀における被子植物始原群の進化の過程を紹介しよう。なお現生の属で和名のあるものについては，補論 1 で付記した。参考にしていただければ幸いである。

　本書をまとめるあたりまして，貴重なご意見をいただいた多くの方々に謝意を表します。特に，Peter R. Crane, Else Marie Friis, Patrick R. Herendeen, 加藤雅啓，西田治文，出口博則，鈴木三男，植村和彦，北川尚史，戸部博，安藤寿男，松岡篤，栗田裕司の各氏からは，貴重なご教示と有意義なご批判をいただいた。厚くお礼を申し上げます。また本書に引用した図や写真の版権使用を快く許可していただいた David L. Dilcher, Thomas N. Taylor や西田治文の各氏をはじめ，植物関連の学会や出版社各社に心から感謝します。本書の刊行には，独立行政法人日本学術振興会平成 17 年度科学研究費補助金(研究成果公開促進費)の交付を受けました。記して，感謝の意を表するしだいです。

　本書の刊行にあたっては，北海道大学出版会の成田和男・杉浦具子両氏に校正などで大変お世話になりました。末筆ながら，深くお礼を申し上げます。

　　　2006 年 1 月 10 日

　　　　　　　　　　　　　　　　　　　　　　　　　　　　髙橋　正道

目　次

はじめに　i

序　論　1

1. 古地理と古環境変遷　1
2. 現生の陸上植物　5
3. 被子植物　5
   分子系統からみた現生被子植物/最も原始的な現生被子植物　アンボレラ科/原始的被子植物群/モクレン群/単子葉群/真正双子葉群/分子系統学が明らかにしたこと
4. 古植物学と花粉学　14
5. 古植物学　15
   圧縮化石と印象化石/鉱化化石/植物遺体化石/コハク/高分子化石/小型化石/白亜紀の地層から小型化石が発見された経緯/白亜紀の小型化石産地/植物の小型化石が発見できる地層の条件/堆積岩の試料採取と処理法・探索法
6. 花粉学　36
   花粉の形態/花粉外膜の構造/花粉化石が示す被子植物の進化段階/花粉化石の観察方法

第1章　陸上植物の出現　47

1. 古生代オルドビス紀〜デボン紀の地球　47
2. 陸上植物の出現　48
3. コケ植物化石　51
4. ライニー植物化石　52

5. 初期の研究　53
6. ライニー植物に関する新たな発見と新たな問題　55
7. ライニーチャートの配偶体化石　59
8. 最古の陸上植物化石 Cooksonia　60
9. 陸上植物の初期進化　62
10. 陸上植物の初期系統群　63
11. Kennrick & Crane による分類形質基準　64
12. 最古の種子化石——シダ種子植物の登場　72
13. 陸上植物の系統関係について議論は続いている　73

第2章　森林の成立と裸子植物の出現　75

1. 石炭紀の地球　75
2. 陸上植物の多様化　76
3. 石炭紀の古植生　77
4. 初期の木本性植物　78
5. 前裸子植物　80
6. シダ種子植物　81
7. コルダイテス Cordaites　83
8. ペルム紀の地球環境　84
9. ペルム紀の植生　84
10. ベネチテス Bennettitales　85
11. グロソプテリス Glossopteris　87
12. ギガントプテリス目 Gigantopteridales　89
13. ソテツ類, イチョウ類　91

第3章　裸子植物の台頭　93

1. 三畳紀〜ジュラ紀にかけての地球環境　93

2．三畳紀〜ジュラ紀にかけての古植生　94
　　3．カイトニア Caytoniales　96
　　4．球果類　98
　　5．三畳紀やジュラ紀に「被子植物」の最古の化石？　98
　　6．熱帯高地起源説　100
　　7．*Eucommiidites* の正体　100
　　8．Bruce Cornet の研究　103
　　9．*Archaefructus*　106

第 4 章　白亜紀における被子植物の出現と多様化　111

　　1．白亜紀の地球環境　111
　　2．花粉化石からみた白亜紀における被子植物の出現状況　112

第 5 章　被子植物の最古の小型化石　117

　　1．ベリアシアン期〜オーテリビアン期の古植生　117
　　2．最古の被子植物花粉化石　118
　　3．バレミアン期の古植生　120
　　4．アプチアン期に低緯度地域で始まった被子植物の多様化　120
　　5．ポルトガルの後期バレミアン期〜前期アプチアン期の被子植物の小型化石　122
　　6．原始的被子植物群の小型化石　123
　　　　Amborella 型の小型化石／Amborella 型の果実化石
　　7．原始的双子葉類の植物化石　125
　　　　センリョウ科の小型化石／センリョウ科の大型印象化石／スイレン目の花化石／スイレン目型の種子化石／クスノキ目に近縁な花の印象化石／クスノキ目に関連がある花化石
　　8．「最古の単子葉群の花化石」とされている小型化石　132

viii　目　次

　9．真正双子葉群の出現　　135
　10．系統的位置づけが困難な化石　　138
　　　　輪生する雄蕊群の小型化石/子房下位の花化石/稜形の果実化石
　11．西ポルトガルから発見された花粉化石　　143
　12．バレミアン期〜アプチアン期の植物化石群の特徴　　143

第6章　被子植物の主要始原群の分化　　145

　1．アルビアン期の古植生　　145
　2．アルビアン期の被子植物の花粉化石　　145
　3．アルビアン期の被子植物の葉化石　　146
　4．アルビアン期の被子植物の小型化石　　146
　　　　センリョウ科の雄蕊化石/ロウバイ科の花化石/モクレン綱あるいはクスノキ科型の花化石/モクレン綱型の化石
　5．ツゲ科に関連のある雌雄異花の花化石　　153
　6．スズカケノキ目の花序化石　　155
　　　　West Brother 地域の雌雄異花の花序化石/Bull Mountain 地域の雌雄異花の花序化石
　7．分類学的位置の不明な花化石　　157
　　　　子房下位の果実/子房上位の両性花/5 枚の心皮からなる単性花/5 雄蕊からなる雄性花
　8．果実化石　　160
　9．ブラジルから発見された前期白亜紀の被子植物　　161
　10．アルビアン期の植物化石群の特徴　　163

第7章　初期進化段階の被子植物　　165

　1．セノマニアン期の古植生　　165
　2．センリョウ科と推定される果実化石　　166

3．シキミ科の種子化石　　167
　　4．クスノキ科型の花化石　　169
　　5．モクレン型の雄蕊化石　　170
　　6．ユリノキ属に類似している種子化石　　171
　　7．真正双子葉群　　173
　　8．バラ群の花の印象化石　　173
　　9．セノマニアン期の植物化石群の特徴　　175

第8章　白亜紀の被子植物の台頭　　177

　　1．チューロニアン期の古植生　　177
　　2．Old Crossman Clay Pit 地層から発見された植物化石の特徴　　178
　　3．スイレン科の花化石　　179
　　4．センリョウ科の雄蕊の化石　　180
　　5．クスノキ科の花と花粉の化石　　182
　　6．モクレン型の果実と花の化石　　182
　　　　北海道から発見された果実の鉱化化石／Old Crossman Clay Pit から発見された花化石
　　7．単子葉群ホンゴウソウ科の花化石　　185
　　8．ユキノシタ目に近縁な花化石　　186
　　9．フウチョウソウ目に近縁な花化石　　187
　　10．ツツジ目に近縁な花および果実の化石　　188
　　11．フクギ科の花化石　　190
　　12．シダ植物・ウラジロ科の小型化石　　191
　　13．チューロニアン期の植物化石群の特徴　　192

第9章　日本から発見された白亜紀の被子植物　　193

　　1．コニアシアン期の古植生　　193

2．福島県広野町から発見された上北迫植物化石群　193
3．クスノキ科の花化石　194
4．ミズキ科の果実化石　195
5．シクンシ科の花化石　197
6．所属不明の花化石　198
7．福島県の双葉層群から発見されたその他の被子植物の化石　199
8．久慈層群から発見されたミズニラ目とイワヒバ目の大胞子化石　200
9．コニアシアン期の植物化石群の特徴　202

第10章　後期白亜紀に多様化した被子植物　203

1．サントニアン期〜マストリヒチアン期の古植生　203
2．地層の特徴　208
　　Scania 地層/Allon 地層/ポルトガルの地層
3．センリョウ科の花化石 *Chloranthistemon*　209
4．クスノキ科の花化石　212
5．モクレン科の種子化石　213
6．スズカケノキ科の花化石　213
7．マンサク目の花化石　216
8．マンサク目に近縁な花化石 *Archamamelis*　218
9．ユキノシタ目に近縁な花化石　219
　　世界で初めて白亜紀から発見された花の小型化石 *Scandianthus*/エスカロニア科に近縁な花化石 *Silvianthemum*
10．Normapolles 型花粉をもつ果実化石　222
11．ブナ目の花化石　226
　　Normapolles 型花粉をもつブナ目の植物化石/ジョージア州から発見されたブナ科の花化石
12．カタバミ目クノニア科の花化石　230
13．シクンシ科の花化石 *Esgueiria*　231

14. ツツジ目の植物化石　233

　　Actinocalyx/Scania から発見されたもう1つのツツジ目の花化石/マタタビ科の花の化石/ツツジ目と関連のある花化石

15. コケ植物化石　238
16. 所属不明の植物化石　238

　　3数性の花化石/複葉状の苞をつけた軸

17. サントニアン期〜マストリヒチアン期の被子植物の特徴　239

第11章　新生代の被子植物　241

1. 暁新世〜中期始新世の古植生　242
2. 中期始新世〜漸新世の古植生　245
3. 中新世〜鮮新世の古植生　247
4. 「第三紀周極要素起源説」の崩壊　249
5. 新生代第三紀の植物化石　251

　　スイレン科/モクレン目/単子葉群/真正双子葉群

6. 第四紀の植物　270
7. 新生代被子植物の特徴　271

終　論　273

1. 被子植物が起源した時期　273
2. 被子植物が起源した地域　274
3. 被子植物の「忌まわしき謎」はどこまで解明されたか？　276
4. 被子植物始原群の出現　279
5. 被子植物始原群の形質の特徴と進化傾向　280
6. 小さい花をつけていた被子植物始原群　282
7. 虫媒花と風媒花　284
8. 被子植物始原群の果実と分散様式　285

9. センリョウ科とクスノキ科の小型化石の意義　285
10. *Esgueiria* が物語ること　286
11. 真正双子葉群の出現の時期　287
12. 被子植物の起源と初期進化　289

補論 1　種子植物の化石資料　293

1. 裸子植物群 Gymnosperms　294
   イチョウ目/球果目/グネツム目
2. 原始的被子植物群（ANITA 群）　296
   アウストロベイレヤ目/マツモ目
3. モクレン群 Magnoliids　302
   カネラ目/クスノキ目/モクレン目/コショウ目
4. 単子葉群 Monocots　312
   セキショウ目/オモダカ目/キジカクシ目/ヤマノイモ目/ユリ目/タコノキ目
5. ツユクサ群 Commelinids　322
   ヤシ目/ツユクサ目/イネ目/ショウガ目
6. 真正双子葉群 Eudicots　330
   ヤマモガシ目/キンポウゲ目
7. 真正双子葉基幹群 Core Eudicots　342
   グンネラ目/ナデシコ目/ビャクダン目/ユキノシタ目
8. バラ群 Rosids　352
   クロッソソマ目/フウロウソウ目/フトモモ目
9. 真正バラ綱 I 群 Eurosids I　357
   ニシキギ目/ウリ目/マメ目/ブナ目/キントラノオ目/カタバミ目/バラ目
10. 真正バラ綱 II 群 Eurosids II　379
    アブラナ目/アオイ目/ムクロジ目

11. キク群 Asterids　387
　　ミズキ目/ツツジ目
12. 真正キク綱 I 群 Euasterids I　396
　　ガリア目/リンドウ目/シソ目/ナス目
13. 真正キク綱 II 群 Euasterids II　403
　　セリ目/モチノキ目/キク目/マツムシソウ目

補論 2　被子植物の分類体系　409

　原始的被子植物群（ANITA 群）　409
　Magnoliids モクレン群　409
　Monocots 単子葉群　410
　Commelinids ツユクサ群　413
　Eudicots 真正双子葉群　414
　Core Eudicots 真正双子葉基幹群　415
　Rosids バラ群　417
　Eurosids I 真正バラ綱 I 群　419
　Eurosids II 真正バラ綱 II 群　422
　Asterids キク群　424
　Euasterids I 真正キク綱 I 群　425
　Euasterids II 真正キク綱 II 群　427

資料 1　地質年代表　429
資料 2　白亜紀の小型化石の産出場所と年代　430
文　献　433

図版の版権使用許可に関する謝辞　489
おわりに　491
索　引　495

序　論

　46億年といわれている地球の歴史の長さを理解するために，100年を1 mmとする年表をつくってみよう。46億年は46 kmに相当し，マラソンレースよりも長い距離となる。この年表ではエジプト文明が発祥してからの5000年はわずかに5 cmにすぎない。マンモスがいたウルム氷河期は10〜70 cm前の長さに相当し，現生人類ヒト *Homo sapiens* の化石が発見されたのはゴールへ残り2 m (20万年前) のところである (McDougall *et al*., 2005)。メタセコイヤの化石が発見されたのは，10〜50 m手前のところであった。この本のなかで主にとりあげる陸上植物は，はるかに古い時代の4.7 km (4億7000万年前) 以降に出現し，被子植物は1.32 km (1億3200万年前) の前期白亜紀に出現している。

1.　古地理と古環境変遷

　46億年前，微惑星の衝突・合体によって誕生した原始地球は，1000°C以上のマグマの海に覆われ，原始大気は，主に水蒸気と二酸化炭素から成り立っていた。地表表面の温度が徐々に下がるにともない，水蒸気は強い酸性雨となってふりそそぎ，地球全体を覆うような原始海洋となった。原始海洋の水温は80〜100°Cと高く，pHは6.0と低かったと推定されている。大気中の二酸化炭素は海水中に溶け込み，年代とともに減少していった。大気中に酸素が増え始めたのは23〜19億年前頃と考えられている (Cloud, 1968, 1972, 1976)。

　5億4200万年前に始まるカンブリア紀以降も，地球の環境は現在のよう

な状態が続いていたわけではなかった。地球全体が温暖であった時期と寒冷な時期が何回も繰り返されてきたと推定されている(Scotese, 2001；図0-1)。大陸の状態や気温および大気にもかなりの変化があったと考えられている。5億年前の大気中には0.4～0.5％の二酸化炭素が含まれていたが，石炭紀～ペルム紀にかけてしだいに減少して現在の地球の大気とほぼ同じ0.03％くらいまでに一時的に下がっている。逆に酸素は35％までに増加していた

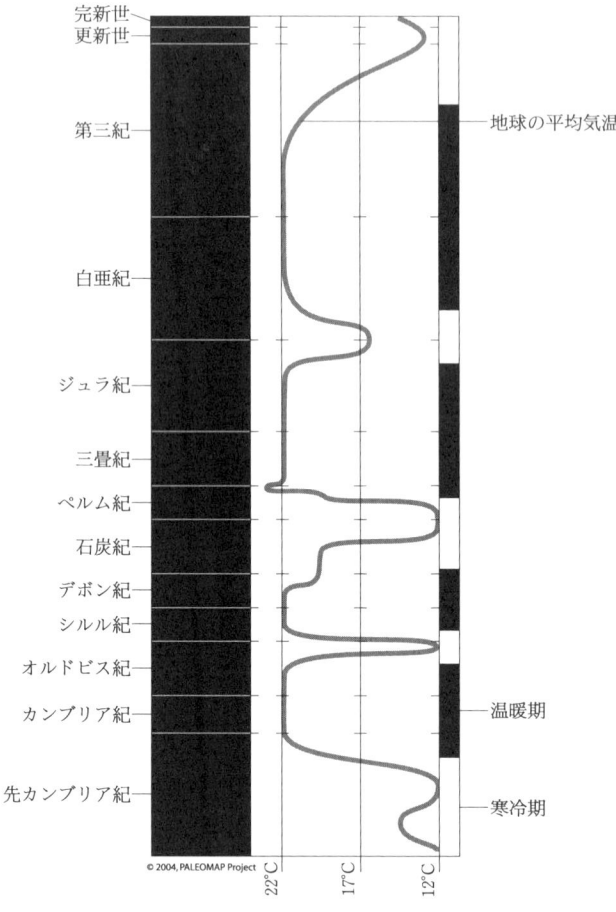

図 0-1　先カンブリア紀～現代にいたる地球の平均気温の変化 (Scotese, 2001；©Paleomap)

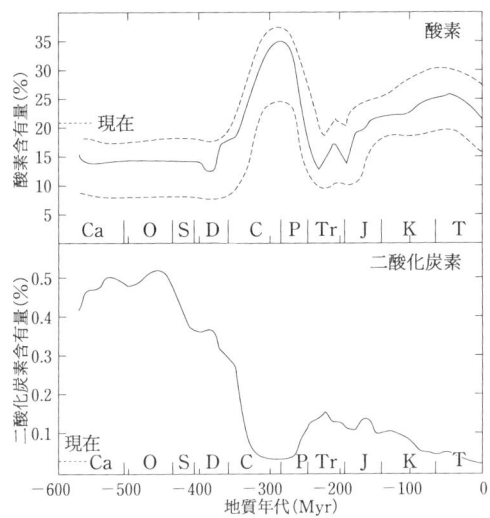

図 0-2 6億年前からの酸素と炭酸ガスの含有量の変化 (Graham *et al.*, 1995；©Nature)
Ca：カンブリア紀，O：オルドビス紀，S：シルル紀，D：デボン紀，C：石炭紀，P：ペルム紀，Tr.：三畳紀，J：ジュラ紀，K：白亜紀，T：新生代

と推定されている(Graham *et al.*, 1995；図0-2)。後期石炭紀には，赤道沿いに巨大な熱帯性湿原森林地帯が出現した。ペルム紀にはいると，超大陸パンゲアが完成してくる。ペルム紀末には，地球は超温室効果によって，二酸化炭素の含有量が増加し，酸素の含有量が減少し，地球の歴史上で最大の大量絶滅があったと推定されている。三畳紀にはいると，パンゲア超大陸の東側にはテーチス海と呼ばれる巨大な湾ができ，海辺沿いの気候は穏やかで，河岸沿いには森林が繁茂していた。前期ジュラ紀にパンゲア大陸のローラシアに相当する地域での分離が開始し，大西洋の形成が始まった。さらにパンゲア大陸は北東方向と西側地域と南側の3方向に囲まれたテーチス海が広がってきた。後期ジュラ紀までには北側のローラシア大陸(北アメリカとユーラシア)と南側のゴンドワナ大陸(南アメリカ，アフリカ，アラビア，インド，マダガスカル，南極大陸，オーストラリア)に分離した。このために古赤道付近のテーチス海では海流ができるようになった。前期白亜紀にはゴンドワナの南側で南アメリカと南アフリカが分離を始め，後期白亜紀では完

4　序　論

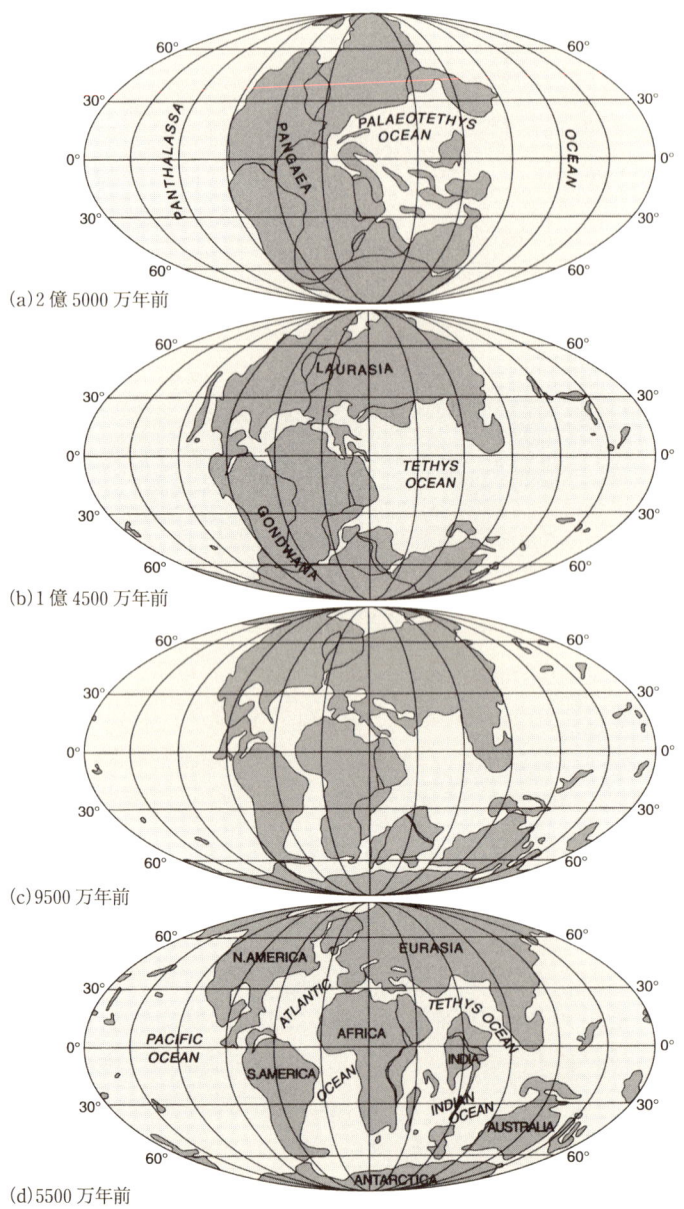

(a) 2 億 5000 万年前

(b) 1 億 4500 万年前

(c) 9500 万年前

(d) 5500 万年前

図 0-3　地球のプレート移動にともなう大陸の変化 (Skelton, 2003；©Open Univ.)

全に分離し，大西洋ができた。新生代にはいると，インドプレートが北上を開始した(Skelton et al., 2003；図0-3)。

2. 現生の陸上植物

現在，地球上には多様な陸上植物で満ち溢れている。なかでも，花をつける植物である被子植物は，25万種にもおよんでいる(Heywood, 1978)。植物界は，地球環境の生態系を構築している重要な要素の1つである。これらの陸上植物の進化と多様性に関する最近の研究は，革新的に発展することで著しい変貌をとげつつあり，新しい世界が切り開かれようとしている。

現生の陸上植物には，コケ植物(蘚類，苔類，ツノゴケ類)，トクサ類，ヒカゲノカズラ類，シダ類および種子植物(裸子植物，被子植物)が含まれている。これらのなかで維管束をもたない植物はコケ植物に限られている。コケ植物は維管束をもたないからといって水の通道組織がまったく欠けているということではない。コケ植物の通道組織には，仮道管や道管に見られる細胞壁に二次肥厚がないということである。コケ植物の本体は配偶体であり，造卵器や造精器をつけている。トクサ類は，後期デボン紀に出現した植物である。現生のトクサ類のなかには5mにも達する大型のものがある。ヒカゲノカズラ類は，前期デボン紀以降に出現し，二叉分枝をしており小葉をつけている。一方，シダ類は大葉をもち，約1万1000種が世界に分布している。裸子植物と被子植物をあわせて顕花植物と呼ぶことがあり，どちらも花をつける植物と誤解されることがある。しかし，裸子植物は種子が心皮によって被われることがなく，花をつけることはない。

3. 被子植物

被子植物は，植物界のなかで，最も進化した群であり，陸上植物の9割を占めている。このように被子植物群は，現代の地球の生態系を構成する主要な要素であり，重要な機能を果たしている。極めて多様で，高さ100mも

あるユーカリの木から，1 mm にも満たないウキクサまで大きさや形態もさまざまである。その生育環境も多様で熱帯に生育する着生ランもあれば，乾燥地域に適応したサボテンのような植物もある(Heywood, 1978)。

　被子植物の特徴は，いわゆる「花」をつけていることである(図 0-4)。それでは，「花」とは，いったい何なのだろうか。花のなかで最も目立つのは花弁である。では，花弁をもっている植物だけが，被子植物であろうか？確かに，花には，雌蕊，雄蕊，花弁，萼片があり，花托のところで1つにまとまっている。でも，カバノキやイネのように花弁のない花もある。それでは，裸子植物であるマツやソテツも花をつけていそうなもので，たとえば，ソテツの花とか，松の実といった表現もされることがある。しかし，正確にいえば，被子植物と裸子植物とを区別する花の基本的特徴は，(1)心皮が胚珠を包んでいること，(2)花柱を花粉管が通ること，(3)重複受精であること，(4)配偶体世代が短いことなどである。この意味で「花」をもつことは，被子植物のみの特徴である。裸子植物は種子をつけるが，花を咲かせることもなけ

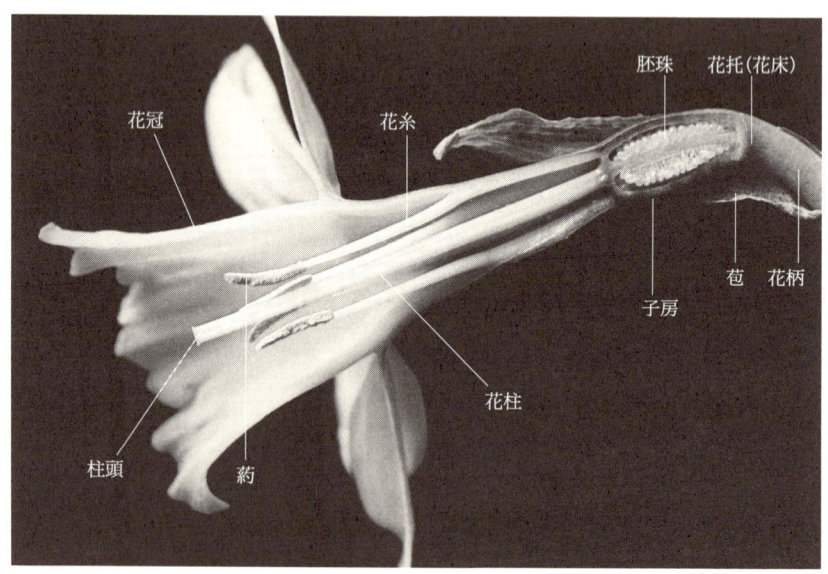

図 0-4　被子植物の花の構造図 (©亘理俊次，改変)

れば，果実をつけることもないのである。

　ところで，最近，被子植物の重複受精について，興味深い話題がある(Friedman & Williams, 2004)．一般の被子植物の胚嚢が8細胞性(1卵細胞，2助細胞，2極細胞，3反足細胞)であるのに対して，スイレン目やアウストロベイレヤ目などの原始的な被子植物では4細胞性の胚嚢(1卵細胞，2助細胞，1極細胞)がつくられ，重複受精後は，2nの受精卵と2nの胚乳がつくられているというのである(Friedman & Williams, 2004)．Friedman & Williams(2004)は，4細胞性の胚嚢から8細胞性の胚嚢への進化傾向を仮説として提唱しているが，最も原始的な被子植物とされるアンボレラの胚嚢は例外的に7細胞8核性と報告されている(Tobe *et al.*, 2000)*．今後，アンボレラの胚乳の核相を確認する必要がある．被子植物の進化のプロセスのなかで重複受精のやり方も変わってきている可能性がある．

3.1　分子系統からみた現生被子植物

　分子系統的解析の手法によって現生の被子植物は，そのなかに主要な単系統群が認識されるようになった．図0-5は，被子植物系統解析グループ(APG II, 2003)によって，解析された被子植物の分子系統樹である．原始的被子植物群，モクレン群，単子葉群および真正双子葉群という系統関係が構築されている．分子系統学的に，原始的被子植物群はアンボレラ科，センリョウ科，スイレン科，アウストロベイレヤ目，マツモ目から構成され，被子植物のなかで最も原始的な植物群に位置している．

　次に単溝粒型花粉で特徴づけられるモクレン群と単子葉群が姉妹群を構成し，さらに，三溝粒型花粉およびその派生型花粉で特徴づけられる真正双子葉群という大きな分類群が分岐したことが示唆されている．現生の全被子植物のなかで，原始的被子植物群とモクレン群はたったの3%を占めているのに対し，単子葉群は22%であり，最も大きな群は75%を占める真正双子葉群である(Crane, 1989a；Drinnan *et al.*, 1994)．

---

* これ以降の研究は，Friedman (2006, Nature 441：337-340)，Tobe *et al.* (2007, J. Plant Res. 120：431-436)を参照．

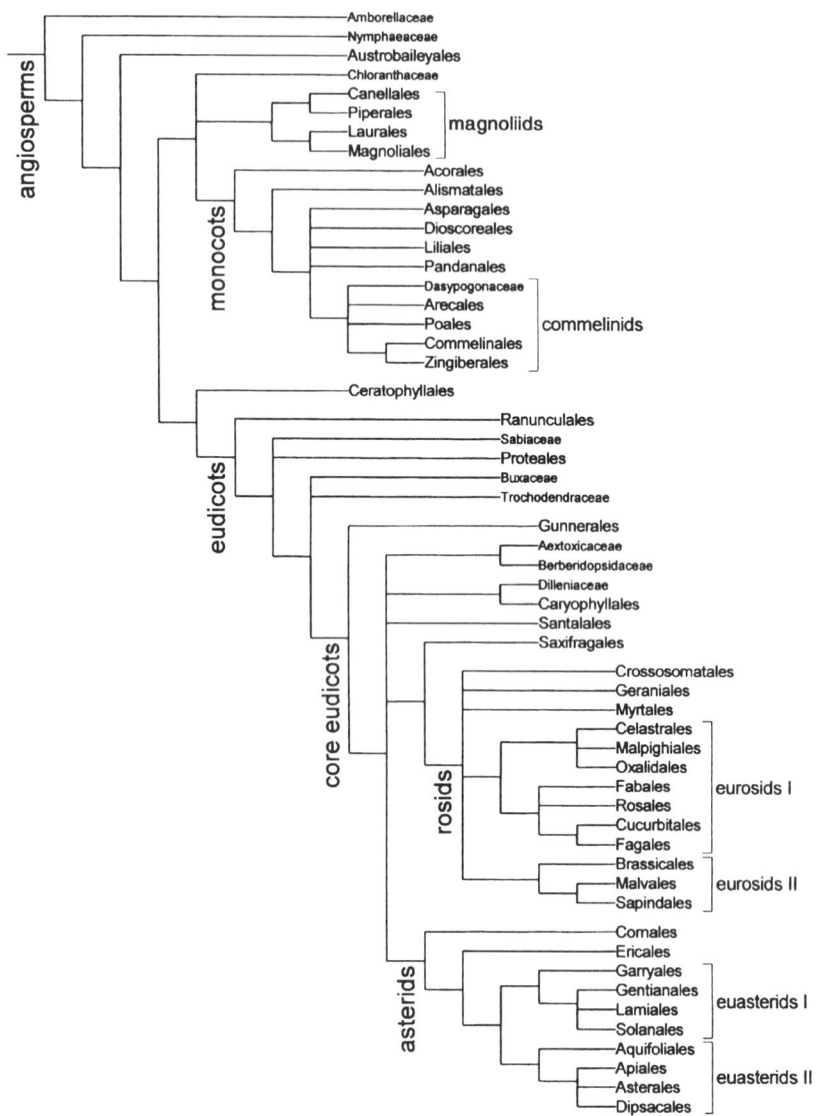

図 0-5 被子植物の系統分岐図（APG II, 2003；©Blackwell Pub.）

3.2 最も原始的な現生被子植物 アンボレラ科 Amborellaceae

分子系統学によって明らかにされた現生被子植物のなかで最も原始的な植物は、ニューカレドニアに 1 種だけが知られている *Amborella* である (Endress & Igersheim, 2000；図 0-6a〜d)。この植物は、総状花序または円錐花序で、花は小さく、各器官はすべてラセン状配置である。花の基部は浅い杯状型で、開花するときに不規則な裂片に分かれて広がり、花の内側器官が平面状に現れる。花は機能的には単性花であるが、構造的には両性花である。雌花には、雌蕊の内側に 1〜2 本の仮雄蕊がある。雌花の各構成器官の数は、雄花に比べて少なく、小さい。雄花は、9〜11 枚の花被片、12〜21 本の雄蕊があるのに対して、雌花では 7〜8 枚の花被片、1〜2 本の仮雄蕊、5 枚の心皮がある。雄蕊には短い花糸、膨らんでいる三角形で内向きの葯がある。葯は縦裂開で、小さな葯隔がある。仮雄蕊もほぼ同じような形態をしているが、

図 0-6　*Amborella trichopoda* Baill.
(a)雄花，(b)果実，(c)雌花，(d)両性花 (Endress & Igersheim, 2000；ⓒUniv. Chicago Press)

10　序論

薬隔が欠けている。心皮は嚢状または短い有柄である。頭状の柱頭があり，その上に多細胞性の突起がある(Endress & Igersheim, 2000；図 0-7a, b)。

Amborella の花粉は，扁平形〜球形で単口型である。口の周囲には淵がない。外膜は，粒状突起の外層状の層と，平滑な脚層と薄い非ラメラ状の内層からできている。外表層は，曲折した波状している層からできており，ほとんどの被子植物の花粉には外表層を支える柱状体があるが，*Amborella* では柱状体が欠けているという特異的な花粉外膜の構造を示している(Hesse, 2001；図 0-8a, b)。

図 0-7　*Amborella trichopoda* Baill. (Endress & Igersheim, 2000；©Univ. Chicago Press)
　(a)雄花。スケール=1 mm，(b)両性花。スケール=0.5 mm

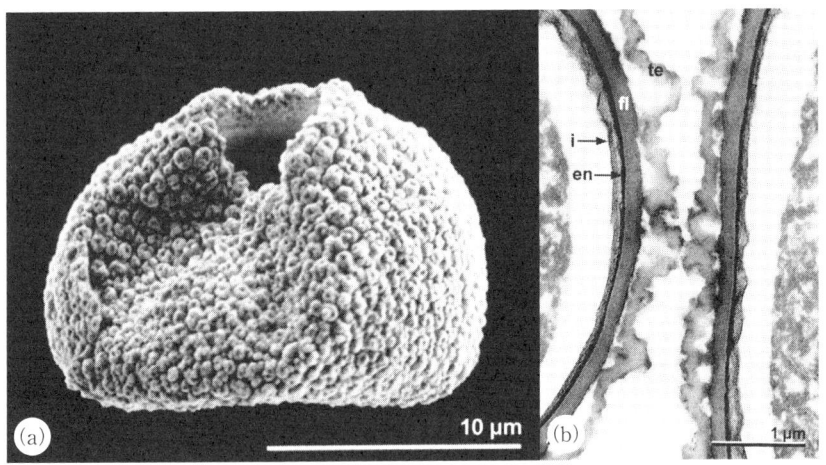

図 0-8 *Amborella trichopoda* Baill. 花粉（Hesse, 2001；©Univ. Chicago Press）。(a)単溝粒型花粉。1個の発芽溝をもっている。スケール＝10 μm，(b)花粉外膜の断面。te：波状しているテクタム，en：内層，i：内膜，スケール＝1 μm

なお，*Amborella* が，現生の被子植物のなかで最も原始的な群であるとする見解については異論もあり，さらに議論が進んでいる（Barkman *et al.*, 2000；Goremykin *et al.*, 2003；Soltis & Soltis, 2004）。

3.3 原始的被子植物群

原始的被子植物群* とは，アンボレラ科 Amborellaceae，センリョウ科 Chloranthaceae，スイレン科 Nymphaeaceae，アウストロベイレヤ科 Austrobaileyaceae，マツブサ科 Schisandraceae，トリメニア科 Trimeniaceae およびマツモ科 Ceratophyllaceae によって構成される最も原始的な偽系統群である（APG II, 2003）。これらの群の花粉は基本的には単溝粒型花粉で花粉外膜の層構造に柱状体を欠いて特異的な構造をしているものが見られるが，マツブサ科（シキミ科も含む）の花粉は三溝粒型花粉と記載されている場合もある。確かに，シキミ科の花粉には3本の発芽溝があるが，これらの発芽溝は1つの極側で結合しており，いわゆる三叉状溝粒型であり，単溝粒型花粉からの派生型である。シキミ科の花粉の柱状体もその形

---

* 最近，Hydatellaceae が，原始的被子植物群に加わった（Friis & Crane, 2007. Nature 446：269-270；Saare *et al.*, 2007. Nature 446：312-315）。

成過程からはテクタムの一部とみなされ，被子植物の一般的な柱状体とは異なっていると考えられている(Takahashi, 1994)。センリョウ科には属間で異なる単溝粒型花粉と多溝粒型花粉の両方がある。マツモ科の花粉は無口型花粉で，薄い花粉外膜で被われている(Takahashi, 1995)。

3.4　モクレン群 Magnoliids

モクレン群は，カネラ目，クスノキ目，モクレン目，コショウ目から構成される単系統群である。花粉は，単溝粒型とその派生型である。従来から，原始的な被子植物群といわれている基幹的な群である。

3.5　単子葉群 Monocots

モクレン群と姉妹群を構成している単子葉群は，APG(1998)では真正モクレン群のなかにいれられていたが，APGの2版(2003)では，モクレン群と独立した系統群として扱われている(図0-5)。いずれも単子葉群が単系統群であることに変わりがないが，単子葉群内部の系統関係については相当の修正が行なわれている(APG II, 2003)。従来，サトイモ科に含められていたセキショウ属が，原始的な単子葉群とする独立した目が設定されている。単子葉群は，サクライソウ科，セキショウ目，オモダカ目，キジカクシ目，ヤマノイモ目，ユリ目，タコノキ目，ヤシ目，ツユクサ目，イネ目，ショウガ目から構成され(APG II, 2003)，全被子植物の22%を占めている(Crane, 1989a；Drinnan et al., 1994)。

3.6　真正双子葉群 Eudicots

真正双子葉群は，現生被子植物のすべての種の75%近くに相当する約17万5000種から構成されている。花粉が3数性または3数性派生型の発芽口をもっていることで特徴づけられる。真正双子葉群は，多くの系統解析において単系統群であることが証明されている。真正双子葉群の樹幹部にツゲ科，アワブキ科，ヤマグルマ科，キンポウゲ目があり，そして，グンネラ目，ナデシコ目，ビャクダン目，ユキノシタ目，バラ群と続き，さらにキク群へと

系統分化してきたことが明らかにされている(APG II, 2003)。

3.7 分子系統学が明らかにしたこと

これらの分子系統学的研究によって明らかにされた現生被子植物の系統関係は，モクレン説として広く受け入れられていた従来の分類体系とはいくつかの点で異なり，新しい知見が含まれている。1つは，単溝粒型花粉を基本型にしている原始的被子植物群と三溝粒型花粉である真正双子葉群という進化段階の異なる分類群があることを明らかにした。これまでに，スイレン科のなかで例外的に三溝粒型花粉をもつとされてきたハス属が系統的には真正双子葉群に含まれていることなど，花粉形質が系統的に重要な意味をもっていることを明らかにした。これまでは被子植物は双子葉群と単子葉群の2系統群が認識されてきたが，分子系統学的研究が明らかにしたのは，原始的被子植物にはアンボレラ科，スイレン科，アウストロベイレヤ目，マツモ科，センリョウ科があり，センリョウ科とモクレン群と単子葉群が姉妹群を構成していることである。これまでのモクレン説によれば，最も原始的な花は大型の両性花であり，多くの花被片，雄蕊や心皮が長い花托にラセン状についているモクレン型の花とみなされてきており，多くの植物形態学や植物解剖学の研究もモクレン説を支持してきた。ところが，先に述べたように，分子系統学的研究は，現生の被子植物のなかで，最も原始的な植物は小型の雌雄異花をつけるアンボレラであるという結論を導きだした(Chase *et al.*, 1993；APG II, 2003)。これらの分子系統学的研究は，現生植物の系統関係という分岐パターンを明らかにすることができた。しかし，これらの系統上にあった植物の姿を具体的に明らかにしてくれることはなかった。

これらの陸上植物の進化と系統関係を具体的に地質年代にそって解明していくには，古植物学や花粉学からのアプローチが有力な手段となる。ところが，従来，植物化石は，ほとんどが葉の印象化石であり，白亜紀の被子植物の花と果実の化石は，わずかの印象化石と鉱化化石として発見されていたにすぎず，まさに暗黒の「忌まわしき謎」の闇の世界が広がっていた。印象化石からの花の情報量は少なく，被子植物の進化のプロセスを探ることは容易

なことではなかった。

ところが，次章から詳しく述べるように，白亜紀の地層から小型化石が発見されることによって，暗黒の「忌まわしき謎」の闇の世界に新しい光が灯されることとなった。次節以降で，方法論，花粉化石による研究成果を紹介する。

4. 古植物学と花粉学

46億年という地球の長い歴史のなかで，生物は新たな種の誕生と絶滅をともないながら，進化し続け，多様性を拡大させてきた。これらの生物の進化過程は，地球環境の変化に影響を受けてきたが，一方において，生物の多様化のプロセスは地球環境の変遷に強い影響を与えてきた。特に，陸上植物の出現が地球環境に与えてきた影響は計り知れない。赤褐色の岩石がむきだしであった陸地を覆い始めた陸上植物は，豊富な土壌を創出し，大気の組成および湿度や気温にも強い影響を与えてきた。陸上植物がどのような進化の道筋をたどり，そのなかから花をつける植物である被子植物が出現し，いかに多様化してきたかを解明することは，地球環境の変遷を解明するためにも重要なことである。このための直接的な証拠を提供することができるのは，古植物学と花粉学である。地球環境の変遷と植物の進化の歴史を明らかにするために，古植物学と花粉学は，過去の地質年代の堆積岩のなかに残された植物化石や花粉化石から植物の進化過程や地理的分布の変遷を解明しようとしてきた。

古植物学は，地質年代に従ってほぼ堆積して地層に残された植物化石に基づいて，過去の具体的な植物学的証拠を提供できる唯一の分野である。植物化石が初期進化の解明や古環境の変遷の推定に重要な手がかりとなることは，これまでに広く認められてきている。植物化石の発見によって，それぞれの分類群がいつ頃の地質年代に出現したのかを推定することもできるし，すでに絶滅した過去の植物の形態や構造が明らかにされることもある (Stewart & Rothwell, 1993；Taylor & Tayler, 1993)。

花粉学は，花粉や胞子の表面模様や発芽口の構造などに見られる多様な微細形質に注目して研究する分野であり，生態学や地質学と深いかかわりがある。花粉や胞子の外膜は，熱にも強く分解されにくいスポロポレニンと呼ばれる高分子物質で構成されており，数億年前の地層のなかにも残っている。そのために，地層の層順に従って採取した堆積岩から得られた花粉化石を分類することで定量的解析ができ，古植生の変遷過程を復元することができる。この特性を利用して花粉学はこれまでにも，分類群の類縁関係や古気候の変遷過程の解明に役立ってきた(Erdtman, 1971；Traverse, 1988；Faegri & Iversen, 1989)。

　一方，植物分類学は植物の多様性の解析や系統樹の構築および進化過程の解明をめざしている。最近，現生植物の遺伝子の系統解析によって，現生植物群の系統関係が数値化された信頼度に基づいて議論できるようになった。これらの分子系統学的研究によって，現生の被子植物の系統関係に関する議論は収束する方向に動いている。現生の植物を扱っている植物分類学も植物の系統関係を解明するという点で長い地質年代を念頭においており，植物化石を研究する古植物学や花粉学と密接な関連をもっている。

5．古植物学

　地球の歴史のなかで，植物がいつ頃，陸上に現れて，地球環境の変遷過程にどのようにかかわってきたかを明らかにする手がかりを植物化石に求めることができる。植物化石には，印象化石，圧縮化石，鉱化化石，植物遺体化石，コハク，DNA化石，小型化石，花粉などの微化石のように保存状態や大きさの違いによっていろいろなタイプの化石がある。従来は，硬い骨格系を有する動物に比べて，柔らかい植物が化石としては残りにくいと考えられてきた。ところが，堆積環境の条件さえそろえば，立体的な構造が保持されている植物化石も発見されることがわかってきた。化石のタイプが異なる植物化石によって，処理法や研究のやり方も異なっている。以下に，タイプ別にその特徴を概説する。

5.1　圧縮化石と印象化石

　堆積岩は，地表で風化と侵食によって細かくなった岩石の粒子が堆積することによってできる。しかし，堆積作用が続くことによって，新しい地層が次々と上に重なり，温度や圧力が高くなることもある。堆積物が，その後に受けるいろいろな変化である続成作用によって，しだいに固結し，硬化して堆積岩となる。堆積作用にともない，植物のいろいろな部分が化石として保存される。堆積岩が重なるに従って，粒子の間隔がつまってきて，水がしぼりだされ，さらに圧縮される。そして，なかに含まれている植物体が圧縮され，炭素の薄い膜になって残ることがある。このタイプの植物化石が，圧縮化石である。圧縮化石は，干潟や中洲，湖沼などであった場所からも発見できる。なかには，火山灰が降り積もったところからも発見されることがある。葉の化石は，最も普通に見られる圧縮化石の1つである(図 0-9)。これらの化石を発見するためには，ハンマーで剝離面にそって叩き割ればよい。植物本体が炭化した状態で黒くなって発見される。印象化石は，ハンマーで露出された剝離面の岩石に植物が押し付けられた痕となる面である。印象化石には，葉の形状や葉脈がよく残っているが，組織は残っていない。ほとんどの

　　　図 0-9　圧縮化石(シダ植物の葉，北海道の後期白亜紀層から発見)

植物化石は，第三紀以降の地層から発見される葉の圧縮化石が中心であり，被子植物の初期進化を考えるうえで重要な花や果実などが圧縮化石として白亜紀の地層から発見されることは極めて珍しいことであった。圧縮化石の特徴は，全体的な形状と表面の特徴が残っていることである。圧縮化石に残っているクチクラ層によって，気孔や表皮細胞の形態が明らかにされることもある。Doran(1980)は，デボン紀の凝灰岩から，圧縮化石を細い針を使って分離することに成功している。Dilcher & Crane(1984)による *Archaeanthus* や，Crane & Dilcher(1984)の *Lesqueria* などは，白亜紀から被子植物の花の圧縮化石が発見された貴重な例である。

5.2 鉱化化石

鉱化化石とは，水溶性の鉱物が植物体に浸透して置換され，組織構造がそのままに保存されている状態の化石である(図0-10)。このタイプの化石は，薄片法といって，鉱化化石を磨くことによって，薄片化した切片を光学顕微鏡にて観察することで組織内部の構造を明確にすることができる。さらに，表面を平らに研磨した化石を薄い酸で腐食させ，その凹凸からアセテートセ

図 0-10　鉱化化石 *Araucarioxylon arizonicum* Knowlton (©井上浩芳)。ナンヨウスギ科。高さ 45〜60 m，直径 1 m 20 cm〜1 m 50 cm に達する高木が化石となって残っている。アメリカ合衆国アリゾナ州・化石の森国立公園。後期三畳紀(2億2500万年前)

ルロース薄膜で型取りするピール法によって，植物化石の内部の組織構造を解明することもできる。日本では，北海道の白亜紀の地層から発見された鉱化化石が組織学的に研究され，モクレン型の果実化石であることが明らかにされた例（Nishida, 1985）や，能登半島の中新世の地層から現在の日本では絶滅したスイセイジュ属の材化石の発見（Suzuki *et al.*, 1991）などの貴重な研究がある。

5.3 植物遺体化石

植物遺体化石とは，地質年代的には比較的新しい第三紀鮮新世や第四紀更新世の柔らかい粘土層のなかから，種子や果実が立体的構造を保存したままの状態で単離されるタイプのものである。柔らかい堆積岩をアルカリ処理で泥化することによって，そのなかに含まれている保存性のよい状態で取りだされるのが植物遺体化石である。植物遺体化石という呼び方には新しい地質年代の地層に含まれているのでまだ化石になっていないという意味が込められている。Miki（1941）による有名なメタセコイヤの研究はこの植物遺体化石に基づいて行なわれたものである（図0-11）。また，千葉県にある平安時代の上総国分尼寺遺跡（9世紀前半）から，クリ，スモモ，ウメ，モモなどの数多くの植物遺体化石が発見されており，これらの植物化石によって，当時の人々の生活の一端が明らかにされることもある（南木・辻，1996）。

図 0-11　植物遺体化石メタセコイヤ（Miki, 1941；©益富地学会館）。スケール＝1 cm

5.4 コハク

松脂などの樹脂が化石になったものはコハク(琥珀)と呼ばれている(図0-12)。バルト海沿岸で見つかるコハクには昆虫や花の化石が含まれていることがある。コハクに含まれている花化石は、鋳型状に保存されており、ほとんどの組織は残っておらず、解剖学的な詳しい情報が得られることは少ない。

5.5 高分子化石

最近,化石のなかに含まれるDNAを用いて植物の進化を解明しようとする試みが行なわれている。1700万年〜2000万年前(中新世)の湖沼由来堆積層からモクレン属植物や裸子植物である *Taxodium* のDNA化石が発見されたという報告がある(Golenberg *et al*., 1990；Golenberg, 1991；Soltis *et al*., 1992)。さらに,プエルトリコの3500万年前の地層からのマメ科の *Hymenaea* のDNA化石が注目されたこともあった(Poinar *et al*.,1993)。

DNA化石は,乾燥標本,炭化した種子,無酸素状態で保存された化石,コハクなどからの抽出が可能であるといわれている。ただし,これらのDNA化石は10万年前くらいまでしか塩基配列が残ってなく(Bada *et al*., 1999),それより以前の報告については,現生生物からの混入の可能性も否定できていない。今後のDNA化石研究の詳しい検証が必要である。

ところで,注目されているもう1つの高分子物質にネオテルペン系のオレ

図 0-12　コハク。バルト沿岸産

アナンがある(Moldowan *et al*., 1994)。オレアナンは，石油の根源物質としても知られており，被子植物が昆虫や菌類の侵略を防ぐために生産している物質であり，白亜紀から新生代の地層にかけて出現している。この高分子物質の出現は，被子植物の存在を意味していると考えられてきた。そんななかで，2億5000万年前のGigantopteridalesを含むペルム紀の地層からオレアナンが発見され，被子植物の起源がペルム紀までにさかのぼる可能性が示唆されている(Moldowan *et al*., 2001)。

5.6 小型化石

白亜紀の地層から発見されるミーゾフォッセルMesofossilsと呼ばれている被子植物の花や果実の新しいタイプの植物化石は，直訳すれば中型化石である。しかし，「中型化石」という名前は，0.5〜2.0 mmくらいの大きさを表現する日本語の用語としてなじみにくいので，炭化化石とか，Mesofossilsなどと呼称されていることが多い。ただし，Mesofossilsのすべてが炭化した状態ではなく，なかにはリグニン化した状態で保存されている場合もあり，石炭と混同される「炭化化石」という用語は必ずしも化石の状態を正確に表していない。ここでは，Mesofossilsの，より適切な用語として「小型化石」と呼ぶことにする。小型化石は，3次元的な形態を保持しており，単離されるという特徴をもっている(図0-13)。

堆積作用が続くと，地層が次々に上に重なってくるので，古い時期に生じた堆積物は地下の深いところにはいることになる。そこで，温度や圧力がかなり高い値に達することもある。その結果，堆積物は，その堆積した後にいろいろな続成作用を受けることになる。一般的には植物体も堆積した後の長い地質年代の間に高圧や高温が加わることで炭化した石炭の状態になる。ところが，「小型化石」である被子植物の花や果実の炭化化石は，堆積作用による高圧や高温の影響で形成された石炭とは異なり，堆積する前にすでに炭化したものが河川の氾濫原に泥炭として堆積したものである(図0-13)。なかには，乾燥した花などがリグニン化した状態で堆積岩のなかに良好に保存されている場合もある。小型化石は堆積した後，地層の褶曲や火山による地

図 0-13 小型化石（Takahashi *et al.*, 2002）。福島県広野町産のミズキ科の新属化石 *Hironoia fusiformis* Takahashi *et al.*

殻変動などによる続成作用の影響を受けないで保存されたものである。このために花や果実の立体的な形態学的構造や微細な構造が良好に保持されているのである。このような特殊な状態の小型化石が発見できる白亜紀の地層は世界的にみても非常に少ない。

一般の化石の研究は，発見された1個の標本に基づいて研究されることが多い。ところが，小型化石の場合は，同じ地層から同一種類の複数の標本が発見される。多い場合は，100個以上の標本が見つかることも珍しくない。そのために，発育段階の異なる標本から多くの情報が得られ，種内変異の幅を明らかにすることができるし，果実化石の壊れた状態から内部の解剖学的構造を知ることもできる。さらに，小型化石の葯に付着している花粉から，花化石との対応関係を明らかにすることもできる。

ところで，急激な炭化作用にともない，植物体の大きさや構造にどの程度の影響を受けているのだろうか。実際に植物体を325〜350℃で炭化させて

みると，心皮は14〜32％減少，雄蕊は19〜41％減少，花弁は24〜47％減少することがわかった．全体的に2〜3割ほど小さくなっているが，基本的な形態と構造は維持されることが明らかにされている(Lupia, 1995)．小型化石として発見されるのは，コケ植物，シダ類の胞子嚢，裸子植物の葉，球果，被子植物の花，果実，種子などである．白亜紀の材化石も小型化石として数多く発見されている(Herendeen, 1991a, b)．

5.7 白亜紀の地層から小型化石が発見された経緯

花粉化石の研究から，被子植物の初期進化は前期白亜紀に始まったと推定されている．Davis & Heywood(1963)は，植物化石は進化のプロセスを解明する重要な手がかりになり得る可能性をもっているが，白亜紀の植物化石は花粉化石と材化石に限定されており，白亜紀の地層から花化石が発見されることはほとんどなく，植物化石が植物進化の解明に果たす役割はまったく期待できないと述べていた．1980年までは，新生代の植物化石のデータは蓄積されていたが，白亜紀の地層からの被子植物の花化石はほとんど発見されることはなかった．このために，初期進化段階であった被子植物の花の構造について，植物化石からの情報提供は皆無に近い状態であった．まさに，ダーウィンが「忌まわしき謎」と敬遠してきたこともうなずける状況にあった．

それまでに「忌まわしき謎」と敬遠され，閉ざされていた白亜紀被子植物の闇の世界への扉を開いたのは，デンマーク出身の古植物学者 Else Marie Friis 博士であった．新生代の植物化石の研究経験があった Friis 博士は，その経験を生かしながら，白亜紀の地層から柔らかい堆積岩を取りだして，125 μm のフィルターを用いて流水で洗い流すというこれまでの常識にとらわれない新たな発想に基づく方法で根気強く研究を続けた．その結果，1981年に世界で初めて立体的な構造が保存されたままで単離された白亜紀の花化石を発見したのである．古植物学者の Friis らによって発見された白亜紀の花化石は，花被片が開きつつある状態の 2 mm にも満たない小さい花化石であった(Friis & Skarby, 1981；図 0-14)．

図 0-14 世界で最初の発見された花の小型化石 (Friis & Skarby, 1981；©Nature)。詳細については後述。スケール＝500 μm

　Friis らは，この花化石を走査型電子顕微鏡によって観察することにより，さらに微細な構造を解明し，この白亜紀の小さい花は，子房下位，放射相称花，5 枚の萼片と 5 枚の花弁がついていることがわかった。さらに 10 本の雄蕊があり，そこには 10 μm 以下の非常に小さい花粉がついていることがわかった。花粉は，長球形の三溝粒型で柱状体のある外膜(Exine)をもつこともわかった。論文では，花粉があまりに小さかったので，未成熟のものだろうと考えられたが，その後，白亜紀の被子植物花粉には 10 μm 以下の小さい花粉をつける植物が多いことがわかった。雌蕊は 1 心皮からなり，10 本の肋があり，垂下した胎座には多くの胚珠がついていることがわかった。これらの特徴から，この花化石はユキノシタ目のものであるという論文が書かれ，世界中の研究者に大きな衝撃を与えた。なにしろ，白亜紀という古い地質年代の地層から極めて良好に保存された被子植物の花化石が単離された状態で発見されたのだ。そして，この小さな花化石がもたらされた情報は，ダーウィンの「忌まわしき謎」への挑戦を研究者たちに奮い起こさせるに十分な効果があった。この新しいタイプの植物化石は，Mesofossils と名づけ

られ，その後の 25 年間に古植物学が画期的な発展をとげる出発点になったのである。こうして新しいタイプの植物化石の発見は白亜紀の植物に関する情報の質と量を飛躍的に増加させ，古植物学に革新的な進歩をもたらすことになった。立体的に保存された Mesofossils（小型化石）からは，白亜紀に生育していた被子植物の花や果実の形態的構造をほぼ完全な状態で解明することができた。しかも，走査型電子顕微鏡を用いることにより，花粉化石との対応関係がつけられるようになった。これまで，白亜紀の地層から発見されていた花粉化石の植物群が新たな視点から解明されるようになり，花粉化石の特徴だけからでは不明確なために論争が繰り返されてきた多くの問題が解決されることになった。

5.8 白亜紀の小型化石産地

これまでに植物の小型化石が発見されているのは，北アメリカ東部，西ポルトガル，スウェーデン，チェコ，カザフスタン，日本などの北半球の数地点と南極大陸の 1 地点に限定されている（図 0-15）。植物の小型化石の発見場所は，固結度が低く柔らかい岩質の地層で，高熱や高圧の影響を受けていない特殊な条件のもとに堆積した地域に限定されている。これらの条件を満たす地層は世界的にも少なく，これまでに小型化石が発見できた白亜紀の地層は右記のように欧米の数箇所とアジアのわずかな地層に限られており，決して多くはない。そのなかで最も古い地層は，西ポルトガルの後期バレミアン期〜前期アプチアン期の地層である（表 0-1）。

赤道周囲や南半球の多くの地域からまだ発見されていないのは，これらの地域に小型化石が残っていないということではなく，小型植物化石の研究がこれらの地域におよんでいないだけのことである。赤道からゴンドワナ大陸の中心部のあたる南半球や南極は，被子植物の初期進化を解明するためには不可欠な地域である。今後の研究の進展によって，南半球から小型化石の発見されることが期待されている。

5. 古植物学　25

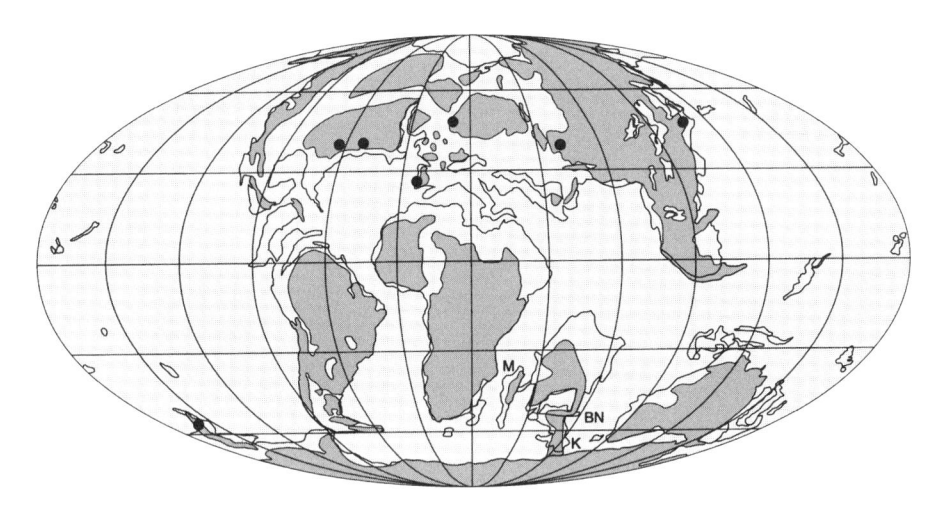

図 0-15　後期白亜紀の地球上にプロットした小型化石の産地（©Open Univ., 改変）

表 0-1　小型化石が発見された地層の年代分布

白亜紀の地質年代	日本	中央アジア	ヨーロッパ	北アメリカ	南極
マストリヒチアン期					
カンパニアン期			○	○	
サントニアン期	○		○	○	○
コニアシアン期	○				
チューロニアン期				○	
セノマニアン期		○	○		
アルビアン期				○	
アプチアン期					
バレミアン期			○		
オーテリビアン期					
バランギニアン期					
ベリアシアン期					

5.9 植物の小型化石が発見できる地層の条件

　小型化石の大きさは，0.5〜2 mm という小さいサイズであり，野外で直接に肉眼によって探すことはできない。つまり，小型化石を発見するためには，含まれている可能性のある地層から岩石をサンプリングしてきて，実験室のなかで岩石を処理しなければならない。そのためにはまず実際に小型化石が含まれているかどうかはわからない状態で岩石をサンプリングすることになる。サンプリングする堆積岩は，固結度が低く，もろく柔らかいことが条件である(図 0-16)。

　小型化石は白亜紀に粘土やシルトとともに河川に流され，氾濫原などの流れがゆるくなった状態で蓄積した非海成層の堆積岩から得られている。炭化している小型化石は，もろく，壊れやすい。被子植物の花や果実などの小型化石が急激な川の流れに巻き込まれると，表面が磨耗した状態になり，保存性がよくない。氾濫原でシルトや泥とともに堆積した小型化石が残るために

図 0-16　白亜紀の地層(久慈層群)

は，さらに，その後の地層の内部で火山活動や地殻変動によって起こる高温や高圧などの変成作用の影響を受けていないという条件を満たしていることが必要である。これらの条件を満たしている地層のなかに，小型化石を含んでいる柔らかい固結度の低いシルト層がレンズ状にはいっていることがある。海岸付近の浅海で堆積した海成層は石灰質で固化していることが多く，たとえ，小型化石が発見できても磨耗しており，研究には適していない。渓流沿いに露出している白亜紀の地層をたどっていくとやや黒っぽい泥炭質の層が見つかることがある。軽く叩いてみて，ブロック状に取りだせるくらいの柔らかさが必要である。ルーペで拡大して見ると，黒い炭化物が含まれていれば，小型化石がはいっている可能性が期待できる。日本では，北海道の函淵層や，東北地方の久慈層群と双葉層群などで確認されている（図 0-16, 0-17）。

図 0-17 福島県広野町の双葉層群。黒い部分の地層に小型化石が含まれている。

5.10 堆積岩の試料採取と処理法・探索法

　植物の小型化石を含んでいそうな地層が見つかったら，それぞれの層から10 kg ほどをサンプリングし，次に述べる化学的な処理をして，顕微鏡を用いながら小型化石がどのような状態であるかを調査する必要がある．良好な条件の堆積岩が見つかれば，さらに，その層準から少なくとも 500 kg 以上の大量の堆積岩をサンプリングすることになる．このサンプリングのために，2.5 kg のツルハシを使用するとよい．なお，サンプリングした岩石の周囲に現生の植物の花や種子などが付着しないように注意深く行なうことが必要である．また，堆積岩に含まれている小型化石を壊さないようにするために，できるだけ大きめの塊の状態で掘りださなければならない．また，掘りだした堆積岩は，厚めのビニール袋にいれ，壊さないように注意しながら研究室に運び込む．

5.10.1 フルイ選別法による小型化石の取りだし方

　研究室では，ビニール袋からただちに堆積岩を取りだした後，1～3ヵ月をかけて，ゆっくりと十分に自然乾燥させる(図 0-18)．このとき，直射日光などにあてて，急激に乾燥させることは避けなければならない．急激に乾燥すると小型化石が壊れてしまうことがある．

1. 十分に乾燥させた 5 kg の堆積岩をポリバケツ(10 ℓ)のなかにいれて，水を加えて 1 日おいておくと，自然に分解して完全に泥状になる．小型化石は非常に壊れやすいので，この泥化した状態でかき回すことをしてはいけない．6 個のポリバケツを用意すれば，30 kg の堆積岩を処理することができる．

2. 水道に細いチューブをつないで水を弱く流しながら，直径 20 cm の 125 μm メッシュのフルイを用いて，ていねいに泥水を洗い流す(図 0-19)．強い水流をかけると，小型化石が壊れてしまうので，水流を強くしないように注意する．フルイに残った残渣をピロリン酸を溶かした水にいれて，4～5 日放置しておく．それまでに溶けていない部分が，さらに泥状に分解してくる．放置する期間は 1 週間にとどめる．これ以

図 0-18　白亜紀の堆積岩を自然乾燥しているところ

図 0-19　水流によるフルイ選別法

上放置すると，水中にミズカビなどが生じ，植物化石を分解することがある。
3．さらに細かく分解した泥水を 125 μm メッシュのフルイで再度洗い流し，フルイのなかに残った残渣をもう一度ピロリン酸水溶液のはいったポリバケツにいれ，5日〜1週間放置する。
4．ポリバケツ中の少しの量の泥を 500 ml の柄付ポリビーカーに移し，

軽く攪拌するように水を加えいれて，小型化石を含む上澄み液を125 μm メッシュのフルイにいれる。この処理を10回以上繰り返すことで，小型化石と，微細な粒度成分や大きめの石英などの砂成分を分離することができる。最後までポリビーカーに残っている砂成分を捨てる。ポリバケツ中のすべての泥について，この分離処理を続けた後，フルイのなかの残渣をピロリン酸水溶液のはいっているポリバケツにいれて，4〜5日静かに放置する。

5．ポリバケツの泥を上記の処理と同じように，フルイを用いて洗い流し，水をいれてあるポリバケツに浸けて，1〜2日放置する。これによって，ピロリン酸を取り除くことになる。以上の処理で，ポリバケツ中の泥水は，半分くらいに減少している。

6．ポリバケツの上澄み液を捨てて，200〜300 ml の15％塩酸水溶液を加えて，少し揺らすことで塩酸を滲みこませる。このポリバケツをドラフトにいれる。この酸化処理によって次のフッ化水素水による発熱反応を抑制することができる。

7．ドラフト内で，ポリバケツの周囲を冷水または氷で取り囲み，泥水中の余分な石英質の鉱物成分を溶解させるために給油ポンプを用いて55％フッ化水素水を200 ml 加える。泥水にフッ化水素水を加えた後に激しい発熱反応が起こり，突沸することがあるので注意する必要がある。フッ化水素水や塩酸を使用するときは，プラスチック製の保護メガネとゴム手袋と実験用エプロンを着用しなければならない。

8．フッ化水素水を加えた後に，ドラフト内で1〜2時間放置した後，ポリバケツを軽く揺らして攪拌した後，15％塩酸を加えて，前述の要領でフルイに流す。その際，流れ落としたフッ化水素液と塩酸の混合廃液を受け容器に集めておいて適切な廃液処理をする。排水に流すことはしない。フルイのなかで水洗し，残ったものを水のはいっているポリバケツに戻した後，上澄み水を捨てる。

9．ポリバケツに15％塩酸とフッ化水素水を加え，(8)の処理を繰り返す。

10．サンプルをいれてある(9)のポリバケツに55％フッ化水素水だけを

図 0-20　ドラフト内でフッ化水素酸水に2〜3週間，いれておく。

150〜200 ml 加えて，半日放置する。このとき，フッ化水素水を加えたときの反応が激しいので，周囲を氷で冷やしておき，少しずつ加えるようにする。

11. (10)のポリバケツにさらに15％塩酸を加え，これまでと同様の要領でフルイを用いて流水で洗浄し，2ℓの柄付でフタのあるポリビーカーに移し，上澄み水を捨てる。ポリビーカーにフッ化水素液をいれて，ドラフト内で1〜2週間放置する(図 0-20)。

12. (11)のポリビーカーに15％塩酸を加え，フルイを用いて流水で洗浄し，上澄み液を捨てた後に，新しいフッ化水素水をいれて，さらに1週間放置する。これを2回以上繰り返す。

13. (12)のビーカーに15％塩酸を加えて，フルイの上で洗浄し，ポリビーカーに戻した後，水を2000 ml まで加える。

14. 1日に2回，75 μm メッシュ以下のフルイで水洗を繰り返し，1週間続ける。

15. 75 μm メッシュ以下のフルイに小型化石をいれたまま1週間放置し，自然乾燥をする。

16. 乾燥した小型化石は，全体的に炭化しているものが多い。ほとんどが小さく断片化した材化石などである。柔らかい筆を用いて，非帯電性の

図 0-21 クリーニングされた小型化石．多くの材や葉の裂片とともに果実や種子の化石が含まれている．このなかから花化石が発見される．

アクリルケースにいれて，デシケータに保存しておく(図 0-21)．

　以上のようなプロセスで，500 kg の堆積岩を化学処理するために，3〜4ヵ月以上を要する．

5.10.2 実体顕微鏡による選別過程

　化学処理によって得られた植物化石のほとんどが黒い色をしている炭化物であるが，一部は炭化していない褐色の植物化石やシダ類の大胞子なども含まれているものである．炭化物の多くは，材化石の断片化しているものや，光沢のある石炭片がさらに細かくなっているものである(図 0-21)．次に実体顕微鏡を用いて，このなかから植物の個々の小型化石をたんねんに探していかなければならない．

　(1)用意するもの：
　　①できるだけ性能のよい実体顕微鏡

②つや消しされている厚手の黒い紙(5 mm 間隔で横線を前もって引いておく)
③先端にまつげをつけた竹串
④最細の日本筆(糊分がなくなって，広がっているもの)
⑤非帯電性真空ピンセット(0.2 mm の先端チップがついているもの)
⑥小型のアクリルケース(非帯電性)
⑦スパーテル(ステンレス製)

(2)黒い紙の上に，スパーテルで炭化物を広げる。端から順を追って，実体顕微鏡で丹念に 1 つひとつの炭化物を観察していく。このとき，黒紙に横線がはいっていると観察がやりやすい。炭化物のほとんどは光沢のある石炭が断片化しているものであるが，実体顕微鏡でていねいに追っていくと，条件がよければ材の構造が残っている炭化物が含まれていることがある。このような状態の炭化物が多く含まれている場合は，花や果実，種子の化石が良好な状態で含まれている可能性が高い。逆に石炭のように光沢があり細胞内部の構造が見られない場合は，あまり保存状態がよいとはいえない。まつげをつけた竹串で，1〜2 mm の小さな炭化物を 1 つずつ転がしながら，根気強く確認していく(図 0-22)。

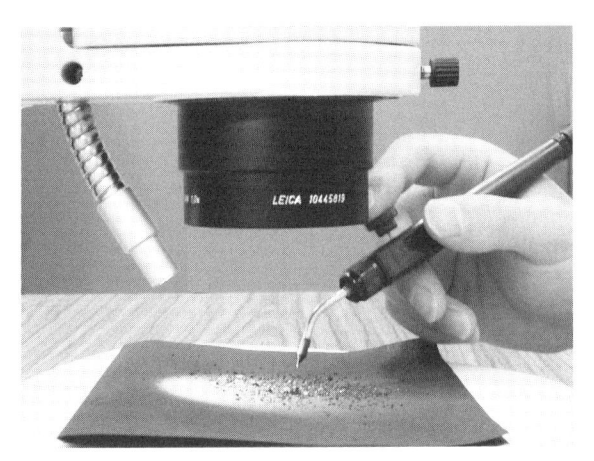

図 0-22　実体顕微鏡と真空ピンセットによる小型化石の選別過程

(3)実体顕微鏡のもとで，黒紙を少しずつ動かしながら，種子や果実，花の化石，シュート，葉，などの小型化石を見つけていく．小型化石が発見された場合は，慎重に真空ピンセットまたは小筆で吊りあげて，別々のアクリルケースに分けていく．たとえ，割れているような果実でも内部の構造がわかるので，見逃さないようにして，吊りあげていく．小型化石は，小さくて飛び散りやすいので，周囲から風の影響を受けないように注意深くやる必要がある．見落としがないか，2回以上の探索が必要である．小型化石を吊りあげた残りの炭化物は別の容器に保存しておく．植物の小型化石を同じ種類ごとに分類し，小型の非帯電性アクリルケースにいれて，デシケータに保存する．

5.10.3 走査型電子顕微鏡による小型化石の観察

小型化石の詳細な形態的特徴を明らかにするために走査型電子顕微鏡を使用する．

1. SEM試料台をアセトンできれいに拭きとり，汚れがないようにしておく．
2. 透明のネールエナメルをSEM試料台の表面に塗り，2～3分おいて，ネールエナメルが適切な粘性になるまで待つ．
3. 先端をわずかに湿らせた竹串で，小型化石を吊りあげ，SEM試料台のネールエナメル上に観察に適切な角度に小型化石を接着させる．完全にネールエナメルが固まるまで，SEM試料台の上で小型化石が倒れないように支えておく．SEM試料台の側面に油性マジックで整理番号を記入しておき，大きめのアクリルケースにカーボンテープで付着しておく．ネールエナメルが完全に乾くまでに1日以上デシケータ内に保存する．SEM試料台に接着するためにはカーボンテープなど，他の手段もあるが，永久保存をする必要がある小型化石の接着にはネールエナメルが最も適している．また，ネールエナメルを塗ることによって，小型化石の背景となるSEM試料台の模様も消すこともできる．
4. 白金‐パラジウムなどで金属スパッタリングした後で，走査型電子顕

微鏡で観察する。観察しやすくするために，加速電圧を 8 kV としコントラストを弱めにセッテングしておく。これらの小型化石では，付着している花粉の形態などを詳細に観察することもできる。白亜紀の被子植物の花粉は，10 μm 以下の小さいタイプが多いので，見逃さないように注意深くやることである。

5.10.4 小型化石のエタノール凍結割断法*

果実や種子などの内部構造を明らかにするためには，エタノール凍結割断法を用いるとよい。この方法は，ゼラチンカプセルに化石のサンプルとエタノールをいれて，液体窒素で凍結させ，十分に冷却させたナイフで割断する方法である。この方法によって，外部形態だけでなく，内部の組織学的知見を得ることができる。

1. 99％エタノールをいれたシャーレを用意し，エタノールのなかに果実や種子などの小型化石をいれる。
2. 小さいゼラチンカプセル（0号）に，エタノールと小型化石をいれる。
3. あらかじめ液体窒素で冷やしておいた凍結割断器（TF-1）にゼラチンカプセルをおき，エタノールが凍るまで待つ。
4. 冷やした割断用ナイフを凍っているゼラチンカプセルにあてて，ハンマーで割る。
5. 30 ml の小さなビーカーに割断したゼラチンカプセルをいれて，壊れたカプセルを取り除くと，割断された小型化石が残る。
6. 新しいエタノールで，カプセルの破片を洗い流し，自然乾燥すれば，割断された小型化石が得られる。
7. これを，ネールエナメルで SEM 試料台に接着して，金属スパッタリングして，走査型電子顕微鏡で観察すれば，組織の内部構造を明らかにすることができる。

以上のように，小型化石を探すためには，大量の岩石をサンプリングしなければならないし，その後の処理法と実体顕微鏡を用いた探索にもかなりの労力を長い期間にわたってかけなければならない。白亜紀の地層から被子植

---

* 最近では，植物化石の内部構造を解明するために，SPring-8 や APS などの大型加速器によるマイクロ CT が広く用いられるようになっている。

物の小型化石を探すための多くの困難を克服する必要がある。

6. 花粉学

　紀元前から，泥炭(ピート)は，燃料，建築材料，土壌改良材，ウィスキーの香料の原料などとして広く利用されていた。泥炭層から，過去の植生変遷を復元しようとする試みは，かなり古くから行なわれており，ピートのなかに含まれていた球果類やカシ類の植物遺体についての記載が17世紀の文献に残っているといわれている(cf. Brattegard, 1951-52)。また，Göppert (1836)は，ドイツの第三紀の泥炭層から，植物の花粉化石が含まれていると報告した。さらに，von Post(1916)は，オスロの学会で，泥炭層に含まれている花粉化石を調査することによって，過去の植生の変遷史を解明できると発表した。このときの短い講演要旨が花粉分析の出発点になった(Jansonius & McGregor, 1996；Faegri & Iversen, 1989)。Bradbury(1967)によれば，現生植物の花粉を最初に顕微鏡で観察したのは，1940年，イギリスのGreenである(Jansonius & McGregor, 1996)。植物の微化石に関する最初の研究は，1833年にKidstonによって，石炭のなかに残っていた胞子化石が顕微鏡で観察されたこととされている(Bennie & Kidston, 1886)。しかし後にこれは単子葉植物の道管であったとも解釈されている(Jansonius & McGregor, 1996)。その後，Reinsch(1881)が石炭紀～三畳紀の地層をSchulzeの試薬で処理し，600種におよぶ胞子化石の記載を行なっている。1930年代にはいると，Potonié(1932, 1934)によって，古花粉学の基礎が確立された。その後の花粉化石に関する研究は，植物の進化史や古環境の変遷の解明に大いなる貢献をしてきた。

　さらに，走査型や透過型の電子顕微鏡の発達にともない，現生植物群の花粉形態や花粉外膜の構造がより詳しく明らかにできるようになってきた。原始的な被子植物群には，花粉外膜の構造に多様性があることもわかり，被子植物の系統や起源との関連で議論されるようになった。

6.1 花粉の形態

花粉には，多様な表面模様や発芽口などが見られ，それらの微細な構造が現生の植物の分類形質として注目されてきた。花粉に見られる形質は，単に分類群を区別する特徴だけでなく，実は植物の系統関係と密接な結びつきがあることがわかってきた。たとえば，最近の分子系統学的研究は，原始的被子植物群，単子葉群，真正双子葉群の系統関係は，花粉の極性と発芽口の形成位置と深く関係していることを明らかにした。

被子植物の花粉の基本的なタイプとして，発芽口の数と形状で分けられる。発芽口には，孔，溝の他に孔と溝が組み合わされた溝孔タイプなどがある。これらの発芽口の形状と数によって，花粉型が分けられる。つまり，単溝粒型，単孔型，三溝粒型，三孔型，三溝孔型，散孔型などである。これらのなかで，1本の発芽溝がある単溝粒型と，3本の発芽溝がある三溝粒型が基本的なタイプである(図0-23, 0-24)。単溝粒型と三溝粒型の2つの花粉型は，単に発芽溝の数だけの違いでなく，発芽溝の形成位置の極性に違いがある。この発芽溝の形成位置の極性が，原始的双子葉群＋単子葉群と真正双子葉群の基本的な相違点である。

次に，白亜紀の地層から発見された花粉化石に関する1つの研究例を紹介しよう。サハリンの後期白亜紀の地層から26属32種520個の胞子化石と花粉化石が発見されている(Takahashi, 1997)。これらの花粉化石は当時の古植相を明らかにする重要な手がかりとなるものであるが，そのなかから代表的な花粉型を示してみよう(図0-23, 0-24)。図0-23は，サハリンの後期白亜紀(カンパニアン期)から発見された単溝粒型の花粉化石である(Takahashi, 1997)。この花粉化石は，現生のユリ科植物の花粉と類似した網目模様をもち，*Liliacidites*と呼ばれている。ただし，網目模様のある単溝粒型花粉は，他の単子葉群にも広く見られるタイプである。しかも，現生のユリ科の花粉は40〜100 μmであるのに対し，白亜紀の地層から発見される単溝粒型花粉化石が20〜30 μmと小さいことも現生のユリ科の花粉と異なっている。このために，このタイプの花粉化石をつけていた植物の科は明らかにされていない。もう1つのタイプの花粉化石は，サハリンの後期白亜紀(マス

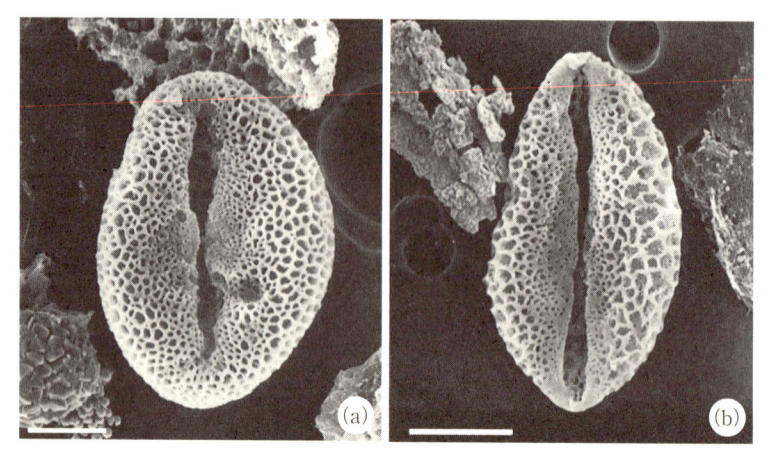

図 0-23　サハリンの後期白亜紀(カンパニアン期)の地層から発見された単溝粒型花粉化石(Takahashi, 1997；ⒸJPR)。(a) *Liliacidites variegates* Couper。スケール＝5μm，(b) *Liliacidites minutes* Takahashi。スケール＝10μm

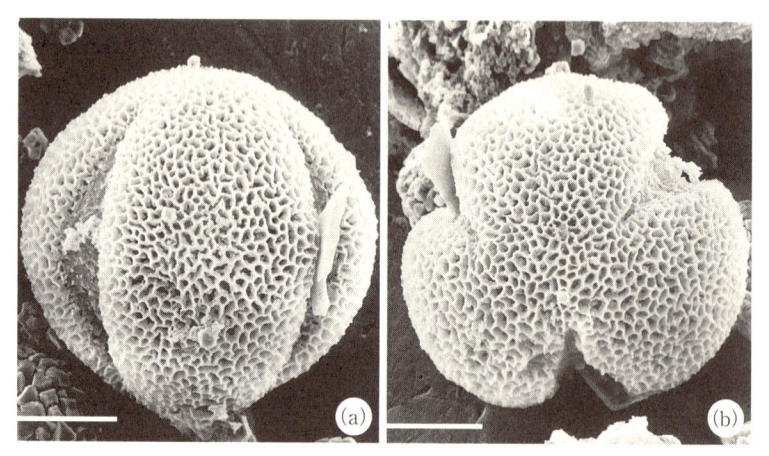

図 0-24　サハリンの後期白亜紀(マストリヒチアン期)の地層から発見された三溝粒型花粉化石 *Tricolpites concinnatus* Chmura (Takahashi & Saiki, 1995；ⒸJPR)。(a・b)スケール＝5μm

トリヒチアン期)から発見された三溝粒型の花粉化石である(Takahashi & Saiki, 1995；図0-24)。この花粉化石は，極軸が15〜18μmで，赤道軸が14〜17μmのサイズで細かな網目模様があり，3本の発芽溝をもっている。このタイプは，現生のグンネラ科やマンサク科の花粉の表面模様に類似している特徴をもっており，真正双子葉群を代表する花粉型である。ただし，三溝粒型で網目模様という特徴は，花粉形質として一般的に見られる特徴であり，この花粉化石をつけていた植物の分類群を特定することは非常に困難である。以上のように，花粉化石に見られる形質だけに基づいて，その植物の分類群を明らかにすることは容易なことではない。だが，白亜紀や新生代の地層から発見される花粉化石の量は膨大であり，花や果実などの植物化石と花粉化石の対応関係を明らかになれば，花粉化石は古植生の変遷や植物の分布域の変化を明らかにするだけでなく，被子植物の進化の解明にも重要な役割を果たしていくことができると考えられている。

　花粉の極性は，花粉母細胞が減数分裂をした四分子期の配置で決まる。減数分裂の結果，カロース層で包まれた4個の小胞子が正四面体，十字形，線形などに配置する。四分子の中心点から小胞子の中心を結ぶ線を花粉の極軸と呼ぶ。四分子の中心点に近い内側の面を向心極面といい，その反対の外側の面を遠心極面という。1本の発芽溝のある単溝粒型花粉の場合，発芽溝は遠心極面に極軸に直行する状態で形成される。それに対して，3本の発芽溝のある三溝粒型花粉の場合，発芽溝は極軸と同じ方向に等間隔に赤道上に配置される(図0-25)。以前より，2つのタイプの花粉には，極性と花粉型の基本的違いがあることが指摘されてきたが，最近の分子系統学的研究はこのことを裏づけることになった。つまり，原始的被子植物群の花粉粒の基本型は単溝粒型であるのに対し，真正双子葉群の花粉の基本型は三溝粒型なのである。分子系統学的研究により，かつては原始的被子植物といわれたスイレン科のなかで唯一の三溝粒型花粉をもつハス属は真正双子葉群へと移行した。同様に，原始的被子植物とされて，三溝粒型花粉をもつカツラやヤマグルマが真正双子葉群に移行された。このことはこれまでに知られている三溝粒型花粉化石が発見された白亜紀のバレミアン期〜アプチアン期には，すでに真

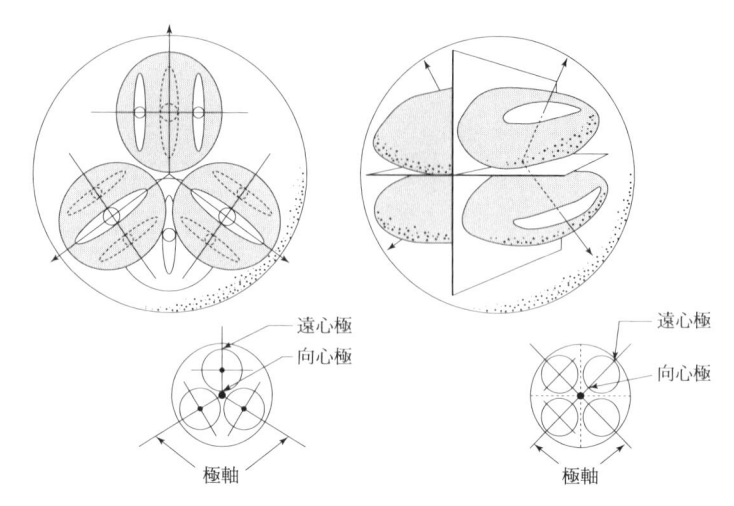

図 0-25 花粉の極性と発芽口の位置。花粉四分子の位置関係で花粉の極性が決まる。

正双子葉群が出現したことを示唆していることになる。

　花粉の大きさは，一般には植物の系統や類縁関係とは無関係と思われてきた。現生植物のなかにはムラサキ科植物のように 5 μm と極端に小さいタイプの花粉をもっているものや，アオイ科植物のように 200 μm に達する花粉をもっている植物もある。ただし，ほとんどの現生の被子植物の花粉は 30〜40 μm である。一方，白亜紀の被子植物の花粉は，ほとんどが 10 μm 前後である。系統や類縁関係とはまったく無関係とされてきた花粉の大きさに，被子植物の初期進化を解明する重要な意味が含まれている可能性がある。

6.2　花粉外膜の構造

　花粉壁は，セルロースから構成されている内膜(intine)とスポロポレニンから構成されている外膜(exine)がある。内膜は，発芽口の部分で厚くなる傾向があるが，比較的均一な層である。それに対して，外膜は，アルカリや酸などの化学的処理に抵抗性があり，そのために数億年前の地層にも胞子化石や花粉化石として残っている。花粉外膜は，構造的に分化した複数の層から構成されており，複雑で多様な表面模様や発芽口が構成されている。一般

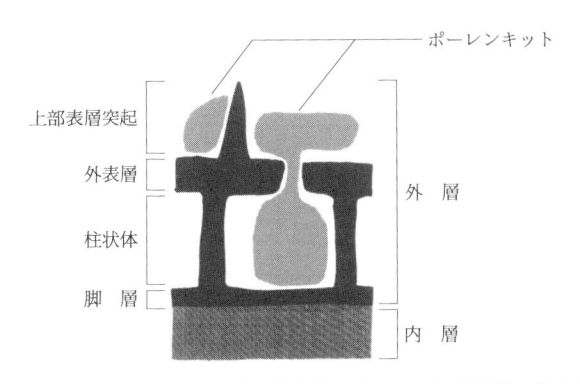

図 0-26 花粉外膜の層構造。明瞭な柱状体があるのは被子植物に限られる。

に花粉外膜は，内層(endexine)と外層(ektexine)からできている。内層は，ラメラ構造になることもあり，発芽口の周囲では厚くなる。一般に，被子植物では外層は，外表層(tectum)，柱状体(columellae)と脚層(foot layer)に分けられる(図0-26)。一方，裸子植物の花粉の外層は柱状体がなく，顆粒状層が中央部に挟まれている。確かに，柱状体があるのが被子植物の花粉の特徴であるが，原始的双子葉群の花粉には，モクレン目のデゲネリア *Degeneria* のように層構造が分化していない無刻層であるものや，スイレン科のように顆粒状層をもつものやアンボレラ科のアンボレラ *Amborella* のように，外層が波状構造をとるものも少なくない。

6.3 花粉化石が示す被子植物の進化段階

被子植物の進化段階を示唆しているのが，花粉外膜の構造と花粉型である。被子植物の系統関係と花粉形質には密接な関係がある。被子植物の基本的な花粉型には単溝粒型と三溝粒型があり，それぞれの花粉型には派生型が見られる。分子系統学によって解明された被子植物の系統樹と花粉型は密接な関係を示すことが知られている。原始的モクレン群と単子葉植物は単溝粒型の花粉をもつことで特徴づけられ，真正双子葉群は三溝粒花粉型とその派生型花粉をもつことで特徴づけられる。言い換えれば，三溝粒花粉の化石が発見されたことは，真正双子葉群の出現を示唆していることになる。

6.4 花粉化石の観察方法

　地質年代とともに新しい堆積物が次々に重なっていく堆積作用によって地層が形成されていく。大規模な地殻変動が起きない限り，古い時期に生じた堆積物は地下の深いところにはいることになる。このようにして堆積した数億年も前の古い地層から胞子化石や花粉化石を取りだすことができる。地層の堆積後に受けるいろいろな変化を続成作用と呼んでいるが，花粉学の研究対象となる地層はできるだけ続成作用を受けていないことが条件となる。つまり，できるだけ圧力や高温の影響が少ないことが必要である。頁岩のように硬い岩石から花粉化石を探すことは困難であるが，粘土岩やシルト岩であれば海成層でも陸成層でも可能である。

6.4.1 堆積岩の処理法

1. 約30〜40 gの岩石を蒸留水で洗い流して，現生の花粉や胞子が付着していないようにし，十分に乾燥させる。
2. 鉄製の乳鉢を用いて小豆粒大に細かく粉砕する。
3. ポリビーカー(300 cc)に小豆粒大にした岩石サンプルをいれ，10%塩酸を加える。海成層から得られたサンプルは塩酸によって分解し始めるが，陸成層からのサンプルは塩酸に反応しないものもある。塩酸で分解しない場合は，そのまま，次のステップに進む。
4. 反応が落ち着いたところで，次にドラフト内で，塩酸と同量くらいの55%フッ化水素水を加える。ビーカーの周囲を氷で冷やし，突沸を防ぐように注意する必要がある。
5. ドラフト内で1〜2日間放置した後，ポリビーカーの花粉化石をできるだけ浮き上がらせるようにして，ポリエステル製遠心管に移す。下に溜まっている粗粒な細砂は廃棄する。遠心後(1500 rpm，7分間)，上澄みを捨てる。
6. コロイド状のケイ酸などを除くために，10%塩酸を加えて攪拌した後に遠心し，上澄みを捨てる。
7. 蒸留水を加え，遠心し，上澄みを捨てることを3回行なう。

8. 比重1.8〜2.0に調整した重液(塩化鉛飽和水溶液)をいれて，十分に攪拌後，1万5000 rpmで20分間，遠心する。
9. 上澄み液をピペットで吸い上げ，10%塩酸で処理した後に蒸留水を加えて，遠心する。
10. 蒸留水を加えて，遠心し，上澄みを捨てることを3回行なう。
11. 10%水酸化カリウム液を加えて攪拌後，80〜90℃で5分間加熱する。
12. 遠心後，上澄みを捨てて，蒸留水を加えて再び遠心するという水洗を数回，繰り返す。
13. 氷酢酸を加えて，攪拌した後に遠心し，上澄みを捨てる。
14. 無水酢酸と濃硫酸が9：1の混合液(アセトリシス溶液)をつくり，これを加えて，80〜90℃で5分間，加熱する。
15. 遠心後に，上澄みを捨てて氷酢酸を加えて，攪拌し，さらに遠心し上澄みを捨てる。
16. 蒸留水を加えて，遠心し，上澄みを捨てることを3回行なう。

注意：

(1) これまでの花粉化石の研究者によって10 μm メッシュのフィルタリングが行なわれてきているが，白亜紀の花粉化石は10 μm 以下のサイズがあるので，花粉化石の処理過程のなかでフィルタリングをやってはいけない。フィルタリングすることによって，花粉化石の組成を誤って判断してしまう危険がある。

(2) 開け放された窓や衣類などから，現生の花粉が混入しないように，注意する。

(3) フッ化水素水液を使用する場合は，ゴム手袋，プラスチック製メガネ，マスク，実験エプロンを使用する。もし，皮膚にフッ化水素水液が付着した場合は，ただちに流水で洗う必要がある。

(4) アセトリシス溶液をつくる場合，氷酢酸に濃硫酸を1滴ずつ滴下して加えないと爆発的に反応を起こすので危険である。アセトリシス溶液は保存がきかないので，毎回新しいものを調合して使用すること。

(5) 塩酸中で長時間加熱すると花粉化石が破壊されるので，塩酸を加熱する

ことは最小限にすること。

6.4.2 光学顕微鏡用プレパラートの作成法

　一般には，花粉化石の封入材としてグリセリンジェリーが用いられる。グリセリンジェリーは，粉末ゼラチン 50 g を蒸留水 175 ml に加えて，ウォーターバスを用いて溶解させ，これにグリセリン 150 ml と結晶フェノール 7 g を加えて，ガーゼでろ過したものを使用する。ただし，グリセリンジェリーに保存された花粉化石はしだいに膨潤するので永久保存には好ましくない。シリコンオイル（10000 cs）を封入材に使うとグリセリンジェリーの欠点を克服することができる。シリコンオイルに封入するためには，アセトリシスしたサンプルを，エタノール脱水し，ベンゼンに置換する。1 cc のサンプル瓶に移しかえて，ベンゼンのなかに，2〜3滴のシリコンオイルを加え，一晩 70℃に加熱すると，ベンゼンが気化し，シリコンオイルのなかに花粉化石が封入される。これを，スライドグラスの上に1滴置いて，丸いカバーグラスをかけ，周囲をパラフィンまたはネールエナメルで封じれば永久プレパラートが作製できる。

　エタノール脱水後，ベンゼンに置換したサンプルをスライドグラスに滴下し，自然乾燥させ，そこに，エンテランニューを少量滴下し，カバーグラスをかけて，室温で乾燥させてプレパラートを作製することもできる。

　以上のようなプレパラートを光学顕微鏡で観察することによって，胞子や花粉の化石を観察することができる。光学顕微鏡の分解能によって，せいぜい 1000 倍くらいまでの観察が限度であるが，花粉を透過光で観察することができるので，得られる情報量は少なくない。

6.4.3 走査型電子顕微鏡で花粉化石を観察する方法

　走査型電子顕微鏡を用いることによって，花粉化石の表面模様などを詳しく観察することができる。手順は以下の通りである。

(1) 走査型電子顕微鏡用の試料台の表面を紙ヤスリなどで平滑にし，アセトンでクリーニングしておく。

(2) エタノール脱水後，ベンゼンに置換した1滴のサンプルを試料台の上に滴下し，十分に乾燥させる。このときに，サンプルが薄く広がるようにして，花粉や残渣が重なり合わないようにする。
(3) 白金‐パラジウムなどでスパッタリング(蒸着)をする。コーティングはできるだけ薄くし，金属粒子のサイズを小さくした方がよい。
(4) 走査型電子顕微鏡で，加速電圧8kVぐらいで観察する。

6.4.4 透過型電子顕微鏡で花粉外膜を観察する方法

花粉外膜の構造は，花粉形質のなかでも被子植物始原群を探るうえで重要な特徴である。現生植物の花粉外膜の構造を透過型電子顕微鏡で明らかにすることはそれほど難しいことではないが，花粉化石の花粉外膜を明らかにするには，たった1個の花粉を超薄切片にする必要がある。

光学顕微鏡用に1花粉粒標本の永久保存用プレパラートをつくるためには，グリセリン上に展開しているサンプルのなかから，グリセリンジェリーの小塊のついている針で吊りあげるシングルマウントプレパラート法が用いられる。透過型電子顕微鏡用としてはカバーグラス上で乾燥させたサンプルから，針の先端に樹脂をつけて吊りあげて，樹脂で固める平板包埋法を用いる。樹脂を超薄切片にして透過型電子顕微鏡で観察すればよいが，1花粉化石の超薄切片を作製することは容易なことではない。

なお，樹脂に包埋する前にカバーグラスの上の花粉化石を走査型電子顕微鏡で観察しておけば，表面の微細な模様などを明らかにすることができる。樹脂包埋させた花粉化石は光学顕微鏡で観察が可能である。これらの方法を駆使すれば，たった1個の花粉化石から多くの情報を得ることができる。

以上のようなプロセスを経て，新たな植物化石や花粉化石が発見されることになる。こうして発見された化石を用いて研究を行なうにあたっては，化石が得られたそれぞれの地層の正確な地質年代の情報が必要である。かつて，被子植物の化石がジュラ紀から発見されたというような報告のなかには，後に地質年代が訂正された研究例がある。地質学的な研究情報は大変重要である。

次章からは，地球上に陸上植物が誕生してから被子植物が繁栄するまでを，古植物学の新しい研究成果をふまえて紹介しよう。

第1章　陸上植物の出現
　　（オルドビス紀〜デボン紀：4億8830万年〜3億5920万年前）

1.　古生代オルドビス紀〜デボン紀の地球

　46億年におよぶ地球史のなかで，42億年前に出現した原始大陸は，19億年前までには，1つの巨大なレンズ状の超大陸を形成し，その後，超大陸は分裂と衝突・融合を繰り返し，6億年前にはゴンドワナ大陸が形成された。

　生命の誕生と生物進化にかかわる原始地球の環境の特徴として，陸上生活をさえぎる2つの大きな制限要因をあげることができる。原始地球の大気には二酸化炭素が多く含まれていたのに対し，酸素はほとんど存在していなかった。もう1つの制限要因は，オゾン層が欠如しており，地表には紫外線が直接降ってくる状態であった。30数億年前に光合成生物が誕生した後，陸上に植物が出現するのは，約5億年前以降のことであった。しだいに大気中の酸素の量が増加し，オゾン層も形成され，約5億年前には大気中の15%が酸素であったと推定されている(Graham et al., 1995)。一方，二酸化炭素は，古生代オルドビス紀〜シルル紀にかけての4億9500万年〜4億1700万年前には現在の0.036%の11〜14倍にも達していた(Graham et al., 1995；Berner & Kothavala, 2001)。この大量の二酸化炭素が地球に温室効果を与え，植物の光合成の活動を活発化していたと考えられている(図0-2)。

　Scotese(2001)は，石炭，砂漠や熱帯地域における堆積物，岩塩，氷河の痕跡の分布や化石の出現状況などを地球的規模で調査解析することによって，地球の古気候の変遷過程を推定している。それによると，古生代初期から南

半球に存在した超大陸ゴンドワナの周囲では熱帯気候の浅い海に，サンゴがよく生育していたと考えられている。

陸上植物が現れたのは，オルドビス紀〜シルル紀であると考えられている。デボン紀にはいると当時の赤道にそった熱帯地方では多くの前維管束植物が繁栄していた。北半球では，雲のない空のもと，温暖で浅い海が広がっていたと推定されている(Scotese, 2001)。

2. 陸上植物の出現

最近の古植物学の新発見と現生植物の系統分類学における著しい進歩によって得られた初期の陸上植物の進化の新しい知見をもとにオルドビス紀〜デボン紀にかけての陸上植物の出現と進化について物語ろう。初期の陸上植物が進化する前に陸上の生態系を支配していたのは，細菌，原生生物，藻類，地衣類，菌類などであった。陸上植物の初期進化は，胞子，クチクラ，管束組織などの化石から中期オルドビス紀(約4億7500万年前)に始まり，シルル紀〜デボン紀にかけて，その多様性を広げていったと考えられている(Gray & Shear, 1992；図1-1)。

胞子化石

中期オルドビス紀(4億7500万年前)の広い地域の地層から四分胞子の化石が発見されている(Gray, 1985, 1988)。この四分胞子は，スポロポレニンの存在を示唆している保存性のよい細胞壁をもっており，陸上植物の最初の証拠と考えられている(図1-2)。Wellman *et al.*(2003)によって，このタイプの多くの未成熟の四分胞子を含んでいる植物片が発見された。そのなかにはわずかにシストなどの海産性の微化石が混じっており，海辺の近くで生育していた植物と推定されている。その植物片の大きさは，0.24〜0.49 mmであり，丸い胞子嚢が壊れた状態で発見されたものと推定された。この四分胞子は，透過型電子顕微鏡によって胞子壁にラメラ構造があることが明らかにされ，苔類に類似性の高い最古の陸上植物の直接的な証拠であると考えら

2. 陸上植物の出現　49

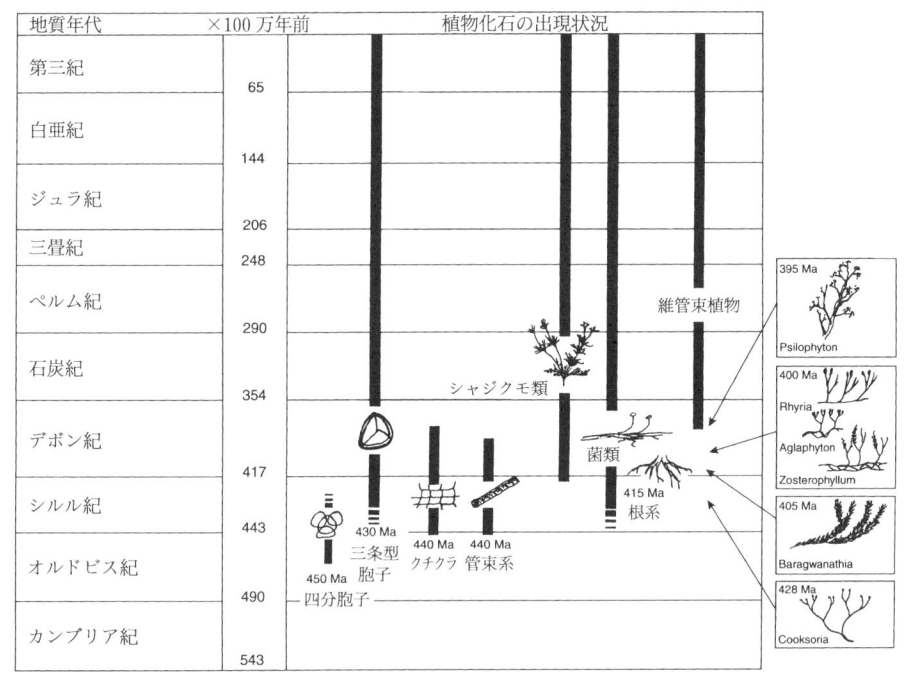

図1-1 約4億5000万年前から，陸上植物の化石が発見されている(Gray & Shear, 1992；Willis & McElwain, 2002；©Willis & McElwain)。Ma：×100万年前

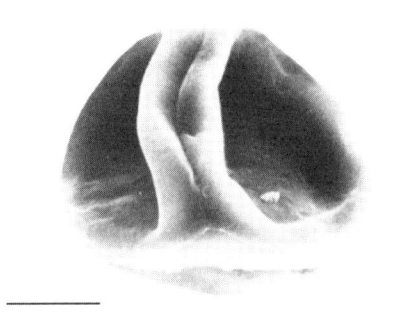

図1-2 4億7500万年前から発見された最古の四分胞子化石 (Gray, 1988；©Cambridge Univ. Press)。スケール＝10μm

れた(Wellman *et al.*, 2003)。これに対して，Kenrick(2003)は，この四分胞子は陸上植物に関連のある化石ではあるが，それが必ずしもコケ植物であるとは限らず，藻類の可能性も否定できないと主張している。胞子壁のラメラ構造は苔類だけに見られる特徴ではなく，このことから最古の陸上植物は苔類と結論づけることには無理があると結論づけている。四分胞子をつけていた陸上植物は現生のコケ植物とはかなり異なる植物であった可能性も否定できない。これらの四分胞子をめぐる論争は続いており，四分胞子がどんな植物についていたのかという結論はもう少し先のことになりそうである。

　グリーンランドの後期オルドビス紀の地層からは，三条型胞子である*Besselia*が発見されている(Nøhr-Hansen & Koppelhus, 1988；図1-3)。これらの胞子化石の胞子壁の微細構造と化石化したクチクラのデータは，蘚類に類似した陸上植物との類縁性を示唆している。

　初期シルル紀(4億3200万年前)には，四分胞子が減少していくのに対し，単粒型の胞子化石が増加していく傾向が見られる。これらの単粒胞子の表面模様の発達は，陸上植物の多様性が増加し，植生の変化が起こったことを示している。この単粒型胞子がついていた可能性のある植物本体の化石はまだ発見されておらず，今後は初期シルル紀の植物化石の発見が待たれる。

　いずれにせよ，陸上植物の誕生と初期進化は，陸上と淡水域の生態系のエネルギーと栄養分の流れに大きな変化をもたらし，広い範囲の地球環境に重大な影響を与えることとなり，生命の歴史のなかで重要なできごととなった。

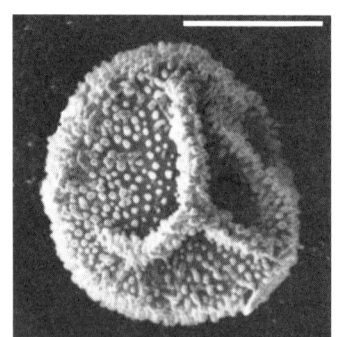

図1-3　グリーンランドのオルドビス紀の地層から発見された三条型胞子 *Besselia nunaatica* Nøhr-Hansen et Koppelhus (Nøhr-Hansen & Koppelhus, 1988；©Elsevier)。スケール＝10μm

特に，シルル紀〜デボン紀への植生の変化は，大気や地表などの地球環境に強い影響を与えた．すなわち，大気中の遊離酸素量が増加し，植物の根系の進化によって岩石の風化と土壌の酸性化をもたらし，大気中の二酸化炭素が減少したのである．最も古い小葉をもつ化石の *Baragwanathia* が，シルル紀(4億2000万年前)の地層から発見されている(Lang & Cookson, 1935)．

オルドビス紀〜シルル紀にかけて，わずかの細胞から構成されている単純な緑藻類から新たに陸上生活に適応した複雑な器官と組織系をもった植物へと進化したのである．特殊化した生殖器官(配偶体)，水の移動機構(維管束)と構造組織(材)，呼吸ガス交換のための表皮組織，いろいろな種類の葉と根，胞子を生産する多様な器官，種子，木本性などは，すべてデボン紀に陸上植物の進出とともに進化した形質である．

3. コケ植物化石

コケ植物は，オルドビス紀〜デボン紀に陸上に上がった初期の陸上植物の1つと考えられている．コケ植物が世代交代の生活史のなかで主体的な部分を担っているのは，配偶体である．胞子体は配偶体に従属した生活を行なっている．現生のコケ植物は，苔類，ツノゴケ類，蘚類の3群に分類される．これまでに発見されているコケ植物の化石は実に少ない．前期デボン紀から発見されている *Sporogonites* は，葉状体に5cmも長い軸の先端に細長い蒴がついている(Andrews, 1958；図1-4)．胞子嚢は多層の細胞からなり，中央には柱状体構造を含んでおり，三条型の胞子がついていることが確認されている．*Sporogonites* は，葉状の配偶体から多数の非分枝型の胞子体がでていると解釈されている．現生の苔類と蘚類に共通している特徴をもっている．

その他にもコケ植物の化石といわれているものに *Tortilicaulis*，*Eorhynia*，*Aphyllopteris* などがあるが，いずれも化石の保存性が悪く，その実態はあいまいである(Kenrick & Crane, 1997a)．

苔類の最も古い化石は，後期デボン紀から発見された *Pallavicinites* であ

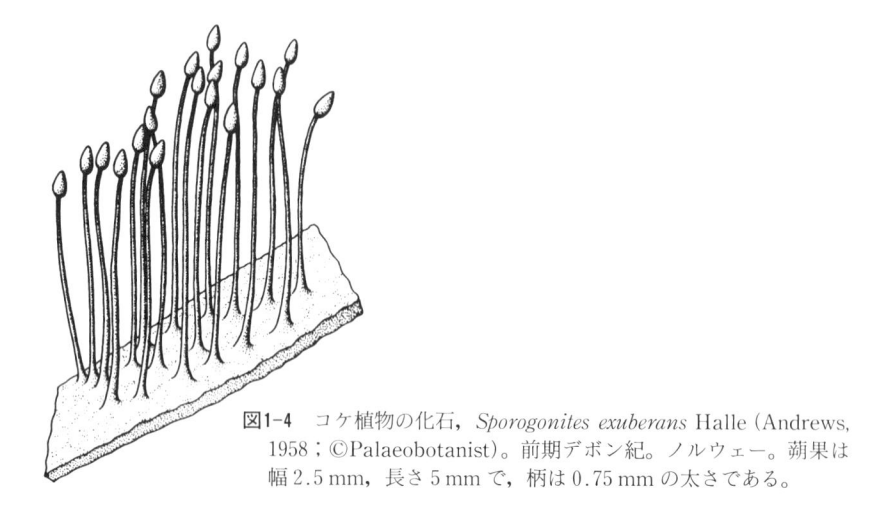

図1-4 コケ植物の化石，*Sporogonites exuberans* Halle (Andrews, 1958；©Palaeobotanist)。前期デボン紀。ノルウェー。蒴果は幅2.5 mm，長さ5 mmで，柄は0.75 mmの太さである。

る(Hueber, 1961)。この化石植物は，二叉分枝している平板な葉状体からなり，縁には細かな鋸歯が見られるが，生殖器官は発見されていない。この他に中生代三畳紀の苔類である*Naiadita*がイギリスから発見されている(Harris, 1939)。この植物化石の配偶体はせいぜい3 cmの分岐しない軸とラセン状に配列した皮針形の1〜5 mmの葉的器官がついている。胞子体は分岐せず，脚部は球状であり，直径が1.2 mmの球状の蒴をつけ，なかには四分胞子を含んでいる。このように，コケ植物の化石は多くないが，胞子化石の研究からコケ植物が最も原始的な陸上植物と考えられている。陸上植物の起源と初期進化を探るうえで，コケ植物についての今後の古植物学的な研究成果に注目していく必要がある。

4．ライニー植物化石

デボン紀の地層から発見されてきた二叉分枝を繰り返す化石植物は，これまでに維管束をもつ最古の陸上植物の化石とされ，系統的にも「ライニー植物」というまとまった分類群と考えられてきた。しかし，最近の古植物学的研究は，これらの二叉分枝を繰り返す軸だけの無葉植物群のなかに維管束を

もたない種類もあり，いわゆる「ライニー植物」は分類学的に多系統群であったことが明らかになってきた．これまでの「ライニー植物」の研究に関する歴史的過程をたどりつつ，陸上植物の初期進化群の系統についての最近の研究を紹介しよう．

5. 初期の研究

19世紀中頃の研究によって，デボン紀の地層から植物化石が発見されることが認識されていた(Göppert, 1852；Miller, 1859)．1850〜1860年代にかけて，カナダの地質学者Dawsonによって，最もすぐれた研究業績があげられた．Dawson(1859a, b, 1870)は，カナダのGaspe Bayの地層から得られた化石をもとに，*Psilophyton princeps*という植物を復元したのである(図1-5)．*Psilophyton princeps*には葉がなく，紡錘形の胞子嚢を二叉分枝を繰り返す軸の頂端につけているという単純な構造であった．Dawson(1870, 1871)は，*Psilophyton*は，現生のいずれのシダ類とも似ていないが，マツバラン科かデンジソウ科に近縁な植物化石であると推定した．当時の植物学者は*Psilophyton*をシダ類の葉柄か，ある種の根系，または藻類と考えていたので，Dawson(1870, 1871)は痛烈な批判を受けた．しかし，Dawson(1870, 1871)を支持する研究者も現れた．ノルウェーの前〜中期デボン紀の地層から，小舌のある軸に仮道管のある*Psilophyton ornatum*を記載したNathorst(1913, 1915)であった．Nathorst(1915)によって，*P. ornatum*には仮道管のあることが確認されたことで，この植物化石は維管束植物であるとされた．

Dawson(1870, 1871)による*Psilophyton*に関するそれまでの記載は，主に断片化した印象化石に基づいて行なわれていた．ところが，スコットランドのライニー村近郊の前期デボン紀の地層から鉱化した植物化石が発見され，さらに解剖学的知見が明らかになった．ライニーチャートと呼ばれる珪質の岩石から発見された植物化石は，Dawson(1870, 1871)によって記載された*Psilophyton*と類似しており，さらに解剖学的知見が加えられた(Kidston &

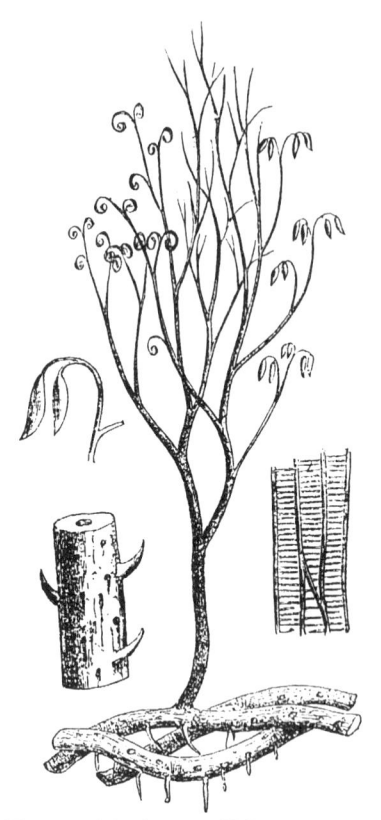

図 1-5　デボン紀の陸上植物，*Psilophyton princeps* の最初の復元図（Dawson, 1870；ⒸNature）

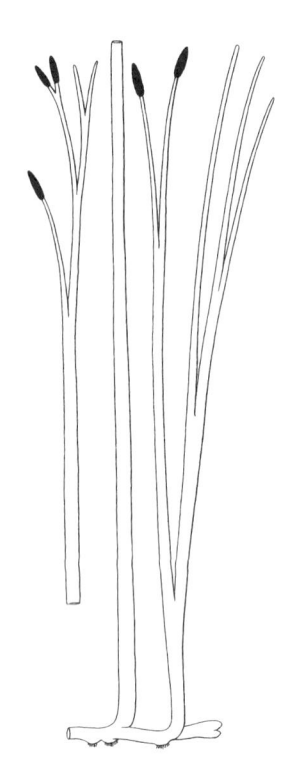

図 1-6　*Aglaophyton* (*Rhynia*) *major* の復元図（Kidston & Lang, 1912a；ⒸRoyal Society of Edinburgh）

Lang, 1917, 1920a, b, 1921a, b）。それらの解剖学的知見は，ライニー植物がシダ植物と類縁性のある陸上植物であることを示唆していた。これらの初期デボン紀の植物化石は，コケ植物とシダ植物の系統的中間型をつなぐ植物としても注目された（Bower, 1908）。さらに，Lignier（1908）は，Dawson（1870, 1871）の *Psilophyton princeps* の形状がコケ植物と維管束植物の仮想的中間型であると提案している。

　ライニーチャートから発見された化石植物の記載によって Psilophytales と呼ばれるようになったライニー植物を，多くの研究者は原始的なシダ植物

であると考えるようになった。Psilophytales は，*Rhynia* や *Psilophyton* の形態的特徴に基づいて，「葉または葉に類似する器官がない二叉分枝をする軸からなり，先端には胞子嚢をつけているシダ植物の1綱」と定義された(Kidston & Lang, 1917；図1-6)。その後，デボン紀の植物化石に関する研究はさらに進展し，多様な種類が発見されるに従い，Psilophytales はすべてのシダ植物と種子植物の祖先群と考えられるようになってきた。さらに，Zimmermann(1938, 1952, 1965)はこの考え方をさらに発展させ，ライニー植物を基本にして，二叉分枝をする軸が単位となって維管束植物の葉や茎が形成されていったとするテロム説を提唱した。

1960年代にはいり，新たな植物化石の種類が Psilophytales に加わり，Banks(1968, 1975a)はそれまでの古植物学的資料を集大成して，Psilophytales を Rhyniophytina, Zosterophyllophytina, Trimerophytina の3亜門に分類した。そのなかで，Rhyniophytina を Trimerophytina の祖先型とし，この系統群からさらにシダ植物と種子植物に派生していき，Zosterophyllophytina は Lycopsids の祖先型として，それぞれ独立に進化していったと考えた。最近になって，Rhyniophytina をこれらの2つの系統群の共通の祖先型とする見解もだされている(Chloner & Sheerin, 1979；Stewart, 1983；Edwards & Edwards, 1986；Meyen, 1987；Selden & Edwards, 1989)。あるいは，コケ植物との類縁を示唆する研究者もでてきた(Remy, 1982；Taylor, 1988a)。

6. ライニー植物に関する新たな発見と新たな問題

Banks(1975b)の分類法が広く受け入れられていたにもかかわらず，最近の分岐分類学的手法による研究は，この見解に異論を唱えるようになった。そしてさらに，詳しい解剖学的な知見が加わって，Psilophytales の分類体系について新たな視点から検討されることとなった。Banks の分類体系のなかで，Rhyniophytina は特に問題が多く含まれている最も不完全な群であった。この群の概念は，「地上は二叉分枝をする軸からなり，頂端には胞

表 1-1　Banks(1975b)の分類体系

Tracheophyta
　Rhyniophytina
　　Rhyniales
　　　Rhyniaceae
　　　　Rhynia sensu lato
　　　　Horneophyton（= *Hornea*）
　　　　*Cooksonia**
　　　　*Steganotheca**
　　　　*Salopella**
　　　　Dutoitea（= *Dutoitia*）*
　　　　*Eogaspesiea**
　　　Questionable Rhyniophytina
　　　　*Taeniocrada**
　　　　Hicklingia
　　　　Nothia
　　　　*Yarravia**
　　　　*Hedeia**
　Zosterophyllophytina
　　Zosterophyllales
　　　Zosterophyllaceae
　　　　Zosterophyllum
　　　　Rebuchia（= *Bucheria*）*
　　　　Sawdonia
　　　　Gosslingia
　　　　Crenaticaulis
　　　　*Bathurstia**
　Trimerophytina
　　Trimerophytales
　　　Trimerophytaceae
　　　　Psilophyton
　　　　Trimerophyton
　　　　Pertica
　　　　*Dawsonites**
　　　　Hostimella（= *Hostinella*）*
　　　　*Psilodendrion**
　　　　*Psilophytites**
　所属不明な科
　　Sciadophytaceae
　　　*Sciadophyton**
　　Barinophytaceae

＊印がついている属は，その実体がよくわかっていない属である．

子嚢がつき，下部に横に這っている仮根があり，葉と根はない。軸の中央には，細く，強固な木部組織がある」とされていた(Banks, 1975b)。これらの指標形質は，ライニーチャートから産する保存性のよい状態に残っていた *Rhynia gwynne-vaughanii*，*Aglaophyton*（*Rhynia*）*major*，*Horneophyton lignieri* の3種に基づくものであった。このなかにはシルル紀〜デボン紀にかけての地層から発見された5属も含められていた。だが，Rhyniophytina の「原始的」な状態は，*Cooksonia* などの新たな属の発見にともなって，さらに問題になってきた(Edwards, 1970)。シルル紀から発見される *Cooksonia* の種類が増えるに従い，*Cooksonia* の単系統性も問題になってきた。これまでに，*Cooksonia* は，最も初期の維管束植物であるといわれてきたにもかかわらず，仮道管が確認されたのは *Cooksonia* のなかの1種のみであった。このことはこれまで発見された多くのライニー植物において単に仮道管が化石に残されていないだけなのか，あるいは仮道管そのものがまだない前維管束植物の進化段階にあるのではないかという問題が，解決されないままに残されていたのである。

　しかし，これらの Rhyniophytina をめぐる論争は，最近の解剖学的研究によって再燃することになった。Rhyniophytina が維管束植物であるという分類によれば，仮道管の存在が大変重要な指標形質となる。ところが，Rhyniophytina のなかで，*Horneophyton* には肥厚した通道細胞がなく(図1-7)，*Aglaophyton*（*Rhynia*）*major* にはコケ植物の胞子体の通道組織と類似している模様のない通道細胞があり，*Rhynia gwynne-vaughanii* や *Renalia* には仮道管があることが明らかにされている(Edwards, 1986)。ただし，*Rhynia gwynne-vaughanii*，*Sennicaulis*，*Stockmansella*，*Huvenia* にある仮道管は，他の維管束植物の仮道管とは異なるタイプであることが明らかにされている(Kenrick & Crane, 1991；図1-8)。このために，Kenrick & Crane(1997a, b)は，Rhyniophytina から維管束をもっていない分類群を別のグループにすることを提唱し，分岐分類学的手法による新しい分類体系を提案した。Kenrick & Crane(1997a, b)によって提案された新分類体系は，今後，形質評価を含め，さらに詳しく検討されていく必要がある。

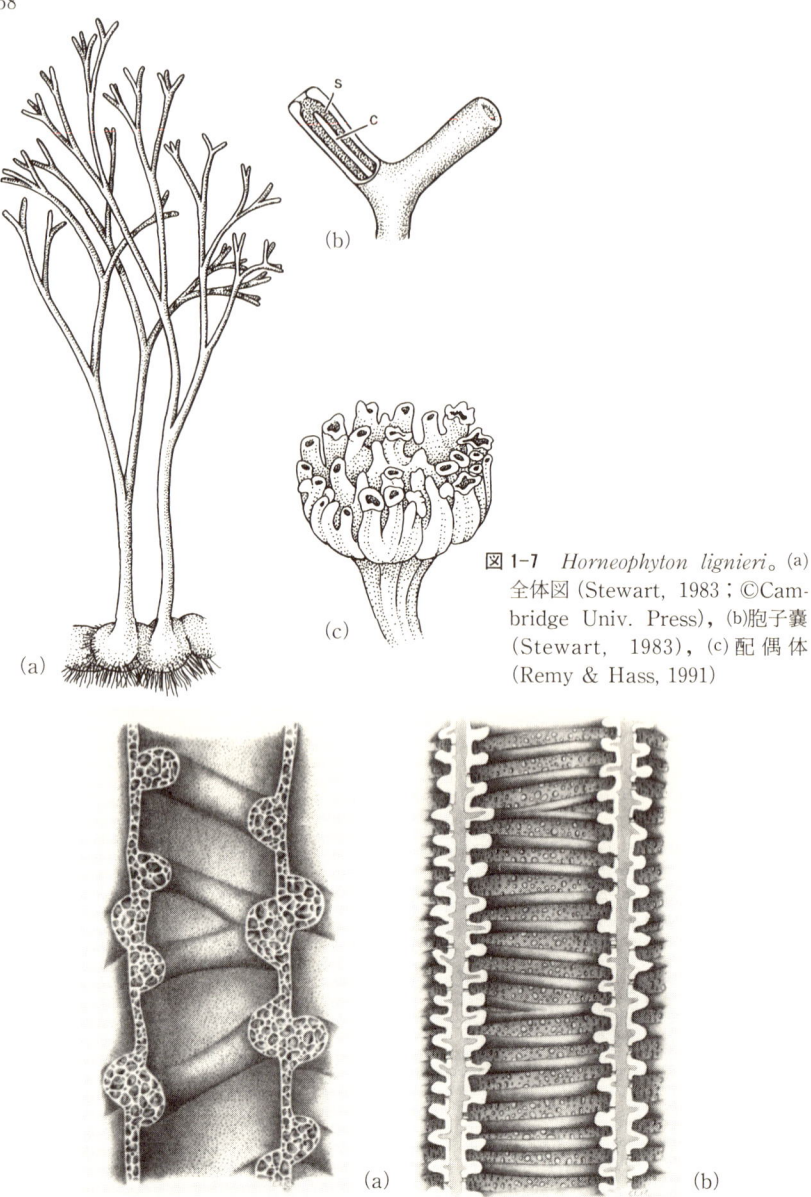

図 1-7 *Horneophyton lignieri*。(a) 全体図 (Stewart, 1983；ⒸCambridge Univ. Press)，(b)胞子嚢 (Stewart, 1983)，(c)配偶体 (Remy & Hass, 1991)

図 1-8 初期陸上植物の維管束の構造 (Kenrick & Crane, 1997a；ⒸUniv. Chicago Press)。(a) S 型。Rhyniopsida に典型的に見られるタイプ，(b) G 型。Zosterophylls や初期の Lycopsida に見られるタイプ

7. ライニーチャートの配偶体化石

　最近，前期デボン紀(4億800万年〜3億8000万年前)のライニーチャートから初期の陸上植物の配偶体と考えられる植物化石が発見されて注目されている。これらの化石は，いずれも二叉分枝を行ない，先端に配偶子嚢をつけている。これらの新しい植物化石のデータは，配偶体世代と胞子体世代が別植物として，世代交代を繰り返していたことを示唆している。かつては，*Aglaophyton* (*Rhynia*) *major* と命名された化石植物が胞子体世代で，*Rhynia gwynne-vaughanii* が配偶体世代ではないかという説があった(Pant, 1962)。この説の背景には，胞子嚢をつけた *R. gwynne-vaughanii* が発見されていないということがあった。しかし，この説は，胞子嚢をつけた *R. gwynne-vaughanii* が後に発見され，しかも *Aglaophyton* が他の維管束植物と構造的に非常に異なる植物であることが明らかになって完全に否定された(Edwards, 1980)。初期の陸上植物の配偶体に関する他の仮説も提唱されてきたが，いずれも説得力のあるものではなかった。そんななかで，ライニーチャートからカップ状の構造をもつ短い軸が発見され，*Lyonophyton* と名づけられた(Remy & Remy, 1980)。その上部には多くの造精器がついていた。そのなかにはコイル状の精子が確認された。*Lyonophyton* の表皮の構造などから，*Aglaophyton* との関連が強く示唆された(Remy & Remy, 1980)。さらに，通道組織の構造に基づいて，*Langiophyton* と *Horneophyton* との世代交代も示唆されている(Remy & Hass, 1991)。

　この他にライニーチャートから発見された化石植物として *Sciadophyton* がある。この化石植物をコケ植物の1種とみなしている研究者もいる(Remy *et al*., 1980；図1-9)。しかし，12本以上の分岐した軸で構成されており，そのなかにはS型の通道組織をもつものが確認され，初期の維管束植物の配偶体と考えられている。*Sciadophyton* に対応する胞子体の化石植物はまだ明らかにされていない。

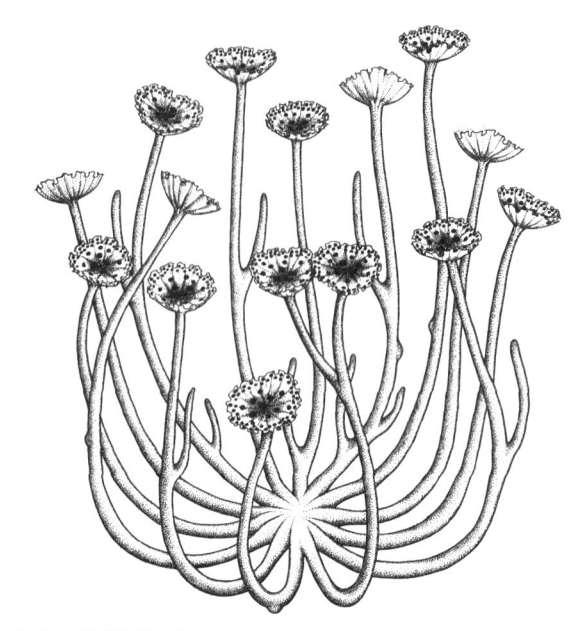

図 1-9　デボン紀の配偶体化石 *Sciadophyton* sp. (Kenrick, 1994 ; ©Cambridge Univ. Press)

8. 最古の陸上植物化石 *Cooksonia*

　陸上植物の世界最古の化石といわれているのは，シルル紀〜前期デボン紀の地層から発見された *Cooksonia* である。Lang(1937a)によって設定された *Cooksonia* は，「先端の胞子囊が幅広く短く，表皮は細長く，先端の尖った細胞からできており，中央の維管束は仮道管のある二叉分枝で環状紋があり，葉のない軸性の植物」とされてきた(図 1-10)。

　この属は，アメリカ，カナダ，スコットランド，リビア，チェコ，シベリアの各地で発見されており，出現してくる地質年代も，後期シルル紀〜前期デボン紀にまで広がっている。*Cooksonia* のタイプ標本になったのは，圧縮化石であった。1〜2回分枝しており，長さが 6.5 cm で，軸の直径は 1.5 mm であったので，*Cooksonia* は大きい植物体の先端部分，または非常に小

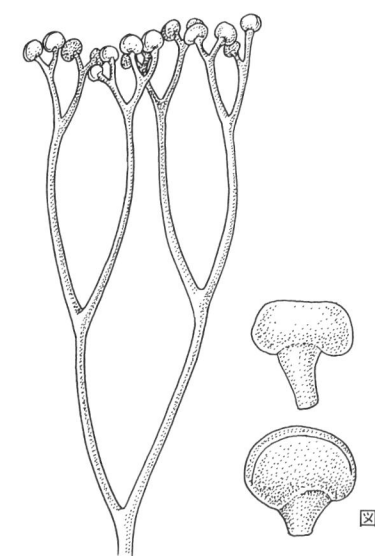

図 1-10　*Cooksonia caledonica* Edwards
(Edwards, 1970；©Cambridge Univ. Press)

さい完全な植物体であると考えられた(Lang, 1937a)。Lang(1937a)は，*C. pertonii* と *C. hemisphaerica* の 2 種を認識している。ところが，*Cooksonia* の指標形質は極めて一般的な原始的な特徴にしかすぎず，明確な派生形質を欠いていたので，実にやっかいな存在であった。しかも，形態的・解剖学的なデータはほとんどなく，属の定義が極めてあいまいであるという問題もあった。

形態学的な研究や解剖学的研究が進むにつれて，従来，*Cooksonia* とされていた化石から，*Hsua*, *Steganotheca*, *Uskiella* などのような新属に分ける見解もでてきた。さらに，小刺状突起があることだけで識別される *Pertonella* や *Dutoitea* などの *Cooksonia* 類似属も設定された。

その後の研究によって，*C. pertonii*, *C. hemisphaerica*, *C. caledonica* の 3 種から胞子が発見された(Edwards, 1979；Edwards ＆ Fanning, 1985；Edwards *et al*., 1986, 1992；Fanning *et al*., 1988, 1992)。Lang(1937a)は，*C. hemisphaerica* と同定された植物化石の一部であったと推測された不稔の軸から，環紋状の肥厚のある仮道管状の細胞を見つけ，これが仮道管細胞を

もった *C. hemisphaerica* と考えた。しかし，この不稔の軸と *C. hemisphaerica* が同じ個体であるという確証は得られていなかった。最近の研究では，少なくとも，*C. pertonii* の軸には環紋状の肥厚のある仮道管細胞がないことが確かめられている(Edwards *et al.*, 1986)。一方で，*C. pertonii* ssp. *apiculispora* からは，水分を運搬する非常に細い仮道管(3.2〜11 μm。環紋，ラセン紋あり)が確認されている(Edwards *et al.*, 1992)。*Cooksonia* のなかで表皮組織や，気孔，内部組織がわかっているのは，*C. pertonii* だけである(Edwards *et al.*, 1986, 1992)。

Cooksonia 植物のなかには，*Cooksonia* 型の胞子嚢をつけ，偽単軸分岐をするタイプの化石が見つかっている。そのために，*Cooksonia* と呼ばれている化石は，より大形の植物の一部である可能性もでてきた。さらに，小さい胞子嚢の形態で分類されていた種の信頼性にも，問題を含んでいた。たとえば Fanning *et al.*(1988, 1991)は，*Cooksonia* のタイプ種である *C. pertonii* の標本とされていた40個の圧縮化石から，実に3つの異なる種類の胞子化石がついていたことを発見したのである。さらに彼らは，*C. pertonii* のなかに，胞子のタイプで区別される3亜種を認識している。このことから，*Cooksonia* はもはや単系統属とは認められてはおらず，系統的には，*Horneophyton* などの無維管束植物よりも進化している群にあたり，原維管束植物 Rhyniopsida と真正維管束植物 Eutracheophytes の移行群にあたると考えられている(Kenrick & Crane, 1997a)。

9. 陸上植物の初期進化

植物化石のデータによると，デボン紀初期に維管束植物の新たな進化があったことがわかる。陸上植物は大型化し，複雑な生殖器官が形成され乾燥地帯にも適応できるようになった。デボン紀以降，陸上植物の発展によって，地球上の二酸化炭素が減少し，気温も下がっていった。3億9000万年〜3億6500万年前の間に，胞子をつける陸上植物の種類は3倍にも増えたと考えられている。

初期のデボン紀にはすでに，150〜200 μm の大胞子と 50 μm 以下の小胞子の 2 種類の胞子をつけている胞子嚢があることが発見されている (Traverse, 1988)。異形胞子の発達は，種子植物への進化の重要な 1 ステップである。デボン紀末までに，1 胞子嚢で 4 個の胞子のうち 3 個が退化し，1 個が大胞子として発達していることが知られている。もう 1 つの大きなステップは珠皮の発達である。乾燥や他の生物からの攻撃などにそなえて大胞子嚢を保護しているのが珠皮である。大胞子嚢の周囲に珠皮が形成されたのが胚珠であり，受精前の種子でもある。胚珠の発達にともない，花粉が 3 億 6400 万年前に出現したことを古植物学的データは示している (Traverse, 1988)。

次にデボン紀の陸上植物における生殖器官の形態と乾燥適応についてみてみよう。体構造については，維管束構造と支持構造や発達した根系や葉をつける植物も出現した。維管束構造については，後期デボン紀 (3 億 7400 万年前) には，すでに原生中心柱 Protostele，管状中心柱 Siphonostele，真正中心柱 Eustele の 3 つの異なるタイプの中心柱が出現していたことがわかっている。

また，材と樹皮からなる幹，地上根，発達した根系などが，3 億 8000 万年前にはすでに存在していたことを化石データは示している。材には 2 次木部が形成されていた。さらに *Lepidodendron* のように皮層や髄を発達させて，太くなる植物もあった。初期の陸上植物は，茎に気孔とクチクラがあった。光合成は主に軸で行なっていた。少なくとも，最初の陸上植物が登場してから 4000 万年間は葉のない植物であった。そして，後期デボン紀に大葉が発達するようになった。大葉の発達によって，より効果的に光合成が行なわれるようになった。

10. 陸上植物の初期系統群

現生の陸上植物の系統関係について，分子系統や分岐分類などの新しい観点からの分析が進められてきた。その結果，多細胞からなる胞子体世代が認

められるという派生形質をもつ陸上植物は単系統であり，苔類，ツノゴケ類，蘚類などの偽系統群からなるコケ植物が原始的な群に位置していることが明らかにされた。Kenrick & Crane(1997a)は，コレオケーテやシャジクモ類などの緑藻類を外群とする最初の陸上植物であると推定されている苔類は，オルドビス紀に分化したと考えている。さらに初期シルル紀になって，ツノゴケ類，蘚類などが偽系統群として分化し，これらのコケ植物を姉妹群とする多胞子嚢植物が，中期シルル紀に分化したと推定している。

11．Kennrick & Crane による分類形質基準

　シルル紀〜デボン紀にかけての陸上植物初期進化群の系統関係について，Kennrick & Crane(1997a)は，下記のような33形質に基づいて，分岐分類学的手法で解析した。
　(1)胞子体が配偶体に従属しているか，独立しているか
　(2)胞子嚢柄の発達
　(3)胞子体の分枝
　(4)分枝の型(等型二叉分枝，不定型二叉分枝，仮軸分枝)
　(5)分枝の方向(単一面，ラセン状，十字状)
　(6)劣位分枝
　(7)ライニー型不定分枝
　(8)わらび巻の芽立ち
　(9)多細胞性の付属器官
　(10)二叉状羽片型付属体
　(11)胞子嚢の円錐型毛状体
　(12)気孔
　(13)ステロメ(茎の周囲に見られる硬い組織)
　(14)木部の形態
　(15)原生木部
　(16)仮道管の保存性

⒄仮道管細胞の肥厚
⒅後生木部の仮道管の穿孔
⒆仮道管の単孔
⒇木部の配列
(21)木部繊維
(22)胞子嚢の配列
(23)胞子嚢のつき方
(24)不稔軸
(25)特異な胞子嚢軸の結合
(26)胞子嚢の脱離
(27)胞子嚢の形
(28)胞子嚢の対称性
(29)胞子嚢の裂開
(30)胞子嚢の弁
(31)胞子嚢の分岐
(32)柱軸
(33)弾糸

上記33形質についての分岐分類学的な系統解析によって，Kenrick & Crane(1997a)は，陸上植物の新たな系統関係を提案した。従来，ライニー植物群としてまとめられていたシルル紀～デボン紀の初期陸上植物を，前維管束植物，原維管束植物，ゾステロフィロム綱，真正単葉植物の別系統群として取り扱っていることが特徴である(図1-11)。

Kenrick & Crane(1997a)による分岐分類
 有胚植物 Embryophytes(陸上植物)
   苔類 Marchantiopsida
   ツノゴケ類 Anthocerotopsida
   蘚類 Bryopsida

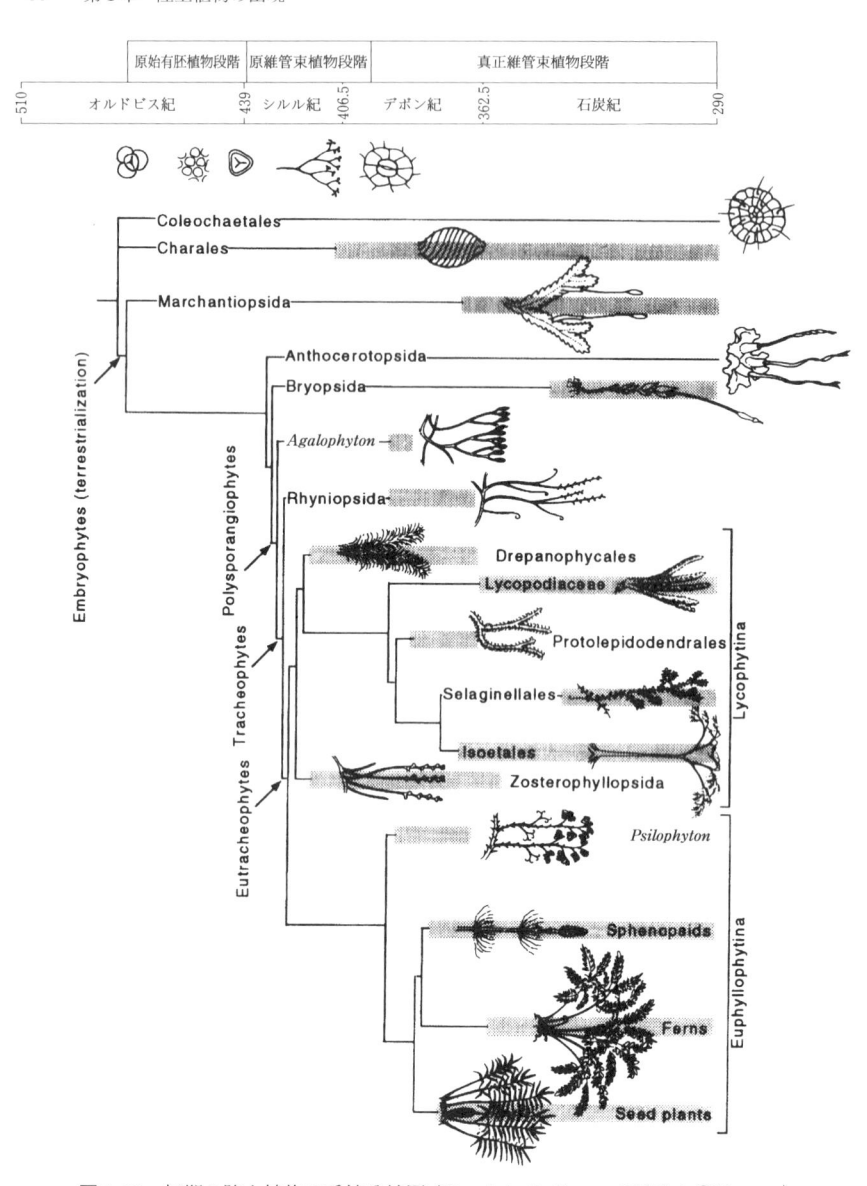

図1-11 初期の陸上植物の系統分岐図 (Kenrick & Crane, 1997b；©Nature)

多胞子嚢植物 Polysporangiophytes
 前維管束植物 Protracheophytes
  Aglaophyton（アグラオフィトン）
  Horneophyton（ホルネオフィトン）
 維管束植物 Tracheophytes
  原維管束植物 Rhyniopsida
  真正維管束植物 Eutracheophytes
   Lycophytina（ヒカゲノガズラ類）
    Drepanophycales（ドレパノフィックス目）
    Lycopodiaceae（ヒカゲノカズラ科）
    Protolepidodendrales（プロトレピドデンドロン目）
    Selaginellales（イワヒバ目）
    Isoetales（ミズニラ目）
    Zosterophyllopsida（ゾステロフィロム綱）
   真正単葉植物類 Euphyllophytina
    Psilophyton（プシロフィトン）
    Sphenopsida（スギナ綱）
    Ferns（シダ類）
    Seed plants（種子植物）

(1) **多胞子嚢植物** Polysporangiophytes

多胞子嚢植物は，前維管束植物とすべての維管束植物を含んでいる。この群の共有派生形質は複数の胞子嚢をもっていることと胞子体が配偶体に比べて優勢であることである。

(1)-1 **前維管束植物** Protracheophytes

従来，*Horneophyton* や *Aglaophyton* は維管束植物とされてきた。Kidston & Lang(1920a)は，細胞壁に肥厚が見られないのは化石になる過程で消失したのであろうと解釈していたのである。ところが，これらの化石植物

はG型と呼ばれる初期段階の維管束の特殊な肥厚も発達しておらず，維管束がまったくないことが明らかになった．Kenrick & Crane(1997a)は，これらの維管束を欠いている植物群について前維管束植物という新たな分類群を提案した．前維管束植物にはHorneophytopsida(*Tortilicaulis*, *Horneophyton*, *Caia*)と*Aglaophyton*とが含まれる．これらの化石植物は，複数の胞子嚢をつけ，胞子体世代と配偶体世代が独立しており，心原型木部があり，軸は，3次元方向に等軸分岐している．そして水を通過する細胞には肥厚がまったく確認されないという特徴がある．Horneophytopsidaは，複胞子嚢群植物のなかで最も基部に位置している群である．ライニーチャートの代表的な化石植物である*Horneophyton*は分枝型の胞子嚢をもっている．*Caia*や*Tortilicaulis*も*Horneophyton*と同じグループに分類されている．

(2) 維管束植物 Tracheophytes

維管束をもっている植物群で，原維管束植物Rhyniopsidaと真正維管束植物Eutracheophytesから構成されている．最古の維管束植物は，デボン紀初期から発見されている．オーストラリアや中国の後期シルル紀から発見されたという報告もあるが，いずれも信頼性のあるデータではない．水の通道組織の細胞には，環紋またはラセン紋の肥厚が認められる．

(2)-1 原維管束植物 Rhyniopsida

初期デボン紀から発見されている小さなグループの化石植物で，*Rhynia gwynne-vaughanii*に代表される明確な維管束植物の1つである．*Stockmansella langii*, *Huvenia kleui*などが含まれている．不等軸分枝をもち，胞子嚢の基部に離層が形成される特徴がある．維管束には，ユニークなS型の仮道管がある．その他の特徴として，不定分枝をもち胞子嚢の基部に離層があることがあげられる．

(3) 真正維管束植物 Eutracheophytes

ヒカゲノカズラ類Lycophytinaと真正単葉植物類Euphyllophytinaからなる．仮道管の細胞壁が厚く壊れにくいことと，肥厚した細胞壁に小孔があるという2つの特徴がある．

(3)-1　ヒカゲノカズラ類 Lycophytina

初期デボン紀に最初に出現した初期の陸上植物のなかで，最も多様性に富んでいる。*Zosterophyllum* や *Drepanophycus* などの同形胞子種が含まれている。オーストラリアの後期シルル紀の地層から発見されたといわれている。ヒカゲノカズラ類はデボン紀の化石植物のなかでは，優占的な植物である。ゾステロフィロム綱は特に初期デボン紀に多様化したが，初期石炭紀には絶滅した植物群と考えられている。その根拠になったのは，*Protobarinophyton* の最後の記録に基づいている。Lycopsida は，デボン紀〜初期石炭紀に多様化し，当時の維管束植物の半数の種類を占めていた。

ヒカゲノカズラ目 Lycopodiales，イワヒバ目 Selaginellales の化石はよくわかっていない。後期デボン紀の地層からヒカゲノカズラ目と考えられる最古の化石の *Lycopodites* が報告されている(Kräusel & Weyland, 1937；Chaloner, 1967)が，ヒカゲノカズラ目との類縁性を示唆する明確な共有派生形質が見つかっていない。イワヒバ目の最古の化石は，石炭紀の地層から発見されている(Rowe, 1988a)。小葉類のヒカゲノカズラ類は，中期石炭紀の地層からの報告があり(Grierson & Bonamo, 1979)，ミズニラ目の化石も後期デボン紀の地層から発見されている(Bateman et al., 1992；Pigg, 1992)。

①Drepanophycales(ドレパノフィックス目)

ドレパノフィックス目は，*Asteroxylon*，*Drepanophycus*，*Baragwanathia* からなる化石植物群である。この群の単系統性は，鱗芽あるいは腋芽をもつことで示唆されている。

②Lycopodiaceae(ヒカゲノカズラ科)

ヒカゲノカズラ科は，必ずしも単系統性が明らかになっている群ではないが，胞子が小孔紋であることでまとまっている群である。

③Protolepidodendrales(プロトレピドデンドロン目)

矢じり状になった小葉と胞子囊が反転することなどの特徴が見られる。化石種である *Leclercqia* と *Minarodendron* を含んでいる。

④Selaginellales(イワヒバ目)

地表に張り付いて生育している植物であり，なかには高さ2mのものも

ある。球状の胞子嚢は横断裂開をする。

⑤Isoetales(ミズニラ目)

単細胞層の形成層，2曲型生長，根の1原生木部などの共有派生形質がある。

⑥Zosterophyllopsida(ゾステロフィロム綱)

ゾステロフィロム綱は，無葉の化石植物で初期陸上植物の重要な要素である。後期デボン紀に出現し，初期陸上植物の主要な構成要素となった。偽単軸分枝であり，ジグザグ状の分岐パターンをもつ。

(3)-2 真正単葉植物 Euphyllophytina

真正単葉植物は，*Euphyllophyton*，*Psilophyton* などの化石植物を含み，スギナ綱，シダ類，種子植物など，現生の維管束植物の99%を占めている(図1-12)。これらの派生形質は，1)偽単軸分枝または単軸分枝，2)分枝のラセン状配列，3)羽片状の栄養器官，4)分枝の先端の反曲，5)後生木部の細胞に階段状穿孔，6)2対になった胞子嚢群が束をつくる，7)多細胞性の針状突起，をもつことである。真正単葉植物の最古の化石は，前期デボン紀の地層から発見された，小さな無葉植物で同形胞子をもつ *Psilophyton* である。現生植物の主要な分岐群は，後期デボン紀には分化している(Kenrick & Crane, 1997a)。*Archaeopteris* などは，後期デボン紀の古フロラの重要な分類群である。種子植物の最古の化石もヨーロッパや北米の後期白亜紀の地層から発見されている(Fairon-Demaret & Schecker, 1987；Rothwell *et al.*, 1989；Rowe, 1992)。

①*Psilophyton*(プシロフィトン；図1-12)

小型の無葉植物であり，同形胞子をつける胞子嚢をもち，1次木部は円形の原生中心柱であり，仮道管には階段状壁孔がある。胞子嚢は紡錘形で縦方向に裂開する。胞子は三叉条溝粒型で40〜75μmある。デボン紀の化石植物である。

②Sphenopsida(スギナ綱)

デボン紀後期〜ペルム紀にかけて繁栄し，現在はトクサ属が残っている。明瞭な節をもち，葉が輪生している。胞子嚢穂が茎の先端につき，傘状の胞

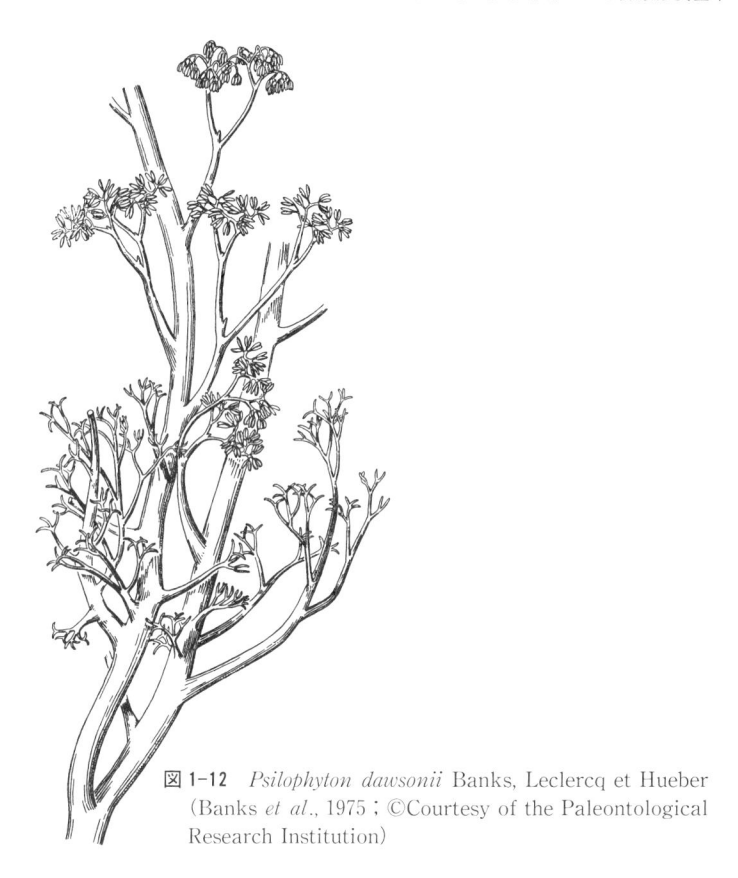

図 1-12 *Psilophyton dawsonii* Banks, Leclercq et Hueber (Banks *et al*., 1975；©Courtesy of the Paleontological Research Institution)

子囊床が輪生する。

③Filicopsida（真正シダ植物綱）

真正シダ植物の最古の化石のデータは，デボン紀後期〜初期石炭紀にかけて，茎の鉱化化石や葉の印象化石がでている（Galtier & Scott, 1985）。リュウビンタイ目 Marattiales の最古の胞子嚢群の化石は，石炭紀から出現している（Millay & Taylor, 1979）。ウラボシ目の環状の胞子嚢の化石も前期石炭紀から発見されており，カニクサ科 Schizaeaceae の胞子嚢の最古の化石と考えられている *Senftenbergia* 型の胞子は，前期石炭紀の地層から発見されている。

④Seed plants(種子植物)

最古の種子状の化石は，3億7000万年前のデボン紀から発見されている。その後，裸子植物群は石炭紀〜ペルム紀にかけて全盛となっている。

以上示したように，Kenrick & Crane(1997a)によって提案されたシルル紀〜デボン紀にかけての陸上植物の初期進化と系統関係に関する新提案は，化石植物の解剖学的特徴や形態学的特徴に関する新しい知見に基づいた分岐分類学的解析によるものである。

12. 最古の種子化石——シダ種子植物の登場

後期デボン紀から最古のシダ種子植物である *Elskinsia* や *Archaeosperma* が発見されている(Pettitt & Beck, 1968；Rothwell *et al*., 1989)。*Elskinsia* は，十字束状に分枝した軸に房状に椀状体がついている化石である。それぞれの椀状体は16本の不稔軸に4個の直生胚珠をつけている。胚珠は，長さ6.5 mm等軸で4〜5裂片からなり，先端が割れている珠皮に被われている。珠皮のそれぞれの裂片には維管束がはいっていることが確認されている (Rothwell *et al*., 1989)。*Archaeosperma* は，2つの種子を含む椀状体が対になっている状態で発見された(Pettitt & Beck, 1968；図1-13)。椀状体の長さは，1.5 cmで，種子は長さが4.2 mmであった。そのなかにスポロポレニンからなる1個の大胞子と小さい3個の不稔性胞子からなる四分子があることがわかっている(Pettitt & Beck, 1968)。椀状体と種子の進化について，いくつかの説が提唱されてきている。代表的なのはテロム説で側生する軸が退化したものであるという考え方である。もう1つは，胞子嚢群説 Synangial hypothesisで，椀状体はリング状に配列した胞子嚢が不稔化して退化したものであるという説である(Benson, 1904)。胞子嚢群説によれば，房状の胞子嚢群と珠皮が相同な器官とみなされている(図1-14)。

いずれにせよ，デボン紀には種子をつける植物が登場したことになる。種子の起源については，異形胞子がつくられ，大胞子嚢が珠皮に包まれる進化

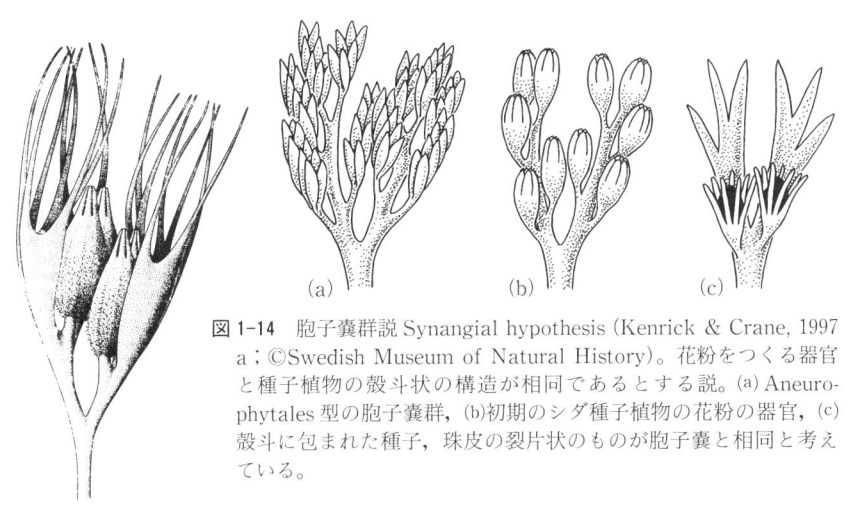

図1-14 胞子嚢群説 Synangial hypothesis (Kenrick & Crane, 1997 a；©Swedish Museum of Natural History)。花粉をつくる器官と種子植物の殻斗状の構造が相同であるとする説。(a) Aneurophytales 型の胞子嚢群，(b)初期のシダ種子植物の花粉の器官，(c)殻斗に包まれた種子，珠皮の裂片状のものが胞子嚢と相同と考えている。

図1-13 シダ種子植物の種子化石 *Archaeosperma arnoldii* Pettitt et Beck の復元図 (Pettitt & Beck, 1968；©Univ. Michigan)

過程を経てきたことは確かであるが，今後，珠皮の起源や形成のプロセスが解明されることが期待されている。

13. 陸上植物の系統関係について議論は続いている

コケ植物が，陸上植物のなかで最も原始的な群であることは共通した理解になっている。一方において，苔類，ツノゴケ類，蘚類の系統関係やシダ植物および他の陸上植物の系統関係についていくつかの新しい考え方も提唱されており，議論が続いている。たとえば，Pryer *et al.*(2001)は，現生の維管束植物の分子系統から，現生の維管束植物が，1)ヒカゲノカズラ類 Lycophytina，2)真正単葉植物類 Euphyllophytina，3)スギナ類と真正シダ綱，の3つの単系統群から構成されていることを示唆した。この系統関係の特徴は，シダ類がコケ植物と種子植物の進化的移行群という考え方を否定していることである。さらに，Schneider *et al.*(2004)は，イノモトソウ綱 Pteridoids と真正ウラボシ綱 Eupolypods は，白亜紀以降に分化したシダ類

であることを明らかにした．

　今後，陸上植物の初期進化群についての情報が豊富になっていくことにより，さらに検証が重ねられ，いっそう確実なものになっていくであろう．

第 2 章　森林の成立と裸子植物の出現
(石炭紀～ペルム紀：3 億 5920 万年～2 億 5100 万年前)

1. 石炭紀の地球

6億年前に南半球に形成されたゴンドワナ超大陸は，その後，再び分裂を繰り返し，さらに衝突・融合して，3億年前にはパンゲア超大陸がつくられた(Rowley et al., 1985；Scotese, 2001；図 2-1)。この頃の地球は寒冷化して，氷河が発達し海面は 100～200 m 低下していたといわれる(Crowley &

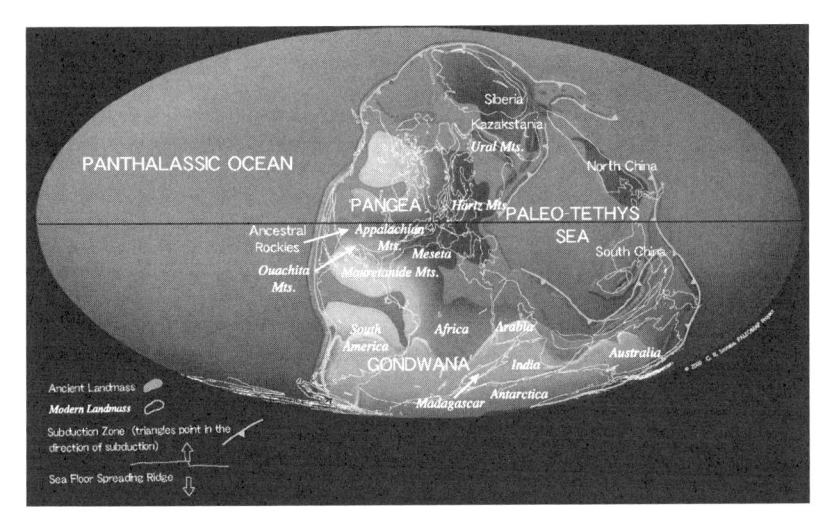

図 2-1　後期石炭紀(3 億 600 万年前)の地球(Scotese, 2001；©Paleomap)。パンゲア超大陸ができ，氷河が形成されている。

North, 1991)。後期デボン紀〜石炭紀にかけて大気のなかの酸素量が35%にまで増加した一方で，二酸化炭素は0.03%まで減少したと推定されている(Graham *et al*., 1995)。

　前期デボン紀には1m以下の小さな草本性植物が優占していたが，後期デボン紀には，木本性ヒカゲノカズラ類，木本性トクサ類，木本性シダ類，シダ種子植物などの初期の木本性植物が出現した(Scheckler, 1985, 1986)。前期石炭紀までに，シダ種子植物や*Cordaites*を含む裸子植物群が出現した(Rowley *et al*., 1985；Wnuk, 1996)。石炭紀には*Lepidodendron*などの大型化したヒカゲノカズラ類の胞子をつける木本性植物とシダ種子植物からなる最初の森林が地球上に成立した。石炭紀における高酸素量が木本性植物の進化と最初の森林の形成に影響を与えたと考えられている(Graham *et al*., 1995)。

2. 陸上植物の多様化

　陸上に進出した植物は少なくとも4億7000万年の長い地質年代にわたって多様化してきた。最初は，二叉分枝に胞子嚢をつけていた植物がやがて複雑な胞子嚢をつけるようになり，ついには多様な花を咲かせ種子をつくる植物にまで進化していく。これまで，明らかにすることは容易でないとされてきた陸上植物の進化の歴史が，古植物学や胞子や花粉の研究によって少しずつ解明されてきて，それぞれの地質年代に生育していた植物の姿がわかってきた。図2-2は，シルル紀以降の陸上植物の多様化のプロセスを模式的に表されたものである(Niklas *et al*., 1983)。シルル紀〜デボン紀にかけて，初期の陸上植物が出現し，石炭紀〜三畳紀には大型のヒカゲノカズラ類やシダ種子植物が全盛になり，ジュラ紀には裸子植物が繁栄していたことを示している。

　では，次に石炭紀に繁栄していた植物を紹介しよう。

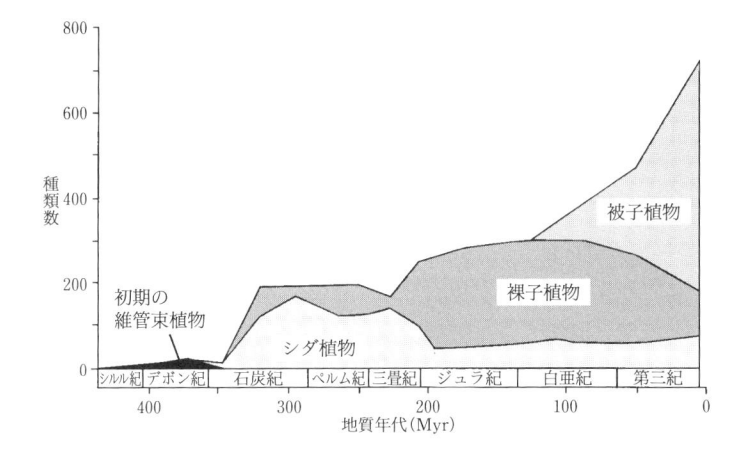

図 2-2 陸上植物の多様化のプロセス（Niklas *et al*., 1983；Willis & McElwain, 2002；ⒸNature）

3. 石炭紀の古植生

前期石炭紀の古赤道帯に位置していた中国やスカンジナビア，グリーンランド，北アメリカなどでは，木本性ヒカゲノカズラ類の *Lepidodendron* や木本性トクサ類の *Sphenophyllum* とシダ種子植物が生育していた。古緯度の5〜30°地域では，夏だけ多湿になる地域であり，木本性ヒカゲノカズラ類とシダ種子植物が優占で，木本性トクサ類が少ない地域であった。当時，この地域にあったカザフスタンは隔離された小大陸であり，45％は木本性ヒカゲノカズラ類とシダ種子植物の固有種で占められていた。一方，オーストラリア，北西サウジアラビア地域からは植物化石は発見されてなく，乾燥した砂漠地帯であったと推定されている。シベリアなどの古緯度が30〜70°であった地域には，小型木本のヒカゲノカズラ類と木本性トクサ類が生育していたが，シダ種子植物はほとんどなかった(Willis & McElwain, 2002)。南半球では木本性ヒカゲノカズラ類とトクサ類や初期のシダ種子植物が生育していた。南半球の極付近は氷河に覆われていた(Willis & McElwain, 2002)。前期石炭紀における南緯60°以南からの植物化石の報告はない。

後期石炭紀ではパンゲア大陸は北の方向に移動し，熱帯多雨林がパンゲア大陸を広く占めるようになった。後期石炭紀になると，現在の北アメリカ東部，西ヨーロッパ，中国，北アフリカに相当する古赤道付近の熱帯多湿地域では，シダ種子植物や木本性ヒカゲノカズラ類の多様性が増加し，木本性シダ類や *Cordaites* なども生育するようになってきた。夏だけ多湿になる地域では *Lebachia* や *Ernestiodendron* などのような乾燥に強い針葉樹が分布しており，後期石炭紀～前期ペルム紀にかけて，木本性のヒカゲノカズラ類や木本性トクサ類が減少し，針葉樹が出現してくる傾向が見られる(Willis & McElwain, 2002)。

4. 初期の木本性植物

小型の草本性のヒカゲノカズラ類は同形胞子をつける植物であり，デボン紀の4億1000万年前に出現している。そして初期の木本性植物であるヒカゲノカズラ類は3億7000万年前に出現している。木本性ヒカゲノカズラ類の最も代表的で大型の植物は，直径が1mで高さが10～35mにもなった *Lepidodendron* である(DiMichele, 1981；図2-3)。*Lepidodendron* の主幹の先端部は枝分かれをし，小葉をつけている。小葉の落ちた痕は，菱形状になって残った。茎の中心柱は，原生中心柱またはトクサ型外篩管中心柱であり，原生木部によって囲まれている。ただし，幹の主要な部分は樹皮からなっていた。根系は，2次木部と皮層からなり，四方に12mにもなって広がっていたが，地中に深くはいり込むことはなかった。*Lepidodendron* は枝の先端に胞子嚢穂をつけ，初期のヒカゲノカズラ類と異なり，異形胞子をつける植物であった。その胞子嚢穂は直径が1～3.5cmで，長さが5～40cmにもおよぶ大きなものであった。*Lepidodendron* は，後期石炭紀(3億1500万年～2億9000万年前)に世界中に広がっていった。

現生のトクサ類は草本であり，世界中に分布している。輪生した小型の葉と節構造から分岐した側枝をつけていることが特徴である。トクサ類の化石は，石炭紀～ペルム紀にかけて多く出現する。最も大型の木本性トクサ類は

図 2-3 ヒカゲノカズラ類の化石 *Lepidodendron* (DiMichele, 1981：ⓒPalaeontographica B)。(a) *L. vasculare*, (b) *L. scleroticum*, (c) *L. phullipsii*, (d) *L. dicentricum*

18 m にもなる *Calamites* である(Boureau, 1964；図 2-4)。*Calamites* は多くの節に分かれており，その節から輪生に分岐している．茎はトクサ型外篩管中心柱で，中央に髄がある．1 次師部と 1 次木部からなる維管束が 2 次木部によって包囲されている．大型ヒカゲノカズラ類とともに増加した植物であり，湿地地域に生育している．

現生の木本性シダ類のリュウビンタイ類に近縁な *Psaronius* は，前期石炭紀(3 億 6000 万年前)には高さ 10 m になり，大きな羽状複葉をつけ，同形胞子をつけていた(Morgan, 1959；図 2-5)．2 億 8000 万年前には 12 種類の木本性シダ類が生育していたことが知られている．

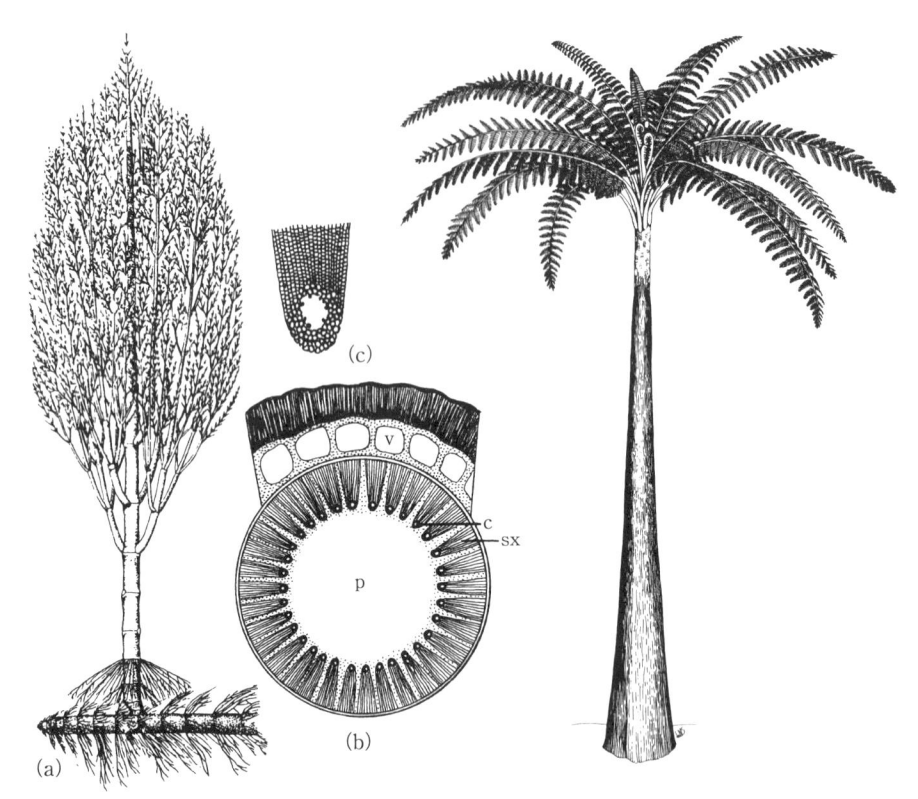

80　第2章　森林の成立と裸子植物の出現

図 2-4 石炭紀のトクサ類の化石 *Calamites carinatus* (Hirmer, 1927；Takhtajan, 1956)。(a) *Calamites carinatus* の再構築図 (Hirmer, 1927)，(b) *Arthropitys* の節間の横断面；p：髄腔，sx：2次木部，c：通水道，v：通気孔，(c)通水道の拡大図

図 2-5 木本性シダ類 *Psaronius* (Morgan, 1959；ⒸUniv. Illinois Press)

5. 前裸子植物

　デボン紀中期〜初期石炭紀にかけて，15〜20属の前裸子植物が生育していた。代表的な前裸子植物は *Archaeopteris* である(Beck, 1962；図2-6)。ラセン状に配列した落葉性の枝を広げていた。この分枝は長い間，木本性シダ類の複葉と考えられてきたが，葉身が裂片状になって枝についていること

図 2-6 後期デボン紀の前裸子植物 *Archaeopteris* sp. (Beck, 1962；ⒸAJB)。4 m の高さになった。

が明らかになった。*Archaeopteris* の幹は，1次木部に包まれた真正中心柱である。さらに，仮道管と維管束放射組織をもち，針葉樹の幹と類似している。*Archaeopteris* は稔性のある葉的器官(胞子嚢)と不稔の葉的器官からなっており，同形胞子をつけていたものと推定される。他の前裸子植物には異形胞子をつけていたものもあった。これらの前裸子植物は後期デボン紀に氾濫原などに生育していたと推定されている。

6. シダ種子植物

胞子をつける大型のトクサ類，ヒカゲノカズラ類，木本性シダ類と前裸子植物とともに，石炭紀にはシダ種子植物や *Cordaites* の森林があった。シダ

図 2-7 シダ種子植物 *Medullosa noei* (Stewart & Delevoryas, 1956；©AJB)。3.5 m の高さになった。

種子植物は，シダ類のような葉をもち，種子を形成する石炭紀〜ペルム紀(3億5400万年〜2億4800万年前)の木本性植物である。最も大きいシダ種子植物は，高さ10 m の Medullosaceae 科である。*Medullosa* は茎のラセン状に複葉の大葉をつけていた(Stewart & Delevoryas, 1952；図2-7)。葉柄の太さは20 cm もあり，茎の直径は50 cm くらいあった。地上部には不定根がでていた。*Medullosa* 属植物には，14 の形態の異なるタイプが認められ，胚珠には3層からなる珠皮があり，珠孔と花粉室がある。胚珠は現生のソテツ類の胚珠に似ており，ソテツ類との類縁が示唆されている。小胞子嚢には，100〜600 μm の単条型の胞子がついていた。

7. コルダイテス *Cordaites*

　石炭紀〜ペルム紀に生育していた *Cordaites* は，高さ 30 m，直径 1 m の裸子植物である。この化石植物は，海岸沿岸から乾燥地の多様な環境地域で，主要な最も高い木本性植物であった(Scott, 1909；図 2-8)。*Cordaites* のなかには，舌状で長さ 1 m，幅 15 cm の主脈を欠く平行脈が走っている葉をつけるものもあれば，針状で 1 本の脈をもつ葉をつけるものもある。雄性器官は針葉樹の球果と類似した構造であり，単溝粒型花粉をつける。雄性器官と別になっている雌性器官は球果類と同じように胚珠をつけている鱗片からなっている(Taylor & Taylor, 1993)。

図 2-8　石炭紀の裸子植物 *Cordaites*（Scott, 1909）

8. ペルム紀の地球環境

初期のペルム紀では南半球の極付近は氷河に覆われていたが，中期ペルム紀になると，しだいに温暖化し，超大陸の内部では乾燥化が広がり，季節変化が見られるようになった。これらの変化にともない，ペルム紀にはいると大気中の酸素量は再び減少し，炭酸ガスが増加するようになった。前期石炭紀では，現在の地球とほぼ同様の炭酸ガスの量であったのが，後期三畳紀までには4倍にも増加したと推定されている。ソテツ類やイチョウ類，針葉樹などの裸子植物が地球上で繁栄するようになり，地球の植生が大幅に変化した (Willis & McElwain, 2002)。

9. ペルム紀の植生

世界の植物相のなかで種子植物が優占するようになってくるのは，ペルム紀になってからのことである。このペルム紀になると，ソテツ類，イチョウ類，*Glossopteris* などの新しい種子植物が出現し，2億6000万年前には，世界の植物相の60％が裸子植物で占められることになる。それに対して，木本性のヒカゲノカズラ類やトクサ類は減少していく傾向にあった。中期ペルム紀(2億6700万年〜2億6400万年前)のパンゲア大陸の熱帯地域では，*Medullosa*，シダ種子植物，木本性トクサ類，木本性シダ類，イチョウ類が分布しており，特に，*Gigantopteris* が優占していた。その周囲では，イチョウ類，*Cordaites*，針葉樹などが生育していた。パンゲア大陸の内陸部では乾燥地域が増大するのにともない，砂漠が広がったと考えられている。乾燥地帯ではソテツ類，イチョウ類，球果類の裸子植物が生育しており，それよりも南の低緯度地域に位置していた南アフリカ，インド，マダガスカル，オーストラリアや南極などでは，*Glossopteris* が優占していた。一方，北半球の東端に位置していた中国はギガントプテリス目などのシダ種子植物が広く生育している熱帯多湿地が広がっており，シベリアでは *Cordaites* やトク

サ類が生育していた(Willis & McElwain, 2002)。

　後期ペルム紀になると地球は一時的に寒冷化していくが，やがて再び高温期を迎えることになる。ペルム紀の終わりに始まった急激な温暖化は，極端に暑い「超温暖化」現象を生み，ペルム紀〜三畳紀の大絶滅の原因となったといわれている。

10. ベネチテス Bennettitales

　Bennettitales は，三畳紀〜白亜紀(2億4800万年〜1億4000万年前)にかけて種類数を増加させて地球上に広がった。Bennettitales の代表的な *Cycadeoidea* は，珪化した大型の幹化石として知られている。珪化した幹化石は，現生のソテツ目植物と比較されてきた。化石は，円柱状あるいは塊茎状の1m以下の幹であった。幹の表面はラセン状に葉痕と舌状の多細胞性の鱗片状毛で被われていた。羽状複葉の葉が幹の先端についていた。両性的な生殖器官は，幹のなかの葉腋にはいり込んでいる。

　Wieland(1906)によって，*Cycadeoidea* の生殖器官が「花的器官」とみなされ，*Cycadeoidea* を被子植物の祖先とする仮説が提案されたことがある(図2-9a)。Wieland(1906)は，花托を包んでいる小胞子葉は，成熟すると開花すると示唆した。*Cycadeoidea* の雌性の生殖器官には鱗片に包まれた胚珠がついていた。雄性の生殖器官は花粉嚢をつけている小胞子葉からなっている。これらの生殖器官がラセン状に配列している苞に包まれて，これが被子植物の花芽と類似している構造と考えられていた。しかし Wieland の解釈は Delevoryas(1968)によって，小胞子葉は柑橘類の袋のようなもので，開くことのない構造であるという解釈に改められている。受粉は *Cycadeoidea* の生殖器官のなかに潜り込んだ昆虫によって行なわれていたようである(図2-9b)。

　Williamsonia は，高さが2mくらいあったと考えられている化石植物である(図2-10)。幹は細長くて，分枝し，羽状複葉をつけていた。茎の表面にはラセン状の大きめの葉痕が残っている。大きめの葉痕の間にある短い鱗

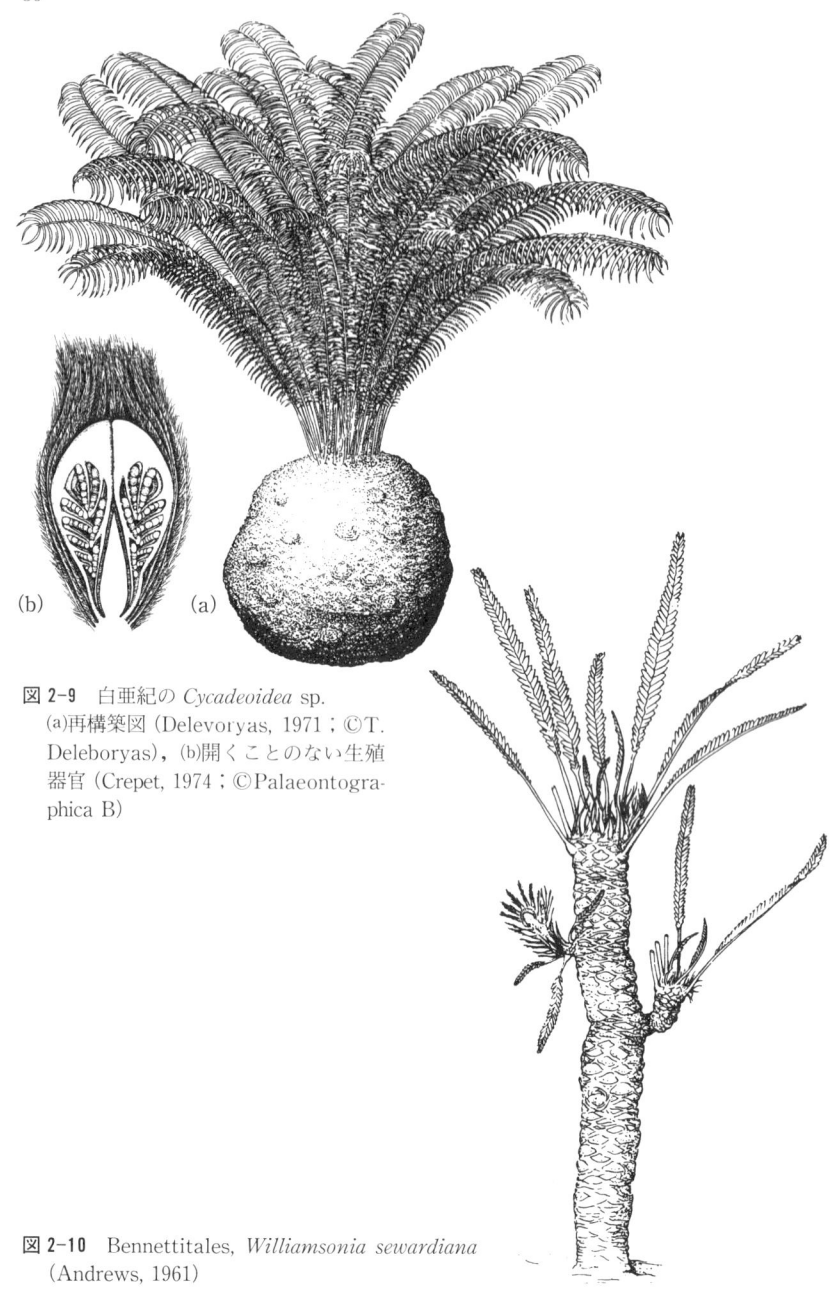

図 2-9 白亜紀の *Cycadeoidea* sp.
(a)再構築図（Delevoryas, 1971；ⓒT. Deleboryas），(b)開くことのない生殖器官（Crepet, 1974；ⓒPalaeontographica B）

図 2-10 Bennettitales, *Williamsonia sewardiana*（Andrews, 1961）

片葉には，胚珠を含む生殖器官がついている。

Bennettitales は，被子植物に類縁な裸子植物ではないかと注目されてきた。だが，Bennettitales の珠皮は1枚からなり，被子植物と異なっている。Bennettitales と被子植物の関連性は明らかではない。Bennettitales と初期の被子植物の進化的な結びつきはなさそうである。Bennettitales の生殖器官が被子植物の花のように展開することは構造的にあり得ないと考えられている(Crepet, 1996)。

11. グロソプテリス *Glossopteris*

Glossopteris は，ペルム紀(2億9000万年～2億4800万年前)にゴンドワナ大陸に生育しており，高さが10 m にもなるシダ種子植物である(図2-11)。この植物は2つの気嚢のある花粉をつける木本性の落葉性植物であった。*Glossopteris* の葉は狭披針形の単葉で，中央脈と網目脈が明瞭である。この植物群では多様な生殖器官が記載されている。*Glossopteris* では，胚珠をもつ構造が葉の向軸側(adaxial)の表面について発見される。*Glossopteris* の生殖器官は形態学的に異なる解釈がなされている。そのなかで2つの有力な見解を紹介する。1つは，胚珠を有している構造は，葉に相同な器官である(つまり大胞子葉)という見解である(Gould & Delevoryas, 1977)。もう1つは軸の変化したものであるとする見解である(Retallack & Dilcher, 1981b)。Crane(1985a, b)は，葉的器官として扱っている。

Glossopteris は，葉脈のパターンと雌性の生殖器官の特徴から被子植物の祖先植物ではないかと考えられたことがあった(Retallack & Dilcher, 1981b)。しかし，最近ではこの考え方は否定的に捉えられている。Schopf (1976)は，詳しい形態学的な検討によって，*Glossopteris* は，*Cordaites* や *Gnetum* との関連を示唆しており，Taylor & Taylor(1993)は，他のシダ種子植物に最も近縁であることを明らかにした。Glossopteridales が被子植物の祖先群である可能性は少ない。最近，2億5000万年前の *Glossopteris* の生殖器官の化石から精子が発見されている(Nishida *et al.*, 2003；Nishida

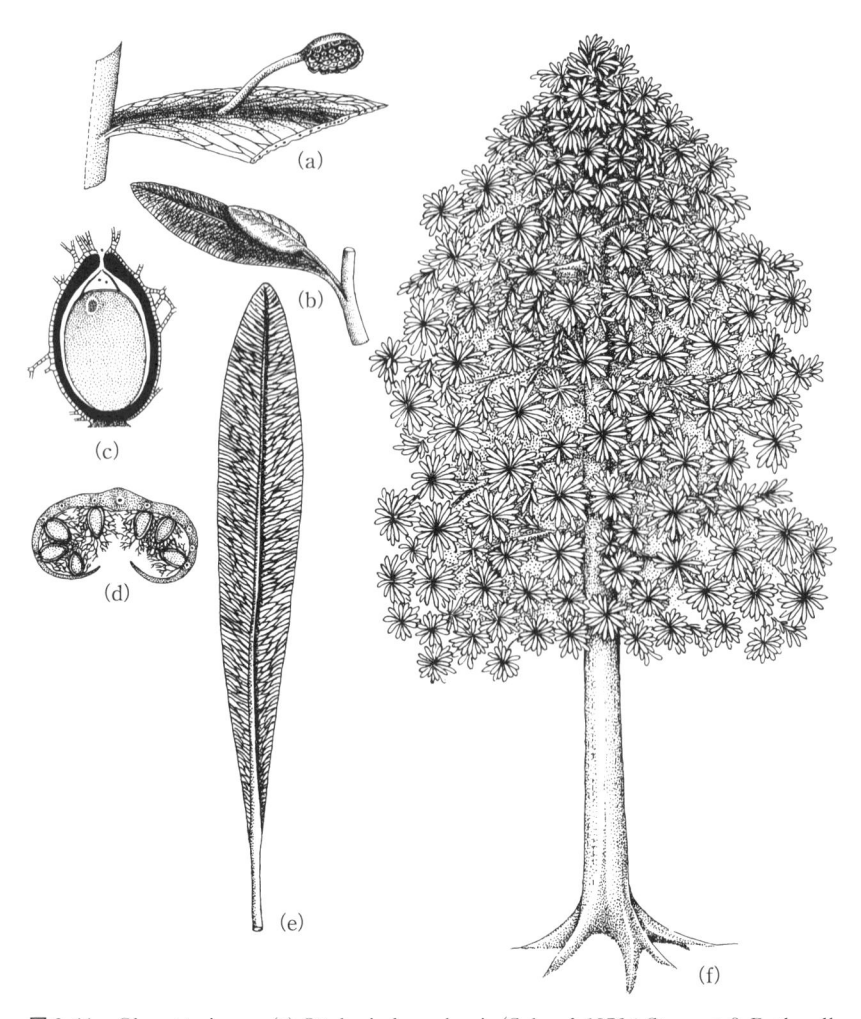

図 2-11 *Glossopteris* sp. （a）*Ottokaria bengalensis*（Schopf, 1976；Stewart & Rothwell, 1993），（b〜e）*Glossopteris*，（f）*Glossopteris* の再構築図（Gould & Delevoryas, 1977；ⒸAlcheringa） *et al.*, 2004)。

12. ギガントプテリス目 Gigantopteridales

最近，日本，朝鮮半島，中国や東南アジアと北アメリカのペルム紀～三畳紀の地層から発見されるGigantopteridales類が注目を集めている(図2-12a)。多くの化石は二叉分枝～羽状脈や網目模様の葉脈のある葉化石である(Halle, 1927；Asama, 1959, 1976, 1984)。*Gigantopteris*の葉化石は，長さが50 cmにもおよぶ羽状複葉である(Halle, 1927)。葉には主脈があり，均一な網目の葉脈をもっていることが特徴である(Yao, 1983)。13 cmにもなるGigantopteridales目の1属である*Gigantonoclea*の主脈の両側に種子が配列している葉化石が詳細に研究された。その結果，Gigantopteridales目*Gigantonoclea*の多くの群がシダ種子植物とみなされている(Li & Yao, 1983；図2-12b, c)。Gigantopteridales目の茎と葉の鉱化化石*Delnortea*がテキサス州から発見され，構造的にはグネツム類に類似していることが明らかにされた(Mamay *et al.*, 1988)。一方，中国貴州省のペルム紀から発見された*Gigantonoclea*には被子植物との共通性が認められる(Li & Tian, 1990；Li *et al.*, 1994)。また，中国のペルム紀の地層から発見された鉱化化石*Vasovinea*には巻きひげがあり，さらに多孔穿孔の道管要素と階段／網目状穿孔の道管要素があることが明らかにされた(Li *et al.*, 1996；Li & Taylor, 1999)。*Vasovinea*は，森林のなかのツル性植物であったと考えられている(Li & Taylor, 1999)。中国貴州省のペルム紀からは*Aculeovinea*というGigantopteridales目の新たな植物化石も発見されている(Li & Taylor, 1998)。最近，Gigantopteridales目に地質化学者らが注目している。その理由は，石油の根源物質として有名なネオテルペン系の物質であるオレアナンという物質に注目が集まっているからである。オレアナンは昆虫や菌類の侵略を防ぐために被子植物だけが生産している物質で，裸子植物や他の陸上植物は生産することのない物質であることが知られている。つまり，オレアナンという物質が発見されることは被子植物の存在を意味しているので

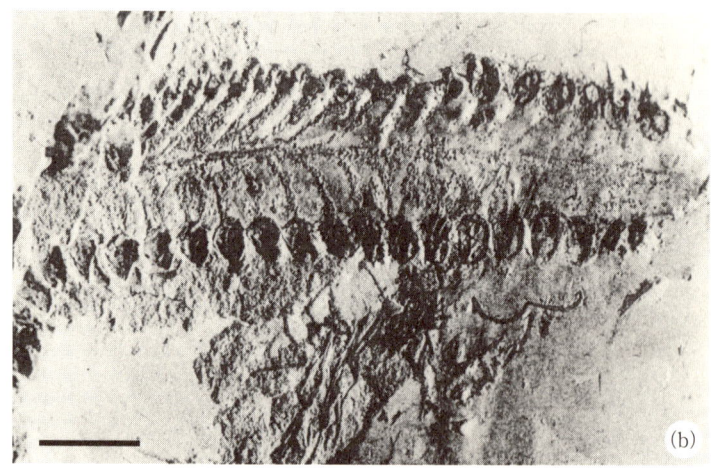

図 2-12　Gigantopteridales 目。(a) *Vasovinea tianii* Li et Taylor。中国の貴州省のペルム紀から発見された Gigantopteridales 目の植物化石の再構築図 (Li & Taylor, 1999；© AJB)。葉に放射状の網状脈があり，葉が変形した複合鉤をつけていたツル植物であったと考えられている。茎には道管があった，(b) *Gigantonomia* (*Gigantonoclea*) *fukiensis* (Yabe et Oishi) Li et Yao (Li & Yao, 1983；©Palaeontographica B)。種子が 2 列になって小葉の周囲についている。スケール=5 mm, (c) *G.* (*Gigantonoclea*) *fukiensis* (Yabe et Oishi) Li et Yao の再構築図 (Li & Yao, 1983；©Palaeontographica B)

ある。地質化学者の研究グループである Moldowan *et al*.(2001)によって，2億5000万年前の Gigantopteridales を含むペルム紀の地層からオレアナンが発見されたことで，被子植物の起源が，ペルム紀までさかのぼることが示唆されている。たとえ，被子植物の起源が，白亜紀より以前の地質年代であったとしても，シダ種子植物の特徴である種子が葉に配列している構造と被子植物の形態的な違いを埋めるために，Gigantopteridales の生殖器官についての幅広い研究が期待されている。Gigantopteridales が被子植物の祖先群という見解は注目に値するものであり，今後の検討が期待される。

13. ソテツ類，イチョウ類

　現生のソテツ類は熱帯や温帯に10属が分布しており，いずれも雌雄異株である。ソテツ類の化石は初期ペルム紀の2億8000万年前から発見されている。ペルム紀のソテツ類は現生のソテツ類より小さめで，高さが3mくらいで，頑丈で，分枝しない幹の先端に単葉をつけているものもある。すべての葉は常緑である。茎の構造は現生のソテツ類に類似している。形態的な解析の結果，ソテツ類は Medullosaceae に近縁と考えられている。

　イチョウ類は前期ペルム紀に地球上に広がった植物である。現生のイチョウ類は1種のみが残っているが，かつては世界中に16属ものイチョウ類が生育していたと考えられている。イチョウ類の葉は，落葉性で二叉分枝パターンの葉脈をもっていることが特徴的なことである。イチョウ類は雌雄異株であり，茎は2次木部によって占められ，年輪を形成する。

　イチョウ類は栄養器官では *Cordaites* や針葉樹と共通している。後期石炭紀から発見された *Dicranophyllum* がイチョウ類の祖先型とも考えられているが，これに対しては異論もある。前期ペルム紀から発見されている *Trichopitys* や *Polyspermophyllum* も祖先型の可能性がある。

　以上みてきたように，石炭紀やペルム紀に森林を構成していた多様なシダ種子植物や裸子植物が知られている。しかし，これらのなかに被子植物に直

接つながる祖先であった植物群を特定することはできていない。

第 3 章　裸子植物の台頭
（三畳紀〜ジュラ紀：2億5100万年〜1億4550万年前）

1. 三畳紀〜ジュラ紀にかけての地球環境

　三畳紀にはいると地球は再び高温期となり，南半球では超モンスーン地帯ができあがり，内陸は非常に乾燥していた。現在のアマゾンやコンゴといった熱帯多雨林地域にも砂漠が広がっていた。温暖な気候は両極付近まで広がった。大気の二酸化炭素の含有量は再び増加し，現在の地球の2〜4倍に達している。三畳紀に存在した超大陸パンゲアは，ジュラ紀にはいると南北の方向に分離を始め，テーチス海が出現してくる(Scotese, 2001；図 3-1)。赤道付近のパンゲア大陸の中央域は，高温で乾燥した地域が広がり，それよりも北側に位置していたアジア，ヨーロッパ，北アメリカ北部には，熱帯多雨林地域が広がっていたと推定されている。南半球では古南緯20〜50°の地域に温暖な地域があったと考えられている(Scotese, 2001；図 3-1)。ジュラ紀には大気中の酸素の含有量は15％くらいまで下がり，二酸化炭素の含有量は0.18％であったと推定されている(Berner & Canfield, 1989；Berner & Kothavala, 2001)。後期ジュラ紀にはいると大陸が分裂することによって乾燥の程度が和らぎ，両極地域は季節によっては雪や氷に覆われるようになったと推定されている(Valdes, 1993)。

図 3-1　前期ジュラ紀の地球環境 (Scotese, 2001；©Paleomap)

2. 三畳紀〜ジュラ紀にかけての古植生

　石炭紀〜前期三畳紀にかけて出現した Medullosales や Lyginopteridales, *Caytonia*, *Glossopteris* などのシダ種子植物が優占していた地球上の植生は三畳紀〜ジュラ紀にかけて，大きく変化した。それまでに繁栄していた *Cordaites*, *Gigantopteris*, *Glossopteris* は，もはや優占植物ではなく，それに代わってソテツ類や Bennettitales，イチョウ類，針葉樹類，グネツム類などの裸子植物が全盛となった(Willis & McElwain, 2002)。ジュラ紀に出現した針葉樹類にはマキ科，イチイ科，ナンヨウスギ科，ヒノキ科，スギ科，イヌガヤ科，マツ科などがある。ジュラ紀の古赤道付近では，Bennettitales，多くのシダ類，針葉樹類のなかで小型の葉をもつヒノキ科，マキ科の植物化石が発見されている。ソテツ類は少なく，マツ科は分布していなかった。北アメリカの西南部，南アフリカ，南アメリカなどのいわゆるゴンドワナ地域では，植物の化石を欠いており，ジュラ紀〜前期白亜紀にかけてこの地域は，乾燥した砂漠地帯であったと推定されている(Rees *et al.*, 1999；Willis & McElwain, 2002；図 3-2)。被子植物の起源をめぐる議論の

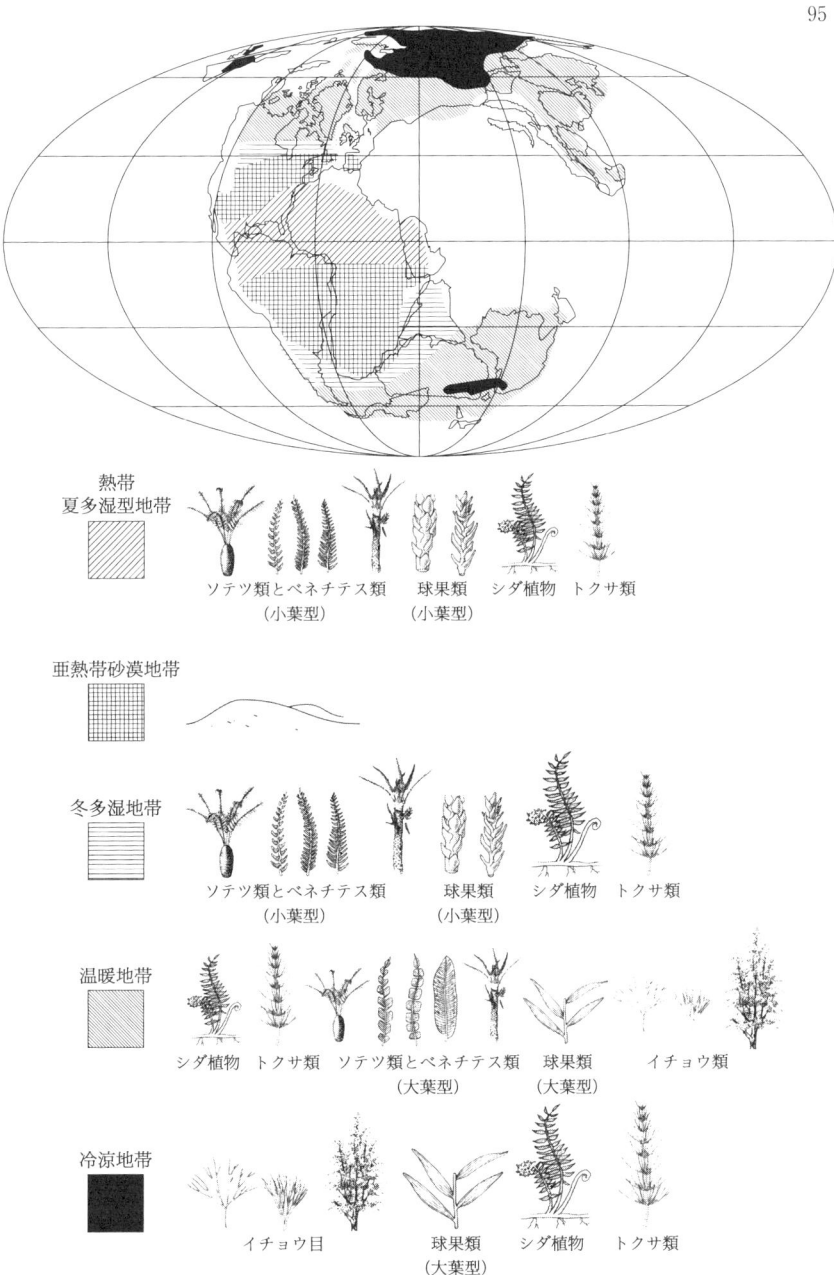

図 3-2　前期ジュラ紀(2億600万年〜1億8000万年前)の古植物区系 (Willis & McElwain, 2002；©Willis & McElwain)

なかで，三畳紀〜ジュラ紀のゴンドワナ大陸が被子植物の起源であると考えている人もいるが，当時のゴンドワナ大陸の中央部は砂漠地帯であり，被子植物が起源できるような地域であったとは考えられない。北半球の古緯度が40〜60°の地域には，かなりの多様な植物相が見られる。シダ植物，トクサ類，ソテツ類，針葉樹類が主要な構成種であり，少ないながらイチョウ類も含まれていた。針葉樹にはマツ科，スギ科，マキ科などを含み，Bennettitales も豊富であった(Willis & McElwain, 2002；図 3-2)。古緯度 60°以上の高緯度地域では冷涼な植物相が分布していた。わずかの種類の落葉性の植物も生育していた。はっきりとした年輪をもつイチョウ類や広葉をもつ針葉樹類にシダ類とトクサ類が混交している状態であった。優占している針葉樹は，マツ科と Voltziaceae の木本と草本植物であった(Rees *et al.*, 1999；Willis & McElwain, 2002；図 3-2)。

3. カイトニア* Caytoniales

Caytoniales は，三畳紀〜ジュラ紀にかけて生育していたシダ種子植物の代表的なものである。*Caytonia* の種子を包んでいる構造が被子植物の心皮の祖先型である可能性があるといわれてきた。この化石は，5 cm の軸に多数の胚珠を含んでいる構造(殻斗，cupules)が対生しているものである(図 3-3)。この軸は大胞子葉と解釈されている。殻斗は，丸く，直径が 4.5 mm あり，湾曲して軸についている。殻斗には 8〜30 個の種子がはいっている。それぞれの胚珠は直生であり，細い珠柄についている。種子は長さ 2.0 mm であり，珠皮は単層からなり，珠皮の外側の部分は液果のように水分を含んでいたと推定されている。花粉が殻斗の「柱頭」部分についており，花粉管によって受精が行なわれていると記載されたので，初めはこの殻斗は果実であると解釈されていた。しかし，花粉は殻斗の内部から発見されるようになり，受粉は受粉滴によって行なわれていると改められた。現在は，*Caytonia*

---

*英語読みは，ケイトニア

3. カイトニア Caytoniales　97

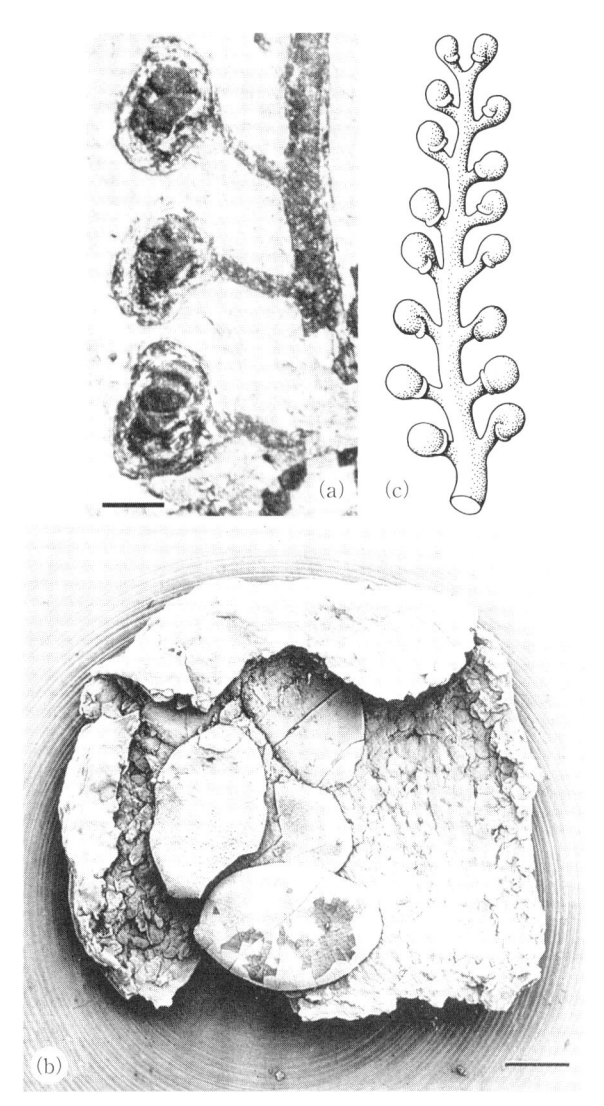

図 3-3　*Caytonia*。(a)ⒸJeffrey M. Osborn。スケール＝2 mm，(b)殻斗の内部に種子が含まれている (Nixon *et al*., 1994；ⒸAnn Missouri Bot. Gard.)。スケール＝500 μm，(c) *Caytonia* の再構築図 (Taylor & Taylor, 1993；ⒸThomas N. Taylor)

は，多胚珠を含む殻斗であり，被子植物的な果実ではないことが明らかにされている(Retallack & Dilcher, 1988)。

4. 球果類

多くの球果類は，高木性植物または潅木である．現生の球果類は7科60属600種以上から構成されており，そのなかには4900年間も生き続けているマツ属植物が知られている(Currey, 1965)．中生代の化石植物の球果類には，Utrechtiaceae, Emporiaceae, Majonicaceae, Ullmanniaceae, Ferugliocladaceae, Buriadiaceae, Palissyaceae, Cheirolepidiaceaeなどの化石科が知られている(Taylor & Taylor, 1993)．現生科であるマキ科やナンヨウスギ科，マツ科は三畳紀以降の地層から出現している(Cleal, 1993b；Taylor & Taylor, 1993)．イヌマキ科，イチイ科，スギ科などもジュラ紀以降に出現している(Cleal, 1993b；Taylor & Taylor, 1993)．これらの現生科を含む球果類やイチョウ，ソテツなどの裸子植物のグループが三畳紀〜ジュラ紀にかけての地球を支配していた．

5. 三畳紀やジュラ紀に「被子植物」の最古の化石？

種子植物には，シダ種子植物や裸子植物および被子植物が含まれる．被子植物「Angiosperms」は，「種子が心皮に被われている」ことを意味している．つまり，裸子植物では，種子は成熟しても裸のままであり，果肉に包まれていない状態であることを意味している．通常，被子植物の心皮の周囲を，雄蕊，花弁，萼片などが取り囲んでいる状態の「花」を構成している．被子植物であると判定するのに，最も決定的な形態学的特徴は2対になっている葯と胚珠を包んでいる心皮である．これらの特徴が良好に保存された植物化石が見つかって，初めて初期段階の被子植物の可能性がでてくるのである(Crane et al., 1995)．初期の分子系統学的研究では，被子植物の分岐年代が2億〜3億年も前の中生代の初期(おそらく後期三畳紀)までさかのぼると示

唆されていた(Martin *el al.*, 1989；Wolfe *et al.*, 1989；Brandl *et al.*, 1992)。しかし，その後の分子時計の研究によって，この分岐年代は訂正されている。Wikström *et al.*(2001, 2003)は，植物化石のデータに基づいて，ブナ目とウリ目が分岐した地質年代を8400万年前として分子時計を調整した結果，被子植物の起源をジュラ紀(1億4500万年〜2億800万年前)と推定し，単子葉群の分岐年代を1億2700万年〜1億4100万年前，真正双子葉群の分岐年代を1億3100万年〜1億4700万年前と推定している(Sanderson *et al.*, 2004)。

植物化石の研究者のなかにも，三畳紀の地層から被子植物である*Sanmiguelia*の生殖器官の化石が発見されたと発表したCornetのような研究者も現れて，その植物化石の真偽が議論されたこともあった。また，*Sanmiguelia*以外にも，これまで三畳紀やジュラ紀の「被子植物」の化石が報告されたこともある。しかし，被子植物として確証のある化石は，白亜紀のオーテリビアン期以降になってから発見されている。白亜紀より前に被子植物があったとする確実な証拠はなく，三畳紀やジュラ紀の地層から発見されたといわれている「被子植物」が受け入れられたことはなかった。

確かに，白亜紀のアプチアン期以降の被子植物の急激な多様化をみると，被子植物の祖先とのつながりを示唆する植物化石を白亜紀より古い地質年代の岩石に求めようとすることは当然のなりゆきかも知れない。しかしながら，最近の古植物学的研究によって，被子植物の花粉や葉の複雑な形態や構造は，前期白亜紀に多様化したことが明らかにされている。白亜紀アプチアン期以降の地層からの被子植物化石の発見が増加しているが，これまでジュラ紀以前には被子植物の化石が発見されていない。古植物学的には，被子植物が初期進化をしたのは前期白亜紀であり，被子植物が三畳紀〜ジュラ紀にかけて多様化してきたとは考えられていない(Crane, 1985a, b；Doyle & Donoghue, 1987)。ところが，三畳紀やジュラ紀から被子植物の花に相当する植物化石が発見されたという報告もある。これまでのほとんどのジュラ紀以前の被子植物化石の報告は，信頼性のあるデータに基づいた議論であるとはいい難く，たとえ，被子植物の進化に関する文献に，推定上のジュラ紀以前の被子植物の「化石」が記載されていたとしても，それは地質年代上の誤解が

あったり，被子植物とはまったく関連のないものであったり，あるいは信頼ある形質を欠いた保存性の悪いものばかりであった。ジュラ紀以前に「被子植物」の化石が発見されたと主張した代表的な研究例をいくつか以下に紹介してみよう。

6. 熱帯高地起源説

Axelrod(1952)は，被子植物は2億年以前のペルム紀〜三畳紀に，湿潤な熱帯高地に出現したという「熱帯高地起源説」を提案した。これらの起源群は，三畳紀〜ジュラ紀に熱帯高地地域が消失するのにともない，被子植物の初期進化群の一部が残り，前期白亜紀に低地に広がったと主張している。この「熱帯高地起源説」は，植物化石は最初の堆積場所から移動しないことを前提にしている。しかし，このAxelrod(1952)の見解は，ペルム紀〜三畳紀の地層から被子植物の花粉化石が発見されていないことに対する説明はない。しかも，当時のゴンドワナ大陸の中央地域は乾燥した砂漠の状態であったと考えられている(Willis & McElwain, 2002)。確かに，花粉や胞子の出現状況をみる限り，被子植物は熱帯地方から始まったようであるが，その出現時期が2億年以前のペルム紀〜三畳紀であるという根拠がなく，ゴンドワナ大陸の乾燥していた中央部の高地地域が被子植物の起源した地域であったとは考えられない。

7. *Eucommiidites* の正体

被子植物の可能性があると考えられた花粉化石の1つに *Eucommiidites* がある。この花粉化石は，Erdtman(1948)が，スウェーデンのジュラ紀の地層から発見した三溝粒型花粉で，*Eucommiidites troedssonii* と命名された。この花粉化石の表面模様は平滑で，30〜40 μm の長球形であった(図3-4a)。

Scheuring(1970)らによって，その後，*Eucommiidites* は，北半球の三畳

7. *Eucommiidites* の正体   101

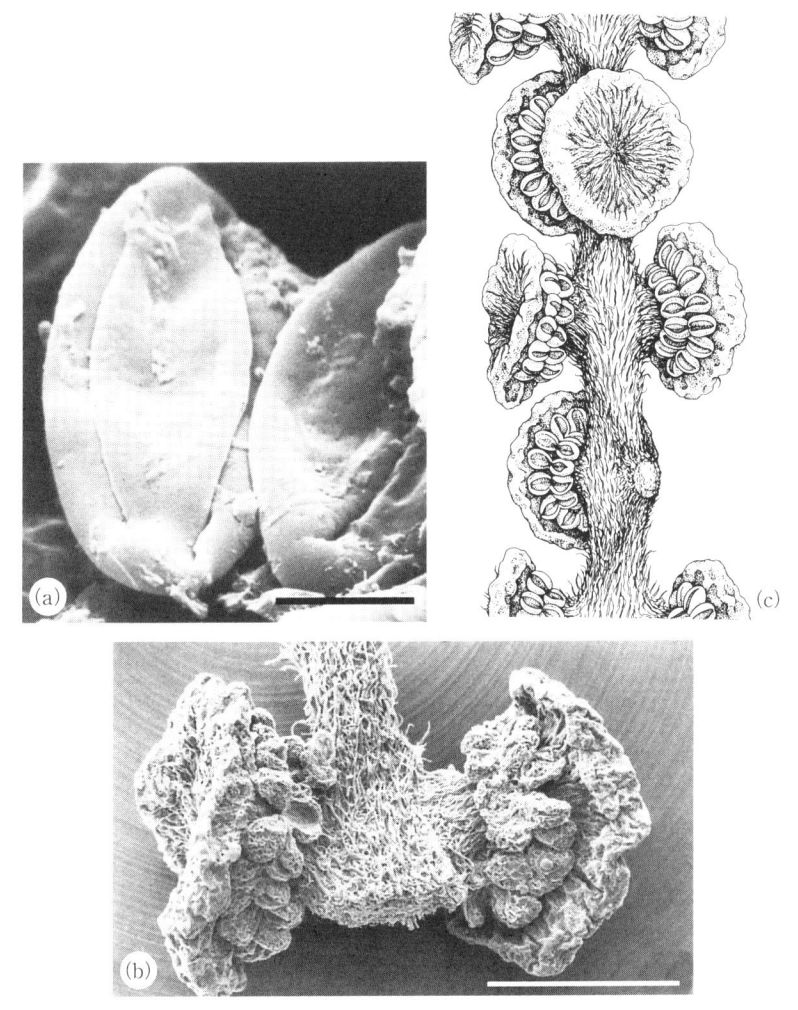

図 3-4 *Eucommiitheca hirsute* Friis et Pedersen。(a)花粉化石。三溝粒型花粉のように見えるが，発芽溝の1本は遠心極にあり，残りの2本は左右対称の位置にある。スケール＝5 μm, (b)雄の生殖器官。2つの小胞子嚢群が対になっている。スケール＝1 mm, (c)裂開している多くの小胞子嚢をつけている器官が軸についている状態の生殖器官の復元図 (Friis & Pedersen, 1996b；©Grana)

紀〜白亜紀の地層から広く発見されるようになり，この三溝粒型の花粉化石は，現生のトチュウ科に近縁な被子植物の花粉の可能性があると推定された。しかし，Couper(1956, 1958)は，*Eucommiidites* の発芽溝の配列が被子植物の花粉と異なり，中心となる発芽溝と2本の側生している発芽溝からできていることを明らかにし，被子植物の花粉であることを疑問視した。しかも，*Eucommiidites* は，顆粒状の花粉外膜をもつことがわかっており，裸子植物に近いともいわれてきた(Doyle *et al*., 1975)。Pedersen *et al*.(1989, 1991)によって，*Eucommiidites* が裸子的な胚珠(*Spermatites*, *Aallicospermum*)の珠孔についている状態で発見され，*Eucommiidites* が裸子植物である可能性が強く示唆されていた。そしてさらに，Friis & Pedersen(1996b)によって *Eucommidites* が被子植物でない決定的な証拠が提出された。Eucommiidites 型の花粉化石をつけた小胞子嚢群をつけた軸の化石，*Eucommiitheca* が，ポルトガルの前期白亜紀の地層から発見されたのである(図3-4b)。その植物化石は，単一の柄のある小胞子嚢群をもつ軸，小胞子嚢群は，対生，または十字対生につく。胞子嚢群には，丸い鱗片のようなものをつけていた。Eucommiidites 型花粉化石をもつ胞子嚢は，種子植物の新しい分類群である Erdtmanithecaceae と分類された。Eucommiidites 型花粉をもつ種子化石は，大胞子膜 Megaspore membrane があり，Bennettitales や被子植物とは異なっていることがわかった。これまでに発見された花粉の構造や種子形態から，*Eucommiitheca* はグネツム類に最も近縁な植物であることが解明されている(Friis & Pedersen, 1996b；図3-4c)。

以上のように，三畳紀の地層から発見されたトチュウ科の花粉化石かも知れないと考えられた *Eucommiidites* は，実は被子植物の花粉化石ではなく，絶滅した種子植物の花粉化石であることが明らかにされた。三畳紀やジュラ紀から発見された被子植物といわれる植物化石のなかには，*Eucommiidites* のように，明らかに裸子植物の花粉化石とみなされるようになった例も少なくなく，ジュラ紀以前の年代から発見されたとしている被子植物の花粉化石については，まだに受け入れられていない。

8. Bruce Cornet の研究

ジュラ紀以前に被子植物が存在していたことを示す確実な植物化石が発見されていないにもかかわらず，アメリカ合衆国の Bruce Cornet はジュラ紀や三畳紀の地層から被子植物の花粉や生殖器官を発見したと主張し続けてきている人物である。Cornet は，最近では，超常現象や UFO の研究者として有名である。いずれも乏しい根拠に基づく Cornet のこれまでの「研究成果」は，ほとんど信用されていない。ジュラ紀や三畳紀の地層から被子植物の花粉や生殖器官を発見したという Cornet の「研究成果」を検証してみよう。

Cornet(1989b)は，バージニア州の後期三畳紀の地層から発芽口の数や模様の異なる花粉化石を発見し，Crinopolles 群として 6 新属 11 新種を記載している。Crinopolles 群の花粉化石は，Cornet が同時に発掘した胞子化石や花粉化石全体の 2%を占めた。花粉外膜の大きな網目模様が柱状体に支えられており，しかも非ラメラ状の内層状構造(Endexinous structure)をもつという被子植物花粉の特徴から，Cornet は Crinopolles 群を三畳紀に生育していた被子植物の花粉化石と結論づけている。

だが，Cornet の Crinopolles 群と呼ばれる花粉化石が三畳紀の被子植物の存在を示唆しているという見解は，いろいろの観点から疑問視されている。まず，一般に被子植物初期進化群の小型化石から発見される花粉は，10 μm 以下の小さい花粉が多い。Cornet が三畳紀やジュラ紀から発見したという花粉化石は，40〜100 μm と大きい花粉化石であり，他の年代の地層からの混入の可能性を否定できない。次に花粉化石の割合についての疑問があげられる。イスラエルから発見された最古の被子植物の花粉化石(後期バランギニアン期〜前期オーテリビアン期)は，数千個に 2 個の割合で発見されているにすぎない。これに対して，三畳紀から出現してくる Crinopolles 型花粉化石の割合が 2%というのは極端に高すぎる。さらに Cornet が地質年代の指標としたとされている *Aratrisporites* や *Striatoabieites* などの胞子化石に

対する信頼性も欠けている。このようなことから，Crinopolles 群が，三畳紀の被子植物の由来の花粉化石であるという Cornet の主張はまったく受け入れられていない。さらに，Cornet & Habib(1992)はフランスの後期ジュラ紀からユリ属に類似した花粉化石を発見したとも発表しているが，このデータも信用されていない。

さらに，Cornet は北アメリカの三畳紀の地層から発見された *Sanmiguelia* にも注目している(Cornet, 1986, 1989a)。*Sanmiguelia* は，ヤシ科の葉に似ているといわれており，50 年以上も前から知られていた植物化石であった(Brown, 1956)。だが，もともと保存がよいものではなく，単子葉類の葉の化石であるという主張には多くの批判があった。その批判の主な理由は，主脈がないこと，葉柄の形態がヤシ類の葉と異なっていたので，シダ類かソテツ類の葉であろうと考えられてきた。葉の葉脈については，現生のマオウ目植物が被子植物と同じような網目状脈をもっているし，裸子植物のマキ科植物にも平行脈に類似する葉脈をもつものが存在することや，シダ類にも類似の葉脈をもっている植物がある。葉脈の特徴だけで，*Sanmiguelia* を世界最古の被子植物の葉の化石であると主張することは不可能であった。

ところが，Cornet は 1980 年に *Sanmiguelia* が最初に発見されたテキサス州の Sunday 渓谷への 2 日間の野外調査にでかけた。そこでの調査で小さな断片化した葉化石を探していた最後の日の夕刻になって，ついに *Sanmiguelia* の花粉と胚珠をもつ生殖器官を発見したと報告している(図 3-5a)。Cornet (1989a)は，その *Sanmiguelia* の生殖器官の化石を *Axelrodia* と命名した。花粉をもつ器官は，胞子嚢がラセン状に集まっている状態で，2 対の胞子嚢があり，単溝粒型花粉がついていたという。分岐した花序の先端の房状に胚珠構造がついており，さらに苞状の心皮と考えられる構造をもっていたと報告している。Cornet は，*Axelrodia* を花被片状の構造に包まれた心皮状の大胞子葉であると記載して，その復元図を示している(図 3-5b)。*Sanmiguelia* の生殖器官である *Axelrodia* に顆粒状模様の花粉外膜をもつ単口型の花粉がついていることにより，*Sanmiguelia* を前モクレン植物に相当する原始的被子植物であるという論文を発表した(Cornet, 1986, 1989a)。

8. Bruce Cornet の研究　105

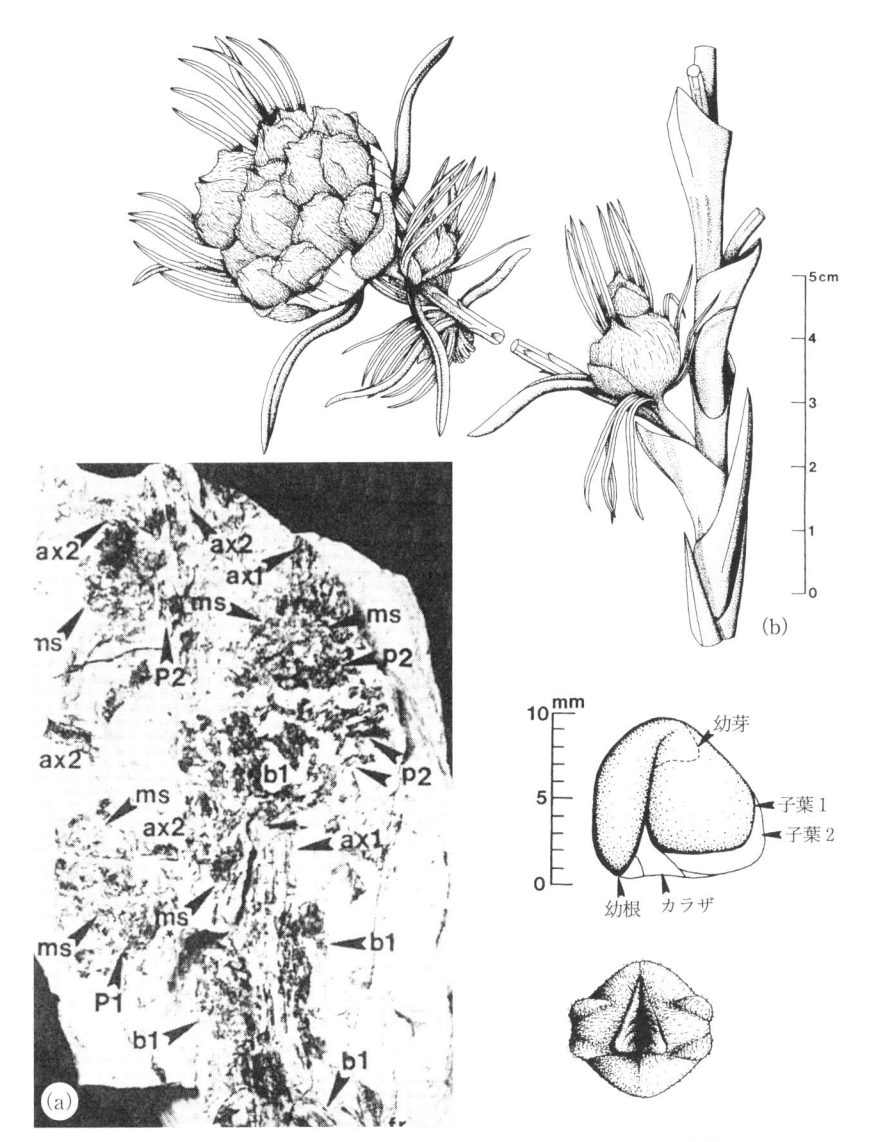

図 3-5　Cornet の研究による *Sanmiguelia*。(a) *Sanmiguelia lewisii* の生殖器官といわれる化石，*Axelrodia* (Cornet, 1989a；ⒸCornet)。ax：軸，ms：大胞子葉，p と b：苞，(b) *Sanmiguelia* の生殖器官 *Axelrodia* の再構築図 (Cornet, 1989a；ⒸCornet)。提示されている植物化石のデータから *Sanmiguelia* の生殖器官を再構築することは不可能である。

このCornetの論文は多くの人をひきつけて，教科書にも引用されたことがあった。しかし，その根拠となったものは非常に保存性の悪い断片化した印象化石であった(図3-5a)。この印象化石からCornetが復元したような生殖器官化石 *Axelrodia* を再構築することは不可能である。残念ながら葯が2対の胞子嚢からなっていることを確認することもできない。心皮状の生殖器官についてもこれらの印象化石から構築することには無理があった。

　Cornetによって報告された *Sanmiguelia* の花粉化石にも被子植物の特徴は見られない。*Sanmiguelia* が実体のある原始的被子植物であるとする確実な証拠による裏づけはまったくなく，*Sanmiguelia* が最古の被子植物であるというCornetの主張はまったく受け入れられていない。このように，三畳紀に被子植物が存在していたというCornetの「研究成果」は，信頼性のあるデータに基づいた見解とはいえないものである。*Sanmiguelia* に関するCornetの論文については，Crane(1987b)によって，詳しい批評がなされている。ただし，*Sanmiguelia* が被子植物でなかったとしても，種子植物の進化を探るうえで，興味深い存在であることに変わりはない(Crane, 1987b)。

9. *Archaefructus*

　中国遼寧省の1億4500万年前ジュラ紀の地層から世界最古の被子植物である *Archaefructus* と命名された植物化石が発見されたという研究発表が，世界をかけめぐったことがある(Sun *et al*., 1998；図3-6a)。このジュラ紀から発見された植物化石は，ダーウィンの「忌わしき謎」を解明する最古の「失われた鎖」であると主張された。この化石の細い枝には心皮に包まれた種子がついており，それらを葉的器官が支えている被子植物の花の化石であると報告された。*Archaefructus liaoningensis* の果実の大きさは，長さが7〜10 mm，幅2〜3 mmであった。発表当初，*Archaefructus* は，約1億4500万年前のジュラ紀の地層から発見されたと報告された。この地層には地質年代の指標となる化石を含む海成層がまったくないために，ジュラ紀とする明確な根拠に基づいて裏づけられていなかった。その後，この化石が発

9. *Archaefructus* 107

図 3-6 *Archaefructus*。(a)中国から発見された *Archaefructus liaoningensis* Sun, Dilcher, Zheng et Zhou (Sun *et al*., 1998；Sun *et al*., 2001；©Sun Ge, ©David L. Dilcher, © Science)。スケール=5 mm, (b) *Archaefructus sinensis* Sun, Dilcher, Ji et Nixon の復元図 (Sun *et al.,* 2002；©Sun Ge, ©David L. Dilcher, ©Science)

見された地層は，アルゴン‐アルゴン年代測定法などによって1億2500万年前の前期白亜紀のバレミアン期のものであることがわかった(Luo, 1999；Swisher et al., 1999, 2002；Barret, 2000；Wang et al., 2001)。ところが，Sun et al.(2001, 2002)は，Archaefructus はジュラ紀の水生植物であり，Archaefructaceae 科を新たに設定し，現生の Amborellaceae を含むすべての被子植物の祖先型であると考えている(図3-6b)。Sun et al.(2002)は，Archaefructaceae を根拠にしてさらに被子植物の東アジア起源説を展開している。しかし，Archaefructaceae が被子植物の祖先型であるという見解に対して多くの疑問がだされている(Friis et al., 2003a)。発見された地層の年代上の問題もあるが，Archaefructus の心皮と報告された構造は Caytonia などのように被子植物ではない種子植物の構造とも類似している。Sun et al.(1998)は，Archaefructus は2枚の珠皮がある倒生胚珠であると述べているが，残念ながらこれらの特徴を確認することはできない。Archaefructus の細長い軸には2対になっている心皮と雄蕊が別のところについている。このような構造は被子植物にはない特徴である。Sun et al.(2002)は，これらの生殖器官をつけている細長い軸を「花」とみなしているが，これはかなり強引であり，むしろ，花序とする見解の方が受け入れやすい(Friis et al., 2003a)。Archaefructus は，被子植物の初期進化の問題を解明するうえで興味深い存在であるが，この植物がすべての被子植物の祖先植物であるとする見解に説得力があるとは思えない。Archaefructus が最古の被子植物の化石のデータとはいえず，Archaefructus の特徴が原始的形質という主張には根拠が見当たらない。

　中国遼寧省で Archaefructus liaoningensis が発見された1億2500万年前の地層よりも古い1億3000万年前の地層から Archaefructus の別種 A. eoflora が発見された(Quiang et al., 2004)。A. eoflora は，27 cm の水生の草本植物であり，生殖器官の分岐は集散状に広がり，雄蕊群がラセン状につき，先端には心皮がラセン状についている両性花として記載されている(Quiang et al., 2004)。Archaefructus の雄蕊が対になることや面生胎座などでスイレン科と共通している特徴があることが注目されている(Quiang et al., 2004)。

Archaefructus の生殖器官をつけている軸から，多様な花の構造へと進化した可能性も考えられるが，たとえ，前期白亜紀の地層から発見されたとしても，*Archaefructus* をすべての被子植物の共通の祖先型であるという主張には無理がありそうである．

　以上，みてきたように，これまでに三畳紀やジュラ紀から発見された「被子植物の化石」といわれるもののなかには，極端に保存性が悪いものであったり，地質年代が間違っていたり，明らかに裸子植物であったというものばかりである．そのために，現在のところ，被子植物が三畳紀やジュラ紀に存在していたという確実な古植物学的証拠がない．そのために，被子植物の起源が三畳紀やジュラ紀であるという主張は受け入れられていない．だが，被子植物に系統的につながっていく前被子植物的段階とでもいうべき被子植物の祖先植物が，白亜紀よりも古い年代に存在していた可能性は残っている．2億5000万年前のペルム紀から発見されたオレアナンの存在は，被子植物につながる祖先植物の存在を示唆するものである (Moldowan *et al.*, 2001)．今後の植物化石の研究によっては，ジュラ紀の地層から「前被子植物の化石」や「最古の被子植物」が発見されることがあるかも知れない．

第4章　白亜紀における被子植物の出現と多様化

1. 白亜紀の地球環境

　後期ジュラ紀には，ローラシア大陸の北アメリカ東部とゴンドワナ大陸が離れ始め，北大西洋ができ始めていた。前期白亜紀にはいると，ゴンドワナ大陸の南アメリカとアフリカが分離を始め，南大西洋が広がりつつあった。前期白亜紀の終わり頃には南アメリカとアフリカ大陸が完全に分離するが，北アメリカ北部はヨーロッパ大陸とは後期白亜紀までつながったままの状態が続いた(図4-1)。白亜紀は全体的には気候的に比較的温暖で安定していた時期であったと推定されている。そんな温暖な白亜紀のなかで，前期白亜紀のベリアシアン期〜バレミアン期の地球は比較的冷涼な時期が続いており，高緯度地域は冷涼で多湿な気候であり，赤道付近では乾燥地域が広がっていたと推定されている(Frankes, 1999；Scotese, 2001；図4-1)。アプチアン期になると，地球は温暖化していったと考えられている(Frankes, 1999)。アプチアン期にはテーチス海と極地域の海はつながっており，アルビアン期にはいると，さらに温暖化が進み，海水準が高くなった。セノマニアン期には一時的に寒冷化するが，チューロニアン期には再び温暖化し，白亜紀のなかで最も高温な時期を迎えることになる(Frankes, 1999)。チューロニアン期の海水準は，現在よりは200 m以上も高く，最も温暖で安定した気候が続いた時期であったと推定されている(Haq *et al*., 1988)。セノマニアン期には一時的に冷涼化するが，サントニアン期〜カンパニアン期にかけて，再

112　第4章　白亜紀における被子植物の出現と多様化

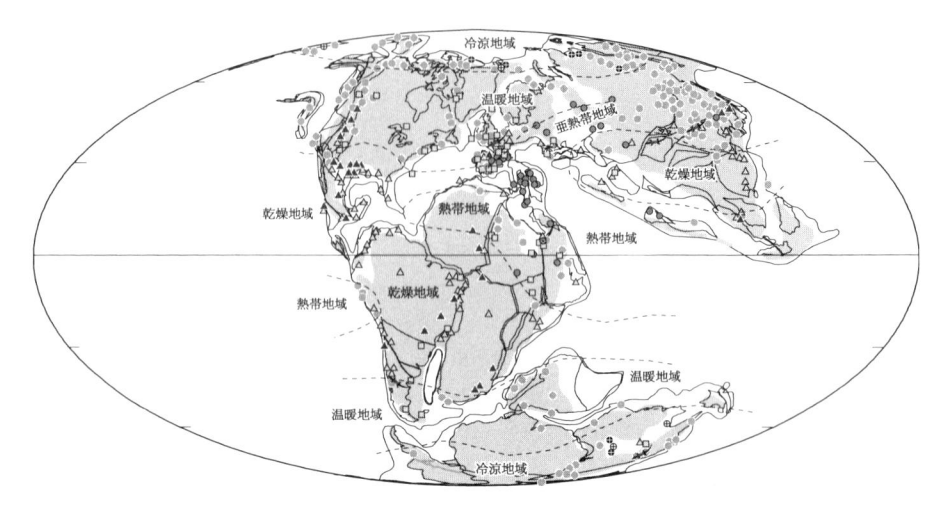

図 4-1　前期白亜紀の地球環境 (Scotese, 2001 ; ©Paleomap)

び温暖化が進み，後期カンパニアン期は高温な気候であったことが示唆されている(Frankes, 1999)。マストリヒチアン期には少し冷涼化の傾向が見られたが，地球全体としては，なお熱帯〜亜熱帯の気候帯に広く占められており，高緯度地域までワニが生息していた温暖な環境であることには変わりはなかった(図4-1)。

　Berner & Kothavala(2001)による GEOCARB モデルによれば，前期白亜紀の大気には，現在の6倍近くの豊富な二酸化炭素があったが，被子植物の台頭にともない1億年前を境にして，大気の二酸化炭素はしだいに減少して，白亜紀末期には現在の3倍くらいまでに減少していくことになったと推定されている。一方，酸素は，前期白亜紀では22%であったのが，白亜紀末には25%までに増加していたと考えられている(Graham *et al.*, 1995)

2. 花粉化石からみた白亜紀における被子植物の出現状況

　Crane(1989a)は，白亜紀の花粉化石の出現状況の変化から，被子植物の多様化のプロセスを推定することを試みた(図4-2)。図4-2は，これまでに

2. 花粉化石からみた白亜紀における被子植物の出現状況　113

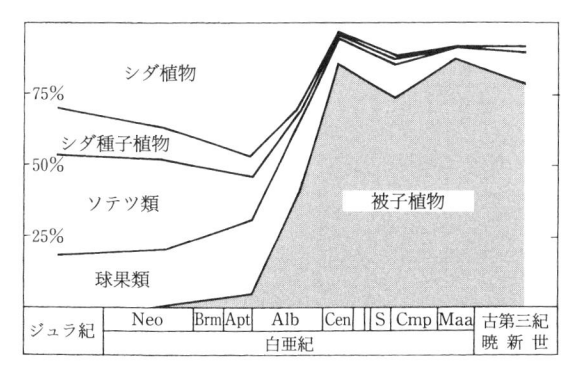

図 4-2　植物化石の出現状況による植物相の変化 (Crane, 1989a；©Springer)。Neo：ネオコミアン期，Brm：バレミアン期，Apt：アプチアン期，Alb：アルビアン期，Cen：セノマニアン期，S：サントニアン期，Cmp：カンパニアン期，Maa：マストリヒチアン期，Pal：暁新世

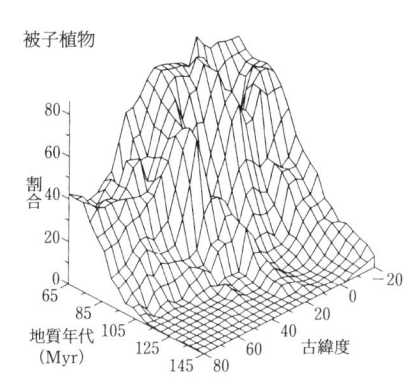

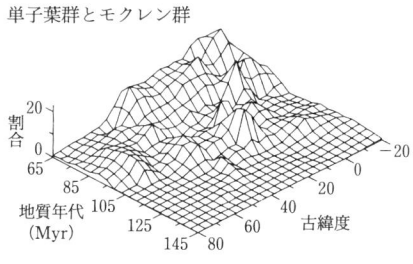

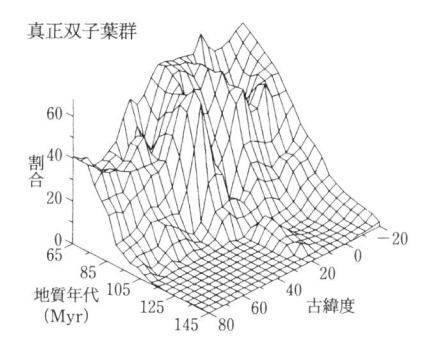

図 4-3　花粉の出現状況と緯度と年代の関係 (Crane & Lidgard, 1989；©Science)。低緯度地域で出現した被子植物が地質年代にともなって高緯度地域に広がっていったことを花粉化石は示している。

発見されたそれぞれの分類群の花粉や胞子の出現状況を，白亜紀の年代ごとに植生構成群として示したものである。ジュラ紀に繁栄していたシダ類や，シダ種子植物，ソテツ類，針葉樹などが，アルビアン期以降の被子植物の台頭にともない相対的に減少しているのが読み取れる。アルビアン期に被子植物が急激に増加したように見えるが，これは1500万年の長い間の変化であり，必ずしも急激な変化とはいえない。いずれにせよ，花粉化石の出現状況から，前期白亜紀に出現した被子植物始源群がアルビアン期〜セノマニアン期の長い年代をかけて，しだいに地球上で優占するようになったことが示されている。後期白亜紀にかけて，被子植物は多様化することによって種類数も増加してきた。この時期に木本性や潅木性の被子植物も出現し，現生の科の多くが分化した。たとえば，ニレ科，カバノキ科，クルミ科，ブナ科，グンネラ科などであり，熱帯性の植物が多い(Wing & Boucher, 1998)。

　Crane & Lidgard(1989)は，白亜紀の間に，南緯20°〜北緯80°の地域で，被子植物がどのように拡散していったかを花粉化石の出現頻度から推定している。花粉化石を裸子植物，真正双子葉群(三溝粒型花粉とその派生型)と単子葉群とモクレン群(単溝粒型)に分けて，花粉化石の出現状況を重ね合わせた。その結果，前期白亜紀に赤道周囲の熱帯地方で出現した被子植物群が，しだいに高緯度地域に，その分布を広げていったと示唆されている。被子植物全体と真正双子葉類は，同様の傾向をたどっている。それに比べると，単溝粒型花粉の出現状況は全体的に少ない傾向が見られる(図4-3)。

　被子植物全体の花粉化石の出現状況は，1億3000万年〜1億2000万年前に低緯度地域で出現し，1億年前から高緯度地域で増加していることが示唆されている。大陸プレートの移動によって，現在の調査地点の白亜紀における正確な緯度は明らかでないが，被子植物がいかに広がっていったかを知ることができる。原始的被子植物群や単子葉群の花粉である単溝粒型花粉が真正双子葉類の花粉に比べて，特に古い地質年代から出現したという傾向は認められない。前期白亜紀に熱帯地域で出現した原始的被子植物群や単子葉群も，1億3000万年〜1億年前にかけて，真正双子葉類とともに徐々に高緯度地域に広がっていったと考えられる。被子植物が初期進化をとげていた前期

白亜紀の地球の赤道付近では，アフリカと南アメリカがつながっており，しかもこの地域は非常に高温で乾燥した状態であり，被子植物が生育するのに好条件であったとは考えられない。同じ熱帯地域でも，湿度の高かった北アフリカ～ヨーロッパ南部および西アジアに広がっていた地域が，被子植物が最初に出現した地域の可能性が高いと考えられる。このことは，最古の被子植物の花粉化石がイスラエルから発見されていることからも示唆されている。しかも，ポルトガルの1億3000万年～1億1500万年前の地層から被子植物の最も古い小型化石が発見されており，ヨーロッパ南部～西アジアの前期白亜紀の地層に被子植物初期進化群の起源を求めることは，被子植物の「忌まわしき謎」を解く重要な鍵になるであろう。

　生態系の生物的構成員は，進化的多様性の創出によって大きく変化してきた。特に，白亜紀に起こった被子植物の大進化は地上の生態系に基本的な変化をもたらし，現在の地球上に見られる植物の多様性を生じさせることになった。白亜紀(1億4550万年～6550万年前)を，被子植物の系統樹の分岐点や枝と関連づけられる植物化石が出現した地質年代ごとに，ベリアシアン期～アプチアン期(1億4550万年～1億1120万年前)，アルビアン期(1億1120万年前～9960万年前)，セノマニアン期(9960万年～9350万年前)，チューロニアン期(9350万年～8930万年前)，コニアシアン期(8930万年～8580万年前)，サントニアン期～マストリヒチアン期(8580万年～6550万年前)の6期に分けて，これらの被子植物の多様化の過程をたどることにする。

第 5 章　被子植物の最古の小型化石
（ベリアシアン期〜アプチアン期：1億4550万年〜1億1120万年前）

1. ベリアシアン期〜オーテリビアン期の古植生

　白亜紀の気候は，全体的に比較的温暖で安定していたと推定されている。そのような白亜紀のなかで，最も古い年代であるベリアシアン期〜オーテリビアン期(1億4550万年〜1億3000万年前)は，やや寒冷な時期であった。当時のユーラシア大陸の南側には高温で多湿な地域が広がり，北側には温暖で多湿な地域が広がっていた。アフリカと南アメリカが位置していたゴンドワナ大陸の中央部では，熱帯多雨林が生存できるほどの高湿度の気候ではなく，むしろ高温で乾燥している地域が広がっていたと考えられている。現在の南極大陸，インド，オーストラリアなどが位置していた南ゴンドワナには温暖で多湿な地域があった(Scotese, 2001；図4-1)。

　この地質年代の地球には，シダ類が多く，全陸上植物群の種数の30％を占めており，すでにタカワラビ科，ヤブレガ科，サウラボシ科，ウラジロ科，カニクサ科，リュウビンタイ科，マトニア科，オシダ科，フサシダ科などがあったことがわかっている。そのなかでも，ウラジロ科とカニクサ科が特に多かったようである。これらのシダ植物は地表を覆い，あるいは着生していた。ヒカゲノカズラ科やスギナ科の種類は，比較的少なく，限られた地域のみに生育していた。一方，イワヒバ科やミズニラ科などの水生シダ類の多くの大胞子の化石が発見されており，これらのシダ植物が水辺地域にコロニー

を形成していたと考えられている(Batten, 1974)。

　この時期の球果類は，大型化石種の20%におよんでいる。現生の球果類であるナンヨウスギ科，ヒノキ科，イヌガヤ科，マツ科，マキ科，イチイ科の化石も北半球から報告されている(Crane, 1987a)。いくつかの絶滅した球果類には，現生の科のどれにも帰することができないものもある。たとえば，ケイロレピス科(Classopollis型花粉)はジュラ紀〜前期白亜紀の古植生の乾燥地や塩性地などで繁栄していた植物群であったと考えられている。ソテツ類とBennettitalesなどの羽状複葉をもつ化石植物群も多く，30%くらいの種類を占めていた。生殖様式も現生のソテツ類と同様であった。残りは*Caytonia*などのシダ種子植物やイチョウ類であった。裸子植物のグネツム類の花粉化石もよく発見されており，熱帯地域や乾燥地域に繁茂していた(Crane, 1987a)。

2. 最古の被子植物花粉化石

　従来，前期白亜紀から「最古の被子植物の証拠」としてとりあげられた代表的な化石は*Clavatipollenites*という30μm以下の花粉化石であった。この花粉化石は，イギリス，北アメリカ，アルゼンチンのバレミアン期〜アプチアン期(1億2700万年〜1億1200万年前)から発見された花粉化石で，最も古い被子植物の化石といわれてきた。この花粉化石の表面模様は網目模様であり，外表層の上に微小突起が存在していることや，発芽口が花粉の2/3の長さであることなどの特徴が現生のセンリョウ科アスカリナ属*Ascarina*の花粉に類似しており，センリョウ科の花粉化石の可能性が高いといわれてきた。

　ところが，イスラエルのさらに古い地層である後期バランギニアン期〜前期オーテリビアン期(1億3200万年前)のHelez層から無口型の被子植物の花粉化石が発見されたのである(Brenner, 1996；図5-1)。*Clavatipollenites*よりも古いといわれるこの花粉化石は15〜26μmの大きさの無口型花粉で，小さな網目模様があり，花粉外膜には柱状体が認められることにより，被子

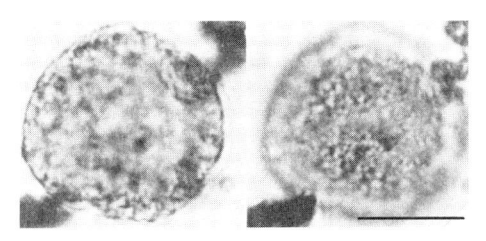

図 5-1 イスラエルのバランギニアン期〜オーテリビアン期から発見された最古の花粉化石（Brenner, 1996；©Springer）。無口型花粉。スケール＝10 μm

植物の花粉と判断された。発見された花粉化石はわずかに 15 個であり，裸子植物やシダ植物の数千の花粉化石や胞子化石のなかにわずかに 2 個だけという 0.1％以下の割合で含まれていたのである。このような花粉化石の出現状況から 1 億 3200 万年前の後期バランギニアン期〜前期オーテリビアン期には，すでに被子植物が存在していたと考えられる。なお，白亜紀の被子植物の花粉化石は，10 μm 前後のタイプが多く，現生の被子植物の花粉よりもはるかに小さい。前期白亜紀のさらに古い地層から，これまでに見過ごされていた被子植物の花粉化石が発見される可能性も残っている。

　Brenner(1996)は，さらに，Helez 層のなかで少し年代が新しい後期オーテリビアン期の地層から，Pre-Afropollis 型，Spinatus 型，Clavatipollenites 型，Liliacidites 型の 4 つのタイプの花粉化石を発見し，これらのなかには発芽溝のない花粉と単溝粒型花粉の両方のタイプが出現してくることを報告している。このことは，後期バランギニアン期以降に被子植物の初期分化が進んだことを示唆している。

　これまで，被子植物の花粉化石である根拠とされてきたのは，花粉外膜に柱状体が存在していることであった。確かに，花粉外膜に柱状体があるのは，被子植物の花粉に見られる特徴である。ただし，現生の原始的被子植物のなかにはアンボレラやスイレン科のように，柱状体ではなく，顆粒状構造になっている花粉も少なくない。初期進化段階の被子植物の花粉には，花粉外膜に柱状体を欠いている植物も存在したことは十分に考えられる。Brenner(1996)は，従来の単溝粒型花粉を最も原始的な花粉型とする見解に対して，

無口型花粉が被子植物の起源型花粉であると提案をしている。今後の被子植物の起源に関する花粉化石の研究は，非柱状体型の花粉外膜の詳しい構造についての進展が期待されている。

　これまでにバランギニアン期〜オーテリビアン期の地層から発見された被子植物の化石は，これらの花粉化石とわずかな葉化石だけである。これよりも以前に，被子植物の存在を示唆する化石は発見されていない。

3．バレミアン期の古植生

　バレミアン期の古植生はオーテリビアン期と共通しており，全体的には前期白亜紀の古フローラに含まれている。バレミアン期にはいると，柱状体に支えられている網目模様をもつ被子植物型花粉がイギリス南部(Hughes et al., 1979)，イスラエル(Brenner, 1984)，西アフリカ，アルゼンチン，北アメリカ東部(Hickey & Doyle, 1977)から発見されている。ただし，花粉フローラのなかで，被子植物の花粉が占める割合は1%以下であり，このことからわずかに被子植物初期群が地球上に出現してきたと推定されている。イギリス南部から発見された被子植物花粉には，15種類の異なるタイプが含まれており，すでに被子植物の初期進化が始まっていたことを示唆している。アフリカ・ガボン共和国のバレミアン期の地層からは，ケイロレピス科やマオウ型の多くの花粉のなかに，被子植物の単溝粒型花粉が多く見つかっている(Doyle et al., 1982)。このことは，初期の被子植物は球果類が少ない低緯度地域でコロニーをつくっていたことを示唆している。

　北アメリカの東側のプレートが分離し始め，比較的冷涼な時期であったアプチアン期の熱帯地域で，被子植物の初期進化群が少しずつ増加する傾向が見られる。

4．アプチアン期に低緯度地域で始まった被子植物の多様化

　このアプチアン期以降の古植生は，花粉化石に基づいて北半球の北ローラ

シアと南ローラシアおよび南半球に位置していた北ゴンドワナと南ゴンドワナの4つの古フロラ地域に区別されている(Brenner, 1976)．北ゴンドワナでは湿度がわずかに増加する傾向にあった．

　北ローラシアでは，前の年代と同様にソテツ類は少なく，イチョウ類と針葉樹に富んでいた．一方，南ローラシアからは，大量のソテツ類が産出している．アプチアン期では，被子植物の葉化石は少なく，多くても全体の葉化石の5%くらいであった．北ローラシアの花粉植生のなかでは，アプチアン期にはいっても被子植物の花粉を欠いており，マオウ型花粉もまれである．オシダ科の胞子がわずかに見られる．一方，針葉樹種の気嚢型の球果花粉はかなり多いという特徴が見られる．バレミアン期～アプチアン期の高緯度地域に被子植物が広がったという証拠は見当たらない(Crane, 1987a)．

　それに対して，低緯度地域である南ローラシアと北ゴンドワナでは，高緯度地域に比べて花粉化石は多様化しており，現生の単子葉植物，センリョウ科，シキミモドキ科に類似の被子植物型の花粉がでてくる．被子植物の花粉化石は，特に，北ゴンドワナでさらに豊富で多量である．西アフリカのコートジボワールの被子植物は，初期アプチアン期には10%以上におよんでいる．三溝粒型花粉が北ゴンドワナのバレミアン期～アプチアン期の境界付近で現れている．北ゴンドワナの花粉植生では，シダ類の胞子と球果類の2気嚢型花粉は少なく，南ローラシアでは，その逆で，カニクサ科，ウラジロ科，マツ科，マキ科などが見られる．北ゴンドワナの花粉植生の特徴は，40%以上にもおよぶマオウ型の多様な花粉である．マオウ型花粉は，南ローラシアでは，それほど目立っていない．北ゴンドワナでは，マオウ型花粉が多様化するのと同時に被子植物の花粉も増加する．この年代の南ゴンドワナからの植物化石のデータは少ない．アプチアン期における花粉化石の出現状況の大きな変動は，被子植物の主要な系統群がこの時代に進化してきたことを示唆している(Crane, 1987a)．これらの花粉化石の出現状況から，被子植物はバレミアン期～アプチアン期にかけて，低緯度に位置していた熱帯地域で被子植物が本格的に初期進化を開始したと推定できる．

5. ポルトガルの後期バレミアン期～前期アプチアン期の被子植物の小型化石

後期バレミアン期～前期アプチアン期の小型化石としてはポルトガルの Torres Vedras の地層から発見されているものがよく知られている(図5-2)。本章では，Torres Vedras 層での Friis et al.(1994b, 1999, 2000a, b, 2001)の研究成果を中心に後期バレミアン期～前期アプチアン期に出現する植物化石の特徴をみていこう。これまでに，被子植物の最古の小型化石は，西ポルトガルの Torres Vedras の地層から発見されている。当初，西ポルトガルの Torres Vedras の地層はバランギニアン期～オーテリビアン期とされていたが，後に，後期バレミアン期または前期アプチアン期(1億2700万年～1億1200万年前)と訂正されている。この地層は，最古の花粉化石が発見されたイスラエルの地層よりも1000万年くらい新しい地質年代である。この地層からは140～150種類の被子植物の小型化石が発見されているが，そのなかの85％が原始的被子植物群と単子葉群の基底群のものであり，残りの15％は三溝粒型花粉である。真正双子葉群も分化していたと推定されている(Friis et al., 1999)。

図 5-2 小型化石が発見されたポルトガルの Torres Vedras 地域 (Friis et al., 1994b, 2000b)

6. 原始的被子植物群の小型化石

現生植物の分子系統の解析結果から,最も原始的な被子植物群であるアンボレラ科,センリョウ科,スイレン科,アウストロベイレヤ目,マツモ目を総称して,原始的被子植物群と呼んでいる。以下に述べるように,Torres Vedras の小型化石の研究によって,後期バレミアン期〜前期アプチアン期にかけて,被子植物のなかで最も原始的な群に関連のある分類群が分化していたことが示唆されている(Friis *et al*., 2000b)。

6.1 Amborella 型の小型化石

Torres Vedras 地層から,Amborellaceae とマツブサ科(シキミ目)の両方に類似性のある雄性花の小型化石が発見されている(Friis *et al*., 2000b;図5-3)。この化石は,2〜3枚の花被片が雄蕊群を囲んでいる。外側の花被片は小さく,内側の花被片は広く,大きい。花被片と雄蕊の間には細長い構造物が見られる。この細長い構造物は,花糸に相当するようにも見えるが,細胞の構造上の違いが認められるので,さらに内側の花被片であろうと考えられている。雄蕊の数は,10〜15本で,長さが1.5 mm である。雄蕊は,

図 5-3 Amborella 型の小型化石 (Friis *et al*., 2000b;©Univ. Chicago Press)。わずかの花被片で雄蕊が包まれている雄性花化石。花粉は 15 μm の三叉状単溝粒型花粉である。スケール=1 mm

長く，広くて，扁平化した花糸と短い葯からできている。葯は，0.3 mm の長さであり，三角形，四分花粉嚢からなっている。葯隔は短く伸長しており，葯は外向し，15 μm の花粉を含んでいる。花粉は外表層を有し，単溝粒型であり，表面は，疣状〜しわ状紋である。この化石の雄蕊や花粉は，*Amborella* やサネカズラと類似している。ただし，*Amborella* の葯は内向しており，サネカズラの花粉は，この小型化石の花粉と異なっている(Friis *et al.*, 2000b)。

6.2 Amborella 型の果実化石

Torres Vedras 地層から，長さ 1.3 mm，幅 0.7 mm で小さな，楕円形ないし卵形の果実化石である(図 5-4)。背側の縁が，突き出しているのに対して，腹側の縁は，わずかに湾曲している。厚壁細胞からなる果実壁は厚く，不規則なしわ状表面模様をもっている。表皮は小さな同直径の細胞からなっているが，さらに外側を厚壁細胞によって被われていた可能性がある。柱頭は，ほとんど無柄で，背側に反転していた。柱頭に付着していた花粉は，柱頭表面で埋もれた状態になっていたことから，柱頭は粘液に被われていた可

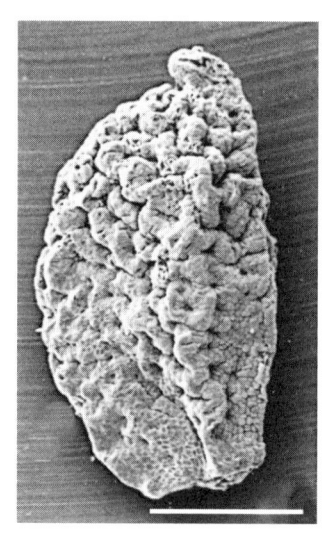

図 5-4 Amborella 型の果実化石 (Friis *et al.*, 1994b；©Springer)。スケール=1 mm

能性がある。花粉は，単溝粒型で，径 13 μm の球形に近く，細かい網目模様をもっていた。この果実化石は，硬い子房壁に被われた単室性で，1 個の種子がはいっていた。現生の *Amborella* 属と類似している点があるが，さらに詳しい検討が必要である (Friis *et al.*, 1994b)。

7. 原始的双子葉類の植物化石

7.1 センリョウ科の小型化石

ポルトガルの Vale de Agua の地層からは，センリョウ科に関連している小型化石が発見されている (Friis *et al.*, 2000b；図 5-5)。センリョウ科に類縁性があると考えられているのは，現生の *Hedyosmum* に類似している雄性花と雌性花と花序の化石である。さらに，単離した状態で発見された雄蕊からは，センリョウ型の花粉化石 *Clavatipollenites* がついていることがわかっている。このことから，センリョウ科は，前期白亜紀の植生の重要な構成要素であったことがうかがえる。センリョウ科の雄蕊化石も発見されている。この雄蕊化石は，2～3 本の雄蕊からなり，短い花糸の部分で癒合して

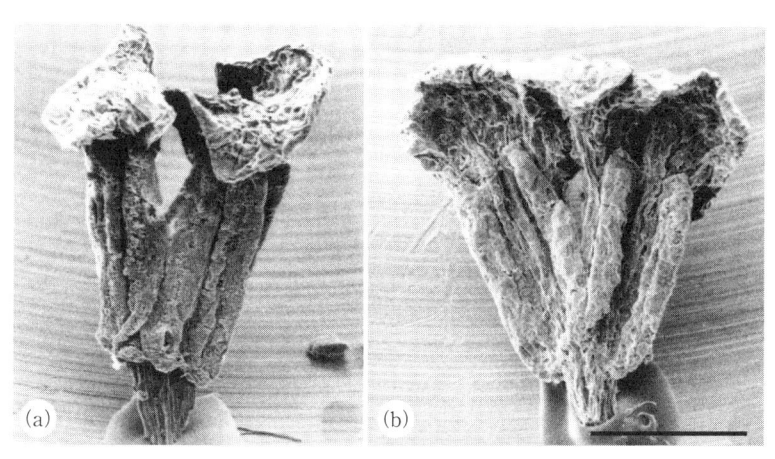

図 5-5 センリョウ科の雄蕊の化石 (Friis *et al.*, 2000b；©Univ. Chicago Press)
(a)表面，(b)裏面。スケール＝500 μm

いる。2本の側生する雄蕊には，2個で1対の花粉嚢があり，中央部の雄蕊には花粉嚢が発達せず，不稔である。花粉化石は，単溝粒型で，微細な網目模様がある。現生の *Chloranthus* には同じような雄蕊が見られるが，中央部の雄蕊が2個1対の花粉嚢をもち，側生している雄蕊が1個の花粉嚢をもっていることが化石種と異なっており，花粉も別のタイプである。これらの化石は，別系統のすでに絶滅した群であるのか，あるいは現生のセンリョウ科に直接つながっている種であるのかは明らかにされていない(Friis *et al*., 2000b)。しかも，この化石の保存性がよくなく，センリョウ科との類縁性に確証があるものではない。

7.2 センリョウ科の大型印象化石

かつて，最古の被子植物の花化石であるとされた印象化石が，オーストラリアのアプチアン期(1億2100万年〜1億1200万年前)の地層から発見されている(図5-6)。この化石は，2枚の葉が軸についており，2本の腋生の花序がついている。花序は，苞と小苞と子房が重なり合っている状態で発見された。葉は互生で，葉柄があり，単葉，わずかに非相称性である。10.1 mmの幅，5本の主脈あり，花序は，長さ9 mmで有柄，集散花序，おそらく密穂花序で，子房は小さく長楕円形と記載されている。幅0.57 mmの短い柱頭があり，合生心皮で，苞と小苞がある花序であることから，センリョウ科と類縁性が高いと考えられている(Taylor & Hickey, 1990)。Taylor & Hickey(1992, 1996a, b)は，この植物化石に基づいて，被子植物の古草本起源説の提案へと展開していくが，アプチアン期にはセンリョウ科以外の分類群もすでに分化しており，センリョウ科をすべての被子植物の起源群としている根拠に乏しい。

7.3 スイレン目の花化石

西ポルトガルのVale de Agua(アプチアン期〜アルビアン期)から，スイレン目の花化石が発見されている(Friis *et al*., 2001；図5-7)。発見された花化石は，長さ3 mm，直径2 mmの小型化石で，開花時に化石化したまま

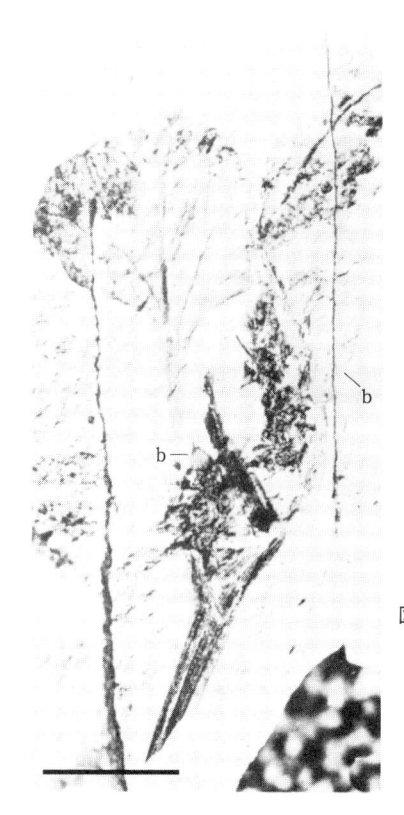

図 5-6 センリョウ科と関連性が示唆されてい植物化石 (Taylor & Hickey, 1990；ⓒScience)。小苞片をもっていることがセンリョウ科との類縁性を示唆する根拠とされているが，化石の保存状態が悪く，花序であることを確認することは難しい。b は苞であると考えられているが，明瞭とはいえない。スケール=5 mm

で残っていた。この花は放射相称であり，子房周位花で，両性花であることが明らかであった。雌蕊の周囲のすべての側生器官は折れた状態であり，それらの基部だけが残っていた。12 個の雄蕊の基部である菱型の断面が，2 輪に互生配列していた。その外側には 6 個の花被片の楕円形の断面があった。花粉は約 20 μm の単溝粒型で，大きい網目模様をもっていた。雌蕊は，合生心皮からなっている。心皮は 12 枚からなり，それらの基部では合着しているが，頂端は離生している状態であった。心皮と側生器官の配列のしかたは，スイレン目とシキミ科に特有なものである。しかし，シキミ科植物の花は子房上位花であり，雌蕊は離生心皮であることなどで，この花化石とは異なっている。この花化石と現生スイレン科植物との異なる点は，花粉の網目

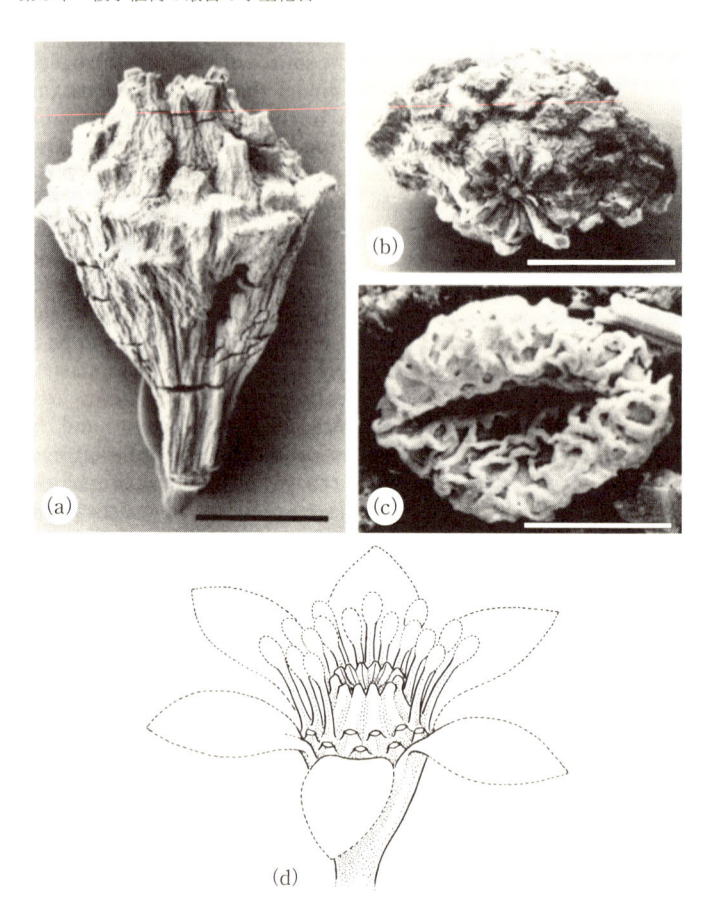

128 第5章 被子植物の最古の小型化石

図 5-7 スイレン目の花化石 (Friis *et al*., 2001；©Nature)。(a)花化石。花弁と雄蕊の先端が失われている。雄蕊はラセン状に配列していたことがわかる。スケール＝1 mm，(b)花化石。先端から見たところ，スケール＝1 mm，(c)単溝粒型花粉。網目模様である。現生のスイレン科植物に網目模様の花粉は見られない。スケール＝10 μm，(d)再構築図

模様である。現生のスイレン目植物には，網目模様をもつ花粉が見られない。西ポルトガルの Vale de Agua の地層から発見された小型化石は，現在では絶滅してしまったスイレン目の最古の花化石と考えられている(Friis *et al*., 2001)。

7.4 スイレン目型の種子化石

ポルトガルの Famalicão の地層(アプチアン期～アルビアン期)から外種皮外層型と外種皮内層型の種子化石が多く発見されている(Friis *et al.*, 1999)。特に外種皮外層型の多様の種子が発見されている。これらの種子では外種皮の機械組織が柵状層を構成している。肉眼的には黒っぽい光沢のある種子化石として見つけることができる。これらの種子はすべて倒生胚珠であり，大きさ，形状，外種皮の表面模様に変異が見られる。そのなかには，現生のスイレン目植物の種子と一致する掌状パターンの表面模様をもつ種子化石も発見されている(図 5-8)。ただし，現生のスイレン目の種子には珠孔のところに蓋があるが，この化石種子には見られない(Friis *et al.*, 1999)。

ポルトガルの前期白亜紀の地層からは，これらの他にも現生の植物と関連づけられない被子植物の多くの種子化石が発見されているが，それらの種子化石の多くは，現生の分類群に関連づけることができない。そのなかには，珠孔が明瞭な倒生種子で，互いにくっついているタイプや，細顆粒の模様をもつ種子や，小刺状突起をもつ種子など多様なタイプの種子が発見されている(Friis *et al.*, 1999；図 5-9)。

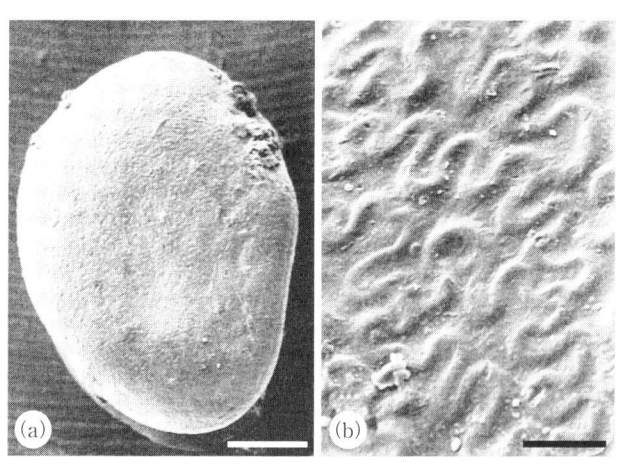

図 5-8 スイレン目の種子化石 (Friis *et al.*, 1999；©Ann. Missouri Bot. Gard.)
(a)スケール＝250 μm，(b)種子の表面。掌状の模様が見られる。スケール＝25 μm

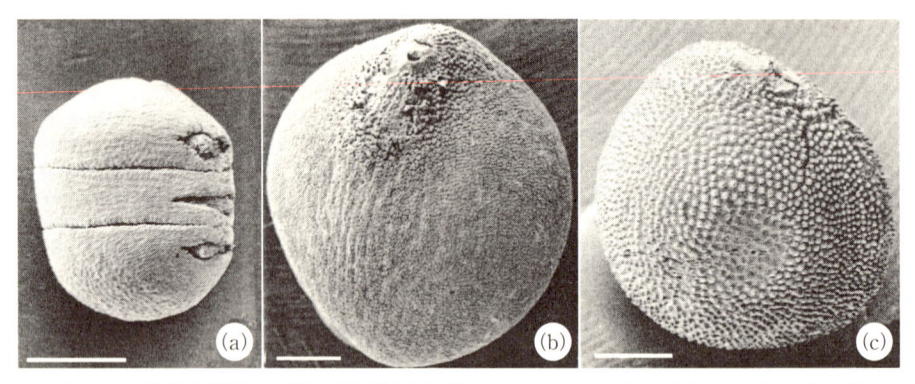

130　第5章　被子植物の最古の小型化石

図 5-9　分類学的所属が不明の種子化石 (Friis *et al.*, 1999；ⒸAnn. Missouri Bot. Gard.)
(a)珠孔と臍の部分に特徴が見られる。スケール＝500 μm，(b・c)スケール＝250 μm

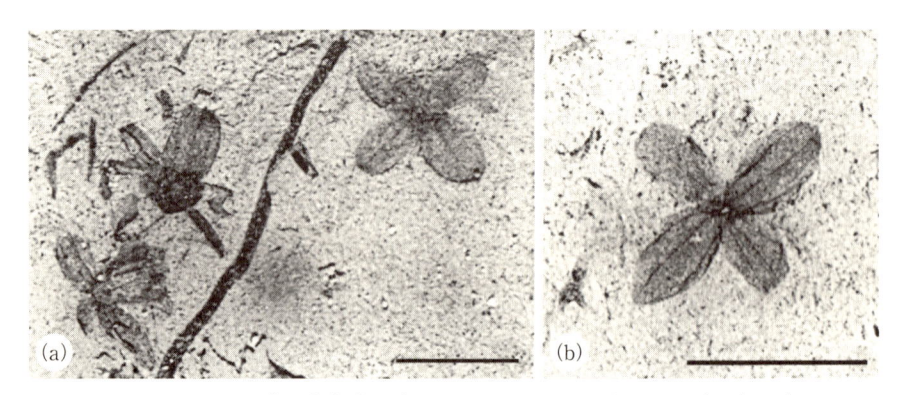

図 5-10　クスノキ目の花の印象化石 (Friis *et al.*, 1994b；ⒸSpringer)。(a・b)スケール＝500 μm

7.5　クスノキ目に近縁な花の印象化石

ポルトガルのバレミアン期～アプチアン期の Juncal の地層から，直径5 mm の4数性の花の印象化石が発見されている(Friis *et al.*, 1994b；図5-10)。この花は，子房下位花であり，4枚の花被片の基部が合着している。葯は無柄であり，葯の表面に樹脂が分布している。雌蕊は，長さが1.7 mm と小さく，円錐形である。この化石の類縁性については，はっきりしていないが，樹脂の存在によって，クスノキ目に近縁である可能性がある(Friis et al., 1994b)。

7.6 クスノキ目に関連がある花化石

ポルトガルの Vale de Agua の地層から発見された 1.3〜3.1 mm の長さの，小さい放射相称の子房下位の両性花の小型化石である(Friis et al., 1994b；図 5-11a)。花被片は未分化の状態であり，7(まれに 5)枚の厚い花被片が瓦状に輪生している。花被片の大きさには変異がある。雄蕊の数は，萼片の数の約 2 倍と多い。葯は，4 個の小胞子嚢からできており，側向あるいは外向きに弁開をしている。花粉は，円形の単溝粒型で，大きさは 11〜14 μm である。細かい線状紋をもつことが特徴である(図 5-11b)。

雌蕊は 1 室，2 心皮からなり，なかに 1 個の種子がはいっている。形態的にはハスノハギリ科に近縁であると考えられている。ただし，現生のハスノハギリ科植物の花粉は，無口型で表面に小刺状突起があることで異なっている。花粉の特徴は現生のスイレン科ハゴロモモ属に近いが，ハゴロモモ属の花は，3 数性の子房上位で離生心皮であるので，この花化石とは異なってい

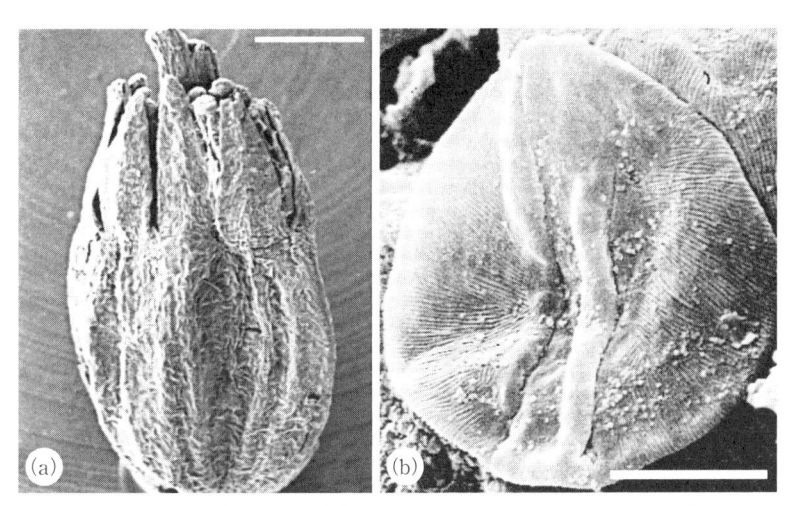

図 5-11 クスノキ目に関連のある花化石 (Friis et al., 1994b；©Springer)。(a)スケール＝500 μm，(b)スケール＝5 μm

る。クスノキ目との関連が考えられるが，分類学的位置が不明な小型化石である (Friis et al., 1994b；Friis et al., 2000b)。

8.「最古の単子葉群の花化石」とされている小型化石

ポルトガルの Vale de Agua(バレミアン期〜アプチアン期)から，最古の単子葉群と推定された雄花と雌花の小型化石が発見された (Friis et al., 2000

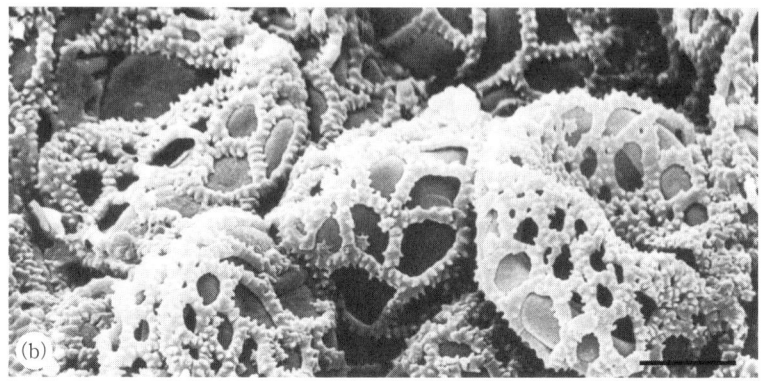

図 5-12 オモダカ目に近縁な単子葉群の花化石 *Pennistemon portugallicus* Friis, Pedersen et Crane (Friis et al., 2000a；©Grana)。(a)雄蕊をつけている花器官。スケール＝100 μm，(b)単溝粒型花粉化石。大型の網目の表面には微小突起が分布している。スケール＝5 μm a；図5-12a)。この小型化石は，長さ0.7 mm の軸に，6個の雄蕊がラセン状に配列しており，心皮や苞，花被片などの側生器官はまったくついていない。この小型化石からだけでは，1個の花の一部分なのか，単雄蕊からなる雄花の花序なのかはわからない。雄蕊は，長さ0.5 mm，幅0.3 mm の小さいもので，短い花糸と4花粉嚢からなる葯からできている。各雄蕊は，頂端に三角形の葯隔の突起をもっている特徴がある。花粉は，15〜17.5 μm の円形または楕円形の単溝粒型花粉で，大きい網目模様であるが，柱状体を欠いているという特徴がある(図5-12b)。網目模様を構成している畝の表面には，刺状突起がある。同じタイプの花粉をつけている雌蕊の小型化石は，0.6 mm の長さで，楕円形で，基部と先端が尖っている。クチクラによって，縦の稜が形成され，なかには，1個の種子がはいっている。この植物は，花粉形態からみておそらく虫媒花であったと推定されている。これらの雌雄の小型化石は，それぞれ *Pennistemon* と *Pennicarpus* と命名された。一般に，単性花は真正双子葉群では少なく，原始的モクレン群にはセンリョウ科だけに見られる特徴である。センリョウ科の花では，十字対生または輪生であり，花粉に柱状体があることなどで，ポルトガルから発見された小型化石とは異なっており，センリョウ科との関連は少ないと考えられた(Friis *et al*., 2000a)。さらに，花粉の形態がサトイモ科のアンスリウム属のなかには，大きな網目模様をもち，畝の表面に刺状突起があることなど，この小型化石の花粉と共通の特徴をもっている種もある。現生の単子葉群のなかで原始的とされるセキショウ属の花は，両性花で，3数性で，葯が内向しており，花粉の表面模様もこの小型化石とは異なっている。この小型化石は，オモダカ目に最も近縁な特徴をもっており，最古の単子葉群の生殖器官の化石と考えられている(Friis *et al*., 2000a)。前期白亜紀の地層からは，顆粒状構造からなる花粉外膜をもつ花粉化石が多く発見されている。オモダカ目の花粉には，顆粒状構造のある花粉外膜も知られているが，花粉外膜が顆粒状構造をもつとして，現生のサトイモ科だけに類縁性を求めることはできない。この小型化石の花粉化石の形質と一致している現生の植物群は見当たらない。この小型化石が，最古の単子葉植物の化石であるかどうかについては，今後のより詳

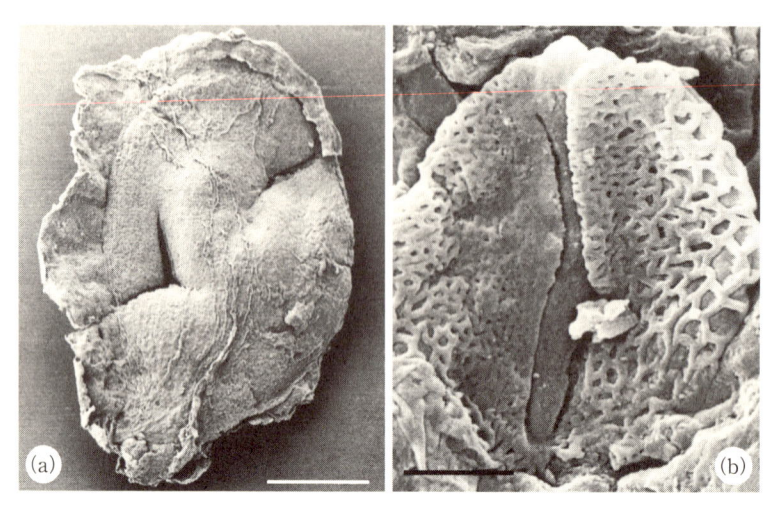

図 5-13 単子葉群またはモクレン群と関連のある単心皮からなる果実化石 *Anacostia portugallica* Friis, Crane et Pedersen (Friis *et al*., 1997a；©Grana)。(a)果実化石。周囲には翼型突起がある。スケール＝500 μm，(b)単溝粒型花粉化石。網目模様をもっている。スケール＝5 μm

しい検討が必要であろう。

単子葉類型の果実化石 Anacostia

ポルトガルのバレミアン期またはアプチアン期から，果実化石 *Anacostia* の4種，*A. marylandensis*，*A. virginiensis*，*A. teixeirae* と *A. portugallica* が記載されている(Friis *et al*., 1997a；図 5-13a)。これらの果実と種子の形質は現生のモクレン綱と類似しているが，花粉が異なっており，単子葉類の花粉の特徴である発芽溝付近の網目のサイズが小さくなる特徴を示していた (図 5-13b)。このために，*Anacostia* は，原始的モクレン綱または単子葉類の小型化石と考えられている(Friis *et al*., 1997a)。この果実化石には，網目模様をもつ単溝粒型花粉がついていることがわかっている(Friis *et al*., 1997a；Friis *et al*., 1999)。

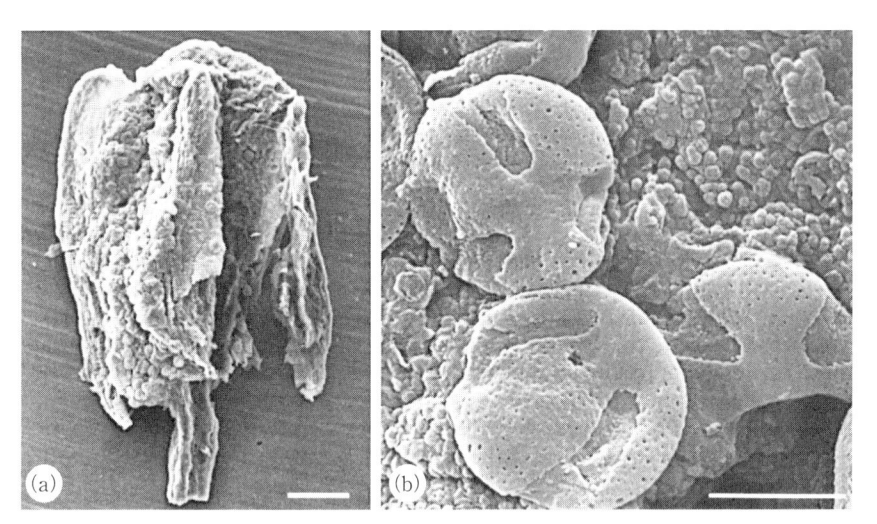

図 5-14　三溝粒型花粉がついていた葯の化石（Friis *et al*., 1994b；©Grana）。(a)全体像。スケール＝100 μm，(b)三溝粒型花粉。スケール＝10 μm

9. 真正双子葉群の出現

　これまで，三溝粒型花粉が最初に出現するのはアルビアン期とされてきた。ところが，ポルトガルの Torres Vedras（後期バレミアン期〜前期アプチアン期）から三溝粒型花粉をつけている雄蕊の化石が発見されたのである（Friis *et al*., 1994b；図 5-14）。Torres Vedras から発見された小型化石は 4 つの小胞子嚢からなる葯で構成され，弁開する葯を底着している雄蕊である。短い花糸も認められた。花粉は径 16 μm の球形の三溝粒型花粉である。溝は広く，表面には微小突起がある。花粉外膜の模様は，小孔紋（foveolate）である。表面の小孔は，小さく，均一に配列している。この雄蕊の化石は，弁開している葯と三溝粒型花粉であることが，北アメリカの Potomac 地層群から発見されたスズカケノキ目（マンサク綱）との関連を示唆している。ただし，多くのスズカケノキ目の花粉化石は，粗い網目模様をもっている（Friis *et al*., 1994b）。

さらに，真正双子葉群の樹幹部に位置していると考えられている雄性の放射相称の花化石 Teixeiria が，ポルトガルの Vale de Agua から発見されている(von Balthazar et al., 2005；図5-15)。この花化石は花芽の状態で発見されており，幅3.5 mm である。この花化石の小形の苞片と大形の萼片および花弁が連続的にラセン配列をしており，その区別は明確ではない。約14枚の苞片(あるいは萼片)と約12枚の花弁状の花被片が認められる。長い花被片は3 mm におよぶ。約20個の雄蕊をもち，葯は底着で縦裂する。外側の雄蕊の長さは2.8 mm である。これらの形質に見られる特徴はキンポウゲ目，メギ目やユキノシタ目に見られる特徴である。花粉は赤道軸が15〜20 μm で，極軸は20 μm の三溝粒型である。表面は小孔紋である。こ

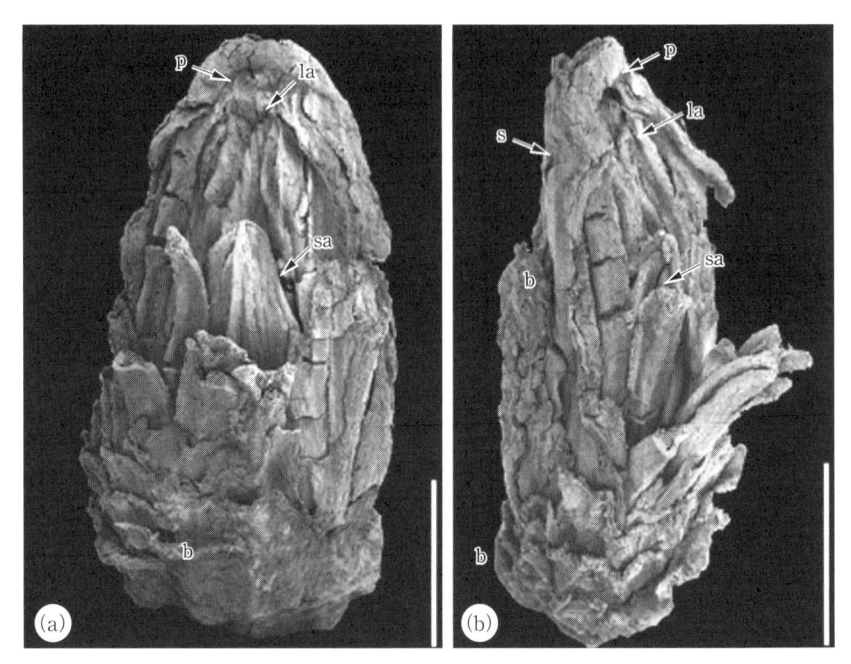

図 5-15　*Teixeiria lusitanic* Balthazar, Pedersen & Friis (von Balthazar *et al.*, 2005；©Springer)。開花前の花芽の化石。花被片と片方が欠けている外側の雄蕊が認められる。(a)正面，(b)横面；b：苞片，la：長い雄蕊，p：花弁，s：萼片状の花被片，sa：短い雄蕊，スケール＝1 mm

のタイプの花粉は現生のアケビ科，ツヅラフジ科，メギ科，ケシ科などの花粉と類似している。この化石の形質はモザイク状に現生の複数の分類群と結びついており，真正双子葉群の樹幹群を構成していたと考えられている(von Balthazar et al., 2005)。

イギリスのバレミアン期〜アプチアン期の地層から三溝粒型花粉が発見されている(Hughes & McDougall, 1990)。また，エジプト(Penny, 1991)や西アフリカや北アメリカ(Doyle, 1992)からも発見されている。これらのことからバレミアン期〜アプチアン期にはすでに真正双子葉群が多様化しており，アルビアン期にかけて，さらに進化していったと考えられている(Doyle & Hickey, 1976；Crabtree, 1987；Upchurch, 1994)。

Friis et al.(1994b)が，ポルトガルの Torres Vedras の地層から発見した小型化石植物群は，後期バレミアン期〜前期アプチアン期に被子植物の初期進化の段階で真正双子葉群も出現しており，すでにいくつかの主要群に分化していたことを示唆している。

Archaefructus が発見された中国の遼寧省のバレミアン期〜アプチアン期

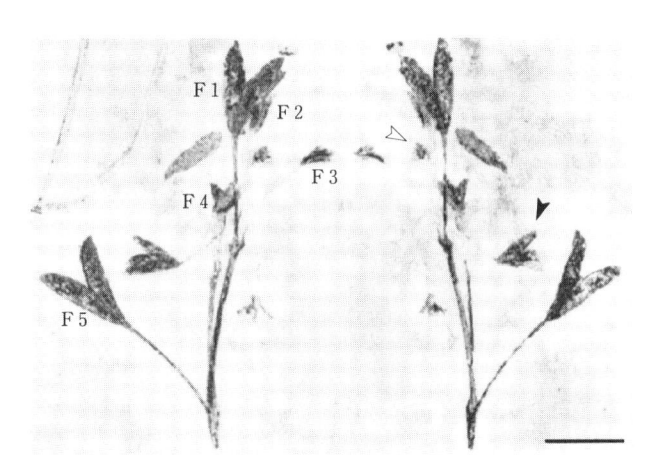

図 5-16 中国遼寧省のバレミアン期〜アプチアン期の地層から発見された印象化石 *Sinocarpus dicussantus* Leng et Friis (Leng & Friis, 2003；ⒸSpringer)。2 対の果実がついている。F1〜F5 は果実を示しており，白黒の矢印記号は軸から離れた果実を示している。スケール＝1 mm

の地層から，果実の印象化石 Sinocarpus が発見されている(Leng & Friis, 2003；図 5-16)。この化石は，苞がなく，頂生する果実と側生する果実がついており，花被と雄蕊が残ってないものであった。子房は 3〜4 枚の心皮からなり，約 10 個の種子を含んでいた。Sinocarpus の分類学的な位置については，真正双子葉群の基部に位置しており，現生のキンポウゲ科やツゲ科，ミロタムヌス科との類似性が指摘されている(Leng & Friis, 2003)。中国の前期白亜紀から発見された Sinocarpus は，バレミアン期〜アプチアン期に真正双子葉群が分化し，広く分布するようになっていたことを示唆している。今後，アジアの前期白亜紀の地層からの被子植物の植物化石の発見が期待されている(Sun and Dilcher, 2002)。

10. 系統的位置づけが困難な化石

10.1 輪生する雄蕊群の小型化石

西ポルトガルから発見された被子植物の小型化石には，現生の植物に関連づけることが困難であるものが多い。小型化石に見られる形質の組み合わせが，現生植物のどの科にもあてはまらないのである。その 1 つが Torres Vedras から発見された多くの雄蕊群からなる花化石である(Friis *et al*.,

図 5-17 輪生する雄蕊群の化石 (Friis *et al*., 1994b；©Springer)。(a)横面，(b)上面。スケール＝500 μm

1994b：図5-17)．この化石は，凸レンズ状の形をしており，高さが0.75 mm，直径が1 mm の小さいもので，多くの小さい雄蕊が輪生している特徴がある(図5-17)．発見されたのは5輪生のものであるが，基部を支えている萼片や花被片がついていなかったので，完全な状態であるのかは不明であった．最先端には4本の雄蕊がついており，その下には，8本の雄蕊，3番目は11本(1本が欠けている状態)，4番目は16本，5番目は不完全な状態で雄蕊が輪生している．それぞれの雄蕊は，非常に小さく，長さ0.3 mm，幅0.15 mmであった．非常に短い花糸に2つの半葯，4つの花粉囊からなる葯が底着し，葯は縦裂開していたことが明らかにされている．この雄蕊の構造から，間違いなく被子植物の生殖器官の化石であると判断される．この花化石には，単溝粒型で網目模様の花粉化石が付着していた．基部のところが欠けているために，花の全体像は明らかにされていない．そのためにこの植物化石は多くの雄性花が輪生している状態であると解釈できるし，あるいは，多くの雄蕊からなる単性花であるという解釈も可能である．いずれにせよ，このような雄蕊の配列パターンは，現生の被子植物の花序にも花にもないタイプである(Friis *et al*., 1994b)．現段階では，この雄蕊群の植物化石の適切な形態的解釈は困難である．この化石の分類学的位置ははっきりしていないが，単溝粒型で網目模様のある花粉がついていることは，モクレン群である可能性を示唆しているが，なんとも，不思議な植物化石である．

図 5-18 子房下位の花化石 (Friis *et al*., 1999； ⓒAnn. Missouri Bot. Gard.)．スケール＝ 250 μm

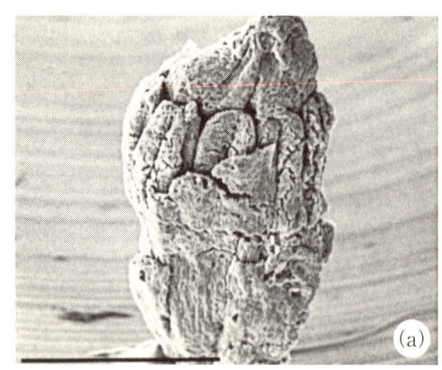

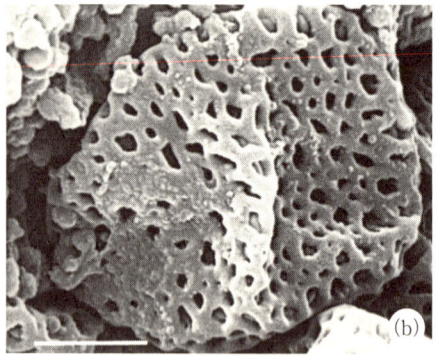

図 5-19 子房下位の花化石 (Friis et al., 1994b；©Springer)。(a)全体像。雄蕊と一部の花被片が残っている。スケール＝500 μm，(b)花粉化石。網目模様。スケール＝4 μm

10.2 子房下位の花化石

西ポルトガルの Catefica の地層から，厚い花被片に包まれた子房下位の小さな両性花が発見されている(Friis et al., 1999；図 5-18)。この花についていた花粉には細かい線状紋がついていた。雄蕊の葯は弁開し，雌蕊は 2 枚の心皮からできており，1 種子を含んでいた。この化石の花粉は現生のスイレン科ハゴロモモ属に類似しているが，現生のハゴロモモ属は子房上位の花をつけていることが異なっている(Friis et al., 1999)。

西ポルトガルの Torres Vedras の地層からは，子房下位の小さい花の化石も発見されている(Friis et al., 1994b, 1999；図 5-19)。一部が壊れた状態で発見されたので，詳しい全体の形態はわからないが，長さは 1.3 mm あり，明らかに両性の放射相称花であることがわかる。互いに合着している花被片の基部は，さらに雌蕊とも合着していた。6 本の雄蕊が残っており，壊れている部分に 3～4 本の雄蕊が欠けた状態になっていたので，雄蕊の数は全部で 9～10 本あったと推定される。葯は，2 つの半葯，4 つの花粉嚢からできており，細長く伸びており，縦裂開し，葯隔の先端が尖っていた。花糸は確認できなかった。花粉は約 12 μm あり，球状，網目模様の単溝粒型であった。花粉の外膜には密生する柱状体があった。この花粉の特徴から，この化石はモクレン綱に近縁な群であると示唆されている(Friis et al., 1999)。

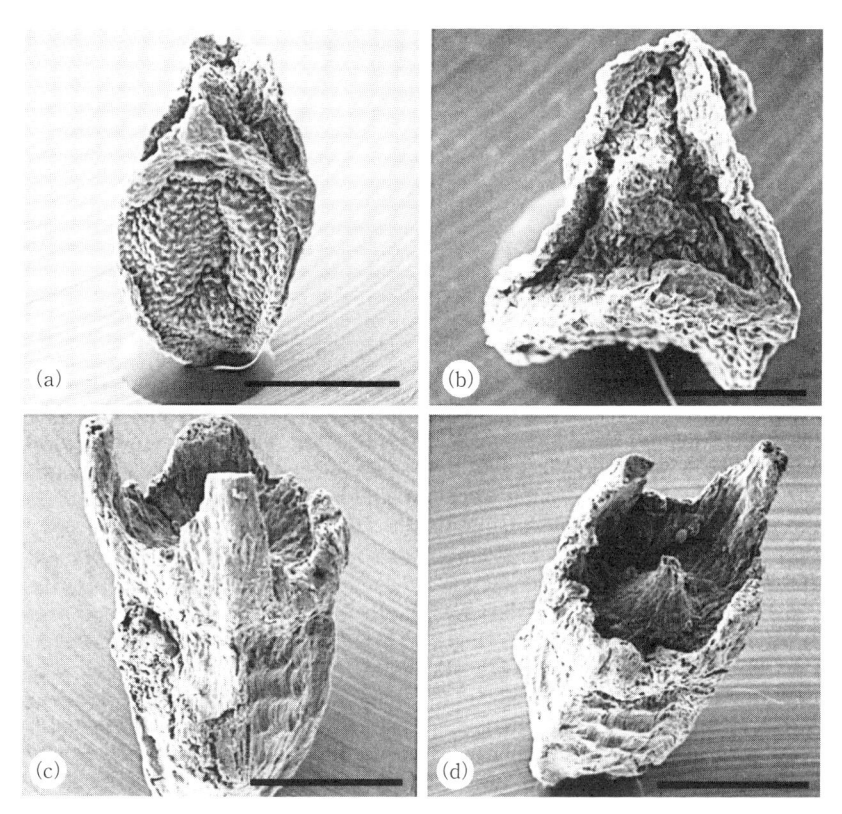

10. 系統的位置づけが困難な化石　141

図 5-20　稜形の果実化石 (Friis *et al*., 1994b；©Springer)。(a〜d)いずれも分類学的位置は明らかにされていない。スケール＝500 μm

しかも単一の雌蕊の存在はクスノキ目との関連を示唆しているが，詳細な比較検討に必要な情報として十分ではないと思われる。

10.3　稜形の果実化石

Torres Vedras から，3 稜形，4 稜形の子房下位の果実化石も発見されている (Friis *et al*., 1994b；図 5-20)。この化石は，長さ 1 mm，幅 0.6 mm の小さいもので，3 稜形の卵形の果実化石や 4 稜形の果実も発見されている（図 5-20)。花被片のある子房下位型の果実は，被子植物以外にはないので，

これらの化石は明らかに被子植物のものである。3裂片の花被と3稜形の子房下位の果実は，現生のセンリョウ科 Hedyosmum に見られる特徴である（Friis et al., 1994b）。これらの化石から，被子植物に密接に関連のある中生代の種子植物群のなかには，これまで考えられていたよりもはるかに多様な被子植物の種類が分化していたことを示唆している。

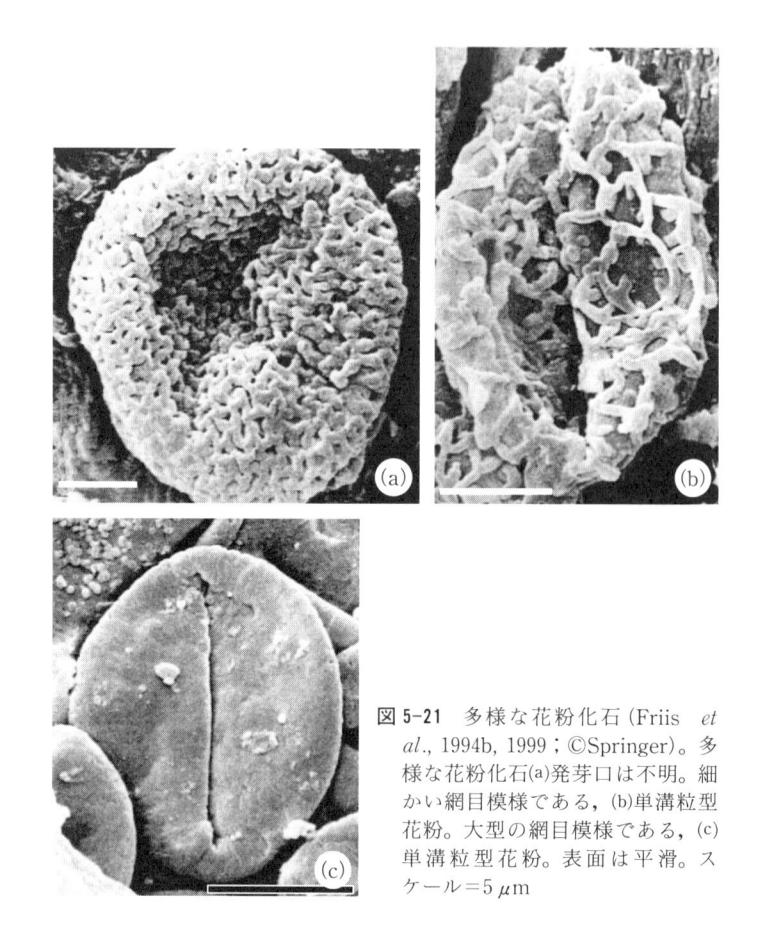

図 5-21 多様な花粉化石 (Friis et al., 1994b, 1999；©Springer)。多様な花粉化石(a)発芽口は不明。細かい網目模様である，(b)単溝粒型花粉。大型の網目模様である，(c)単溝粒型花粉。表面は平滑。スケール=5μm

11. 西ポルトガルから発見された花粉化石

　西ポルトガルの古植生のなかから60種以上の花粉化石が発見されている(Friis *et al*., 1994b, 1999)。これらのなかには，単溝粒型，二溝粒型，散孔粒型などの花粉タイプが見つかっている。花粉の大きさは，9～25 μm と小さく，網目模様をもつ花粉が全体の75%におよんでいる(図5-21a)。1果実化石に単溝粒型と三叉状口の両方のタイプの花粉をつけているものも発見されている。代表的な花粉化石には，現生のハゴロモモ属に類似している線状紋をもつ花粉がある(図5-11b)。単溝粒型で網目模様をもつ多くの種類の花粉化石も発見されている(Friis *et al*., 1999；図5-21b)。この年代の西ポルトガルのVale de Aguaの地層から発見された花粉化石の種類は26種類におよんでいるが，全部で100種類をこえているだろうと推定されている(図5-21b, c)。26種類の花粉化石のなかで，22種類は単溝粒型花粉であり，二溝粒型花粉が1種類あり，残りの3種類は三溝粒型花粉であった。これらの多様な花粉化石は，被子植物がいくつかの初期群に分化していたことを示唆している。

12. バレミアン期～アプチアン期の植物化石群の特徴

　西ポルトガルのTorres Vedrasからの小型化石は，これまでに発見された被子植物の小型化石のなかで最古のものである。被子植物のなかで最も原始的といわれているANITA群に近縁な群やセンリョウ科などの原始的被子植物群の小型化石を多く含んでいることが特徴である。特に，アンボレラ科，スイレン科やシキミ科に類縁性のある小型化石は，興味深い存在である。被子植物の初期進化のなかでも早い段階であるが，これまでに考えられていたよりも多様化が進んでいたことが明らかにされた。すでに，発見された被子植物の花，果実，種子の化石は全部で105種類を越している(Friis *et al*., 1994b, 1999)。この種類数は同年代の他の地域に比べてもはるかに多様化し

ていたことが示唆されている。また，単子葉群や三溝粒型花粉をもつ葯の化石も含まれており，真正双子葉群への初期分化も始まっていたことが示唆されている。

　従来のモクレン説によれば，被子植物の花の進化系列は，離生状態にある多くの構成器官がラセン状に配列している両性花を祖先型として，構成器官は多い状態から少なくなる方向に，離生から合着へ，ラセン配列から輪生へ，両性花から単性花へと進んだと考えられてきた。ところが，前期バレミアン期または後期アプチアン期の被子植物初期群には，少ない構成器官からなる花が優先しているようである。この地質年代から発見される被子植物初期群の花化石は，すでに単性花と両性花が混在し，3数性の合生心皮や子房下位花も出現していたことが明らかにされている。1心皮あたりの胚珠の数は，多くの場合は1個であるが，なかには複数の胚珠を含んでいるのもある。多くの種子は，倒生胚珠であるが，直生胚珠や湾生胚珠もわずかに存在していたことがわかっている。

　被子植物の初期進化群においては，モクレン説で考えられてきた形質の進化系列にそって，地質年代とともに段階を追って原始的形質から進化形質へ少しずつ移行してきたのではなさそうである。むしろ，被子植物の初期進化群とともに，単性花，合生心皮，子房下位といった進化形質がいきなり出現してきたようにもみえる。Torres Vedras（後期バレミアン期～前期アプチアン期）から発見された被子植物の小型化石のなかに，被子植物のすべての共通祖先となるようなプロトタイプを見出すことはできないが，前期白亜紀における被子植物の初期進化群の小型化石が出現してくるプロセスは，分子系統的に解析された結果と基本的に一致している。ただし，現生のいずれの被子植物にも関連づけることのできない小型化石も発見されており，前期白亜紀の被子植物初期進化群のなかには絶滅してしまったかなりの初期系統群もあったことが考えられる。

第6章　被子植物の主要始原群の分化
（アルビアン期：1億1120万年〜9960万年前）

1. アルビアン期の古植生

　葉化石などの大型化石と花粉化石のデータにより，被子植物はアルビアン期にはいると北半球全体に広がったことがわかる。これより以前に被子植物が存在していなかった北の高緯度地域にも，被子植物が広がっていった。被子植物の葉化石は，後期アルビアン期の葉化石のなかで40〜50％に達している。この年代において，被子植物が相対的に増加するのは，ソテツ類，シダ種子植物やシダ植物の減少傾向と関連していたが，球果類は被子植物の多様化による影響を受けることは少なかった (Crane, 1987a)。

2. アルビアン期の被子植物の花粉化石

　北アメリカのポトマック植物化石群における Friis や Crane らの研究結果をもとに解説する。被子植物の花粉化石は，前期アルビアン期に比べて後期アルビアン期では，はるかに豊富になっている。しかも，北ゴンドワナと南ローラシアでは，*Clavatipollenites* のような単溝粒型花粉や，三溝粒型，三溝孔型，多孔型など多様な花粉型を含むようになる (Crane, 1987a)。
　ポトマック群の後期アルビアン期では，三溝粒型花粉と三溝孔型花粉が70％にも達している。ポトマック群における被子植物花粉の増加は，フサシダ型胞子，*Classopollis* やキカデオイデア型花粉が減少したのに対し，ナン

ヨウスギ科型花粉と2気嚢をもつ球果型花粉は増加している。北ゴンドワナなどの低緯度地域では，被子植物の花粉はさらに多様化しているが，*Classopollis* とマオウ型の花粉が優占のままであった。北ローラシアのアルビアン期に，被子植物の単溝粒型と三溝粒型の花粉化石はほぼ同時に初めて出現している(Crane, 1987a)。

3. アルビアン期の被子植物の葉化石

アルビアン期被子植物の葉化石についてポトマック植物化石群から発見された化石のデータに基づいて解説しよう。アルビアン期の葉化石は，アプチアン期に比べて，さらに多様で豊富になっている。ポトマック群の後期アルビアン期から見つかった被子植物の葉，生殖器官，花粉などの化石によって，単子葉群，モクレン綱，マンサク綱，バラ綱がすでに分化していたことが示唆される。後期アルビアン期の葉は，それより以前のアプチアン期や前期アルビアン期に比べて，さらに大きく，構造的にも複雑であり，高度に組織化された葉脈をもつようになっている。その間，被子植物は初期遷移の生育地だけでなく，水生あるいは川原の樹木として生育している。特にポトマック植物化石群では，ムクロジ型やスズカケノキ型の葉化石が多く，北半球では初期遷移状態の被子植物の森林として存在していたと考えられている(Crane, 1987a)。ポトマック植物化石群では，アルビアン期以降，球果類とキカデオイデア類は，湿地地域に優占的に残っていたと推定されている(Crane, 1987a)。

4. アルビアン期の被子植物の小型化石

アルビアン期の小型化石は，バージニア州 Puddledock やメリーランド州 West Brother や Bull Mountain 地域から発見されている。Puddledock 地域の前～中期アルビアン期の地層からは，特にモクレン綱やマンサク綱の花や果実の小型化石が発見されている(Crane *et al.*, 1994)。Puddledock の古

フロラには，多様に分化したモクレン綱などの被子植物の他に，苔類や，フサシダ類などのシダ類，球果類などを含んでいる。後期アルビアン期のWest Brother 地域や Bull Mountain 地域からは，センリョウ科，スズカケノキ科，ツゲ科に類縁性のある小型化石が発見されている。アルビアン期までに，アンボレラ科，センリョウ科，モクレン科，クスノキ科，ロウバイ科などの原始的被子植物群や真正双子葉群の基底群が分化していたと推定されている。

4.1 センリョウ科の雄蕊化石

アメリカ・メリーランド州 West Brother 地域(後期アルビアン期)から，3本の雄蕊がセットになった化石が発見された(Friis et al., 1986；図 6-1a)。中央の雄蕊は，長さ 0.8 mm であるのに対して，両側の雄蕊は 0.55 mm と 0.75 mm と，わずかに短い。それぞれの雄蕊は，花糸が太く，2つの花粉嚢からなる2個の半葯をつけていた。花粉粒は，三溝粒型の長球形で，極軸が 10 μm，赤道軸が 8 μm と小さく，明瞭な網目模様で被われていた(図 6-1b)。この花粉には，センリョウ科の花粉化石といわれている *Clavatipol-*

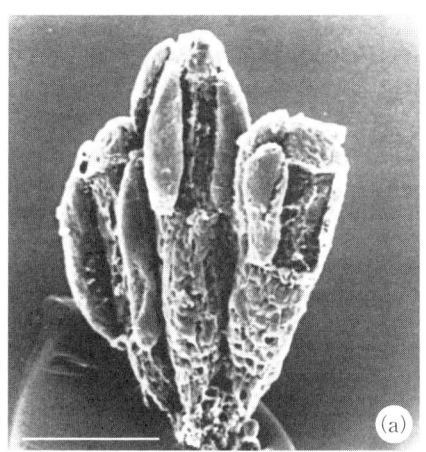

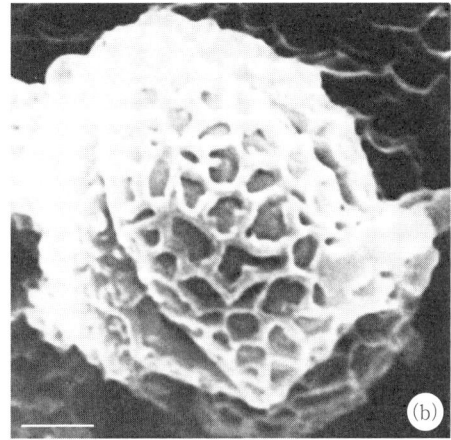

図 6-1 センリョウ科の花化石 (Friis et al., 1986；Crane et al., 1989；©Springer)。
(a)雄蕊。スケール＝300 μm，(b)花粉化石。スケール＝2 μm

lenites に見られるような畝上の微小突起は確認されていないが，雄蕊の構造からみて，センリョウ科の初期段階の雄蕊と考えられている（Friis *et al.*, 1986；Crane *et al.*, 1989）。

この雄蕊群が，実際の花のなかでどのような位置関係になっていたかは，不明であった。その後，多くのセンリョウ科の小型化石が発見され，雄蕊化石の上下が逆の位置関係についていたことが後に明らかにされる。

4.2 ロウバイ科の花化石

Puddledock 地域のアルビアン期の地層から，*Virginianthus calycanthoides* と名づけられた 1 個の花化石が発見されている（Friis *et al.*, 1994a；図 6-2a）。この花は，長さ 2.2〜2.8 mm，幅 2.2 mm と小さいもので，深いカップ状の花床筒のある放射相称の両性花である。対生する苞状の構造物が，花筒の下半分の部分で合着しており，花筒の縁には，多くの花被片と雄蕊が密生している。花筒には，6〜8 列の縦方向に稜が走っており，密生する毛が隙間なく表面に生えている。雄蕊は，花糸と葯の分化が明確でなく，葯には 4 花粉嚢があり，外向する。5 枚の花被片が，花筒の縁に部分的に残っていた。萼片と花冠の区別はない。残っている花被片の位置から，もともと 12 枚の花被片が，2 輪に配列していたことがわかる。花被片は背軸側が毛で被われているのに対して，向軸側は無毛であった。16 本の雄蕊が残っていたが，それらの位置関係から，30〜40 本の雄蕊が密についていたと思われる（図 6-2b, c）。花粉は，球形または楕円形で，18 μm の単溝粒型であり，大きめの網目模様があった。雌蕊は，18〜26 個の心皮が，花筒の内側に離生してついていた。心皮の表面は無毛で，多くの分泌細胞が見られた。この花化石の基本的構造に最も近縁な現生植物はロウバイ科であると考えられている（Friis *et al.*, 1994a）。これに対して，Crepet *et al.* (2005) は，*Virginianthus* がクスノキ目の樹幹部またはさらに原始的な位置にある植物化石であると考えている。

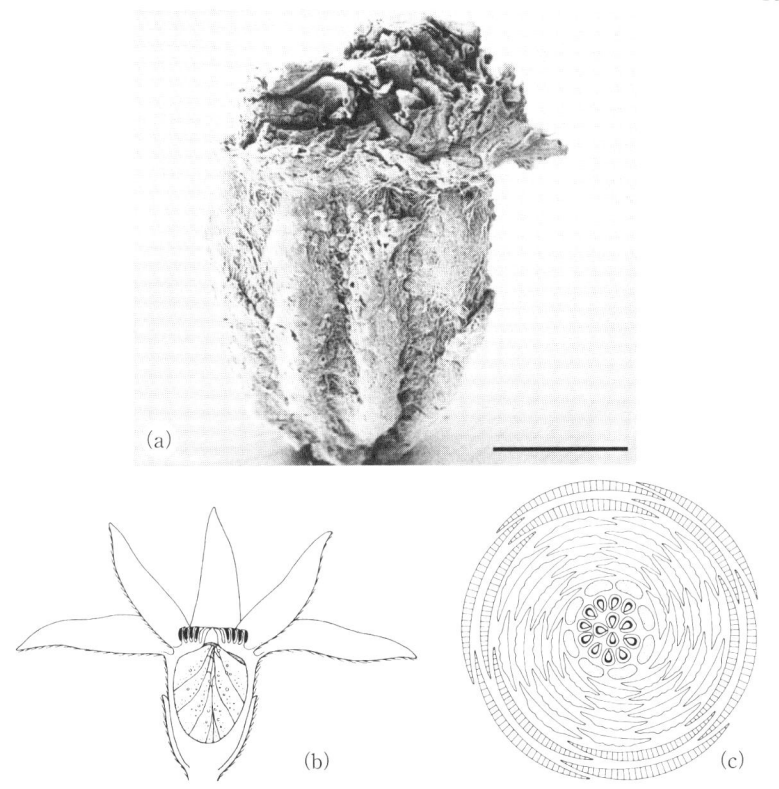

図 6-2　ロウバイ科の花化石 *Virginianthus calycanthoides* Friis, Eklund, Pedersen et Crane (Friis *et al*., 1994a；ⒸUniv. Chicago Press)。(a)全体像。スケール＝1 mm，(b)花の復元図，(c)花式図

図 6-3　モクレン綱あるいはクスノキ科型の花化石 (Crane *et al*., 1994；ⒸSpringer)。7 枚の花被片と 7 本の雄蕊からできている。スケール＝300 μm

4.3 モクレン綱あるいはクスノキ科型の花化石

Puddledock 地域からは，完全な形ではないがクスノキ科に類似している花化石が発見されている(Crane *et al.*, 1994；図 6-3)。4 つの花粉嚢からなる葯が弁開する雄蕊の小型化石が，単離した状態で発見されている。弁開する葯をもつことによって，これらの雄蕊化石はクスノキ科と考えられている(Crane *et al.*, 1994)。単心皮性の果実に 1 個の種子が含まれており，クスノキ目との関連も考えられているが，単溝粒型花粉であることなどモクレン綱との関連もあり，現段階では分類群を特定することは難しい(Crane *et al.*, 1994)。

4.4 モクレン綱型の化石
4.4.1 花化石

Puddledock 地域からモクレン型の雌蕊の化石が発見されている(Crane *et al.*, 1994；図 6-4a)。この地層から発見された植物化石のなかで最も大き

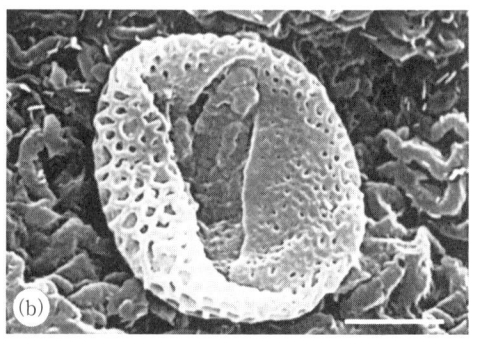

図 6-4 モクレン綱型の花化石 (Crane *et al.*, 1994；ⒸSpringer)。現生のモクレン綱とは花粉に網目模様をもっていることで異なっている。(a)果実化石。全体像。心皮がラセン状に配列している。雄蕊と花被片の痕跡が見られる。スケール＝1 mm，(b)単溝粒型花粉。網目模様。スケール＝5 μm

く, 長さ3.5 mm, 直径2 mm である. 小さいものでも, 長さ1.5 mm, 直径2 mm ある. 細くて短い花柄があり, 長く伸張した円柱形の花床にラセン状の配列した多くの小果実がついている(図6-4a). 種子についての情報はない. いずれも雄蕊と花被片はついていない. しかし, 雄蕊群と花被があったことは, 痕跡からわかる. 花被の痕跡は, 横に広がっており, 雄蕊の痕跡は丸くはっきりしていることから, 太くて丈夫な花糸があったことがわかる. 花粉の極観像は, 球形ないし三角形であり, 長径12 μm で, 単溝粒型で網目模様をもち, 発芽溝は広い(図6-4b). この小型化石の類縁群のもう1つの可能性として, アンボレラ科が考えられる. それぞれ1個の種子がはいっている単室性の小果実が小さな円錐形の花床についている. ただし, 現生のアンボレラでは小果実の数は少なく, 花床は少しだけ凸レンズ状になっているだけである. また, 現生のアンボレラは, この果実化石の花粉とは異なっている(Crane *et al.*, 1994).

4.4.2 花の印象化石

北アメリカのコロラド州のアルビアン期〜セノマニアン期の地層から, *Archaeanthus linnenbergeri* と呼ばれる印象化石が発見されたことはよく知られている(Dilcher & Crane, 1984;図6-5a). *Archaeanthus* が発見された地層が後期アルビアン期であったことが, 最近になって確認されている(Dilcher, 私信). この花化石は, 多数の袋果からなる生殖器官である. 花床は長く, がっちりとしていて, ラセン状に配列した袋果をつけている. *Archaeanthus linnenbergeri* は, 100〜130個のラセン状に配列した袋果がついている13 cm の花床である. 花の部分は, 7 cm の長さになる. それぞれの袋果には, 10〜18個の種子がはいっている. *Archaeanthus* が, 現生のモクレン科と異なるのは, 1袋果あたりの種子の数が多いのと, 袋果の脱離現象である. 下部には, 雄蕊の痕と思われる細長い痕跡がある(図6-5a). 花床の長さは137 mm で, 若い心皮は, 長さ16 mm, 幅1 mm で, 成熟した袋果は, 長さ25〜35 mm, 幅が4〜7 mm もあった. 1袋果あたり100個の胚珠をつけ, なかには1〜2 mm の種子があった. この植物化石は, モクレン

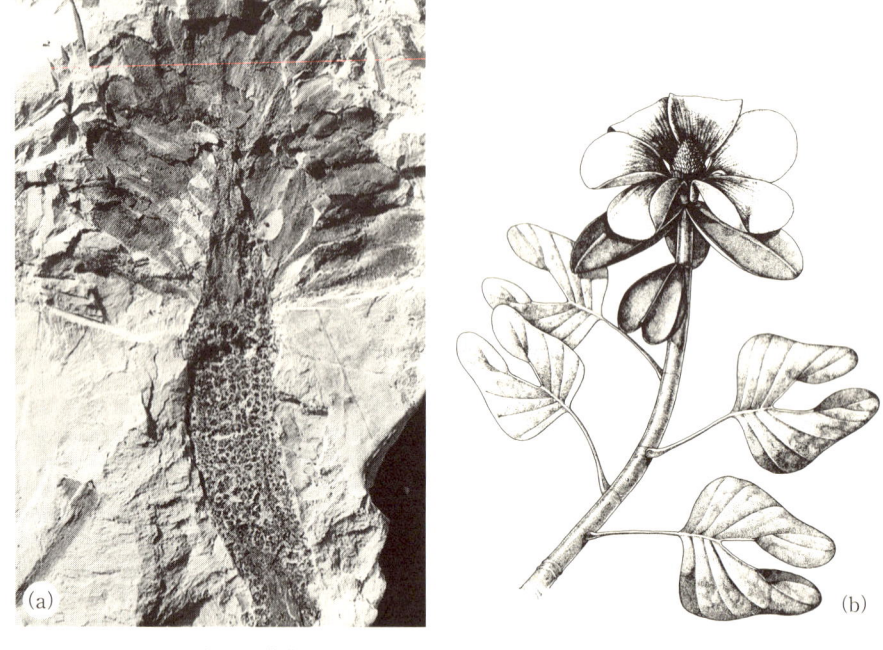

152 第6章 被子植物の主要始原群の分化

図 6-5 モクレン綱型の花化石 *Archaeanthus linnenbergeri* Dilcher et Crane (Dilcher & Crane, 1984)。(a)コロラド州のアルビアン期〜セノマニアン期の地層から発見された植物化石 *A. linnenbergeri*(©David L. Dilcher), (b) *A. linnenbergeri* の復元図(©Ann. Missouri Bot. Gard.)

綱に含まれると考えられている(Dilcher & Crane, 1984)。一般に小型化石の大きさは，1〜2 mm であるのに対して，*Archaeanthus* は，かなりの大型の花化石であった。被子植物の初期進化群の花の大きさの程度を知るうえでも，非常に興味深い植物化石である。

北アメリカのカンサス州の同地質年代から発見された印象化石に175〜250個の袋果からなる多心皮性の果実化石 *Lesqueira* がある(Crane & Dilcher, 1984；図6-6)。もともとは，裸子植物の *Williamsonia elocata* や *Isoetites* と考えられていた植物化石だが，Crane & Dilcher(1984)の研究によって，被子植物のモクレン綱の果実化石の可能性が指摘された。花柄の直径は 10 mm，花床の長さは 56 mm あり，雌蕊がついているところは

図 6-6 *Lesqueira elocata* (Lesq.) Crane & Dilcher の復元図 (Crane & Dilcher, 1984; © David L. Dilcher, © Ann. Missouri Bot. Gard.)

40〜42 mm, 袋果は, 長さ9〜24 mm, 幅 1.5〜4 mm の大きさであった。大型の被子植物の花が出現していたことを示唆している(Crane & Dilcher, 1984)。

5. ツゲ科に関連のある雌雄異花の花化石

West Brother 地域(後期アルビアン期)から, *Spanomera marylandensis* と名づけられたツゲ科型の小型化石が発見されている(Drinnan et al., 1991; 図 6-7a〜c)。この小型化石は, 雌雄異花であり, 雄性花は, 4枚の花被片と4本の雄蕊が十字対生している。それぞれの花被片と雄蕊は対生している。雄蕊は, 長さ 0.5〜0.6 mm であり, 短い花糸と縦裂開する葯が背

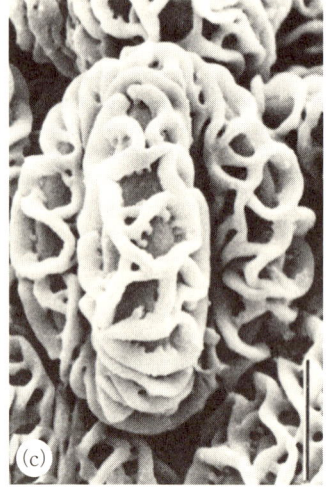

154　第6章　被子植物の主要始原群の分化

図 6-7　メリーランド州で発見されたツゲ科に関連のある小型化石 *Spanomera marylandensis* Drinnan, Crane, Friis et Pedersen (Drinnan *et al*., 1991；© Springer)。(a)雄花の化石。4個の雄蕊がついている。スケール＝100 μm，(b)袋果。上部に柱頭が見られる。スケール＝200 μm，(c)三溝粒型花粉化石。大形の網目模様をもっている。スケール＝5 μm

着している。花粉は三溝粒型で，大きな網目模様がある。雌性花は，2心皮性であり，心皮の腹側にそって，縫線がある。2つのトサカ状の柱頭が横に沿下している(Drinnan *et al*., 1991)。

　短い花柄と雄性花の形態によって，現生のツゲ科植物に最も近縁であると考えられている。ツゲ科は分子系統学的にも，真正双子葉類のなかで初期に

分化したグループに含められている。アルビアン期には，真正双子葉群の初期群が多様に分化していたと推定されている。

6. スズカケノキ目の花序化石

6.1 West Brother 地域の雌雄異花の花序化石

West Brother 地域の同じ地層から，雄花からなる花序化石 *Platananthus* の新種である *P. potomacensis* と，さらに，同じ地層から雌花で構成されている花序化石 *Platanocarpus marylandensis* が発見された(図6-8)。これらの雌雄が別の花序化石は，同じ植物の雌雄異花の花序と考えられているが，両方がつながった状態で発見されていないので，雌雄の花序にそれぞれ別の学名がつけられている(Friis *et al.*, 1988)。

P. potomacensis は，密生花序につく雄性花の化石である。雄蕊は，短い花糸に 0.35～0.45 mm の葯がついている。葯隔は花弁状ないし，円錐状に広がる。それぞれの花は，細長いヘラ型の花被片と同じ長さの5本の雄蕊か

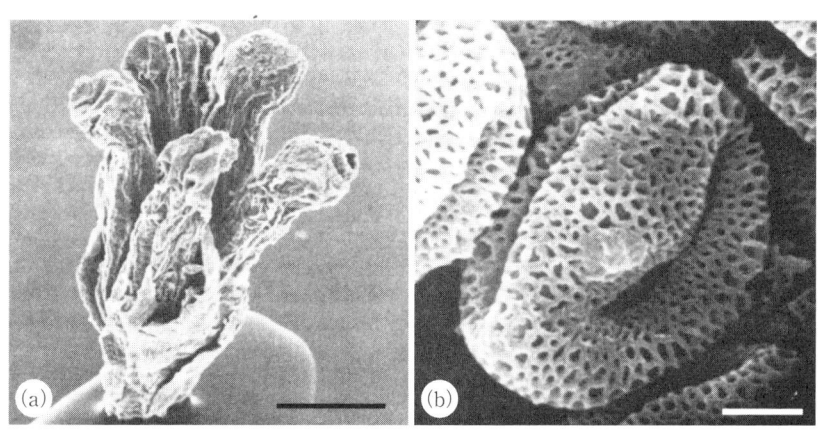

図 6-8 スズカケノキ科の花化石 (Crane *et al.*, 1986；Friis *et al.*, 1988；©Science)。(a) *Platanocarpus marylandensis* Friis, Crane et Pedersen。5枚の離生心皮から構成されている。スケール＝200 μm，(b) *Platananthus potomacensis* Friis, Crane et Pedersen。三溝粒型花粉。スケール＝2 μm

ら構成されている。花粉は，8.5〜12 μm と小さく，長球形で，三溝粒型で細かい網目模様がある。*P. potomacensis* は，この属のなかで，最も古い植物化石である。新生代の *Platananthus* と比べて，全体的に小さく，葯隔の上部の突起が目立たないという違いがある。*Platanocarpus* は，球状に密生した雌性花の化石である。無柄で花序は 100 個くらいの密生する花で構成されている。花は，5 枚の心皮を花被片が包んでいる。心皮は離生，細長いヘラ状の花被片に包まれている。外側の花被片は，心皮の半分の長さである。現生のスズカケノキ科の花は無花被であるのに対して，白亜紀の地層から発見されたスズカケノキ科の花の特徴は，花被片をもっているという違いがある(Friis *et al*., 1988)。

6.2　Bull Mountain 地域の雌雄異花の花序化石

メリーランド州の Bull Mountain 地域から，30〜50 個の花から構成される無柄の頭状花序の小型化石が発見されている(Pedersen *et al*., 1994；図

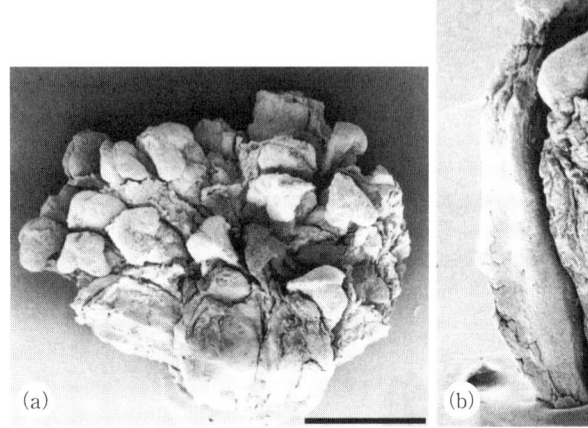

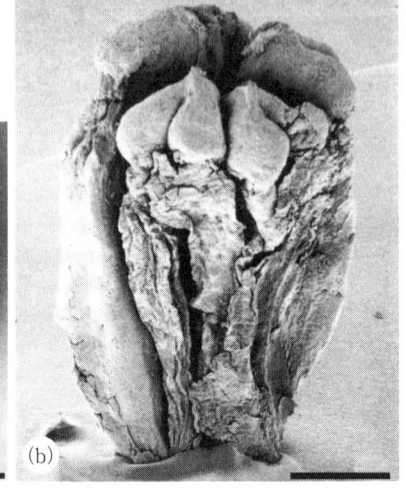

図 6-9　スズカケノキ科の花序と花の化石 *Platanocarpus elkneckensis* Pedersen, Friis, Crane et Drinnan (Pedersen *et al*., 1994；©Elsevier)。(a)いくつかの雌花が集まっている花序。スケール＝1 mm，(b)雌花。心皮と一部の花被片が残っている。スケール＝500 μm

6-9)．頭状花序の大きさは 6 mm で，花の長さは 0.8〜1.1 mm である．それぞれの花は，数枚のヘラ状の薄膜質の花被片に包まれた 5 枚の離生心皮からできている．心皮は，細長く，先端は膨らんでいる．この雌性の化石は，*Platanocarpus elkneckensis* と命名された．同じ地層から，雄性の 3〜4 mm の頭状花序も発見されている．この花序を構成する雄性花には，花被片に包まれた数本の 0.4〜0.6 mm の雄蕊がついていた．雄蕊には，短い花糸と長い弁開する 4 個の花粉嚢からなる葯があった．葯隔の先端は少し伸びて折れ曲がっている．花粉は，長球形の三溝孔粒型で，10 μm の大きさで，網目模様であった．これらの雄性花の化石は，*Hamatia* と命名された．*Platanocarpus* と *Hamatia* は，同一の地層から発見され，しかも，共通している花粉化石をもっていることにより，同じ植物の雌性花と雄性花と考えられている．

West Brother 地域から発見された *Platanocarpus marylandensis* と比較して，*P. elkneckensis* の心皮の先端が 2 つに分かれ，しかも背側が膨らんだ状態になっている点が異なっている．花の長さは 0.8〜1.1 mm である．*Hamatia* は雄性の花序であり，*Platananthus* と異なり，葯隔の先端が鉤状に曲がっている特徴がある(Pedersen *et al.*, 1994)．

アルビアン期の地層から発見されるスズカケノキ科の化石は種類が多く，多様化しつつある種群の存在を示唆しており，興味深いデータである．

7. 分類学的位置の不明な花化石

7.1 子房下位の果実

Puddledock から，いくつかのタイプの子房下位の果実化石が発見されている(Crane *et al.*, 1994；図 6-10a, b)．そのなかの 1 つは，3 枚の細長い針状の花被片が 2 輪につき，長さは 2.5 mm あり，単室性の子房をもっている(図 6-10a)．もう 1 つのタイプは，8 枚の花被片と 8 本の雄蕊があり，長さが 1.4 mm である(図 6-10b)．雄蕊は，短い花糸と長い葯があり，子房は単室で 1 個の種子がはいっている．分類学的位置は不明である(Crane *et al.*,

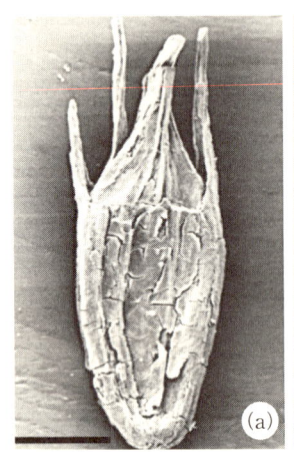

158　第6章　被子植物の主要始原群の分化

図 6-10　子房下位と子房上位の花の小型化石 (Crane *et al*., 1994；©Springer)。(a) 3枚の針状の花被片が2輪ついている子房，(b) 8枚の花被片と8本の雄蕊が確認された花化石，(c) 子房上位の花化石。これらの植物化石の分類学的位置は明らかにされていない。スケール＝500 μm

1994)。

7.2　子房上位の両性花

　Puddledock から発見された両性の子房上位花は，長さが 0.8 mm，幅が 0.6〜0.7 mm の小さい花化石である(図 6-10c)。5〜7数性の花被片と雄蕊群をもち，1心皮性または2心皮性の雌蕊をもっている。花被片は細く，先は三角形で，やや厚い。雄蕊は花被片と互生の位置にあり，細長い葯と短い花糸があった。花粉は単溝粒型であった。花粉と花の構成は，モクレン綱と類似しており，1胚珠を含む1心皮性はクスノキ目との関連を示唆しているが，この小型化石が現生のモクレン綱の特定の分類群に近縁であるかどうかはわからない(Crane *et al*., 1994；図 6-10c)。

7.3　5枚の心皮からなる単性花

　平状になった花托に5枚の離生した心皮が5枚の小さな花被片と互生している化石である(Crane *et al*., 1994；図 6-11)。雄蕊は残ってなく，雌性の

7. 分類学的位置の不明な花化石　159

図 6-11　5枚の離生心皮からなる単性花 (Crane *et al.*, 1994；©Springer)。雄蕊は残っていない。この植物化石の分類学的位置は明らかにされていない。スケール＝300 μm

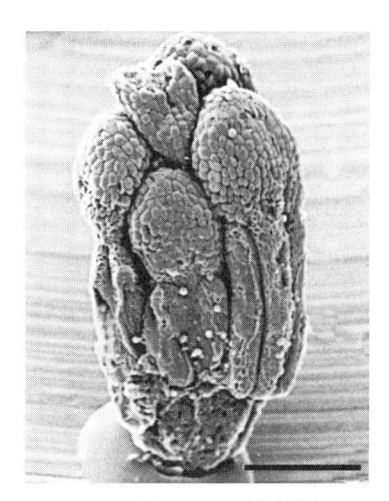

図 6-12　5雄蕊からなる雄性花 (Crane *et al.*, 1994；©Springer)。異なる大きさの雄蕊が見られる。葯隔の先端が膨らんでいる。この植物化石の分類学的位置は明らかにされていない。スケール＝200 μm

単性花であると思われる。小型化石の長さは，1.5 mm であり，心皮の長さは 1 mm である。この小型化石には，12 μm の大きさの単溝粒型花粉がついていた。ビーズ状の表面模様をもっていた。この小型化石の分類学的位置は不明である (Crane *et al.*, 1994)。

7.4　5雄蕊からなる雄性花

この小型化石は 5 本の雄蕊からなる長さ 0.75 mm の雄性花である (Crane *et al.*, 1994；図 6-12)。花被片は残っていない。異なる長さの雄蕊がラセン状についている。葯は 0.6 mm の長さであり，4 個の花粉嚢をつけて外向で弁開し，葯隔の先端は膨らんでいた。この小型化石の分類学的位置も明らかにされていない (Crane *et al.*, 1994)。

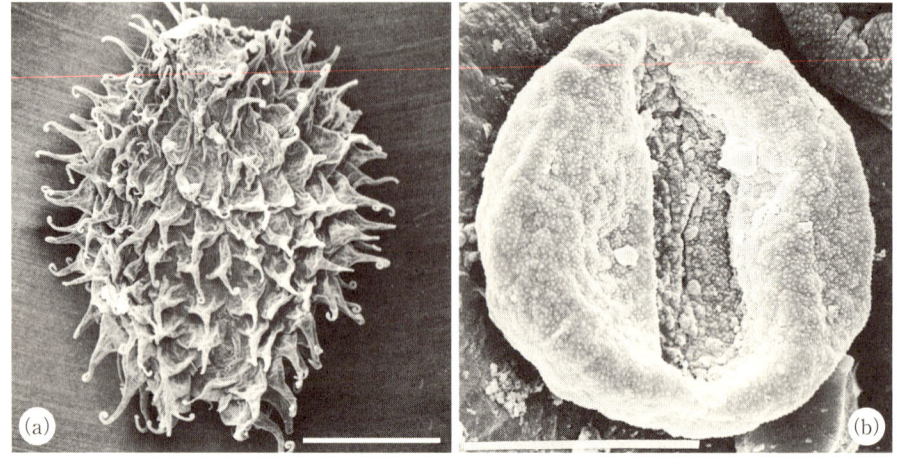

160　第6章　被子植物の主要始原群の分化

図 6-13　キルカエアステル科の果実化石 *Appomattoxia ancistrophora* Friis, Pedersen et Crane (Friis *et al*., 1995；ⒸAJB)。(a)果実化石。鉤状突起で被われている。スケール＝500 μm，(b)単溝粒型花粉化石。顆粒紋。スケール＝10 μm

8．果実化石

　Puddledock のアルビアン期の地層から，鉤状の突起のある果実化石が発見された(Crane *et al*., 1994；Friis *et al*., 1995；図 6-13a)。この果実化石は，0.6〜2.0 mm あり，1心皮性の単室で，なかに1個の直生胚珠が垂下している。花粉は，16〜19 μm の単溝粒型で，小さな顆粒状突起がある(図 6-13b)。鉤状の突起は，種子散布に役立っていたと思われる。この果実化石は，*Appomattoxia* と名づけられ，モクレン群のコショウ目またはセンリョウ科やキルカエアステル科との類似性が見られる(Friis *et al*., 1995)。だが，コショウ目やセンリョウ科の種子は直生しており，垂下している種子と異なっている。また，キルカエアステル科の花粉が三溝粒型であるのに対して，*Appomattoxia* の花粉は単溝粒型である。この果実化石が含まれる分類群は明らかにされていない。白亜紀の地層から，現生の特定の科に所属させることができない植物化石が発見されることはしばしば見られることであ

図 6-14 ブラジルのアプチアン期～アルビアン期の Crato 地層 (Mohr & Friis, 2000)

る (Crane *et al.*, 1994)。

9. ブラジルから発見された前期白亜紀の被子植物

これまでの白亜紀の植物化石に関する研究は，主に北半球に限定されており，南半球からの報告は多くはなかった。たとえば，オーストラリアの前期白亜紀からの被子植物の化石の報告は Douglas (1994) がまとめている。しかし，南アメリカや南極大陸などの白亜紀のゴンドワナ大陸地層からの植物化石の研究が進められており，その成果が発表されるようになってきた (Duarte, 1985; Maisey, 1991; Pons *et al.*, 1992; Mohr & Friis, 2000; Eklund, 2003; Mohr & Eklund, 2003; Eklund *et al.*, 2004a; 図 6-14)。ブラジルのアプチアン期～アルビアン期にかけての Crato 地層から発見された印象化石の 3～5% が被子植物の化石であり，そのなかには葉化石や果実化石が含まれていた (Mohr & Friis, 2000)。この地域から発見される果実化石は，一般に大きく，なかには長さが 5 cm にも達しているものがあった。乾果の袋果が多く，1 心皮からなる袋果や，8 枚の複合心皮からなる果実化石なども発見されていた (図 6-15a, b)。1 心皮あたりの種子数は，数個つけているものから 12 個くらいつけるものまで多様であった。その他，水生の

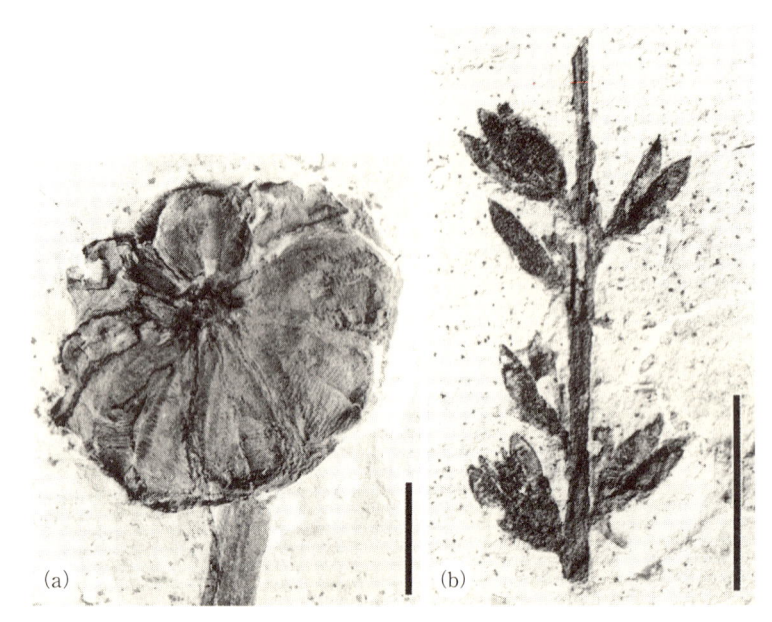

162　第6章　被子植物の主要始原群の分化

図 6-15　果実化石（Mohr & Friis, 2000；©Univ. Chicago Press）。(a)袋果が房状についている植物化石。スケール＝1 cm，(b)多心皮からなる蒴果。8〜9枚の心皮からできている。スケール＝1 cm

　被子植物の化石などが発見されている。ただし，これらの化石植物のなかには，Nishida(1994)によって，日本から発見された *Elsemaria* と類似している化石も発見されているが，多くの化石は現生の植物に近縁な分類群を探しだすことは困難であった。葉の化石をみると，北半球の Potomac 層群から発見された植物化石群と同じくらいに多様化していたことが明らかである。ただし，Potomac 層群から発見された植物化石と共通している分類群は見つかっていない(Mohr & Friis, 2000)。

　将来的には，白亜紀のゴンドワナ大陸で多様化しつつあった被子植物が明らかにされることが期待されている。

10. アルビアン期の植物化石群の特徴

　前期白亜紀における被子植物始原群は，バレミアン期〜アプチアン期に出現し，アルビアン期に多様化したことが明らかになっている。アルビアン期では，すでにモクレン目，ロウバイ科，クスノキ科，センリョウ科などが分化していて，*Archaeanthus* などの大型のモクレン目の果実化石が発見されており，形態的にも大きさのうえでもかなり多様化していたと考えられている。

　全体的には，白亜紀の被子植物の花や果実の大きさが現生の被子植物に比べて小さい傾向が見られる。また，真正双子葉群のスズカケノキ目やツゲ科に類縁な雌雄の花序の化石が発見されており，このことは真正双子葉群の初期群の分化が始まっていたことを意味している。また，前期白亜紀の被子植物には，現生の植物との関係がまったく不明な小型化石も多く含まれていることがわかっている。

　前期白亜紀における被子植物群は初期進化のなかで，多様に分化を開始していたのである。これらの前期白亜紀に繁栄していた被子植物の多くは絶滅してしまった化石植物であり，現生植物との共通属は見られない。絶滅した被子植物初期進化群のなかには，現生植物とは異なる多くの被子植物が生育していたと考えられる。

第 7 章　初期進化段階の被子植物
　　　（セノマニアン期：9960 万年〜9350 万年前）

1．セノマニアン期の古植生

　次に後期白亜紀にはいって，最初の年代であるセノマニアン期(9960 万年〜9350 万年前)の古植生の特徴をみてみよう。セノマニアン期は，アルビアン期に比べて一時的に寒冷化した時期であったが，被子植物ははるかに多様化していた。モクレン群は広地域にわたって分布していた。被子植物の花粉化石は多様化し，特に三溝粒型と三溝孔型の花粉化石のなかに多様な種類が見つかっている(Crane, 1987a)。

　三孔型花粉が，ヨーロッパと北アメリカの中期セノマニアン期の地層から初めて見つかっている。Normapolles 群の初期段階の花粉化石がセノマニアン末期から発見されている(Crane, 1987a)。*Plicapollis*，*Trudopollis* などの Normapolles 型花粉は，現生のクルミ目，カバノキ科，ヤマモモ科などのような尾状花序群に関係があることが花化石との対応関係から明らかにされている。最も初期の代表的な Normapolles 型花粉は，表面模様を欠いており，風媒花型であったと思われるが，なかには昆虫によって運ばれていたと思われる模様をもっている花粉化石も発見されている(Crane, 1987a)。地域によっては，マオウ型花粉や Classopollis 型花粉などが優占しているところもあった。被子植物の花粉が優占している地域もあれば，マツ科やマキ科などの気嚢型花粉とスギ科型花粉が多く占めている地域も存在していた(Crane, 1987a)。

セノマニアン期の球果類の占める割合は，前期白亜紀のベリアシアン期〜オーテビリアン期の約半分となり，特に，ソテツ類，シダ類，シダ種子植物は急激に減少し，それぞれ 2%，6%，1% を占めているにすぎない。被子植物の花粉は北ゴンドワナの低緯度地域でも，すべての花粉化石の 50% におよんでいる。このようにセノマニアン期においては，モクレン群が放射状に多様化し，真正双子葉群であるスズカケノキ綱やマンサク綱も出現し，河川の近くで生育しているような状態であったと推定されている(Crane, 1987a)。

次節以降で，セノマニアン期の地層から発見された被子植物の小型化石をモクレン群と真正双子葉群のそれぞれの分類群ごとに紹介する。なお，この年代からは単子葉群の小型化石は発見されていない。セノマニアン期の植物化石のなかで多く見られる種類は，モクレン綱，マンサク綱，バラ綱があり，そのなかにはスズカケノキ目の葉化石やブナ科の植物化石などが見つかっている。植物の化石は，現生の特定の科あるいは複数の科のグループに含められるものが多い。現生のクルミ目に類縁している小型化石は，中央アジアのカザフスタンやチェコのボヘミアと北アメリカのメリーランド州 Mauldin Mountain，ネブラスカ州のセノマニアン期の地層から発見されている。本章では，この 4 つの地層から発見された化石をもとに，後期白亜紀のセノマニアン期の古植生について解説しよう。

2. センリョウ科と推定される果実化石

北アメリカの Mauldin Mountain の地層から，単心皮で，単室からなる果実化石が発見され，*Couperites* と命名された(Pedersen *et al.*, 1991；図7-1a)。果実壁には，結節状突起があり，長さは 0.85〜1.3 mm であった。この果実化石には単一の種子がはいっており，倒生胚珠である。この果実化石がセンリョウ科と判断された根拠となったのは，柱頭に付着していた花粉が Clavatipollenites 型であることによる。この花粉は 22〜25 μm の大きさであり，単溝粒型で網目模様である(図 7-1b, c)。この果実化石は，セン

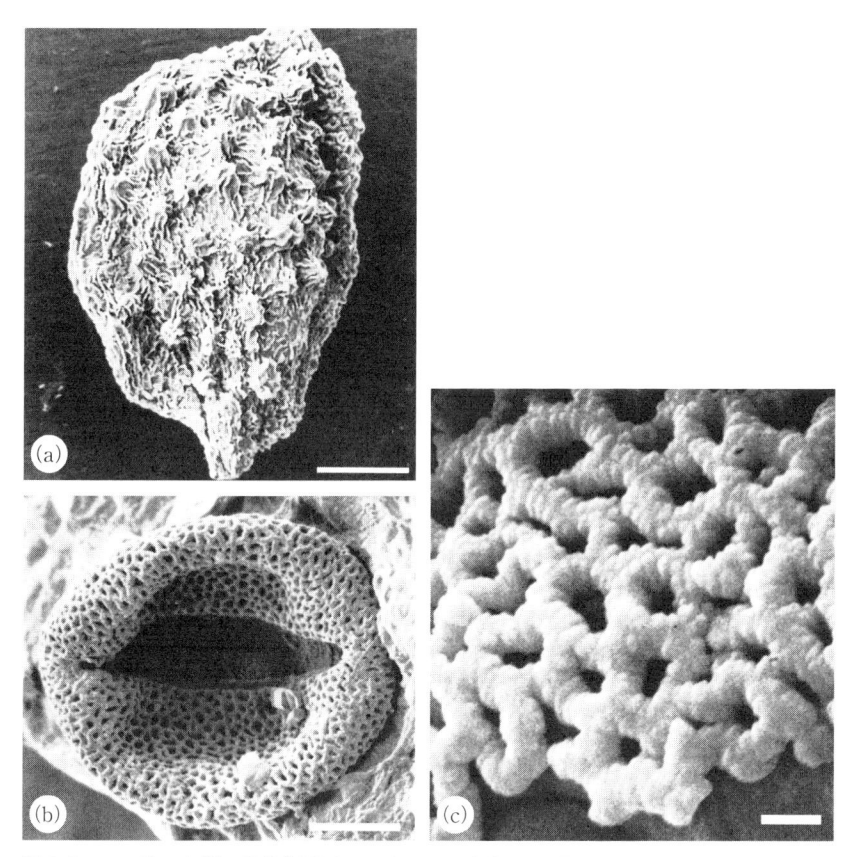

図 7-1 センリョウ科の果実化石 *Couperites mauldinensis* Pedersen, Crane, Drinnan et Friis (Pedersen *et al.*, 1991；ⒸGrana)。(a)果実化石。スケール＝200 μm，(b)単溝粒型花粉化石。網目模様。スケール＝10 μm，(c)花粉の表面模様。網目の畝に微小突起がある。スケール＝1 mm

リョウ科～コショウ科の中間的位置にあるとも考えられている(Pedersen *et al.*, 1991)。

3. シキミ科の種子化石

カザフスタンの地層から，*Liriodendroidia* とともに，*Illiciospermum* と

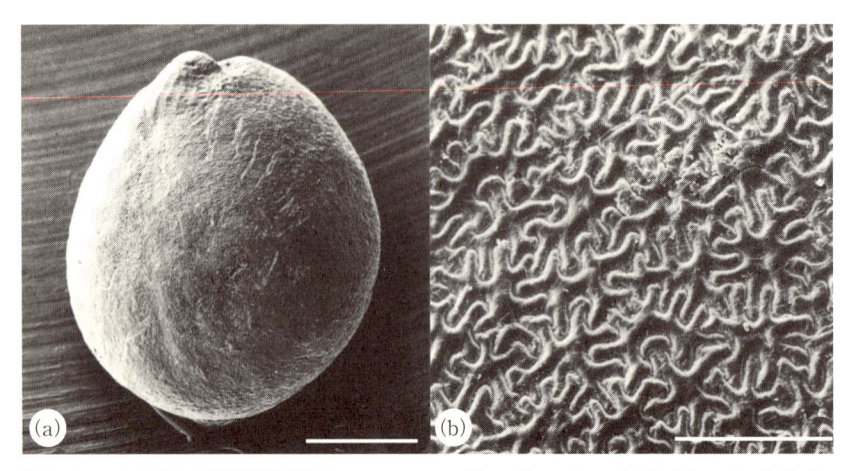

図 7-2　シキミ科の種子化石 *Illiciospermum pusillum* Frumin et Friis (Frumin & Friis, 1999；ⓒSpringer)。(a)全体像。臍が認められる。スケール＝300 μm，(b)種子の表面の掌状パターン。スケール＝50 μm

いう種子化石が発見されている(Frumin & Friis, 1999；図 7-2a, b)。種子の長さは 0.9〜1.15 mm，幅 0.75〜0.95 mm の円形〜楕円形，臍は，種子の先端にくぼみとなっている。内種皮でつくられた珠孔は，臍の近くで縦走している細長い孔を形成している。外種皮は，外側の柵状の厚壁組織と内側の柔細胞層からなる。柵状細胞は大きく波打ち，掌状模様をなす。このタイプの小型化石は，大きさと珠孔の異なる 2 種類が発見されている。現生のスイレン科とシキミ科の種子に掌状模様をもつ属が見られるが，スイレン科の種子には珠孔に蓋があるという特徴がある。だが，この種子化石の珠孔には蓋がなく，スイレン目でなく，シキミ科に近縁な最古の種子化石であると考えられている(Frumin & Friis, 1999)。

このように，カザフスタンから発見された複数の種類を含む *Liriodendroidia* や *Illiciospermum* の小型化石は，白亜紀の被子植物の種の地理的拡散や多様化のプロセスを解明するための貴重なデータである。

4. クスノキ科型の花化石

Mauldin Mountain の地層からクスノキ科の花化石が発見され，*Mauldinia mirabilis* と命名された(Drinnan *et al.*, 1990；図7-3a)。第6章で述べたようにポルトガルの前期白亜紀の地層からすでにクスノキ目に含まれる花化石の一部が発見されている。セノマニアン期の地層から発見されたこの小型化石は，中央の軸とその軸にラセン状に配列する側軸の向軸側に花がつ

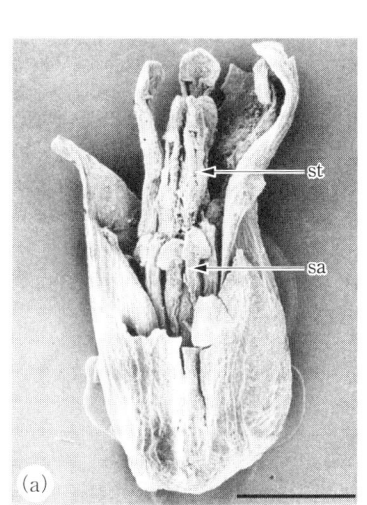

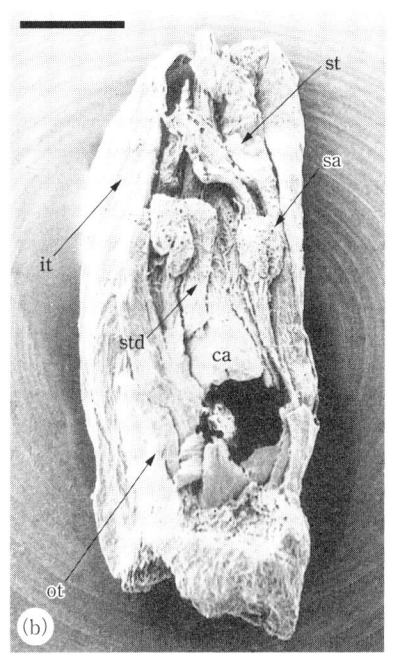

図7-3 クスノキ科型の花化石。(a) *Mauldinia mirabilis* Drinnan, Crane, Friis et Pedersen (Drinnan *et al.*, 1990；ⒸUniv. Chicago Press)。メリーランド州のセノマニアン期の地層から発見された。st：柱頭, sa：雄蕊。スケール＝1 mm，(b) *Mauldinia bohemica* Eklund et Kvaček (Eklund & Kvaček, 1998；ⒸUniv. Chicago Press)。チェコのボヘミアのセノマニアン期の地層から発見された。st：柱頭, sa：雄蕊の付属物, ca：心皮, std：仮雄蕊, it：内花被, ot：外花被。スケール＝1 mm

いている状態の複合花序として発見された。花は無柄であり，直径は，1〜2 mm と小さく，3 数性の両性花である。6 枚の花被片が 2 輪になって交互に配列している。外側の花被片は短く，三角形であり，内側の花被片は細長いという特徴がある。3 本の雄蕊が 3 輪生して，全部で 9 本の雄蕊からなる。弁開する 2 個の葯がある。子房上位で，1 個の倒生胚珠がはいっている。花皮片の内側と雄蕊の表面は毛で被われている(Drinnan et al., 1990)。

　セノマニアン期における *Mauldinia* の花化石は，ヨーロッパのボヘミア地方(チェコ)からも発見されており，*M. bohemica* と命名された(Eklund & Kvaček, 1998；図 7-3b)。*M. mirabilis* との違いは，花の内側の毛が少ないことであった。*Mauldinia* が，ほぼ同じ地質年代にユーラシア大陸に広く分布して見られることは，セノマニアン期におけるクスノキ科の地理的広がりと種分化の程度を示唆している(Eklund & Kvaček, 1998)。クスノキ科植物が，後期白亜紀の古植物相を構成する重要な分類群であったのは確かなことである。

5．モクレン型の雄蕊化石

　この雄蕊化石は，メリーランド州の Mauldin Mountain(前期セノマニアン期)から発見されている(Friis et al., 1991；図 7-4a)。この雄蕊化石は背腹方向に葉身状に平らになっており，両側の縁辺に 2 対の花粉嚢がついている。花粉嚢は片面(おそらく，向軸面)にだけついており，もう片面(おそらく，背軸面)にはついていなかった。葯隔は広がっており，葯のない先端部は三角形に突き出ていた。花粉は，20〜30 μm の単溝粒型であり，大きい網目模様があり，明瞭な柱状体がある(図 7-4b)。現生のモクレン科植物に類似している雄蕊化石である(Friis et al., 1991)。ただし，現生のモクレン科の花粉の表面模様は小孔紋であることが異なっている。

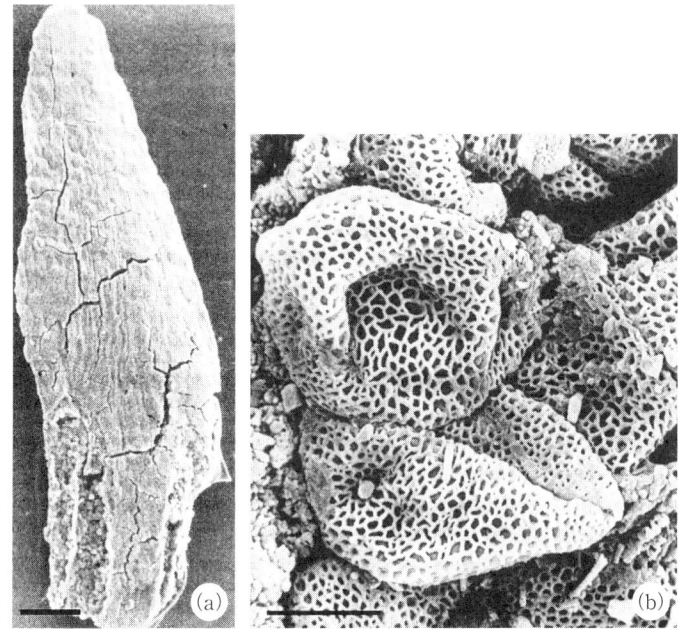

図 7-4 モクレン型の雄蕊化石 (Friis et al., 1991；ⓒOxford Univ. Press)。現生のモクレン科植物の花粉とは網目模様であることで異なっている。(a)雄蕊化石。スケール＝200 μm，(b)単溝粒型花粉化石。スケール＝10 μm

6. ユリノキ属に類似している種子化石

　中央アジアのカザフスタンで発見された後期白亜紀の地層(セノマニアン期～チューロニアン期)は，材，球果，被子植物の果実や種子などの小型化石が発見される貴重な場所である。Friis らによって，モクレン目の種子化石などが発見されている(Frumin & Friis, 1996, 1999；図 7-5a, b)。
　この化石植物は，*Liriodendroidia* と呼ばれている。この属は，Knobloch & Mai(1986)によって，ドイツのマストリヒチアン期の地層から発見された種子化石に基づいてユリノキ属の種子に類似している化石として設定されたものである。
　カザフスタンから発見された種子は，*Liriodendroidia* のなかでは最古の

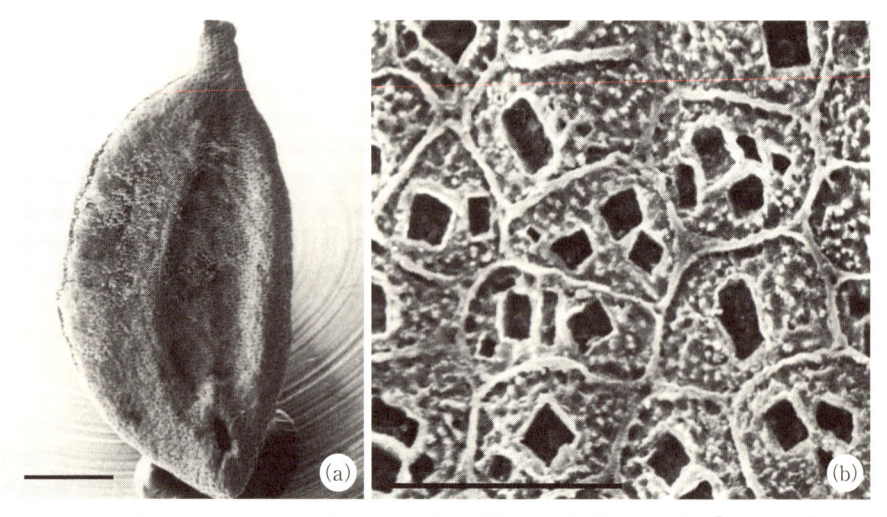

図 7-5 *Liriodendroidia costata* Frumin et Friis (Frumin & Friis, 1999；©Springer)。(a)種子化石。スケール＝500 μm，(b)内種皮に見られる独特のパターン。スケール＝50 μm

ものであり，翼の有無，種皮の構造や種子の形態的特徴の違いで4種の異なる種類が記載されている。種子の大きさは種類によって異なるが，1mm以下の小さいタイプから4mmに達するタイプまでの変異が認められた。倒生胚珠で，背腹方向に扁平で，側生する翼をもっている。合点(Chalaza, カラザ)は，腹側にあり，小さな孔となって種子の基部に位置している。種皮は外種皮と内種皮とからなっている。外種皮は，外層，中層と内層から成り立っている。内層は柵状の厚壁細胞からなり多くの立方体の結晶パターンをつくりだしている。内層の特異的な結晶パターンは，現生のモクレン科，センリョウ科，ケシ科，ヤマモガシ科だけに認められる特徴である。モクレン科以外の種子は，珠孔を欠いていることや内層に繊維状の構造があることなど，*Liriodendroidia*とは明らかな違いがある。*Liriodendroidia*は2珠皮性，倒生胚珠，明確な背線と合点側の小孔(heteropyle)などのモクレン科の特徴をもっている。モクレン科のなかで，heteropyleのある位置と種皮の構造が属によって異なっており，カザフスタンから発見された*Liriodendroidia*の種子化石は，ユリノキ属に最も類似していると報告されている(Frumin

& Friis, 1996, 1999)。

7. 真正双子葉群

現生の真正双子葉群の基幹部には，ツゲ科，アワブキ科，ヤマグルマ科，スイセイジュ属，ヤマモガシ目，キンポウゲ目が含まれている。現生のヤマグルマ目とツゲ目に近縁な植物化石 *Spanomera* が北アメリカのメリーランド州の Mauldin Mountain(前期セノマニアン期)から発見されている(Drinnan *et al*., 1991)。

ツゲ科型の花化石

Mauldin Mountain の地層から，雌雄異花の化石が発見されている(Drinnan *et al*., 1991；図7-6a～f)。異性花をつけた花序化石であり，頂端には雌花がつき，2つの側生する軸には雄花がついている。この植物化石は，*Spanomera mauldinensis* と名づけられた(Drinnan *et al*., 1991)。

真正双子葉群の初期進化群の1つであるツゲ科に類縁性のあるこの花化石は，4～5枚の花被片が十字対生に配列しており，その内側に雄蕊が互生している。2つの花粉嚢からなる葯が2対ついている。短い花糸と，背着葯が特徴的である。雄蕊の長さは0.8～1.2 mm ある。花粉は，極軸が約 21 μm あり，三溝粒型で，短い柱状体があり，線条紋～網目模様である(Drinnan *et al*., 1991)。雌花には，2心皮の雌蕊があり，成熟した心皮は長さ 0.65 mm で少し丸みを帯び，腹側に縫線が認められる。雄花についている花粉とまったく同じタイプの花粉をつけている(Drinnan *et al*., 1991)。

8. バラ群の花の印象化石

北アメリカ・ネブラスカ州のセノマニアン期の地層から5数性の花の印象化石が発見された(Basinger & Dilcher, 1984；図7-7a)。厚い花床に5枚の萼片がついており，さらに5枚の卵形の花弁がついている。花弁の長さは1

174　第7章　初期進化段階の被子植物

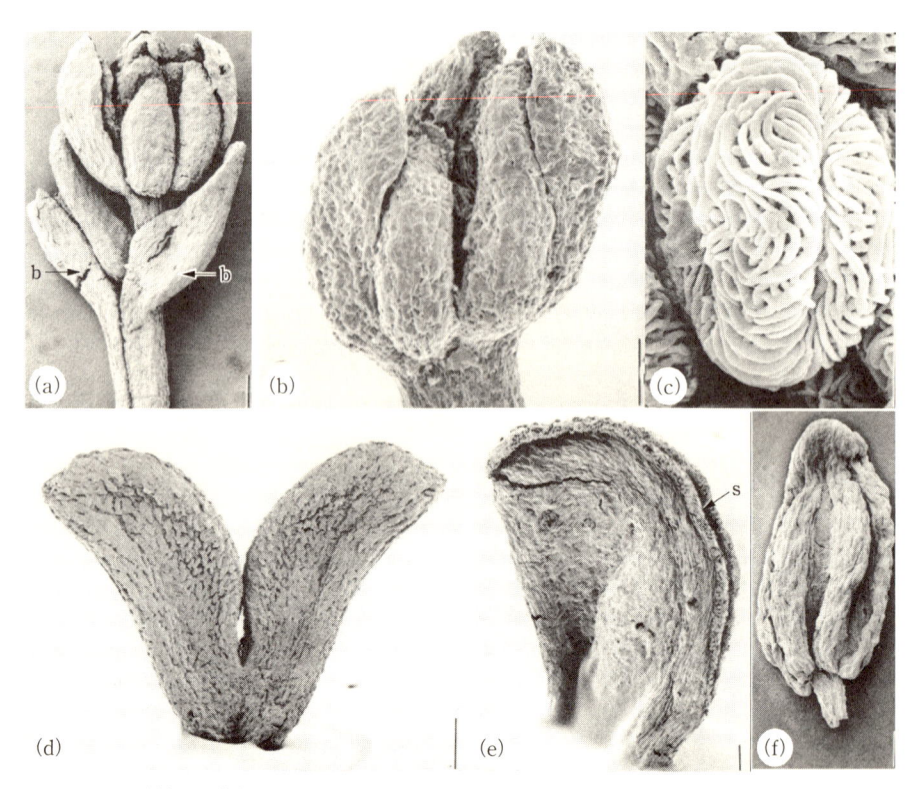

図7-6 ツゲ科型の花化石 *Spanomera mauldinensis* Drinnan, Crane, Friis et Pedersen (Drinnan *et al.*, 1991；ⒸAJB)。(a)先端に雄花をつけている小型化石。b：苞。スケール＝100 μm，(b)未熟な雄性花。5枚の花被片に包まれている状態。スケール＝100 μm，(c)三溝粒型花粉化石。しわ状紋。スケール＝5 μm，(d)雌蕊。基部で合着している2枚の心皮からできている。スケール＝100 μm，(e)心皮。スケール＝100 μm，(f)葯。スケール＝100 μm

～2 cm あり，直径は萼片の部分だけで，2～3 cm の大きさである。雄蕊は1 cm の長さで，4個の花粉嚢がついている。花粉は，8～12 μm であり，三溝孔粒型で，表面は平滑であった(図7-7b)。雌蕊は，合着した5枚の心皮からできている。この花は，おそらく虫媒花であったと推定されている(Basinger & Dilcher, 1984；図7-7c)。

この化石種は，ユキノシタ目，バラ目，クロウメモドキ目などのバラ群との関連が考えられるが，特定の分類群との対応はできていない。

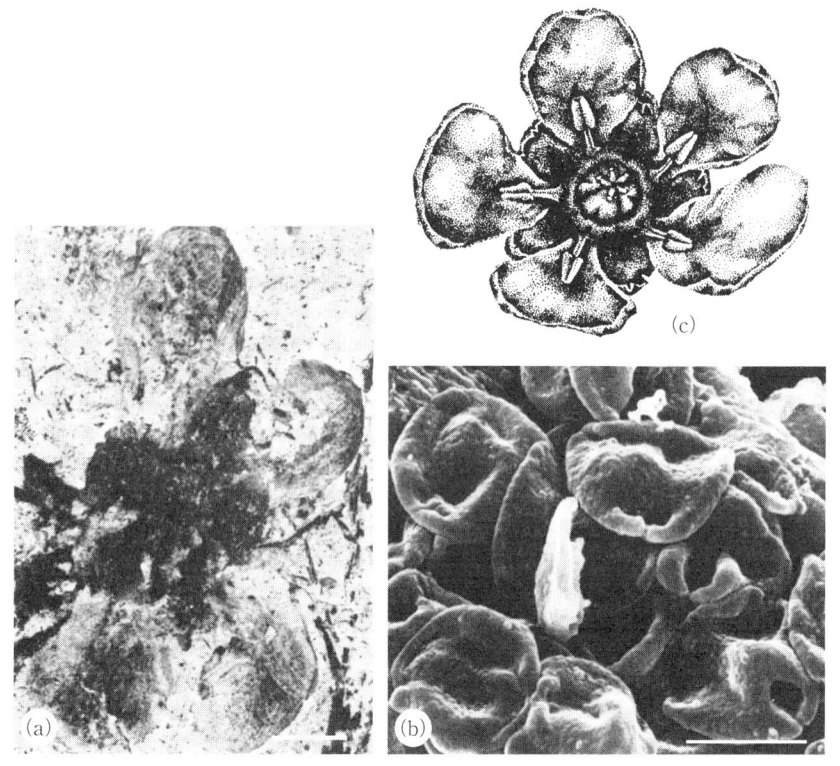

図 7-7 バラ綱の花化石（Basinger & Dilcher, 1984）。(a) 5 枚の花弁がある。基部には 5 枚の萼片が認められる。スケール＝5 mm，(b)三溝孔粒型花粉。スケール＝5 μm，(c)再構築図

9. セノマニアン期の植物化石群の特徴

　セノマニアン期の植物化石群は，中央アジアのカザフスタンと北アメリカのメリーランド州から発見されている。原始的被子植物群が多く出現しており，モクレン科，シキミ科，センリョウ科，クスノキ科などが豊富に生育していたと思われる。また，保存性のよいツゲ科の小型化石が発見されており，セノマニアン期に真正双子葉群の基幹群が確立しつつあることを示唆してい

る．さらに，ネブラスカ州のセノマニアン期からも，バラ群に関連のある花の印象化石が発見されており，真正双子葉群の多様化が進んでいたものと推定される．

第 8 章　白亜紀の被子植物の台頭
（チューロニアン期：9350 万年〜8930 万年前）

1. チューロニアン期の古植生

　チューロニアン期の地球は白亜紀のなかでも最も温暖化した時期であり，海水準は現在よりも 200 m 以上も上昇していたと推定されている (Haq et al., 1988)。地球の温暖化にともない，被子植物も増加傾向が強まっていく。この地質年代において，低緯度地域であるゴンドワナ北部では，チューロニアン期の全花粉化石のなかで被子植物は 54% くらいであった (Crane, 1987a)。被子植物のなかは，モクレン目などの原始的被子植物群に加えて，ユキノシタ目やフウチョウソウ目など多様な真正双子葉群が出現している。ソテツ目は，チューロニアン期以降のほとんどの低緯度地域の古フロラでは極めて少なく，高緯度地域にわずかに残っていたことが示されている。サハリン北部の Mgachi フロラでは，ソテツ類とシダ種子植物は全大型化石の 2% 以下にすぎない。この Mgachi フロラでは，大型化石の 70% が球果であり，球果類の森林の下に被子植物やシダ類が存在していたことを示唆している (Krassilov, 1978)。チューロニアン期以降に発見される被子植物の化石のなかには現生の目レベルに関連づけられる種類が増加していることが明らかにされている。ヤシ類は，チューロニアン期以降の後期白亜紀の主要な植物群になった (Daghlian, 1981)。これらの植物化石の分布からも，後期白亜紀の地球が，熱帯的な気候環境によって広く覆われていたと推定されている (Crane, 1987a)。

チューロニアン期以降，北アメリカ南東部とヨーロッパの花粉化石のなかで，Normapolles 型花粉である偏球形の複合発芽口をもつ三孔型花粉が優占するようになる(高橋，1990)。Normapolles 型花粉とは，極観像が典型的な三角形であり，複合の孔が突出するという特徴的な花粉グループで，ヨーロッパのセノマニアン期に出現し，始新世末に消滅している。Normapolles 型花粉が発見される地域は Normapolles 地域と呼ばれており，気候的に南北に分けられる前期白亜紀の南ローラシア地域(北アメリカ南東部，ヨーロッパ，中国中央地域)に相当している(Batten, 1984)。Normapolles 地域は，コニアシアン期〜サントニアン期以降にシベリアとカナダ西部で出現する Aquipollenites 地域と区別されている(Batten, 1984)。これらの花粉型の出現の地域的違いから，後期白亜紀には植物区系的な分化が進んでいたと考えられる。

これまでに北海道のチューロニアン期からモクレン型の鉱化化石が発見されている。植物の小型化石が発見されているのは，前の章で述べたカザフスタン(セノマニアン期〜チューロニアン期)とニュージャージー州の Old Crossman Clay Pit(チューロニアン期：9040 万年〜8850 万年前)である。

2. Old Crossman Clay Pit 地層から発見された植物化石の特徴

コーネル大学の Crepet らの研究グループによって，北アメリカ・ニュージャージー州の Old Crossman Clay Pit の地層(チューロニアン期：9000 万年前)から，被子植物の多くの小型化石が発見されている。このなかには，スイレン科，クスノキ科，ロウバイ科，モクレン綱，センリョウ科などの原始的被子植物と，ユキノシタ科，フウチョウソウ目，ツツジ目，フクギ科，マンサク目などの多様な真正双子葉群が含まれている。

チューロニアン期〜コニアシアン期(9890 万年〜8580 万年前)の地層から発見されたこれらの小型化石の種類数と形態的な多様性の増加から，後期白亜紀における被子植物の進化が高い段階にはいっていったと考えられる。本章では，この Old Crossman Clay Pit 地層から発見された化石を中心に

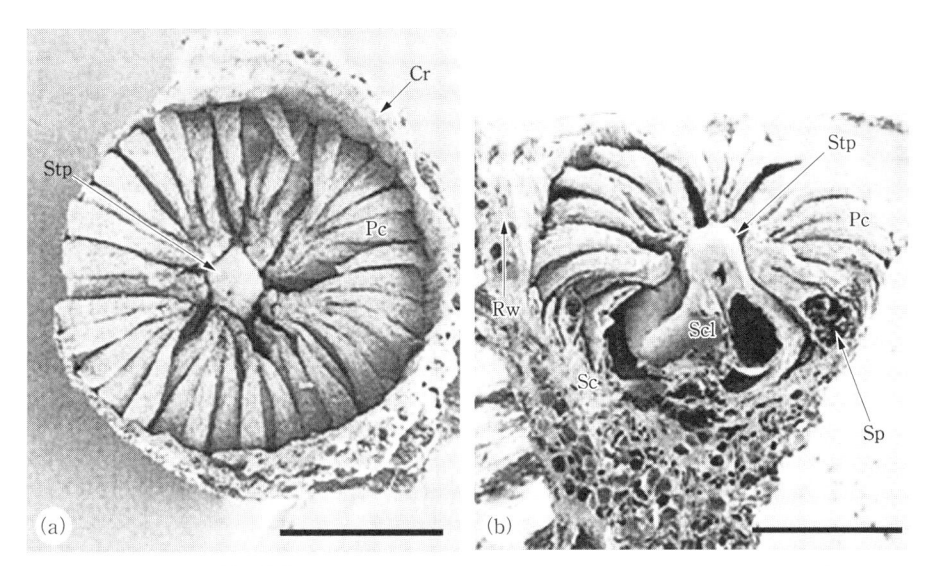

図 8-1 スイレン科の花化石 *Microvictoria svitkoana* Nixon, Gandolfo et Crepet (Gandolfo *et al*., 2004；ⒸNational Academy of Science, USA)。(a)雄蕊群を取り除いた後、先端から観察したもの、カップ状の縁の内側に多くの擬似心皮(Pc)がラセン状に配列しており、中央部には柱状の花床の先端部(Stp)が見られる、(b)側面から見たもの、Rw(花托)、擬似心皮(Pc)、花柱(Sp)、カップ状の柱頭(Sc)、柱状の花床部(Scl)、花床部の先端(Stp)。スケールは 400 μm

チューロニアン期の古植生についてみてみよう。

3. スイレン科の花化石

Old Crossman Clay Pit の地層から、*Microvictoria* と名づけられたスイレン科の花化石が発見されている(Gandolfo *et al*., 2004)。この花化石の大きさは、長さが 2.3〜3.4 mm で、直径 1.2〜1.6 mm の放射相称の子房下位花である(図 8-1)。多くの花被片がラセン状に配列しており、雄蕊群は、外側の雄蕊群と内側の仮雄蕊群からなり、その内側には擬似心皮と中央部の雌蕊から構成されている。形態形質の分岐分類によると、*Microvictoria* は現生のコウホネ属やスイレン属からなる系統群に近縁な分類群と考えられてい

180　第8章　白亜紀の被子植物の台頭

る(Gandolfo et al., 2004)。

4．センリョウ科の雄蕊の化石

　Old Crossman Clay Pit の地層から，保存性のよいセンリョウ科の雄蕊の化石が発見されている(Herendeen et al., 1993；図8-2a, b)。センリョウ科の雄蕊化石は，アルビアン期以降の多くの白亜紀の地層から発見されており，この植物化石は，Chloranthistemon の化石種 C. crossmanensis と命名された(Herendeen et al., 1993)。この雄蕊群の化石は，3裂片化しており，中央の雄蕊には，2個の半葯(それぞれが，2個の花粉嚢からできている)がついており，側生している雄蕊には1個の半葯がついている。大きさは，縦が0.82～1.16 mm で，幅が 0.65～0.96 mm と小さく，上部の突起のように見えるのが，花糸である。花粉は球形で，大きさが 13～18 μmm，網目模様で発芽溝がある。発芽溝の数と形は不規則である。雌蕊のついている花化石は見つかっていない。この雄蕊が，現生のセンリョウ科植物のように子房につ

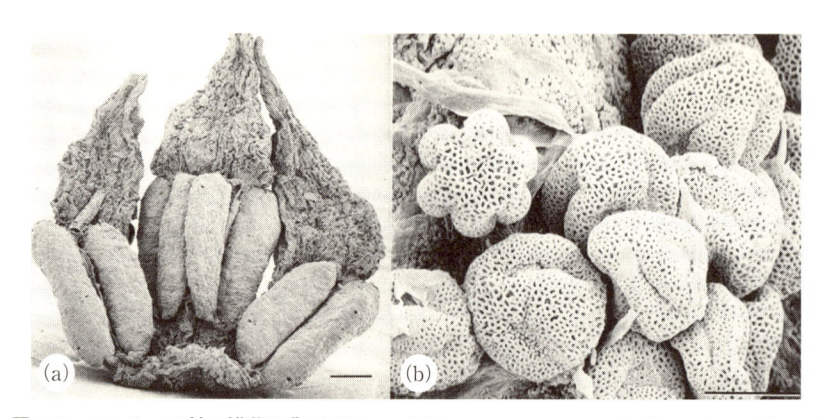

図 8-2　センリョウ科の雄蕊の化石 Chloranthistemon crossmanensis Herendeen, Crepet et Nixon (Herendeen et al., 1993；ⒸAJB)．(a)雄蕊群。中央の雄蕊には4個の花粉嚢がついており，両側の雄蕊には2個の花粉嚢がついている。葯隔の先端が伸びているように見えるが，実は上下が逆の位置関係になっており，葯隔の先端部のように見える部分は花糸である。スケール=100 μm，(b)花粉粒。発芽溝の構造と数は不規則である。スケール=10 μm

4. センリョウ科の雄蕊の化石　181

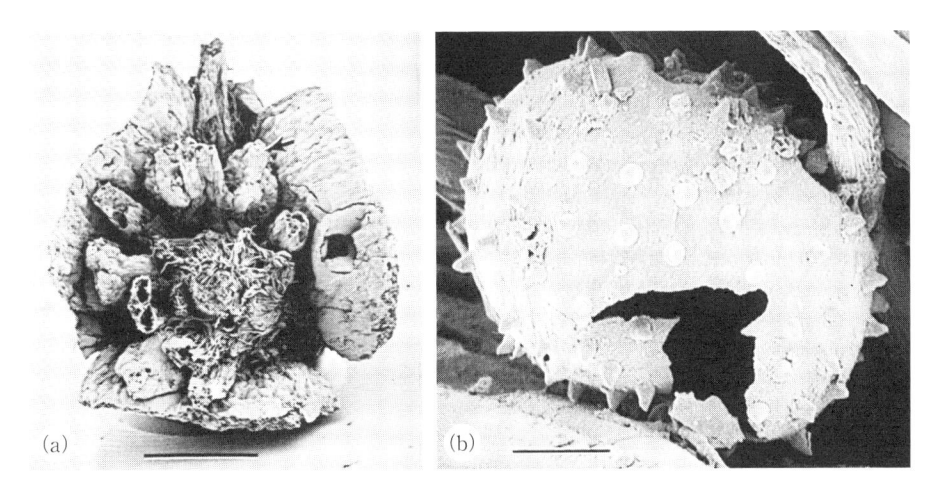

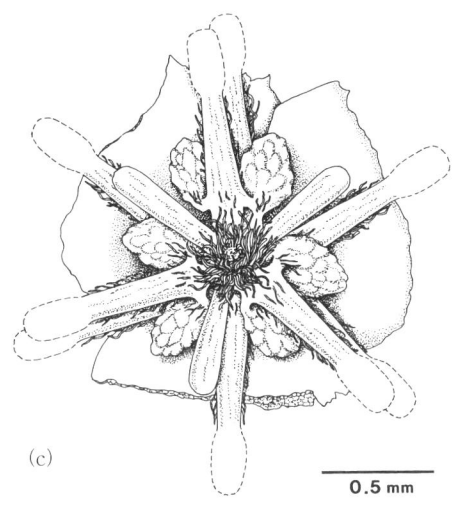

図 8-3　クスノキ科の花化石 *Perseanthus crossmanensis* Herendeen, Crepet et Nixon (Herendeen *et al*., 1994；ⒸSpringer)。(a)花化石3数性からなる花である。スケール＝500 μm，(b)非常に花粉外膜が薄く，残りにくいとされているクスノキ科の花粉化石。表面に刺状突起が均一に分布していることなど現生のクスノキ科植物の花粉と類似している。スケール＝10 μm，(c)再構築図

いていたのかどうかは不明である。3つに分かれている雄蕊群は被子植物のなかでも特異的ではあるが，共有派生形質か，または原始形質であるかは明らかにされていない(Herendeen *et al.*, 1993)。その後の研究で，他の白亜紀の地層から出現した雄蕊の化石から，この雄蕊化石の基部の位置関係が逆転していたことが明らかにされることになる(Eklund *et al.*, 1997)。

5. クスノキ科の花と花粉の化石

　北アメリカの Old Crossman Clay Pit の地層から，クスノキ科の新属の花化石が発見され，*Perseanthus* と命名された(Herendeen *et al.*, 1994；図8-3a～c)。この花化石は，3数性で，内外の花被片の大きさが著しく異なっている。この花化石は，花被片の内側が無毛であるのに対し，外側が毛に被われているという特徴があり，次章で述べる日本から発見された *Lauranthus* と異なっている。花の長さは2 mm 以上あり，幅は1.6 mm であった。完全花で，単一の心皮からなる雌蕊は，毛で被われている。一般にクスノキ科植物の花粉では外膜の発達が非常に悪く，アセトリシス処理によって溶解するので，第四紀の地層の花粉分析でも発見されることはない。ところが，この *Perseanthus* の花化石には，花粉化石が残っていたのである。花粉は球形で，大きさが28～33 μm であった(図8-3b)。花粉外膜には，刺状突起があるなど，現生のほとんどのクスノキ科植物の花粉とまったく同じタイプであった。その保存性のよさから判断すると，現生のクスノキ科の花粉に比べて，花粉外膜が少し厚かった可能性がある。このことはクスノキ科が，9000万年の間，花粉の形態をほとんど変えていないことを示唆している(Herendeen *et al.*, 1994)。

6. モクレン型の果実と花の化石

　北海道や北米のニュージャージー州から，モクレン型の果実の鉱化化石や花化石が発見されている。次にそれらの化石について紹介しよう。

6.1 北海道から発見された果実の鉱化化石

羽幌のチューロニアン期層の転石から,有柄で直径25 mmの果実の鉱化化石が発見され,*Protomonimia*と命名された(Nishida, 1985;Nishida & Nishida, 1988;図8-4)。この果実化石は,凹型の花托に55枚以上の離生心皮からなる袋果がラセン状に配列しており,それぞれの袋果には12〜15個の種子が側生している。種子の珠孔の部分にカップ状の付属体があり,外種皮に掌状型の厚壁細胞がある。この化石は,モクレン型の果実化石でモニミア科に近縁であると考えられている(Nishida & Nishida, 1988)。ただし,現生のモニミア科は1心皮に1種子が含まれているという特徴が見られるが,この化石と共通していない点もあり,*Protomonimia*との類縁性については再検討の余地がある。一般に,発見される被子植物の小型化石が1〜2 mmと小さいタイプが多いのに対して,発見された*Protomonimia*は,直径25 mmあり,白亜紀被子植物の花や果実の大きさの範囲を知るための貴重な資料である(Nishida & Nishida, 1988)。

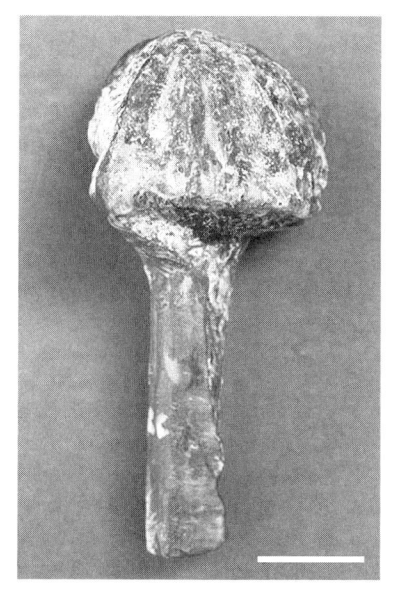

図8-4 北海道から発見されたモクレン型の果実化石 *Protomonimia kasai-nakajhongii* Nishida et Nishida (Nishida, 1985;Nishida & Nishida, 1988;ⒸNature, Ⓒ西田治文)。鎌型状の心皮が集まって雌蕊を形成している。スケール=1 cm

6.2 Old Crossman Clay Pit から発見された花化石

ニュージャージー州の Old Crossman Clay Pit の地層からは，*Cronquistiflora* と *Detrusandra* という2つのモクレン型の花化石が発見されている (Crepet & Nixon, 1998b；図 8-5)。

Cronquistiflora は，長さが 0.43〜0.87 mm で，カップ状の花托に苞がラセン状に配列している。雄蕊は，長さ 1.1 mm で，葉状であった。49〜55枚の心皮がラセン状に配列した雌蕊群がつくられている。花粉は，単溝粒型で，小孔紋があった。多くの離生心皮をつけている。1心皮あたり，6個以上の胚珠をつけていた。

それに対して *Detrusandra* は，多くの花被片をつけ，雄蕊は葉状である。花粉には明瞭な発芽口がなく，網目模様であった。5枚の心皮が離生し，輪生している。

いずれも，モクレン目のなかの絶滅属と考えられている (Crepet & Nixon, 1998b)。

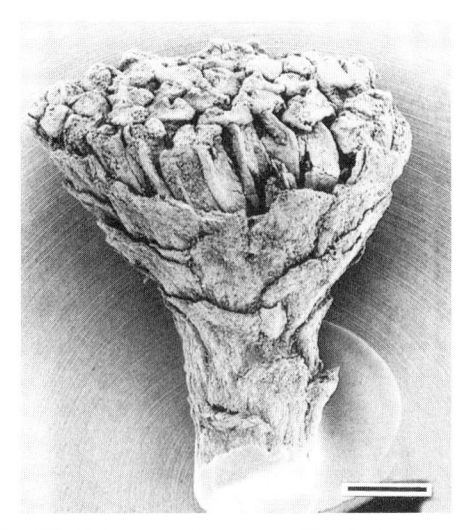

図 8-5 モクレン型の花化石 *Cronquistiflora sayrevillensis* Crepet et Nixon (Crepet & Nixon, 1998b；ⒸAJB)。両性花であり，カップ上の花床がある。雄蕊は周囲についており，中央部分には離生心皮がついている。スケール＝400 μm

7. 単子葉群ホンゴウソウ科の花化石

Old Crossman Clay Pit の地層から，*Mabelia* と名づけられた単子葉群の花化石が発見されている(Gandolfo *et al.*, 2002；図8-6a)。この花は雌雄異花の6数性の花である。雄花は直径1.8〜2.7 mm あり，有柄で，6枚の基部が合着している花被片と3本の雄蕊からできており，雄蕊の葯隔が花粉嚢の周辺まで伸びているという特徴がある(図8-6b)。花粉は7〜15 μm の単溝粒型で小孔紋の表面模様をもっている。雌花はまだ発見されていない。これらの特徴からホンゴウソウ科の花化石と考えられている(Gandolfo *et al.*, 2002)。Herendeen *et al.*(1999)によって，ジョージア州の Allon 地域(サントニアン期)からも，ニュージャージー州のチューロニアン期の地層から発見された化石と類似した花化石が発見されており，ホンゴウソウ科の花化石と考えられている。このように熱帯性の植物が生育していたことが明らかにされている。

図 8-6 ホンゴウソウ科の花化石 *Mabelia archaia* Gandolfo, Nixon et Crepet (Gandolfo *et al.*, 2002；ⒸAJB)。(a) 6枚の花被片と3個の雄蕊でできている雄花化石。スケール＝250 μm，(b)雄蕊群を側面から見たところ。葯が裂開している状態。スケール＝91 μm

8. ユキノシタ目に近縁な花化石

Old Crossman Clay Pit の地層から発見された *Tylerianthus* と名づけられた花化石は，放射相称の両性花で，長さは 0.75～1.2 mm あり，萼片は，基部が合着して花筒を形成し，5数性で子房周位である (Gandolfo *et al.*, 1998a；図 8-7a, b)。5本の雄蕊と5本の仮雄蕊が互い違いに1輪に配列している。花糸は細く，4つの花粉嚢からなる葯が底着している。雌蕊は，2心皮からなり，子房半下位である。心皮の基部は合着しており，先端は離れた花柱となっている。中軸胎座に約6個の倒生胚珠をつけている。この花化石は，ユキノシタ科またはアジサイ科に近縁であると考えられている (Gandolfo *et al.*, 1998a；図 8-7a)。

Old Crossman Clay Pit の地層からもう1つの花化石 *Divisestylus* が発見

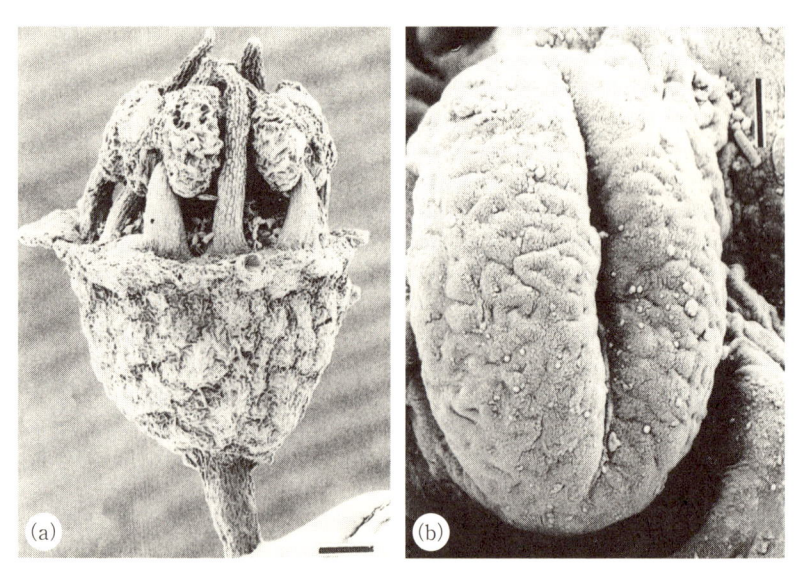

図 8-7　ユキノシタ目の花化石 *Tylerianthus crossmanensis* Gandolfo, Nixon et Crepet (Gandolfo *et al.*, 1998a；ⒸAJB)。(a)花化石。スケール=100 μm，(b)三溝粒型花粉化石。スケール=1 μm

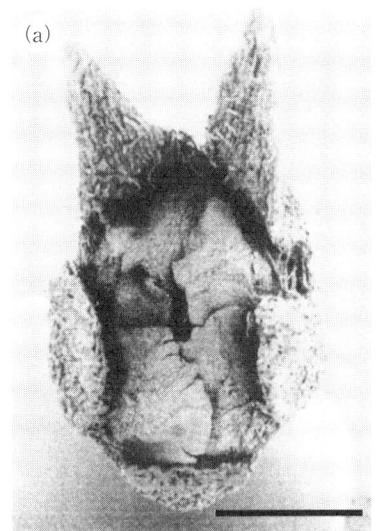

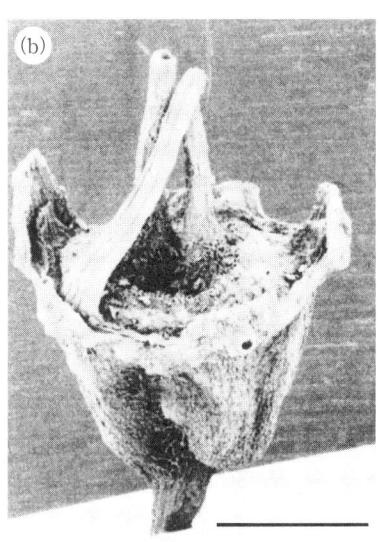

図 8-8 ユキノシタ目の花化石（Hermsen *et al.*, 2003；ⒸAJB）。(a) *Divisestylus brevistamineus* Hermsen, Gandolfo, Nixon et Crepet。5 枚の萼片があり，その表面は毛がある。スケール＝230 μm, (b) *Divisestylus longistamineus* Hermsen, Gandolfo, Nixon et Crepet。中央には 2 本の花柱が認められる。周囲から伸びているのは花糸である。子房下位。スケール＝500 μm

された(Hermsen *et al.*, 2003；図 8-8a, b)。この花は放射相称の両性花であるが，単性花として機能していたと考えられている。子房下位で，5 枚の萼片がついており，基部は花筒となっている。5 枚の花弁は萼片と互生しており，5 本の雄蕊と 2 心皮性の雌蕊からなっている。1 室に 10 個以上の胚珠をつけていることがわかっている。この花の大きさは，直径が 0.4～1.2 mm で，花の長さが 0.8 mm である。この花化石はユキノシタ科またはズイナ科に近縁であると考えられている(Hermsen *et al.*, 2003)。

9. フウチョウソウ目に近縁な花化石

Old Crossman Clay Pit の地層から，*Dressiantha* と名づけられた花化石が発見されている(Gandolfo *et al.*, 1998b；図 8-9)。この花化石は，両性花

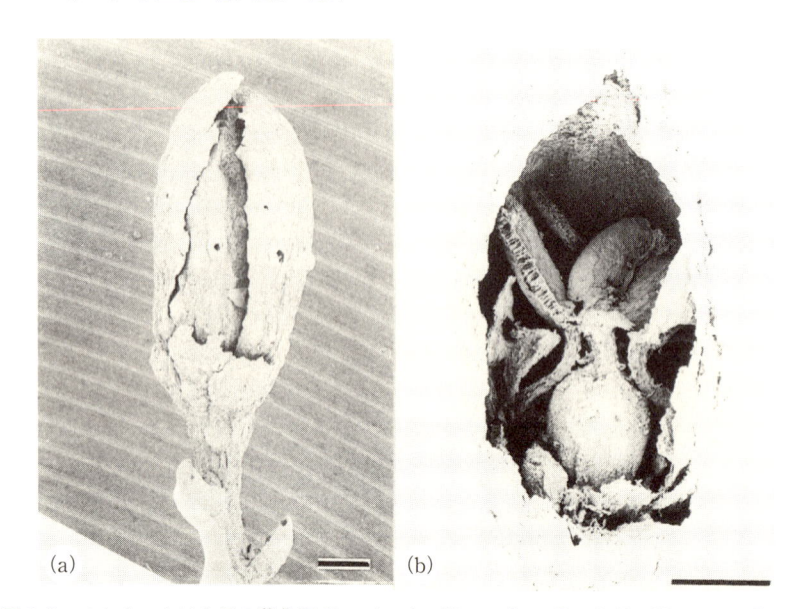

188　第8章　白亜紀の被子植物の台頭

図 8-9　フウチョウソウ目の花化石 *Dressiantha bicarpellata* Gandolfo, Nixon et Crepet (Gandolfo *et al.*, 1998b；ⓒAJB)。(a)花化石。異なるサイズの花被片が認められる。スケール＝200 μm，(b)花化石の内部の様子。雌蕊が雄蕊に取り囲まれている。スケール＝200 μm

であり，長さが1.0〜1.2 mm あり，少なくとも2枚の苞がある0.7 mm の花柄についている。4枚の萼片が十字対生になっている。5枚の花弁が，5本の雄蕊と5本の仮雄蕊を包んでいる。花粉は，長球形で10.0〜12.3 μm×5.5〜5.9 μm の大きさの三溝孔粒型であり，しわ状紋がある。雌蕊は，子房上位で2合生心皮である。形態的特徴から，この花化石は，フウチョウソウ目に近縁であると考えられている(Gandolfo *et al.*, 1998b)。

10.　ツツジ目に近縁な花および果実の化石

Old Crossman Clay Pit の地層から，長さ1.9 mm の花化石と長さが5〜6 mm ある果実化石が発見された(Nixon & Crepet, 1993；図8-10a, b)。花化石は5枚の萼片と5枚の花弁とからなっていた。萼片の基部は合着しており，

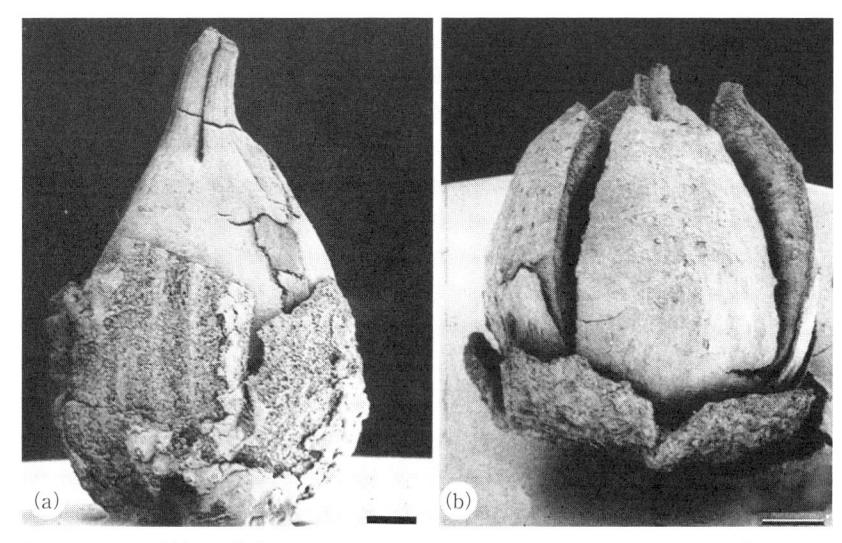

図 8-10 ツツジ科の果実化石 *Paleoenkianthus sayrevillensis* Nixon et Crepet (Nixon & Crepet, 1993；ⒸAJB)。(a)果実化石。4枚の心皮からできており、それぞれの花柱が2つに分かれている。スケール＝500 μm, (b)裂開した果実化石。萼片が認められる。スケール＝500 μm

花弁の基部も合着していた。雌蕊は，長さが1.2 mm であり，4枚の合生心皮からなり子房上位である。花柱は4つに分かれ，先端が細くなっていた。雄蕊は8本あり，花糸と葯の分化がはっきりしている。花粉は，16.2×12 μm の大きさの長球形であり，発芽口の周囲が膨らんでいた。花粉は粘着糸で互いにくっついていた。果実は，5～6 mm の蒴果であり，4裂開する。この植物化石は，*Paleoenkianthus* と命名され，ツツジ科に近縁な白亜紀の花化石であると考えられている。花粉の大きさは現生のツツジ科植物に比べるとはるかに小さいが，*Paleoenkianthus* が，現生のツツジ科やアカバナ科の花粉に見られる特徴である粘着糸をもっていたことは，虫媒型受粉の機構と密接に関係していたと考えられている。白亜紀に虫媒型の受粉様式であった被子植物が存在していたという具体的な証拠である(Nixon & Crepet, 1993)。

11. フクギ科の花化石

Old Crossman Clay Pit の地層から,*Paleoclusia* と命名されたフクギ科の花化石も発見されている(Crepet & Nixon, 1998a;図 8-11a〜c)。花柄には毛があり,放射相称花である花化石は,長さ 0.4〜1.8 mm あり,5 心皮性

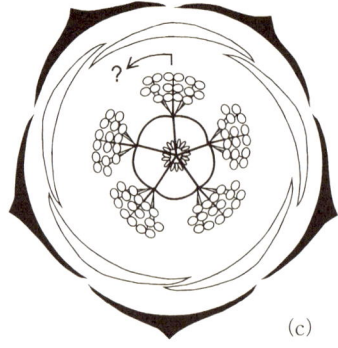

図 8-11 フクギ科の花化石 *Paleoclusia chevalieri* Crepet et Nixon (Crepet & Nixon, 1998a;© AJB)。(a)花化石。子房の先端に 5 個の柱頭がある。右側には数多くの分岐した花糸が残っている。スケール=100 μm,(b)心皮の一部を壊して,子房の内部を明らかにした状態。多くの胚珠が入っている。スケール=100 μm,(c)花式図

で，子房上位で，花柱は短く，柱頭が膨らんでいるという特徴がある．花弁は離生しており，雄蕊は，小束となって花弁に対して対生の位置についている．*Paleoclusia* も虫媒受粉であったと考えられている(Crepet & Nixon, 1998a)．

12. シダ植物・ウラジロ科の小型化石

Old Crossman Clay Pit の地層からシダ植物の根茎，葉柄，小羽片，胞子嚢群の小型化石が発見され，*Boodlepteris* と名づけられた(Gandolfo *et al.*, 1997；図8-12a, b)．このシダ植物は，C 型の維管束をもち，胞子嚢は背軸側についており，包膜を欠いており，10〜20個の胞子嚢が集まっている．分岐分類学的解析によって，*Boodlepteris* は，ウラジロ科に近縁なシダ植物であることが明らかになった(Gandolfo *et al.*, 1997)．ウラジロ科の小型化石の発見は，後期白亜紀の地球上では，被子植物が多様化しつつあるなかで，シダ植物も当時の植生のなかで優占していたことを示唆している．

図 8-12　ニュージャージー州の9000万年前の地層から発見されたシダ植物の小型化石 *Boodlepteris turoniana* Gandolfo (Gandolgo *et al.*, 1997；ⒸAJB)．(a)胞子嚢群をつけている羽片．スケール=400 μm, (b)胞子嚢．スケール=50 μm

13．チューロニアン期の植物化石群の特徴

　前の年代に続いてチューロニアン期では，原始的被子植物群の小型化石が多く発見されている。モクレン型の花化石などに見られるように多様化が進み，センリョウ科やクスノキ科，ロウバイ科なども引き続き生育していたことが明らかにされている。さらに，ユキノシタ目，マンサク目，フウチョウソウ目，ツツジ目やフクギ科などのように，多様に分化した真正双子葉群の小型化石が発見されており，真正双子葉群の本格的な放射状の進化が進んでいたと推定される(Crepet *et al*., 1992, 2005；Zhou *et al*., 2001)。

　次に，コニアシアン期の古植生について東アジアから被子植物の小型化石が発見された唯一の地層である福島県双葉層群からの研究成果をみてみよう。

第 9 章　日本から発見された白亜紀の被子植物
　　　（コニアシアン期：8930 万年～8580 万年前）

1. コニアシアン期の古植生

　コニアシアン期は，チューロニアン期の次の 350 万年間であり，白亜紀のなかでは短い年代である。白亜紀の低緯度地域である北ゴンドワナでは，チューロニアン期の全花粉化石中で被子植物の占める割合が 54% くらいであったものが，コニアシアン期～カンパニアン期にかけて 70～80% にそれぞれ増加してくる。高緯度地域でも，ヤシ類などの熱帯性の植物が多く分布していたことがわかっており，これらの植物化石の分布から，後期白亜紀の地球環境は気温の高い熱帯性気候が広がっていたと推定されている(Crane, 1989a)。

　世界的にみて，これまでにコニアシアン期の地層から植物の小型化石が発見されているのは，福島県の双葉層群だけである。しかも，双葉層群は東アジアから保存性のよい小型化石が発見される唯一の貴重な白亜紀の地層である(Takahashi et al., 1999a)。

2. 福島県広野町から発見された上北迫植物化石群

　福島県の広野町～いわき市にかけて分布している双葉層群(コニアシアン期～サントニアン期)は，白亜紀にユーラシア東側の海に面していた地域であった。双葉層群は，芦沢層，笠松層，玉山層の 3 層から構成されている。

双葉層群は，首長竜の1種であるフタバスズキリュウが発見されていることで知られている．広野町の双葉層群から，被子植物の花，果実，種子や裸子植物の球果などの多くの小型化石が発見され，上北迫(かみきたば)植物化石群と名づけられた(Takahashi *et al*., 1999a)．

本章では，この上北迫植物化石群からの研究成果をもとに，コニアシアン期の古植生について解説しよう．

3. クスノキ科の花化石

広野町のコニアシアン期(約8900万年前)の地層から，クスノキ科の花化石がよい保存状態で発見された(Takahashi *et al*., 2001b；図9-1)．これは，1 mmの花柄に，長さ1 mm，幅1.7 mmの小さな花の化石である．花被片は，内外3枚ずつの計6枚あり，内側の花披片が少しだけ，幅が広いが，長さは同じである．花の内部は軟毛で被われており，その内側に3本ずつ3輪に配列している全部で9本の雄蕊がある．雄蕊には，上下に2個の花粉囊からなる半葯が2対あり，それぞれの花粉囊は下から弁開するようになっている．雌蕊は退化しており，雌雄異花の植物であった可能性が高い．この花化石は，*Lauranthus futabensis* と命名された．クスノキ科の花化石は，欧米の白亜紀の地層からいくつか発見されているが，*Lauranthus* の花はセノマニアン期から発見された *Mauldinia* と比較して，*Lauranthus* は有柄でほぼ同じ大きさの内外の花被片がある点で異なっている．*Lauranthus* の花は現生のクスノキ科植物の花よりもかなり小さかったことになる(Takahashi *et al*., 2001b)．

双葉層群からは，クスノキ科の別種の花化石も発見されている．この花化石は，長さ1.2 mm，幅1.2 mmの大きさであり，花被片が外側に3枚と内側に3枚あり，*Lauranthus* と同じである．ただし，花被片の内側には毛がなく，葯の花粉囊の位置関係が *Lauranthus* と異なっており，クスノキ科の別の種類の花化石であると考えられている(Takahashi *et al*., 1999a)．

前期白亜紀のアプチアン期以降，クスノキ目に類縁性のあるいくつかの花

図 9-1 クスノキ科の花化石 *Lauranthus futabensis* Takahashi, Herendeen et Crane (Takahashi *et al*., 2001b；©JPR)。花被片が6枚であり，雄蕊は外側に6本，内側に3本計9本からできている。雄蕊には上下に2つずつの花粉嚢が葯の両側にでき，計4個を花粉嚢があり，弁開する。花の内側には多くの毛が密生している。雌蕊は退化している。スケール＝500 μm

化石が発見されており，被子植物のなかでも古い起源をもつグループであると考えられている。ユーラシアの東縁にあたる双葉層群からもクスノキ科の複数の種類の花化石が発見されたことは，クスノキ科の多様化がさらに進み，コニアシアン期において北半球全体に広がっていたことを示唆している。

4. ミズキ科の果実化石

福島県広野町のコニアシアン期の地層から，ミズキ科(広義)の世界最古の果実化石が発見されている(Takahashi *et al*., 2002；図9-2)。全部で100個にもおよぶこれらの小型化石は発見された町の名前にちなんで，*Hironoia*

図 9-2 ミズキ科の花化石 *Hironoia fusiformis* Takahashi, Crane et Manchester (Takahashi *et al.*, 2002；ⓒJPR)。子房下位果実。3室からできている。福島県広野町の町名からヒロノイアと名づけた。スケール＝500 μm

と命名された(Takahashi *et al.*, 2002)。果実化石は，長さが4.0～6.0 mmの紡錘形で3～4室からなる合生心皮からできている。萼筒と子房壁は合着して花筒をなし，子房下位になっている。花柱は合着した1本からなり，先端は細く尖っている。子房壁は，硬い繊維状の厚壁細胞からできており，それぞれの室に1個の種子が垂下した状態ではいっており，子房壁の背軸側が弁開する(Takahashi *et al.*, 2002)。

現生のミズキ科よりも，小さい果実をつけていた *Hironoia* は，広義のミズキ科のなかでも解剖学的特徴からヌマミズキ属のグループに近いと考えられている。日本の後期白亜紀のコニアシアン期から見つかった *Hironoia* の果実化石はハンカチノキなどの祖先植物と考えられている。ミズキ目のなかでは，これまでで最も古い化石データであり，バラ綱の初期分化群の最少分岐年代が8900万年前であることを示唆する根拠となっている(Takahashi *et al.*, 2002)。

5. シクンシ科の花化石

広野町双葉層群のコニアシアン期地層から子房下位である *Esgueiria* の花化石が発見されている(Takahashi *et al*., 1999b；図 9-3)。*Esgueiria* はもともと，第 10 章で解説するポルトガル Esgueira 村のカンパニアン期～マストリヒチアン期の地層から 1992 年に発見されたシクンシ科の花化石である。*Esgueiria* は，これまでに世界的にみても，福島県双葉層群とポルトガルからだけ発見されている貴重な小型化石である。広野町から発見された花化石は，ポルトガルで発見されたものとは異なる新種であり，*E. futabensis* と名づけられた。*E. futabensis* は，ポルトガルから発見された *Esgueiria* の 2 種類の植物と同じように，萼片の基部は子房に合着しており，子房は，細長く伸び花床筒を形成し，先端の花柱は 3 つに分かれている。表面には単毛があり，花床筒には腺毛が縦方向に 5 列配列している。ポルトガルで発見された

図 9-3 シクンシ科の花化石 *Esgueiria futabensis* Takahashi, Crane et Ando (Takahashi *et al*., 1999b；ⓒPaleont. Res.)。楯型の毛が溝にそって配列している。花筒の表面には単毛がある。花柱は 3 本に分かれている。スケール＝1 mm

Esgueiria の2種の長さが約2mm で，1列に5〜6個の腺毛が配列しているのに対して，広野町の *E. futabensis* は，3mm と大きく，1列に10〜20個の腺毛が配列し，個々の腺毛のサイズが小さいという特徴がある。しかも，ポルトガルで発見された地層よりも古い地層から発見されているのである(Takahashi *et al.*, 1999b)。

日本からは，さらにもう1つの別種の *Esgueiria* の花化石が発見されている。いわき市のサントニアン期の地層からである。いわき市から発見された *Esgueiria* 植物は，長さが3.5mm とさらに大きく，大きい3個の腺毛が列になっているという特徴がある。いわき市から発見されたものは，広野町で発見された *E. futabensis* とは異なる種であり，今後，十分なデータがそろえば，*Esgueiria* の新種の小型化石としてまとめられるであろう(Takahashi *et al.*, 1999a, b)。

Esgueiria は，その形態的特徴からみてシクンシ科に含まれると考えられている。現生のシクンシ科が生育しているのは，熱帯地方に限られている。現生のシクンシ科の花の花柱が1本に合着しているのに対して，白亜紀の *Esgueiria* では，花柱が3本に分かれている点が異なっている。*Esgueiria* は白亜紀に繁栄していたシクンシ科の始原群であり，すでに絶滅した化石植物でもある。

後期白亜紀に複数の種類の熱帯性の *Esgueiria* の花化石が，ユーラシアの東西に位置する日本とポルトガルの年代の異なる地層から見つかったということは，白亜紀の生物地理を推定するうえで興味深いデータである。ユーラシア全体で，共通した属が広く分布しており，地域によって異なる種が分化していたと考えられる。

6. 所属不明の花化石

福島県広野町の双葉層群から発見された小型化石のなかに所属不明の花化石がある(図9-4)。この花化石は，放射状で多心皮性の両性花である。この花化石は，直径5mm の大きさであり，有柄で発達した花床に10個の離生

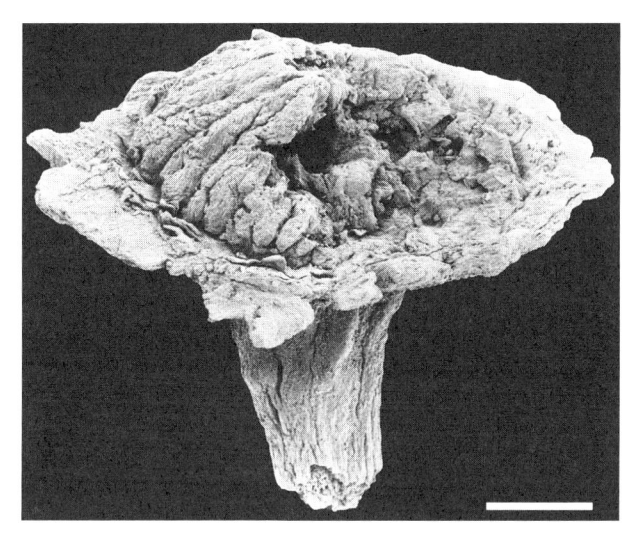

図 9-4 多心皮型の花化石（Takahashi *et al*., 未発表）。分類学的類縁性は未だ解明されていない。スケール＝1 mm

心皮が輪生しており，その中央部には空隙が認められる。個々の心皮は鎌型となり，ドーム状に発達して，先端部が中央に集まっている。背軸側に溝がある。心皮の周囲には雄蕊の花糸が輪生状に配列している。雄蕊の数は全部で 100 個くらいあったと推定される。花弁の基部が残っており，この植物には花弁が存在していたと考えられる。萼は，厚く広がっており，先端は裂片状になっている。この花化石についていた花粉は，三溝粒型で網目模様であり，真性双子葉群に含まれると考えられる。植物化石のこれらの特徴は，ヤマグルマ科にも類似している点が見られるが，未だに分類学的所属は解明されていない。今後，より多くの同じ種類の小型化石から詳細な形質が明らかにされることにより，この花化石の分類学的位置が解明されることが期待されている。

7. 福島県の双葉層群から発見されたその他の被子植物の化石

双葉層群から，その他にも被子植物の花，果実，種子や裸子植物の球果，

シュート，シダ類の大胞子などの小型化石が数多く発見されている(Takahashi et al., 1999a)。そのなかに5数性の花化石など，明らかに真正双子葉群に分類される小型化石が多い(図9-5a)。また，ブナ目やツツジ目などの可能性があるものや，現在のところはまだ所属不明の植物化石などが多く含まれている(Takahashi et al., 1999a；図9-5b)。

このように双葉層群から発見された上北迫植物化石群は，白亜紀コニアシアン期のユーラシア東縁の多様な古フロラの存在を示唆しており，今後の詳しい研究が必要である。

8. 久慈層群から発見されたミズニラ目とイワヒバ目の大胞子化石

ところで国内には，双葉層群以外にも，小型化石が含まれている可能性のある地層がいくつかある。そのなかの1つが岩手県久慈層群のコニアシアン期〜サントニアン期(8700万年〜8500万年前)である。この地層から，すで

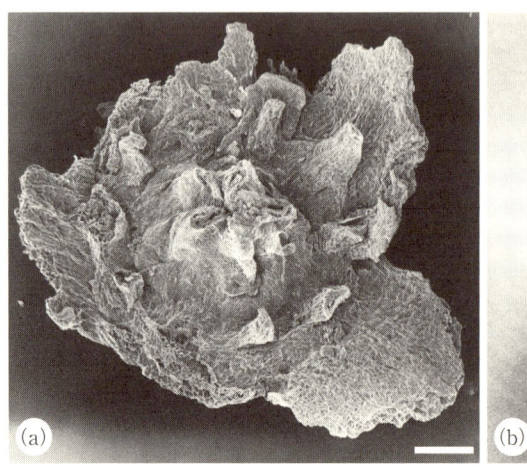

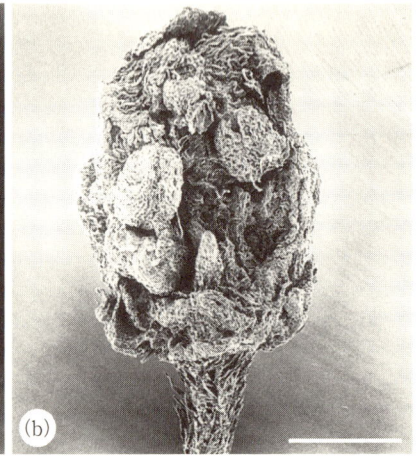

図 9-5 双葉層群から発見された花化石。(a) 5数性の花化石 (高橋，未発表)。スケール= 200 μm，(b)雄蕊からなる花化石 (Takahashi et al., 1999a；©JPR)。スケール=300 μm

に600個以上のシダ類の大胞子の小型化石が発見されている(Takahashi et al., 2001a；図9-6, 9-7)。ミズニラ科の特徴的な大胞子化石の *Molaspora* もその1つである(図9-6a, b)。球形の大胞子で，ラセン状にねじれた突起があるのが特徴である。大胞子の表面は，疣状突起である。*Molaspora* は，後期白亜紀の北半球から広く出現している。久慈層群からは，*Verrutriletes* など，イワヒバ目の4属の大胞子化石が発見されている(Takahashi et al., 2001a；図9-7a, b)。

ミズニラ科の *Molaspora* や，イワヒバ目の *Verrutriletes* などは，コニアシアン期〜サントニアン期の浅い水辺や湿地に生育していたと考えられている。被子植物がしだいに増加していくなかで，かつては大型の植物であったヒカゲノカズラ類が，後期白亜紀の湿原地帯に小型化して生育していたと考えられている(Takahashi et al., 2001a)。

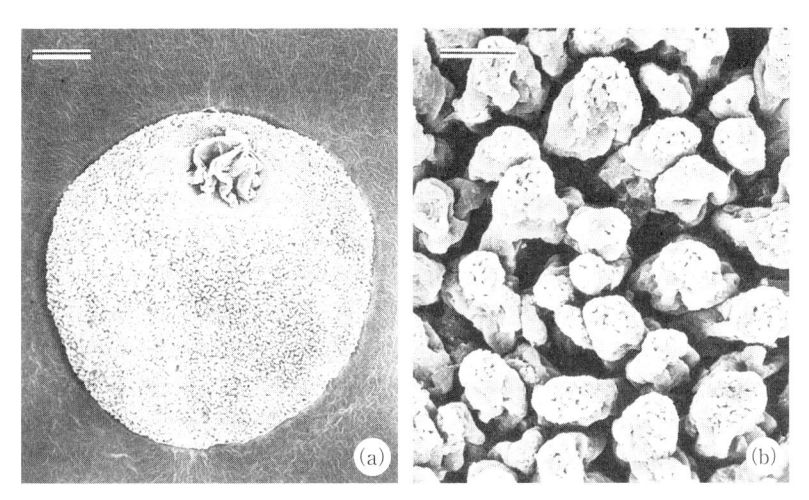

図 9-6 久慈層から発見された大胞子化石 (Takahashi et al., 2001a；ⓒUniv. Chicago Press)。(a)ミズニラ科 *Molaspora*. *M. lobata* (Dijkstra) Hall. の大胞子化石。Acrolamella と呼ばれる構造が先端についている。スケール＝100 μm, (b) *M. lobata* (Dijkstra) Hall. の大胞子の表面模様。スケール＝20 μm

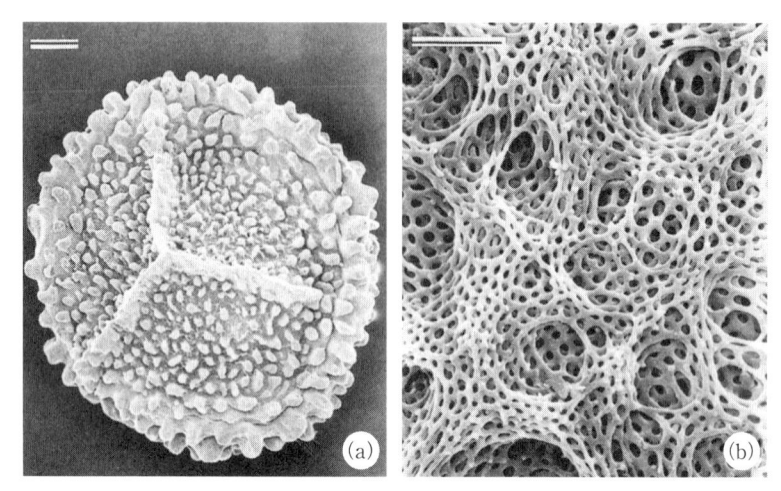

202　第9章　日本から発見された白亜紀の被子植物

図 9-7　久慈層から発見された大胞子化石（Takahashi *et al.*, 2001a；©Univ. Chicago Press）。(a)イワヒバ目 *Verrutriletes dubius* (Dijkstra) Potonié の大胞子化石。スケール＝100 μm，(b) *Verrutriletes dubius* (Dijkstra) Potonié の表面模様。スケール＝2 μm

9. コニアシアン期の植物化石群の特徴

　これまでに，コニアシアン期から発見されている小型化石には，クスノキ科，モクレン科などの原始的被子植物群と，シクンシ科やミズキ科などの真正双子葉群が含まれている。また，ブナ目やツバキ目の可能性のある小型化石も発見されている。双葉層群は，ユーラシア東部の代表的小型化石が含まれている地層である。欧米の白亜紀の地層と共通の科が含まれており，被子植物の分布の広がりと分化の状態を探るための重要なデータを提供している。

　今後，久慈層群をはじめ日本国内の他の地層からも植物の小型化石が発見される可能性があり，白亜紀のユーラシア東側の古植相の変遷過程が，さらに詳しく解明されることが期待されている。

第10章 後期白亜紀に多様化した被子植物
(サントニアン期〜マストリヒチアン期：8580万年〜6550万年前)

1. サントニアン期〜マストリヒチアン期の古植生

　後期白亜紀の地球は，両極付近までの温暖な地域が広がっており，全体的には熱帯〜亜熱帯および乾燥した地域が広がっていた(Scotese, 2001)。サントニアン期になると，被子植物はさらに多様化し，センリョウ科，クスノキ科，マンサク目，ユキノシタ目，ツツジ目とともに，単子葉群であるサトイモ科やショウガ科などが分化してくる。第9章でも触れたように，後期白亜紀の代表的な化石花粉に Aquilapollenites 型花粉(図10-1)と Normapolles 型花粉(図10-2)がある。それぞれの花粉型の出現する地域が異

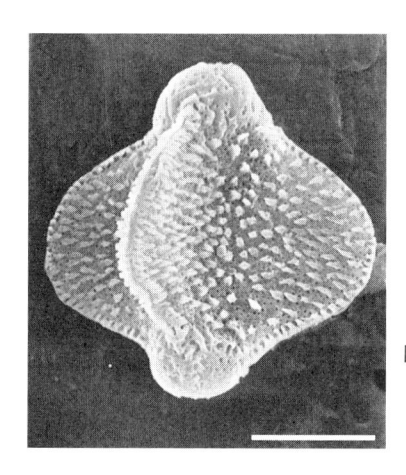

図10-1　サハリンの後期白亜紀(カンパニアン期)の地層から発見された花粉化石 *Aquilapollenites quadrilobus* Rouse (Takahashi, 1997；©JPR)。スケール＝10μm

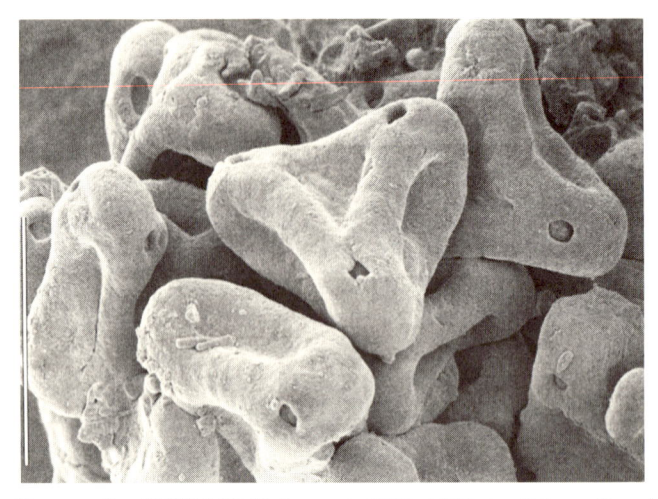

図 10-2　Normapolles 型花粉化石（Friis *et al.*, 2003b；©Univ. Chicago Press）。スケール＝15 μm

なっており，後期白亜紀には，地域による植物相の違いがあったことを示唆している。Aquilapollenites 型花粉は，高緯度のシベリアから日本を含む東アジア地域とカナダ，アラスカと北アメリカ西部から出現している。それに対して，Normapolles 型花粉は，ヨーロッパ，中央アジア，北アメリカ中央部と東部に限られている（高橋，1990）。

Aquilapollenites は，3つの突出した翼状の先端に発芽溝があり，一方の極が尖っているのに対して，片方の極が丸みを帯びているという特徴により，Radford & Rouse (1954) によって，設定された花粉化石の属である（図 10-1）。この花粉グループは，コニアシアン期～サントニアン期の地層から出現し，カンパニアン期に多様化が進み，マストリヒチアン期に最も繁栄するが，暁新世にはいるとともに減少し始新世にわずかに認められるにすぎなくなる（高橋，1996）。これまでに，*Aquilapollenites* は現生のビャクダン科，ヤマモガシ科，アカネ科，ムクロジ科，ヤドリギ科などいろいろな科との近縁が想定されてきた。しかしいずれも決定的ではなく，この花粉の類縁性についてはまだ明らかにされておらず，この花粉化石をつけていた白亜紀の被

子植物もわかっていない。現生植物のなかで，*Aquilapollenites* と一致する花粉形態をもつ分類群はなく，後期白亜紀〜始新世にかけて絶滅した植物群の化石花粉である可能性が高い。将来，後期白亜紀の地層から Aquilapollenites 型花粉をつけている花や果実の小型化石が発見されることが期待されている。

一方，Normapolles 型花粉化石は，扁球形の突出した複合口をもつ三孔型花粉で，後期白亜紀のセノマニアン期に出現し，東アメリカ，ヨーロッパ，中央アジアのサントニアン期では 80% も占めるようになった(図 10-2)。その後，第三紀にかけて減少し，始新世には，ほとんど消えていった花粉化石である。80 属以上もの Normapolles 型の花粉が知られている(Batten, 1986, 1989)。現生植物のなかに類縁を求めるとすれば，フトモモ目，ユキノシタ目，ブナ目などが考えられる。Normapolles 型の花粉の多くは，風媒花のブナ目(カバノキ科，モクマオウ科，クルミ科，ヤマモモ科)の花粉にサイズ・表面模様ともに近い。おそらく，風媒花であったのだろう。これまでは，*Normapolles* の花粉は，単離された花粉化石として出現していたが，ここ数年の間に，保存性のよい生殖器官の小型化石が発見されるようになった。いろいろな花が *Normapolles* と関係していることがわかってきた。それらのすべてがブナ目と近縁であると考えられている。カンパニアン期までに，裸子植物のマオウ型花粉はほぼ完全に消滅している。

カンパニアン期には，被子植物は大型化石の 70% に達し，シダ類と球果類は，それぞれ 10% くらいであり，ソテツ目の大型化石はほとんど現れてこなくなる。被子植物が多様な Normapolles 地域に比べて，高緯度の Aquilapollenites 地域では被子植物の花粉は 30〜40% で，裸子植物は 15〜20%，シダ類の胞子が 30% の割合で出現している(Janzen, 1982)。シダ類の多様な大胞子が出現しており，ヒカゲノカズラ類や水生シダ類が重要な草本要素であったと推定されている(Knobloch, 1984)。

マストリヒチアン期の主要な植物群のなかでフロラ地域性，多様性，豊富さはカンパニアン期とあまり変わりがないが，マストリヒチアン期の古フロラの構成植物化石は，さらに現生植物に類似するようになる。花粉化石によ

れば，マストリヒチアン期の植物群のなかで現生植物の科と目に相当する分類群の数はカンパニアン期の2倍になっている。

　高緯度地域では，大型化石も花粉学的データもスギ科植物の占める割合が最も多く，球果類ではスギ科が広く分布していた。低緯度地域では，ナンヨウスギ科とマキ科が普通に見られるようになる。高緯度地域と球果類の生育する沼沢地を除けば，マストリヒチアン期には被子植物の放射相称花が多く，ショウガ目に近縁な左右相称花である *Raoanthus intertrappea* なども出現するようになった(Jain, 1963)。多くの花化石は，2.5〜10 mm と大型化し，大きい果実には 100 mm に達するものもある(Friis & Crepet, 1987)。球果類が被子植物より優占することは，ほとんどなかった。Aquilapollenites 地域では，大型化石フロラは，カツラ属，ヤマグルマ目，スズカケノキ科，クルミ科，カバノキ科などの植物群が優占するようになる。

　この年代の小型化石は，スウェーデンの Scania(サントニアン期またはカンパニアン期)やアメリカ・ジョージア州の Allon(サントニアン期)，Upatoi Creek(サントニアン期)，Buffalo Creek Member(サントニアン期)，Whitewater Creek(カンパニアン期)，ノースカロライナ州の Neuse River(サントニアン期〜カンパニアン期)，マサチューセッツ州の Martha's Vineyard(カンパニアン期)，そしてポルトガルの Mira(マストリヒチアン期)などの欧米の地層から発見されている。

　後期白亜紀の熱帯多雨林地帯は現代よりも狭い地域であり，西アフリカ，マレーシア，ソマリア，南アメリカなどに限定的に存在していたと推定されている(Horrell, 1991；Upchurch *et al*., 1999；図 10-3)。この地域では特にヤシ科植物が優占していたことが花粉分析によって明らかにされている(Vakhrameev, 1991)。当時の古緯度で 0〜25°に位置していた大部分のアフリカや南アメリカやインドでは，真正双子葉群，単子葉群，シダ植物，球果類，ソテツ類などが生育していた。この地域は高温で，現在の夏緑林〜サバンナに相当する植生が広がっていたと推定されている(Willis & McElwain, 2002；図 10-3)。それよりも高緯度地域の北アフリカ，中国，ユカタン半島と南西アフリカ，南アメリカ南部からは植物化石はほとんど出現してなくて，

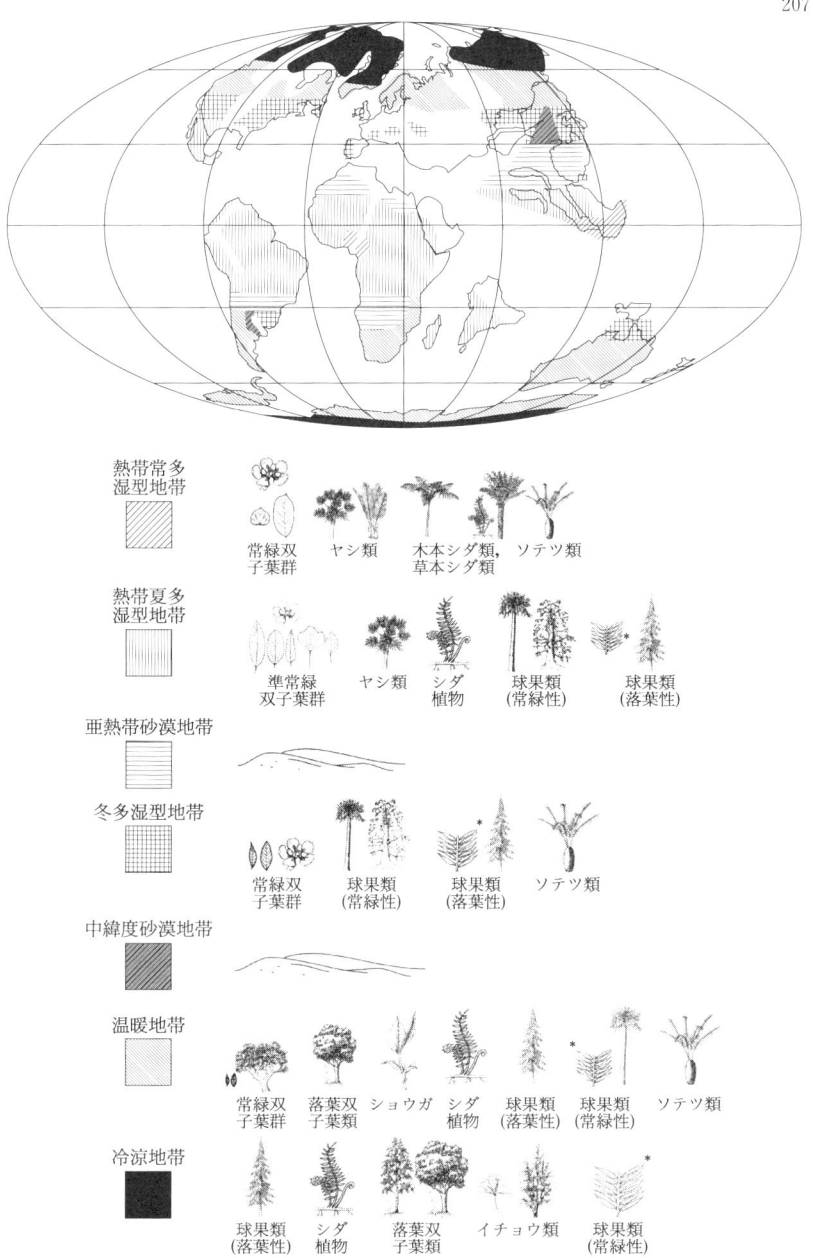

図 10-3　後期白亜紀 (7000 万年前) の古植物区系 (Willis & McElwain, 2002；©Willis & McElwain)

これらの地域では乾燥した砂漠地帯が広がっていたと考えられている。古緯度の北緯30〜45°では，常緑の真正双子葉群と球果類，ソテツ類などが生育していたが，それほど多くはなかった。南緯30〜45°では，シダ植物やクスノキ科植物が多く生育しており，冬季に湿潤な地域であったと推定されている(Willis & McElwain, 2002)。古緯度の45〜65°に位置していた北アメリカやグリーンランド，北中国，オーストラリア，南極周辺では温暖な地域が広がっており，多くの真正双子葉群，単子葉群，常緑性および落葉性の球果類，シダ植物，ソテツ類などの亜熱帯性〜温帯性の植物が繁茂していたと推定されている。確かに被子植物がかなり優占していたが，シダ植物もかなりの部分を占めていたと考えられている(Wing *et al*., 1993)。極付近では，球果類やシダ類，イチョウ類が生育していた冷涼な地域であったと考えられている(Horrell, 1991；Upchurch *et al*., 1999；Willis & McElwain, 2002；図10-3)。

2. 地層の特徴

2.1 Scania 地層

スウェーデン南部 Scania にある Åsen の後期白亜紀の地層(後期サントニアン期〜前期カンパニアン期)は，世界で初めて立体的な構造を保存したままの植物小型化石が発見された場所として有名である(Friis & Skarby, 1981；Friis, 1984, 1985a)。

2.2 Allon 地層

北アメリカのジョージア州・Allon 地域(後期サントニアン期)から多くの植物化石が発見されている。このなかには蘚苔類の配偶体や胞子体の化石，シダ類，球果類の化石が含まれているが，最も多様で種類数が多いのは被子植物の化石である。たとえば，モクレン目の *Detrusandra*，クスノキ科の *Mauldinia*，マンサク科の *Allonia decandra*，マタタビ科の *Parasaurauia allonensis*，ブナ科の花と殻斗の化石である *Protofagacea allonensis* と

Antiquacupula sulcata，また，クルミ目／フトモモ目の *Caryanthus* とカバノキ科に近縁な *Bedellia pusilla* のように Normapolles 型花粉をつけている花化石が含まれている。これらの植物化石は，被子植物のなかでも特に真正双子葉群が多様化していたことを示唆している (Herendeen *et al*., 1999)。Allon 植物化石群は，被子植物が優占しているなかに，スギ科植物が混交していたことを明らかにした (Herendeen *et al*., 1999)。

Allon の全花粉化石のなかで Normapolles 型花粉の占める割合は，12〜16％である。そのなかの1つである *Caryanthus* は，子房下位の花化石であり，果実は高さ 0.5〜0.9 mm，幅 0.8〜1.1 mm である。果実壁の表面は単毛で被われ，花被片がわずかに残っている。残っている花糸の位置から雄蕊が6本であることがわかる。この花粉は Normapolles 型花粉の1タイプである *Psedoplicapollis* と呼ばれている。

もう1つの果実化石である *Bedellia* という花化石は，単性の放射相称花で，直径が 0.25〜0.4 mm あり，花被片は離生しており，10本の雄蕊からなり，花糸は細長く，花被片の上に突き出ている。花粉は扁平体形であり，3つの小さな発芽溝をもっている。

Caryanthus はクルミ科／フトモモ科と関連し，*Bedellia* はカバノキ科との類縁が考えられている (Sims *et al*., 1999)。

2.3 ポルトガルの地層

Friis らは西ポルトガルの道路建設現場から，白亜紀のバランギニアン期〜マストリヒチアン期にわたる地層をサンプリングし，その地層を調べた。その結果，Esgueira 地域と Mira 地域の地層に被子植物の果実や花などの小型化石が豊富に含まれていることが明らかになった。

3. センリョウ科の花化石 *Chloranthistemon*

これまでに最も古いセンリョウ科の花化石は，ポルトガルのバレミアン期またはアプチアン期の地層から発見されている。センリョウ科の小型化石は

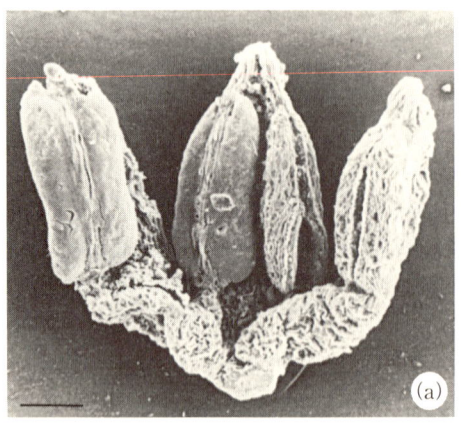

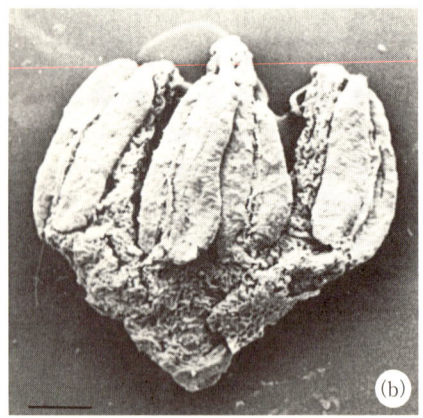

図 10-4 センリョウ科の雄蕊化石 *Chloranthistemon endressii* Crane, Friis et Pedersen (Crane *et al*., 1989；ⒸSpringer)。(a・b)雄蕊の化石。位置関係が逆であることが後に明らかにされる。スケール＝200 μm

それ以降の白亜紀の地層から発見されている。このことから白亜紀のセンリョウ科は，かなり繁栄していたものと考えられている(図10-4a, b, 10-5a〜c, 10-6a〜d)。

Scania(サントニアン期〜カンパニアン期)から発見された雄蕊群の化石に基づいて，*Chloranthistemon* という新属が設定された(Crane *et al*., 1989；図10-4a, b)。当初，3裂片化した雄蕊群が単離した状態で発見され，雄蕊が互いに癒合している部分が基部であると解釈された。その後，花序や雌蕊も発見され，*Chloranthistemon* の形態がより具体的になった結果，雄蕊が癒合している部分は先端であったことが明らかにされ，雄蕊の位置関係が逆であったことがわかった(図10-5a〜c)。

Chloranthistemon は，穂状花序で，苞片の腋に十字対生に花がついている。花は大きさが約1mmと小さく，花被がなく，単一の心皮と3つの部分からなる雄蕊群からできている。雄蕊は，花糸と葯の区別がはっきりしてなく，花粉嚢は向軸側に側生している。中央の雄蕊には1対の半葯からなる4つの花粉嚢がつき，側方の2本の雄蕊には1個の半葯からなる二分花粉嚢がついている。これらの3本の葯の基部は離れているが，葯隔が先端で広が

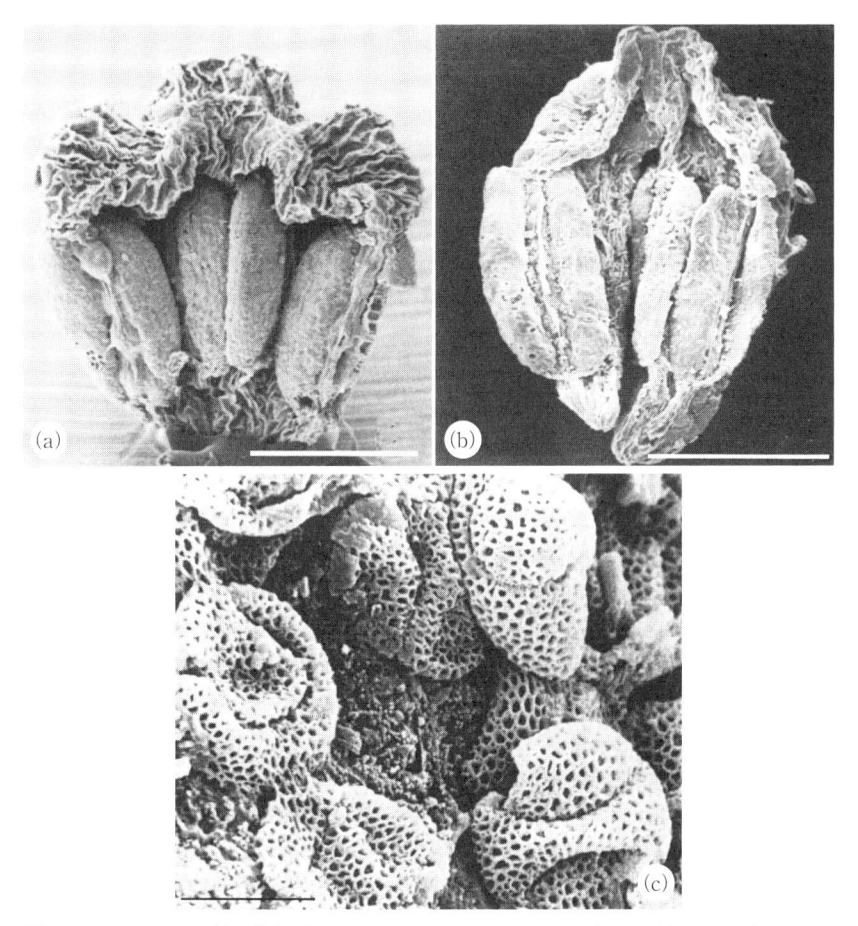

図 10-5 センリョウ科の花化石 *Chloranthistemon endressii* Crane, Friis et Pedersen (Eklund *et al*., 1997；ⒸSpringer)。(a・b)雄蕊の化石。(a)スケール＝300 μm, (b)スケール＝500 μm, (c)花粉化石。スケール＝10 μm

り，3本の雄蕊を合着させている(図 10-6a〜d)。Scania からは，先端の葯隔の癒合の有無によって *C. endressii* と *C. alatus* の2種類の *Chloranthistemon* が認められている。*C. endressii* の花粉は，12〜14 μm の大きさで，顕著な網目模様と不規則な発芽口をもち(図 10-5c)，*C. alatus* の花粉は 12〜18 μm で小孔紋をもち発芽口には中央の溝と側方に小さい溝がある

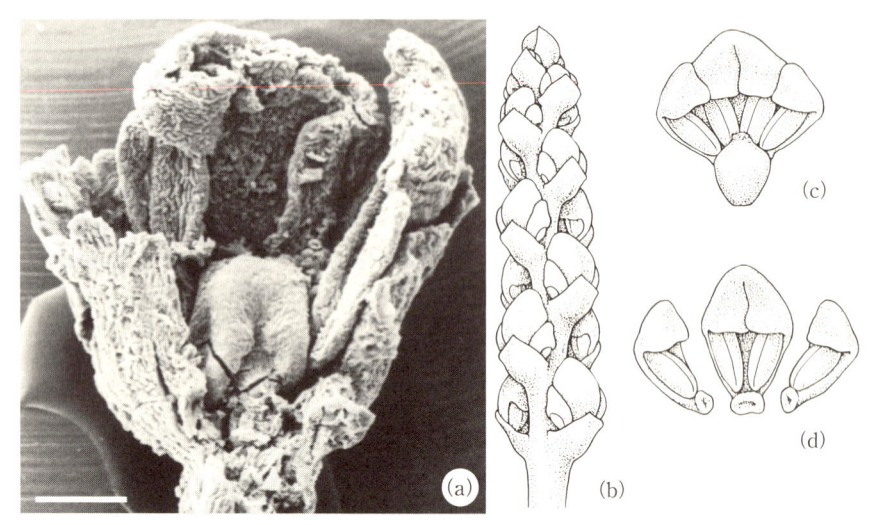

図10-6 センリョウ科の花化石 *Chloranthistemon alatus* Eklund, Friis et Pedersen (Eklund *et al.*, 1997；ⒸSpringer)。(a)花化石。中央に未発達の子房がある。スケール＝100 μm, (b～d)復元図

(Eklund *et al.*, 1997；図10-6a～d)。

4. クスノキ科の花化石

アメリカ・ノースカロライナ州のサントニアン期～カンパニアン期の地層(8300万年前)から，*Neusenia* というクスノキ科の花化石が発見されている(Eklund, 2000；図10-7)。この花化石には，花柄があり，花の長さは2.5 mm で，長さが1.6 mm の花弁をもっている。6枚の花被片，内側3枚，外側3枚があり。外側の3枚は，内側の花被片よりも少し小さい。外側，内側の表面が共に，毛がある。雄蕊群は，9本の雄蕊からできている。3本が3輪に配列している(図10-7)。花糸は，葯の3/4の大きさ，密腺が花糸の基部にある。仮雄蕊は，無柄である。花粉は，球形で平滑，34 μm, 花柱は，棍棒状で，わずかに柱頭が発達している。ただし，化石の保存状態はよくない(Eklund, 2000)。

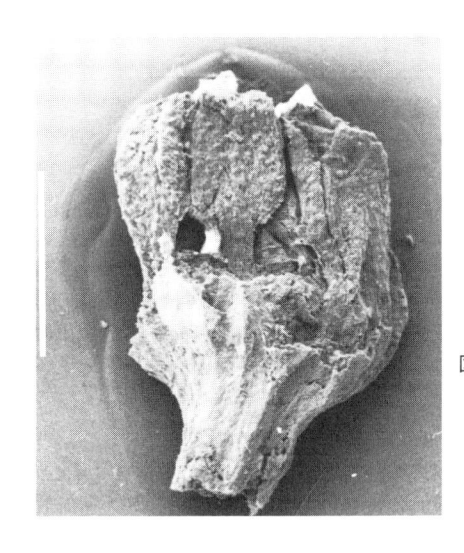

図10-7 クスノキ科の花化石 (Eklund, 2000；ⒸBlackwell Pub.)。ノースカロライナ州の8300万年前の地層から発見された *Neusenia tetrasporangiata* Eklund。花被片を取り除いた状態。雄蕊が見られる。スケール＝1 mm

5. モクレン科の種子化石

アメリカのノースカロライナ州のカンパニアン期の地層から *Liriodendroidea* の2種類の種子化石が発見されている(図10-8a～d)。この種子化石の1つは，*L. latirapha* と呼ばれ，もう一方は，*L. carolinensis* である。これらの種は，それぞれに縫線や翼の発達の違いなどで，カザフスタンのチューロニアン期～セノマニアン期の地層から発見された *L. alata* などと区別されるが，いずれも現生のユリノキ属の種子に比べて，種子の長さは1.1～3.0 mm と小さい。ドイツのマストリヒチアン期の地層からも *Liriodendroidea* の種子化石が発見されたという報告がある(Frumin & Friis, 1996)。

6. スズカケノキ科の花化石

アメリカ・ジョージア州のコニアシアン期～サントニアン期の地層からスズカケノキ科の雄性花と雌性花のそれぞれの花序と花化石が発見され，

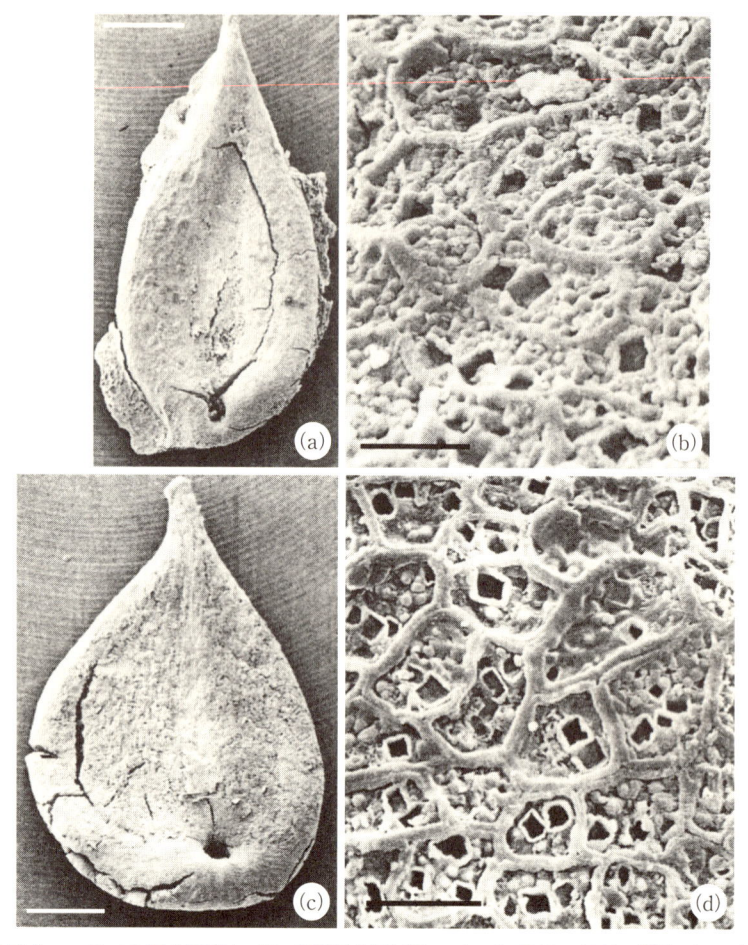

図10-8 ユリノキ属に類似している種子化石（Frumin & Friis, 1996；ⓒSpringer）
(a) *Liriodendroidea latirapha* Frumin et Friis。わずかに周囲の翼状構造が残っている。スケール＝500 μm，(b) *Liriodendroidea latirapha* Frumin et Friis。内種皮に見られる結晶状模様。スケール＝20 μm，(c) *Liriodendroidea carolinensis* Frumin et Friis。スケール＝200 μm，(d) *Liriodendroidea carolinensis* Frumin et Friis。内種皮に見られる結晶状模様。スケール＝20 μm

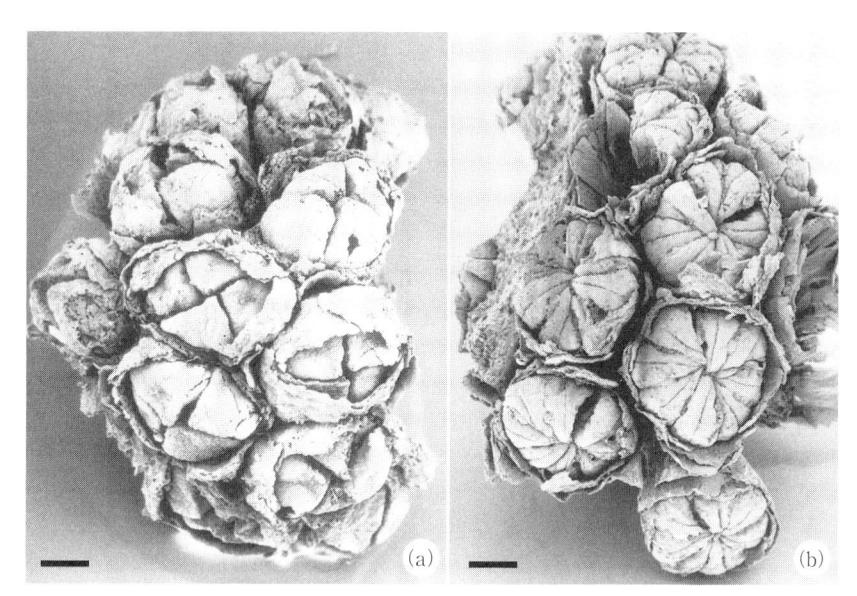

図 10-9 スズカケノキ科の花化石 *Quadriplatanus georgianus* Magallón-Puebla, Herendeen et Crane (Magallón *et al*., 1997；ⒸUniv. Chicago Press)。(a)雄花の花序。花の中央部に 4 個の雄蕊が見られる。スケール＝200 μm，(b)雌花の花序。花被片に包まれた雌蕊は 8 枚の離生心皮で構成されている。スケール＝200 μm

Quadriplatanus と名づけられた(Magallón *et al*., 1997；図 10-9a, b)。雄性花序では，花序軸に 40 個くらいの花がラセン状に配列して頭状花序を形成している。花序の大きさは，直径 0.89～2.55 mm である。雄性の花は，4 数性の輪生で，単一輪の花被片，4 数性の雄蕊群，それぞれの雄蕊は，花被片と互生している。すべての雄蕊は長い葯をもち，葯隔は向軸側についており，くさび型突起となる。4 個の短い雄蕊群の付属体は，雄蕊群の上についており，雄蕊の基部とは互生する(Magallón *et al*., 1997；図 10-9a)。

雌性花をつけている花序は，40 くらいの花から構成され，無柄で，直径 1.1～2.4 mm である。雌花には，花被片があり，外側および内側の花被片は，花冠を形成するが，内側の花被片は，先端が分かれている。離生心皮は，8 枚からなり，2 枚の心皮と内側の花被片の裂片と交互の位置関係になっている。4 数性の心皮が，この属の特徴である(Magallón *et al*., 1997；図

10-9b)。

7. マンサク目の花化石

アメリカのジョージア州のサントニアン期のAllon地層から，長さ2.75 mmの放射相称の花化石が発見されて，Alloniaと名づけられた(Magallón et al., 1996；図10-10a, b)。Alloniaの萼片は小さく，その数は不明である。花全体としては，5数性で，雄蕊は，長さ1.26〜1.47 mmあり，2輪になって配列しており，全部で10本ある。短く細い花糸と長い葯がある。葯は底着し，弁開し，葯隔は円錐の突起をなし，花粉は三溝粒型で，網目模様の表面模様がある。花化石の一部を壊してみたが，雌蕊は明確ではなかった。現生のマンサク科植物でも，雄性先熟の場合があり，この植物化石も若い発達段階であると考えられる。5数性の無柄の花はマンサク科によく見られる

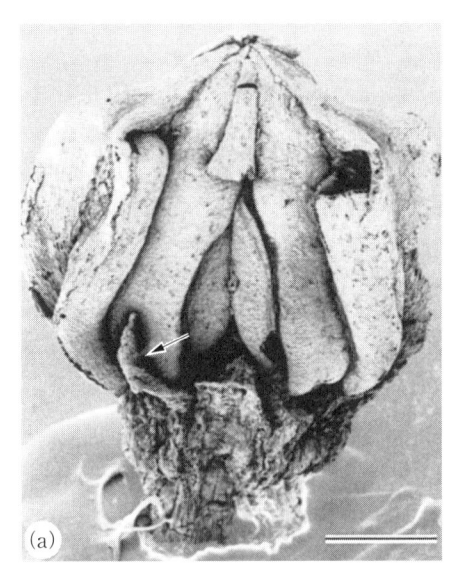

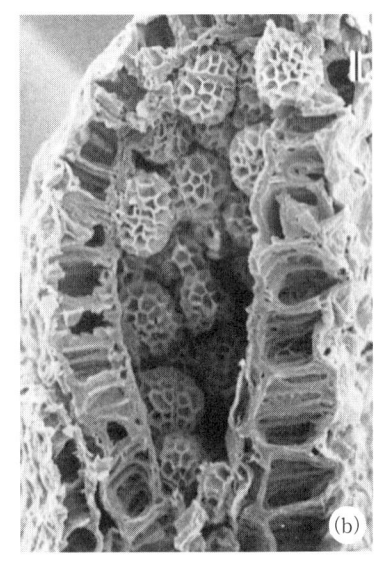

図10-10 マンサク目の花化石 *Allonia decandra* Magallón, Herendeen et Endress (Magallón *et al.*, 1996；ⓒElsevier)。(a)花化石。雄蕊群。矢印は花弁の一部。スケール＝500 μm，(b)葯の断面。三溝粒型花粉化石。スケール＝10 μm

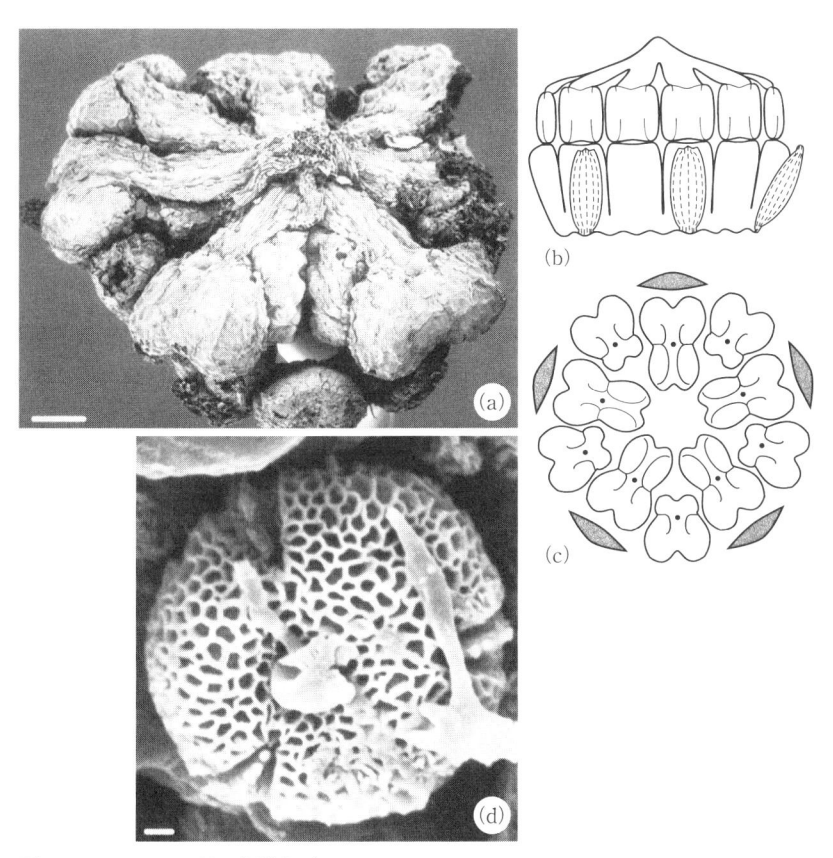

図 10-11 マンサク科の花粉化石 *Androdecidua endressii* Magalló, Herendeen et Crane (Magallón *et al.*, 2001 ; ©Univ. Chicago Press)。(a)上から雄蕊群を見たところ。全部で 10 本の雄蕊がある。スケール=100 μm，(b)雄蕊と花冠の復元図，(c)花式図，(d)三溝粒型花粉。網目模様。スケール=1 μm

特徴である(Magallón *et al.*, 1996)。

アメリカのジョージア州のサントニアン期の地層からもう 1 つのマンサク科に近縁な *Androdecidua* と呼ばれる花化石が発見されている(Magallón *et al.*, 2001；図 10-11a)。*Androdecidua* は，雄蕊群と花冠が輪生しており，放射相称の 5 数性の花化石である(Magallón *et al.*, 2001)。萼片と雌蕊は，発見されていない。雄蕊群は，10 本の葯が 2 輪になって，配列している。

内側の花糸は基部で融合している。5枚の花弁は，紡錘形，わずかに背腹方向に平らになっている。それらは，互い違いに内側の雄蕊の基部と融合している。雄蕊と花弁が一単位となって，花托についている。雄蕊は葯と花糸の区別がはっきりしており，葯隔の先端が伸びる特徴がある。花糸は，大きく，広く，ほぼ平行的である。葯は，短く，背軸側に丸くなっており，放射状に伸びている。葯隔の長い先端は，平らになっており，花の中心部に向かって伸びている。そこで，10本の雄蕊の葯隔が集合して，円錐状の突起体を形成している。雄蕊は，2つの半葯からなり，4花粉嚢，葯室は弁開，外側の雄蕊の弁開の数は1であるのに対し，内側の雄蕊の弁開の数は2である。花粉は 0.9〜1.3 μm の球形の三溝粒型であり，大きな網目模様をもっている（図 10-11b）。形態的特徴により，マンサク科に近縁であると考えられている（Magallón *et al*., 2001；図 10-11c, d）。

8．マンサク目に近縁な花化石 *Archamamelis*

Scania からは，葯が突き出している状態の小さい花化石も発見された（Endress & Friis, 1991；図 10-12a）。この花化石は，6〜7枚の小さい萼片と 6〜7枚の花弁があり，6〜7本の雄蕊と 6〜7本の仮雄蕊がついている。先端が三角形になる花被片の形態は，マンサク科のマルバノキ属に似ている。葯は2つの花粉嚢からなり，側面に弁開する。花粉は，極軸の長さが 13〜15 μm の三溝粒型で孔紋をもっている（図 11-12b）。雌蕊は 2〜3枚の心皮からなり，長さ 0.4〜0.5 mm であり，基部が合着しており，離れている花柱をもっている（Endress & Friis, 1991）。

発見された8個の花の小型化石は，*Archamamelis* と命名された。雌蕊が 2〜3 心皮からなり，葯には側面に弁開する二分花粉嚢がついているという特徴は，現生植物ではマンサク科に見られる。ただし，*Archamamelis* は，花が有柄であることや雄蕊の先端が広がっていることなど，現生のマンサク科には見られない特徴をもっている（Endress & Friis, 1991）。このように白亜紀に生育していた被子植物は，現生科の形質と完全に一致することが少な

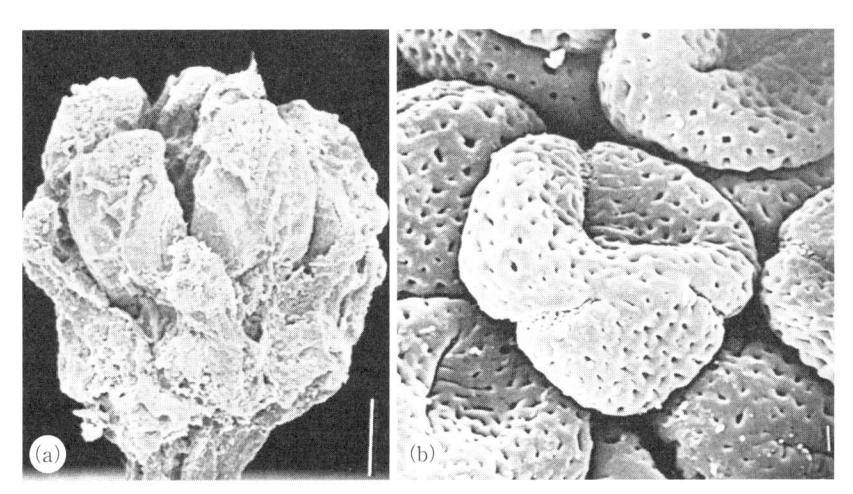

図 10-12 マンサク目の花化石 *Archamamelis bivalvis* Endress et Friis (Endress & Friis, 1991；©Springer)。(a)花化石。花被片の内側に雄蕊が見られる。スケール＝200 μm，(b)三溝粒型花粉。スケール＝1 μm

い。

9. ユキノシタ目に近縁な花化石

9.1 世界で初めて白亜紀から発見された花の小型化石 Scandianthus

Friis & Skarby(1981)は，立体的に保存された花の小型化石をScania地層から発見した(図 10-13a)。この花化石は，世界で初めて白亜紀の地層から単離された小型化石であり，その後の白亜紀の被子植物に関する研究の出発点となった画期的な研究成果である。同一種で生育段階の異なる複数の小型化石が発見され，詳しい形態的特徴が明らかになった。それによると，花は2枚の小苞の腋についており，長さ 1.55〜2.51 mm の小さい放射相称で，子房下位の両性花である(図 10-13a〜c)。萼片と花弁は，それぞれ5枚あり，その内側に5本の雄蕊が2輪になってついている。雌蕊は合生した2心皮からなり，2本の花柱をもち，室は1個である。果実は蒴果となる。この花化石は，*Scandianthus costatus* と命名され，花の形態的特徴から現生のユキ

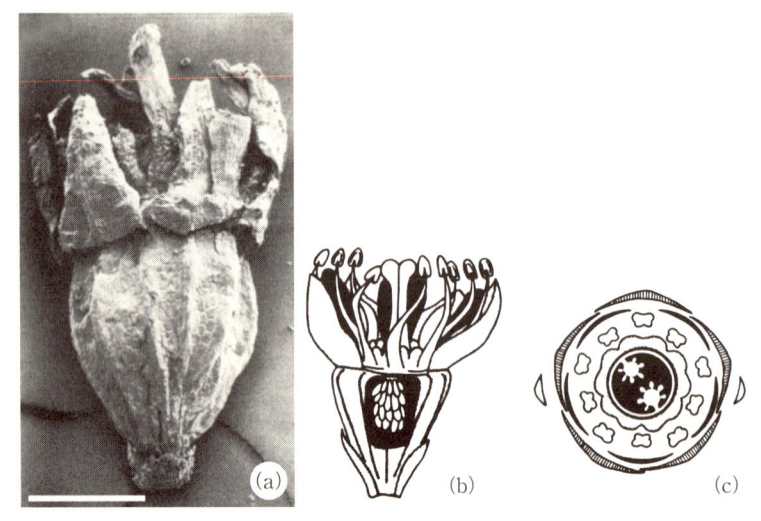

220 第10章 後期白亜紀に多様化した被子植物

図 10-13 世界で最初の発見された花の小型化石であるユキノシタ目の花化石 *Scandianthus costatus* Friis et Skarby (Friis & Skarby, 1981, 1982；©Nature)。(a)花化石。子房下位花。スケール＝500 μm，(b)再構築図，(c)花式図

ノシタ目との類縁性が高いと考えられている(Friis & Skarby, 1982)。

9.2 エスカロニア科に近縁な花化石 *Silvianthemum*

Scania 地層から，別属の花化石も発見されている。この花化石は，花弁や萼片が落ちた状態で発見され，*Silvianthemum* と名づけられた(Friis, 1990；図 10-14a, b)。同じ種類の開花前の若い状態の小型化石が発見され，*Silvianthemum* の花の完全な形態が明らかにされている。成熟した花は，長さが 6.2 mm にもおよび，幅は 2 mm であった。花序についての情報はないが，それぞれの花には軸がついていることから，単純な総状花序であったと思われる。萼片は 5 枚で，5 枚の花弁から構成されている花冠がある。雄蕊は，8～9本，雌蕊は，3心皮性で，花筒の基部についている。胚珠の数は多く，側膜胎座である。花粉は3溝粒型で，小孔状の模様がある。これらの形態的特徴から，*Silvianthemum* は，ユキノシタ目に近く，なかでもエスカロニア科に類縁性が高いと考えられている(Friis, 1990；図 11-14c)。

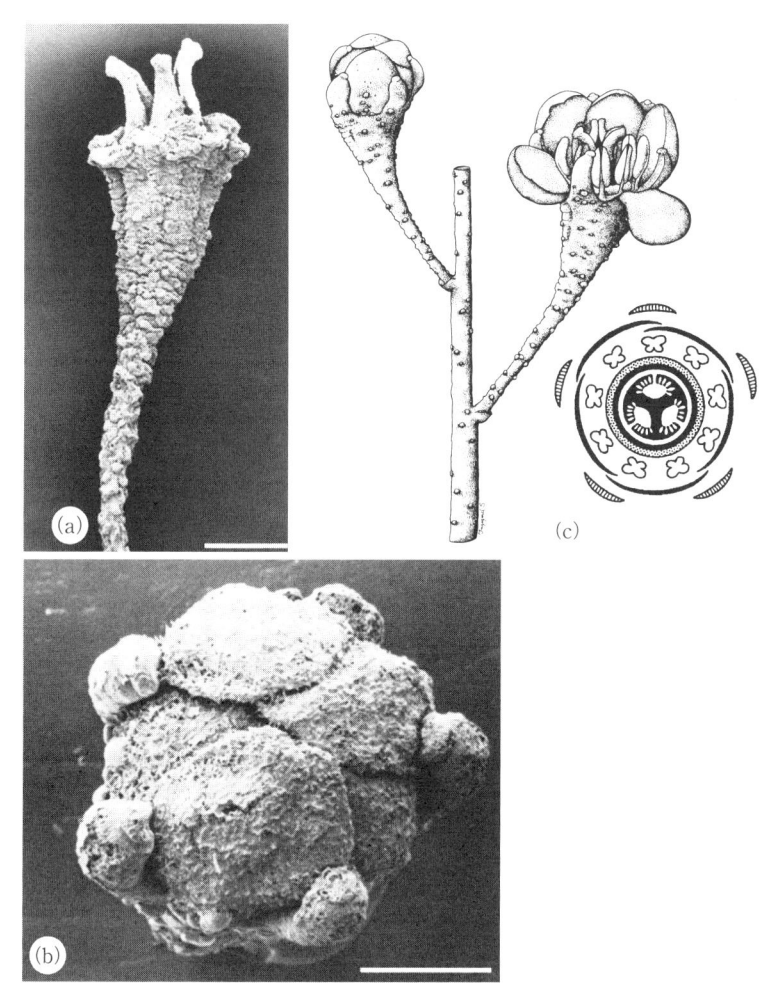

9. ユキノシタ目に近縁な花化石   221

図 10-14 エスカロニア科に近縁な花化石 *Silvianthemum suecicum* Friis (Friis, 1990；ⒸBiologiske Skrifter)。(a)花被片が落ちた状態の花化石。3本の花柱が見られる。スケール＝1 mm，(b)つぼみの段階の花化石。花冠が瓦上に重なっている。スケール＝440 μm，(c)再構築図と花式図

10. Normapolles 型花粉をもつ果実化石

Normapolles 型花粉群は，ヨーロッパと北アメリカ東部の後期白亜紀〜古第三紀の地層から出現してくる花粉である。Normapolles 型花粉群とは Pflug(1953)によって設定され，短い極軸，精巧で突出している複口をもつことが特徴である。最も古い Normapolles 型花粉はセノマニアン期から発見され，後期白亜紀に多様化し，多くの種からなる 100 属以上の花粉化石が記載されてきた(Batten, 1989)。Normapolles 型花粉群はヨーロッパの後期白亜紀の花粉化石の 80％にも達したことがあった(Pacltová, 1981)。新生代になると，この花粉群は減少していく。Normapolles と類縁性のある植物群について多くの議論が繰り返されてきた。Normapolles 型花粉の一部はアリノトウグサ科に類縁があるとみなされている(Praglowski, 1970；Friis & Pedersen, 1996a)。また，カバノキ科，モクマオウ科，クルミ科，ヤマモモ科，ロイプテリア科などの風媒植物であるマンサク綱やトウダイグサ目，フトモモ目，アカネ目，ムクロジ目との類縁性も考えられている。Kedves(1989)は，Normapolles 型花粉群のマンサク綱のなかでのスズカケノキ科〜マンサク科の系統群とブナ科の多系統起源説を提案している。このように Normapolles の類縁性のある植物群について多くの議論が繰り返されていたが，Friis らによって，スウェーデンの Scania 地方やアメリカのジョージア州のサントニアン期〜カンパニアン期の地層から，いくつかの Normapolles 型をもつ果実化石が発見され，その植物本体が明らかにされた(Friis, 1983)。

その 1 つは，*Manningia crassa* という果実化石である。長さ 0.9〜1.91 mm，幅 0.55〜1.36 mm の小さい果実化石で，放射相称花で，完全花，子房下位である。基部は花筒をなし，花被片は 5 枚，5 本の雄蕊があり，子房は単室で，1 花柱の先端に 3 裂の柱頭がある。果実は堅果で，直生胚珠である。付着していた花粉は，大きさが 20 μm，過扁平形の三角形で，発芽口がわずかに凸状にでている Normapolles 型であった(図 10-15a〜c)。

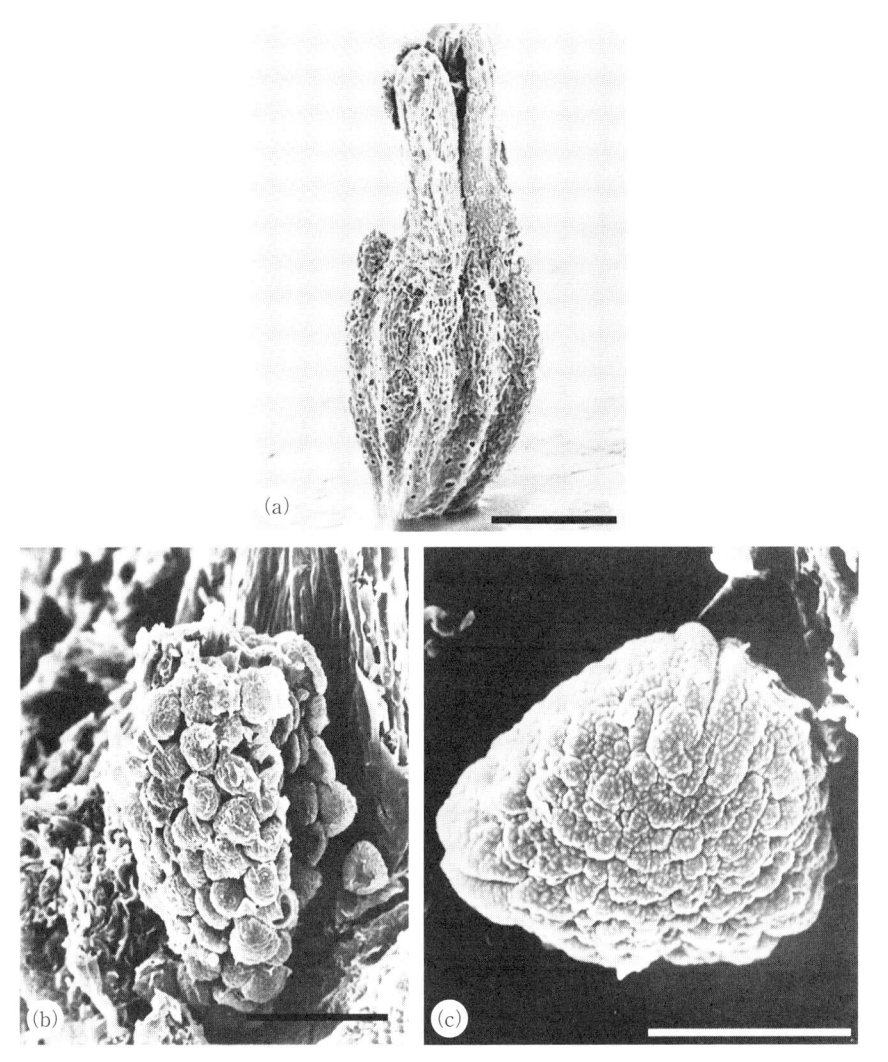

図 10-15　Normapolles 型花粉をもつ果実化石 *Manningia crassa* Friis (Friis, 1983 ; Friis & Pedersen, 1996a ; ⓒAASP Foundation)。(a)若い花の化石。スケール＝400 μm，(b)花粉化石が集合している状態。スケール＝40 μm，(c)花粉化石。スケール＝10 μm

スウェーデンから発見された2つめは，*Antiquocarya* であり，長さ1.05〜1.72 mm，幅0.65〜1.1 mmの小さい花で，両性花，花被片，子房下位である。花被片は6枚，雄蕊は6本，雌蕊は単室で，花柱は短く3本あり，1個の堅果を含む。縦に6本の陵がある(図10-16a, b)。

3つめは，*Caryanthus* の小さい花である。両性花で，2枚の小苞で子房の下部を支えている。子房下位花で，花被片は4枚，十字配列で中央の花被片は狭く外向き，側の花被片は内側にあり広く，雄蕊は6〜8本，雌蕊は2枚の心皮からできている。果実は，単室で少し圧縮されているような堅果である。3本の縦の肋があり，果実の先端は伸びて，短い翼がある。種子は1個，直生胚珠である。胚珠の表面には毛がある(図10-17a〜c)。

アメリカのジョージア州のサントニアン期の地層から *Bedellia* と名づけられたNormapolles型花粉をもつカバノキ科に類縁性のある花化石も発見されている(Sims *et al.*, 1999；図10-18a, b)。この花化石は，雌雄異花で5数性の放射状花で，5枚の花被片が2輪で，10本の雄蕊がついていたと考えられている(Sims *et al.*, 1999)。

これらの植物化石は，子房下位，1輪の花被片，1室の子房，直生胚珠で，花粉はNormapolles型ということで共通している。現生のマンサク綱のフ

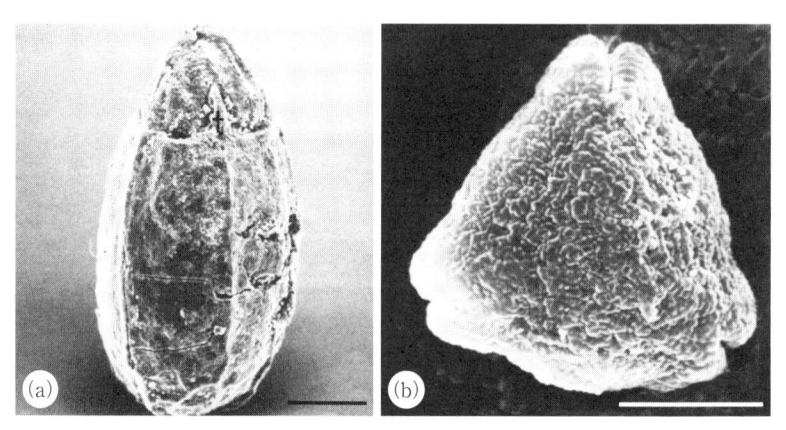

図 10-16 *Antiquocarya* (Friis, 1983；ⒸElsevier)。(a) *A. verruculosa* Friis の果実化石。スケール＝200 μm，(b) *A. nuda* Friis の花粉化石。スケール＝10 μm

10. Normapolles 型花粉をもつ果実化石　225

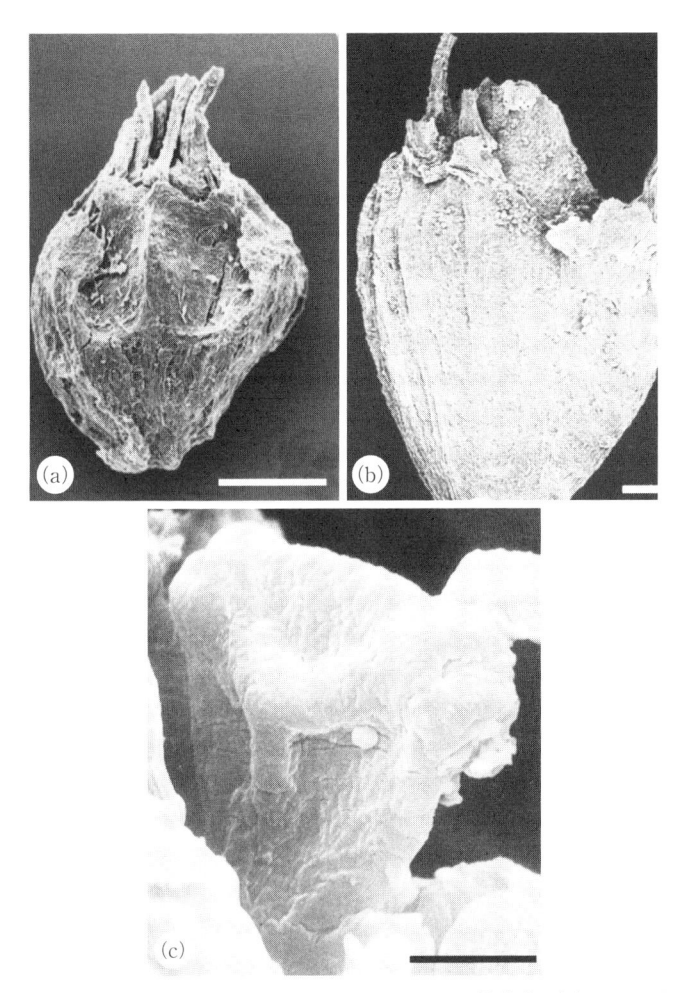

図 10-17　*Caryanthus*。(a) *Caryanthus knoblochii* Friis の果実化石 (Friis & Pedersen, 1996a；ⒸAASP Foundation)。スケール＝300 μm，(b) *Caryanthus* sp. の果実化石 (Sims *et al*., 1999；ⒸUniv. Chicago Press)。スケール＝100 μm，(c) *Caryanthus knoblochii* Friis の花粉化石 (Friis & Pedersen, 1996a；ⒸAASP Foundation)。スケール＝5 μm

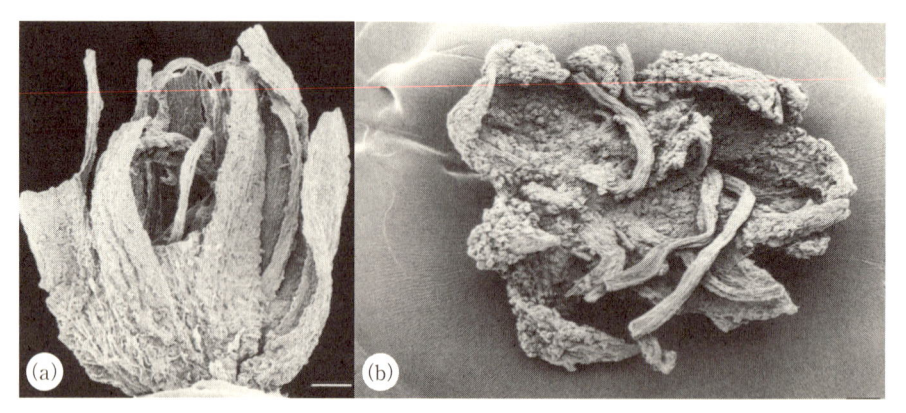

図 10-18　Normapolles 型花粉をもつ花化石 *Bedellia pusilla* Sim *et al.* (Sim *et al.*, 1999；©Elsevier)。(a・b)スケール＝100 μm

トモモ科とクルミ科の花は，単性花である以外の形質は共通しており，両科に近縁であると考えられている(Friis, 1983)。

11. ブナ目の花化石

11.1　Normapolles 型花粉をもつブナ目の植物化石

　西ポルトガルの Mira 地域と Esgueria 地域，Aveiro 地域(カンパニアン期〜マストリヒチアン期)から Normapolles 型花粉をつけているブナ目の果実化石と雄蕊の化石が発見された。

　その1つが，*Endressianthus* と名づけられた雌雄異花の植物化石であり，二出集散花序がラセン状に配列し，複合集散花序を構成している。それぞれの二出集散花序の基部は4個の花から構成されており，苞に包まれている状態であった。雌性花は，子房下位で，子房の先端の近くに小さな針形の花被片がある(Friis *et al.*, 2003b；図 10-19a)。雌蕊は，2心皮が合生し，1室を形成していた。2心皮の重なった先端には隙間が認められた。果実は，0.95〜1.3 mm の長さで，非裂開型の堅果であり，1室に1種子を含んでいた(図 10-19b)。雄性花は，4本の雄蕊からなる4数性であり，小さい花被

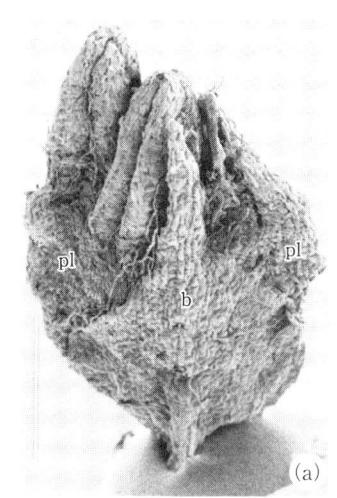

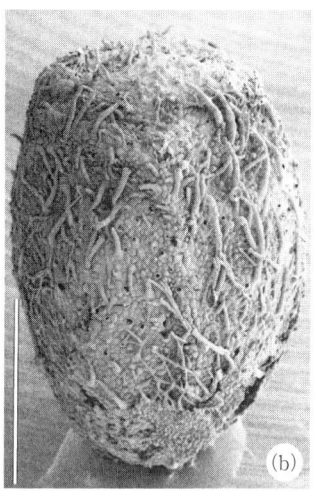

図 10-19　Normapolles 型花粉をもつ花化石 *Endressianthus miraensis* Friis, Pedersen et Schönenberger (Friis *et al*., 2003b；ⒸUniv. Chicago Press)。(a・b)スケール＝300 μm

片がある。雄蕊には短い花糸があり，4花粉嚢からできていた。花粉は，Normapolles 型の1タイプである 13〜16 μm の Interporopollenites 型花粉をつけており，発芽口の部分が突出している。この植物は風媒花と思われ，ブナ目にはいるグループと考えられている(Friis *et al*., 2003b；図 10-19a, b)。

　もう1つのブナ目の花化石はポルトガルのカンパニアン期〜マストリヒチアン期の地層から花化石が集散花序についている状態で発見され，*Normanthus* と名づけられた(Schönenberger *et al*., 2001b；図 10-20a, b)。3個の無柄の花と数枚の苞がある。花と苞の実際の配列は，はっきりしていない。それぞれの花は，苞の腋につく。さらに2枚の苞のそれぞれの背軸側には単細胞性の毛がある。特に，苞の周囲では毛が多い。苞には，花弁の背軸にまで達する中麓がある。苞は薄く薄膜状であり，表皮細胞は，波状している。側生している花序から，異なる発育段階の花や芽がついている。この花化石は Normapolles 型の花粉をつけていたことで注目され，ブナ目に近縁であると考えられている(Schönenberger *et al*., 2001b)。この花は，放射相称の

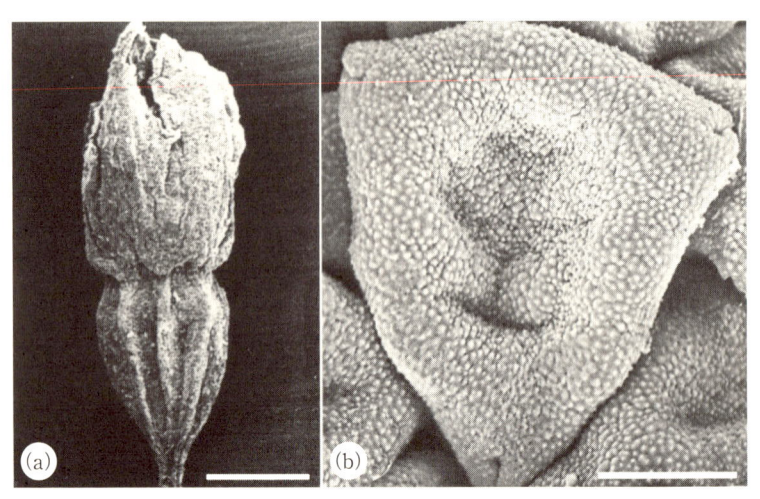

図 10-20　ブナ目の花化石 *Normanthus miraensis* Schönenberger, Pedersen et Friis (Schönenberger *et al.*, 2001b；ⒸSpringer)。(a)花化石。開花前の状態。スケール＝500 μm，(b)花粉化石。三孔型花粉。表面には微小突起が散在している。スケール＝5 μm

両性花で長さ 2.3 mm，幅 0.8 mm の子房下位花で 5 枚の花被片と 5 本の雄蕊からなっている。雌蕊は 2 枚の心皮からなり，2 本の柱頭が細長く伸びている。この花化石にも Normapolles 型の花粉がついていた(Schönenberger *et al.*, 2001b；図 10-20a, b)。

11.2　ジョージア州から発見されたブナ科の花化石

アメリカのジョージア州のサントニアン期の地層から発見された雄性花，両性花，果実と殻斗の化石に基づいて，*Antiquacupula* という新属が設定された(Sims *et al.*, 1998；図 10-21a, b)。この属の雄性花には花柄があって，直径 2〜3 mm ある。雄性花には 6 枚の花被片と 12 本の雄蕊，雌蕊の痕跡器官がある。両性花の雌蕊は，3 本の花柱のある合生心皮でできている。子房は 3 室で，それぞれの室に 2 個の倒生胚珠をつけている。果実の横断面は三角形である。殻斗には少なくとも 6 個の果実が含まれていた。現生のブナ科(広義)に最も近縁であると考えられている(Sims *et al.*, 1998)。

11. ブナ目の花化石   229

図 10-21 ブナ目の花化石 *Antiquacupula sulcata* Sims, Herendeen et Crane (Sims *et al.*, 1998；ⒸUniv. Chicago Press)。(a)雄花化石。6枚の花被片からなる。スケール＝1 mm，(b)果実化石。花柱の基部と蜜腺の一部が残っている。スケール＝1 mm

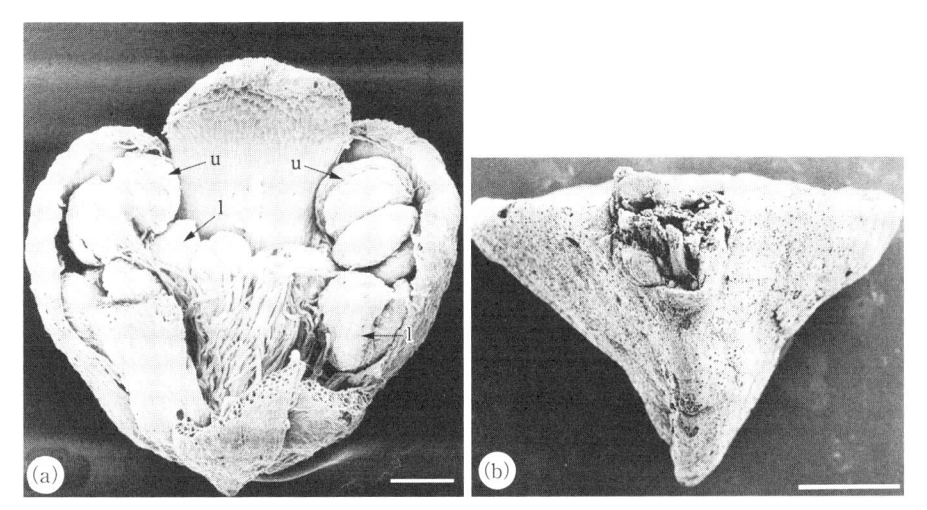

図 10-22 ブナ科の花化石 *Protofagacea allonensis* Herendeen, Crane et Drinnan (Herendeen *et al.*, 1995；ⒸUniv. Chicago Press)。(a)雄花化石。花被片を取り除いた状態。u：外側の葯，l：内側の葯。スケール＝500 μm，(b)果実。2本の柱頭が見られる。スケール＝500 μm

同じ地層から，別の種類のブナ科の花化石が発見されている(Herendeen et al., 1995；図 10-22a, b；注・論文ではカンパニアン期となっているが，後にサントニアン期に訂正されている)。この化石では，花の直径が 0.6〜1.1 mm であり，7 個(まれに 3 または 5 個)の花が二出集散花序についている状態で発見され，*Protofagacea* と名づけられた(Herendeen et al., 1995；図 10-22a, b)。花柄が欠けており，花には，小さい 6 枚の花被片が瓦状に配列している。花糸には毛がある。6 本の雄蕊が 2 輪，全部で 12 本の雄蕊がある。痕跡的な雌蕊があり，毛に被われた 3 本の花柱が認められる。花粉は非常に小さく，三溝孔粒型で，網目模様〜小孔紋模様がある。同じ地層から出現する果実の横断面は，三角形またはレンズ型，しかも，先端に 6 枚の短い花被片がついている。雄性花に付着している花粉と同じタイプの花粉が果実の先端についていた。殻斗は，有柄で，4 つの裂片からできている。そのなかには，3 個ないし，それ以上の数の果実を含んでいる。殻斗の裂片は，雄性花と同様の苞をもっている。各々の殻斗は，楕円形の果実を中央に位置しており，両側に三角形の果実を含んでいる。現生植物の広義のブナ科に類縁があると考えられている(Herendeen et al., 1995)。*Antiquacupula* の花が有柄であることや子房表面の腺体をもっていることなどで，*Protofagacea* の花と区別される。後期白亜紀に発見されたブナ科の初期進化段階の花化石であり，ブナ科の系統進化を探るうえで重要な発見である (Herendeen et al., 1995；Sims et al., 1998)。

12. カタバミ目クノニア科の花化石

Scania 地層からは，長さ 3〜4 mm，幅 3〜3.6 mm の花化石が発見されている(Schönenberger et al., 2001a；図 10-23a, b)。この，*Platydiscus* と名づけられた花化石は，両性花で，放射相称花である。4 数性の萼片と細い花弁があり，8 本の雄蕊が 2 輪に配列しており，雌蕊は 4 心皮からなっている。子房半上位の合生心皮からなり，中軸胎座で 200 個以上の胚珠をつけている。花化石の構造や雌蕊の基本的構造からクノニア科であると考えられて

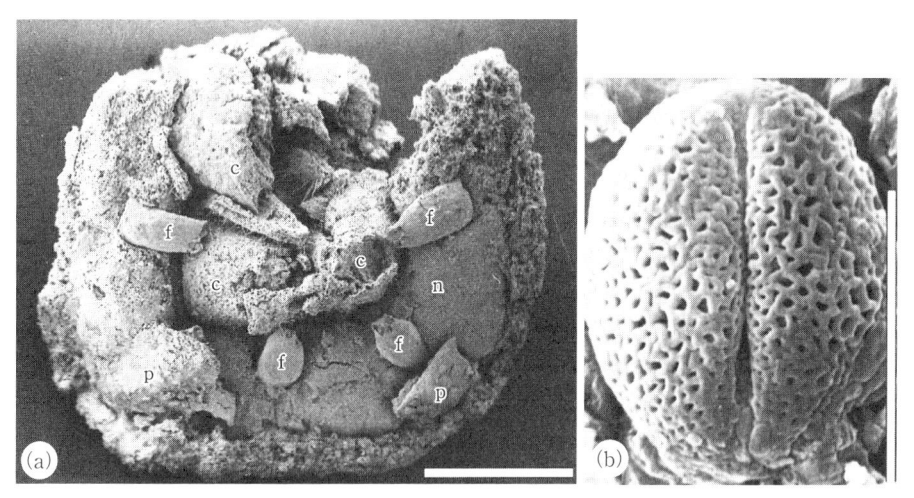

図 10-23 クノニア科の花化石 *Platydiscus peltatus* Schönenberger et Friis (Schönenberger *et al.*, 2001a；©Oxford Univ. Press)。(a)開花直前の状態。4数性の花。1心皮が欠けている。c：心皮，f：花糸，n：蜜腺，p：花弁。スケール＝1 mm，(b)三溝粒型花粉。反対側に2個の発芽溝がある。細かい網目模様。スケール＝10 μm

いる(Schönenberger *et al.*, 2001a)。現生のクノニア科は，主に南アメリカや東南アジアに分布している。

13. シクンシ科の花化石 *Esgueiria*

ポルトガル西部のカンパニアン期〜マストリヒチアン期の地層から細長い花化石が発見され，*Esgueiria* という属名が与えられた(Friis *et al.*, 1992；図 10-24a〜e)。

Esgueiria の花は密に集合し，長さが 1.5〜2.25 mm で，有柄，子房下位で，完全花。花被は5数性で，雌蕊は3数性。萼片は5枚，離生で，瓦状。花冠には，離生の花弁があり，つぼみではラセン状。雄蕊群は2輪。葯には，4花粉嚢がある。花粉は三溝粒型，または三溝孔粒型，子房は，単室で，数個の胚珠が先端より垂下していた。花柱は3で，離生している。果実は単室，1種子。単毛と多細胞性の楯状の腺毛がある。

232　第10章　後期白亜紀に多様化した被子植物

図 10-24　シクンシ科の花化石 *Esgueiria adenocarpa* (Friis *et al.*, 1992；©Univ. Chicago Press)。(a)溝にそって腺毛が配列している。スケール＝500 μm，(b)雌蕊の花柱の部分が残っている。スケール＝500 μm，(c)腺体が明瞭に示されている。スケール＝200 μm，(d)三溝粒型花粉。小孔紋。スケール＝5 μm，(e・f) *Esgueiria adenocarpa* の再構築図

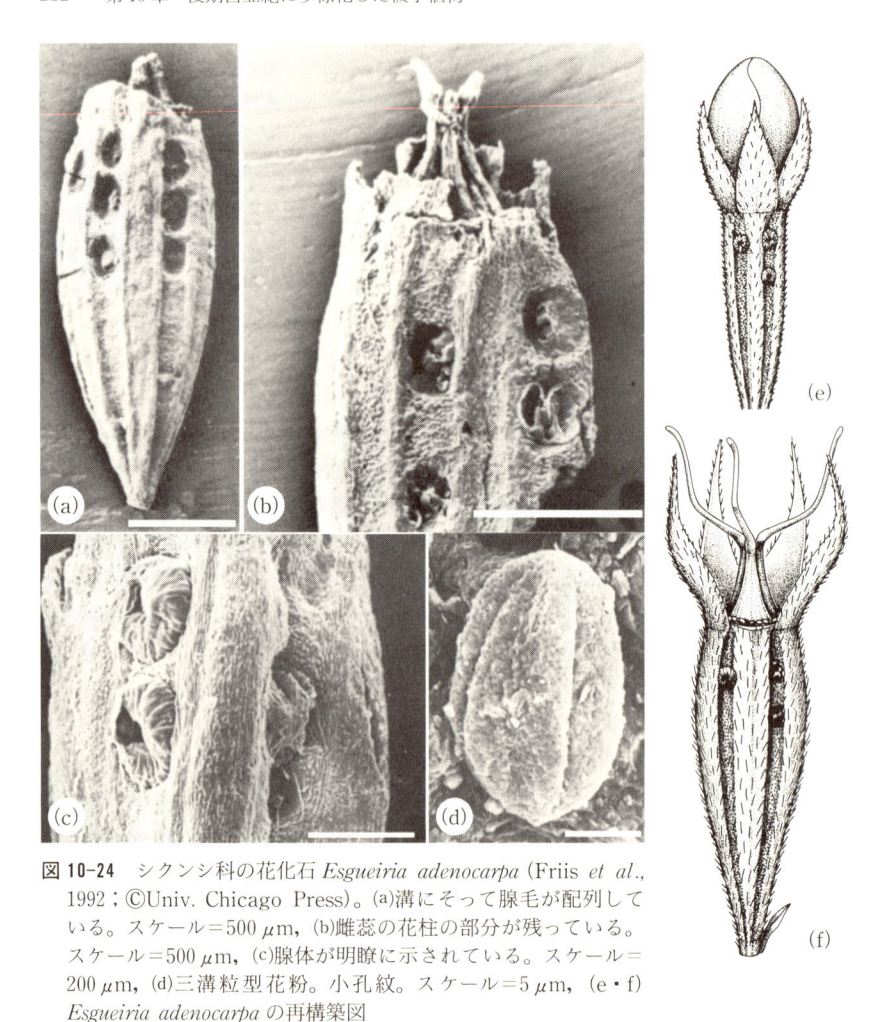

　西ポルトガルからは2種類の *Esgueiria* の花化石が発見されている。その1つは，*E. adenocarpa* で，子房，果実は，細長く伸びている。腺毛は，花床筒の上部だけに3縦列になっている。単毛は，子房，萼，花糸，柱頭の表面にある。もう1つは，*E. miraensis* で，前者とは腺毛の大きさが不均一で，花床筒全体に広がっているという違いがある。

子房下位の植物群は，バラ綱とキク綱であるが，キク綱は，合弁花であることで異なる。バラ綱のなかで，子房下位で離弁花であるのは，ユキノシタ目，フトモモ目，ミズキ目，ウコギ目である。現生のこれらの分類群のなかで，*Esgueiria* に最も近い形態をとるのは，フトモモ目とユキノシタ目の一部である。*Esgueiria* とフトモモ目の主な違いは，*Esgueiria* に見られる 3 本の離生した柱頭である。離生している柱頭は，ユキノシタ目に普通に見られる。しかし，現生のユキノシタ目植物とは，*Esgueiria* の胚珠の数が少ないことで異なっている。特徴的な腺毛があるのは，フトモモ目のシクンシ科に類似している。フトモモ目のなかで，花が小さく，子房下位で，回旋状の花冠をもち，2 輪性の雄蕊群，わずかな胚珠，頂端胎座，単室，1 種子性などの特徴は，現生のシクンシ科の特徴でもある。

現生のシクンシ科は，汎熱帯地方の木本・潅木植物で，特にアフリカに多い。19 属 550～600 種あり，そのなかでも *Esgueiria* は *Guiera* に最も近い。*Esgueiria* の花柱が 3 本に分かれているのに対して，現生のシクンシ科の花柱は，1 本に合着しているという違いがある。

なお，ポルトガルの地層よりも約 500 万年も古い福島県の双葉層群(コニアシアン期)の地層からも *Esgueiria* が出現している。後期白亜紀の 9000 万年～7000 万年前には，ユーラシアの東西でシクンシ科の同じ属が分布していたことになる。

14. ツツジ目の植物化石

14.1 *Actinocalyx*

スウェーデン Scania 地層から *Actinocalyx* と名づけられたイワウメ科に近縁な花化石が発見されている(Friis, 1985c；図 10-25a)。2 枚の永続性のある小苞があり，花は，長さ 1.2 mm，幅 0.9 mm と小さく，完全花，花柱は 3 本に分かれている。異花被花で，萼片は永続性，5 枚の合弁花で花冠をつくり，5 本の雄蕊をもち，子房は 3 室で，蒴果となる。種子は，扁平した楕円形，表面は網目模様である(図 10-25b)。*Actinocalyx* は，形態的にイワ

図 10-25 ツツジ目の花化石 *Actinocalyx bohrii* Friis (Friis, 1985c；ⒸBiologiske Skrifter)。(a)花化石。s：萼片，p：花弁。スケール=200 μm，(b)種子化石，スケール=100 μm

ウメ科に類似しているが，葯の形態，3本に分かれた花柱など，現生のイワウメ科植物より原始的な形質をもっており，ツツジ目の他の科に類似した形質もある(図 10-25)。後期白亜紀に合弁花冠をもつ被子植物があったことの証拠である(Friis, 1985c)。

14.2 Scania から発見されたもう1つのツツジ目の花化石

Scania の地層から発見されたもう1つの花化石がある(Schönenberger & Friis, 2001；図 10-26a〜c)。この花化石は，苞の腋につく5数性の両性花の花化石で，長さが 3.5 mm である。萼片はラセン状に離生し，15本の雄蕊がある。雄蕊の葯は底着で，葯はX状になっている。花粉は三溝粒型で，大きさが 10〜14 μm で小孔紋がある。雌蕊は3心皮性からなり，3本の花柱が突き出している。この小型化石はツツジ目に近縁な花化石として，*Paradinandra* と命名された。ツツジ目のなかで，モッコク科，ツバキ科，マタタビ科などとの類縁が考えられるが，形質がモザイク状に組み合わされており，1つの科に限定することができていない(Schönenberger & Friis,

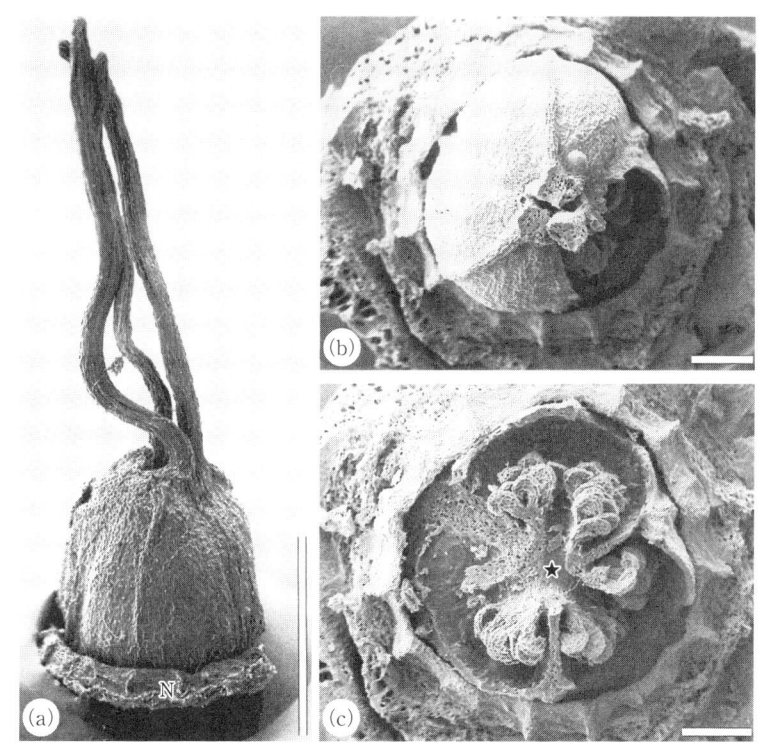

図 10-26　ツツジ目の花化石 *Paradinandra suecica* Schönenberger et Friis (Schönenberger & Friis, 2001；ⓒAJB)。(a) 3 本の花柱のある雌蕊。スケール＝500 μm，(b)花柱を取り除いた後の子房を上から見た状態。スケール＝100 μm，(c)側膜胎座。スケール＝100 μm

2001)。

　この地質年代には，ツツジ目などの合弁花類も分化していたことが示唆されている。

14.3　マタタビ科の花の化石

　ジョージア州の後期サントニアン期の地層から，*Parasaurauia* というマタタビ科の花の化石が発見された(Keller *et al.*, 1996；図 10-27a, b；注・論文ではカンパニアン期となっているが，後にサントニアン期に訂正されてい

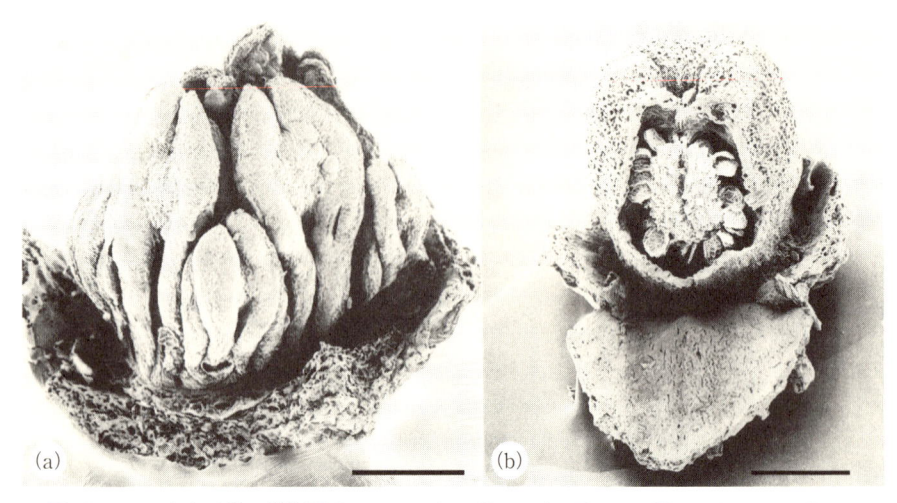

236 第10章 後期白亜紀に多様化した被子植物

(a) (b)

図 10-27 マタタビ科の花化石 *Parasaurauia allonensis* Keller, Herendeen et Crane (Keller *et al.*, 1996；ⒸAJB)。(a)深く矢じり状になった葯がついている。スケール＝200 μm、(b)中軸胎座に網目模様のある胚珠をつけている果実化石。スケール＝300 μm

る)。*Parasaurauia* は、長さ、0.7〜1.2 mm で、幅 0.6〜0.8 mm の放射相称の子房上位花で、5枚の瓦状に重なった萼片があり、多細胞の毛がある。花冠は5枚の花弁からなる。10本の雄蕊があり、雄蕊は矢じり型で、大形の雄蕊と小形の雄蕊が交互に配列している。葯は矢じり形で底着し、3心皮、合生心皮、子房上位、花柱は3分岐している。*Parasaurauia* は、マタタビ科に近縁な化石植物であると考えられている(Keller *et al.*, 1996)。

14.4 ツツジ目と関連のある花化石

　この花化石は、子房の部分に星状毛があることが特徴的である。5数性の両性花であり、長さが3 mm で、幅2 mm の大きさである(Herendeen *et al.*, 1999；図 10-28)。5枚の萼片は、離生しており、花冠の基部が残っている。雄蕊は5本あり、葯と花糸が明瞭に分化している。雌蕊は5枚の心皮が合着し、1本の花柱と柱頭となっている。子房室の数は不明である。

14. ツツジ目の植物化石　237

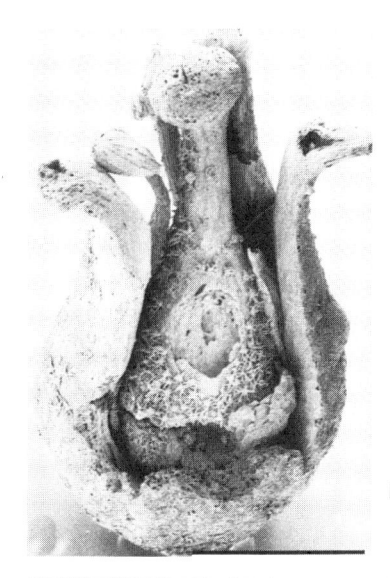

図 10-28 ツツジ目と関連が考えられる花化石 (Herendeen *et al.*, 1999；ⒸAnn. Missouri Bot. Gard.)。スケール＝1 mm

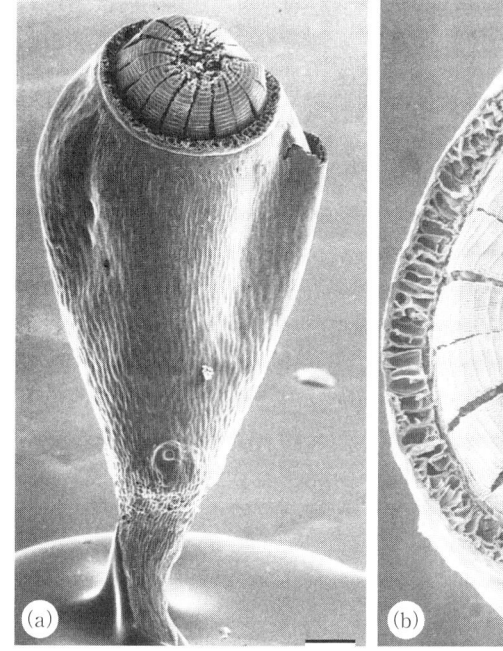

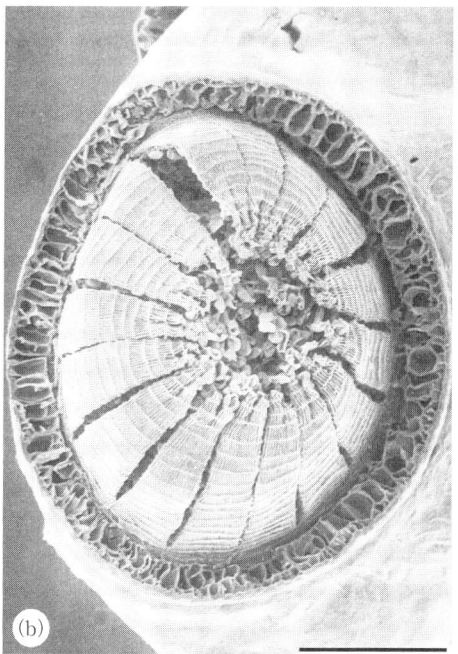

図 10-29 蘚苔類の化石，シッポゴケ科 *Campylopodium allonense* Konopka, Herendeen et Crane (Konopka *et al.*, 1998；ⒸAJB)。(a)全体像。スケール＝100 μm，(b)蒴歯。スケール＝100 μm

15. コケ植物化石

　白亜紀の地層から蘚苔類の化石が発見されることは珍しいことである。Allon 地層からは，2 種類の蘚類の化石が発見されている(Herendeen *et al.*, 1999)。図 10-29 で示してあるのは，その 1 つの *Campylopodium allonense* と命名されたシッポゴケ科の化石である(Konopka *et al.*, 1998；図 10-29a, b)。蒴の先端には細長く尖った蓋と帽があり，口環が発達している。全部で 16 枚の蒴歯があり，個々の蒴歯には横縞があり，先端が分かれているのが特徴である。*Campylopodium* は現在も生育しており，後期白亜紀にはすでに，現生種につながるシッポゴケ科において属レベルでの分化が始まっていたことを示唆する貴重な証拠である(Knopka *et al.*, 1998；Herendeen *et al.*, 1999)。

　Allon 地域やジョージア州の Buffalo Creek からは，この他にもヤマモガシ科に共通する特徴をもつ果実化石や蘚類，シダ類や球果植物の葉の一部も発見されている(Konopka *et al.*, 1997；Herendeen *et al.*, 1999；Leng *et al.*, 2005)。

16. 所属不明の植物化石

16.1　3 数性の花化石

　ジョージア州 Allon 地域から発見されたこの化石は，長さが 2〜3 mm，幅 1〜1.5 mm あり，長い軟毛に被われている花である(Herendeen *et al.*, 1999；図 10-30)。花弁と雄蕊は壊れており残っていない。萼片は，細長く，先端は尖っている。6 本の細長い花糸が残っていることが確認されている。この花化石の現生種との類縁関係はわかっていないが，ブナ科との関連もあり得る。詳しい研究は，これからの成果を待たなければならない。

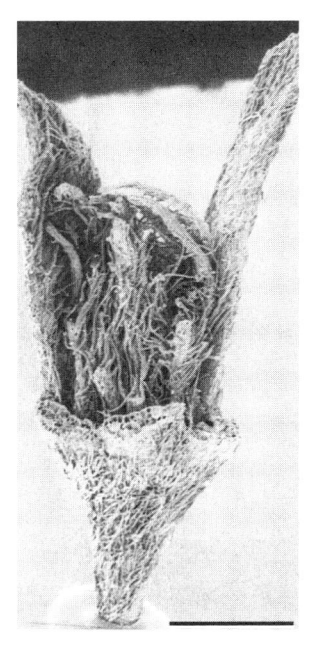

図 10-30　3数性の花化石 (Herendeen et al., 1999；ⓒAnn. Missouri Bot. Gard.)。スケール=500 μm

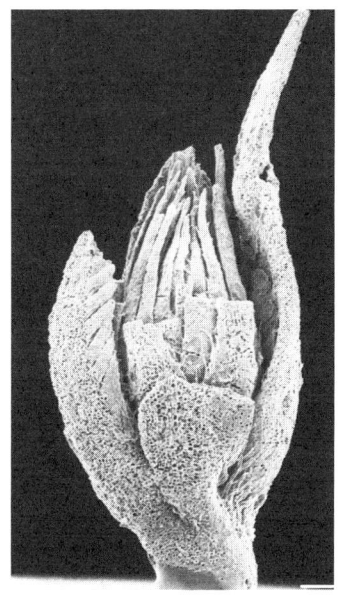

図 10-31　複葉状の苞をつけた軸 (Herendeen et al., 1999；ⓒ Ann. Missouri Bot. Gard.)。スケール=100 μm

16.2　複葉状の苞をつけた軸

やはり Allon 地層から発見された。この軸状の化石は長さが 1.7 mm，幅 0.7 mm で，2 つの異なるタイプの苞をもっている。基部にあるのは羽状に分かれており，もう 1 枚は単葉である。全体的に毛に被われており，シダ類のようでもあるし，なんとも不思議な構造をもっており，この正体はわかっていない(Herendeen et al., 1999；図 10-31)。

17.　サントニアン期〜マストリヒチアン期の被子植物の特徴

サントニアン期〜カンパニアン期にかけて出現してくる小型化石は，センリョウ科，クスノキ科，ユキノシタ目，マンサク目，クレア科，フトモモ科

やクルミ科に類縁性がある Normapolles 型花粉をもつ花化石，ツツジ目，シクンシ科，スズカケノキ科，マタタビ科，ブナ科，カバノキ科というように，実に多様な被子植物の小型化石群が発見されている．前期白亜紀の被子植物に比べて，複雑な構造をもつ花も多くなっており，花や果実などは3〜4倍の大きさになっている．この頃は，Normapolles 型花粉で特徴づけられる北米からヨーロッパ西部の地域と Aquillapollenites 型花粉型が出現してくるアジア〜ヨーロッパの西部にいたる地域に分けることができ，白亜紀の植物区系的な分化が認められるようになった年代である．Aquillapollenites 型花粉は現生植物には見られないタイプであり，Aquillapollenites 型花粉をつけていた植物の正体はまだ明らかにされていない．白亜紀に絶滅した被子植物と考えられているが，今後の小型化石の研究成果が期待されている．

　また，白亜紀の最終期にあたるマストリヒチアン期からの植物化石は，わずかの種子化石が発見されているだけで，多様な小型化石が含まれている地層が見つかっていない．マストリヒチアン期の古植生を解明するために，今後の研究が必要である．

第11章　新生代の被子植物
（第三紀〜第四紀：6550万年前〜現在）

　新生代になってからの6550万年間は，現生の植物相の分布と進化を理解するうえで重要な時期である．大陸プレートの動きによる造山運動によって，5500万年〜4000万年前にヒマラヤ山脈とロッキー山脈が形成され，さらに3500万年〜2500万年前にはカルパシア山脈，コーカサス山脈，アルプス山脈などが形成され，始新世以降，それまでに非常に温暖であった地球の気候は冷涼化へと進むことになる(図11-1)．環境の大きな変化にともない，地球の古植生も著しく変遷していった．

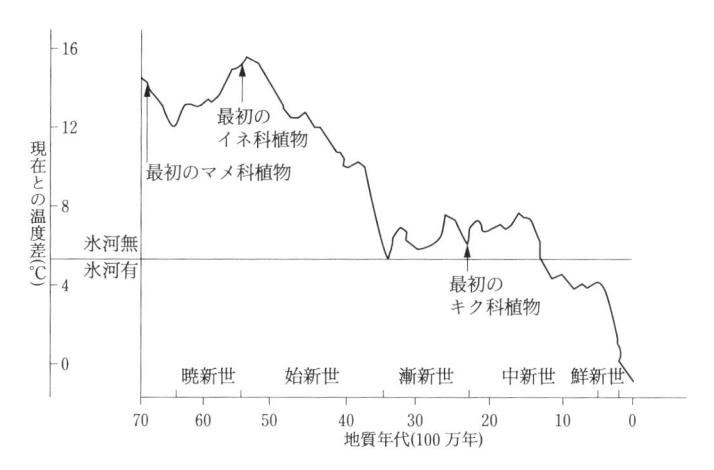

図11-1　新生代の地球の平均気温の変化 (Graham, 1999；Willis & McElwain, 2002；© Oxford Univ. Press；©Willis & McElwain)．現在の平均気温との温度差として表示

1. 暁新世〜中期始新世(6550万年〜4500万年前)の古植生

　暁新世〜中期始新世にかけては，現在よりも温暖な気候が続いていた。ヤシ類の化石はアラスカ，グリーンランドやパタゴニアからも発見されており，マングローブはオーストラリアの南緯65°の地域からも発見されている。この頃の海水温は，現在よりも9〜12℃も高く，南極の海水温が15〜17℃もあったといわれている(Willis & McElwain, 2002)。始新世ではワニが北極付近の低湿地で泳いでいたし，中央ユーラシア大陸は，全体的に温暖で湿度に富んでいた。

　この年代には，熱帯〜亜熱帯の植物が北緯65°付近まで広がっていたと考えられている。これらの植物の常緑の葉の大きさは12 cmにもおよび，多湿で高温な気候であったことが推定される。現在の熱帯地域に分布しているシナノキ科，ホルトノキ科，ニガキ科，ムクロジ科，ウコギ科，ヤマモガシ科，フタバガキ科，ボロボロノキ科などの最初の植物化石がこの年代の熱帯地域から発見されている(Lakhanpal, 1970；Morley, 2000)。ヤシ類も非常に多様性に富み，優占していた。それに対して，ナンヨウスギ科やマキ科を含む針葉樹類は存在していたが，多くはなかった(Willis & McElwain, 2002；図11-2)。

　6000万年〜5000万年前には，熱帯地域の両側に帯状になって，亜熱帯地域が北半球のヨーロッパ，北アメリカ，ロシアと南半球のアルゼンチン，オーストラリアの東側などが広がっていた。これらの地域は，北緯，南緯ともに65°くらいまで広がっており，熱帯林と温帯林の要素が混交しており，海岸にそってマングローブが発達していた(図11-2)。しかも，被子植物のなかで，ウルシ科，バンレイシ科，カンラン科，ミズキ科，クスノキ科，ムクロジ科，アワブキ科など，現在では熱帯〜亜熱帯にかけて分布している植物が，これらの地域に分布していた。ブドウ科，ツヅラフジ科，クロタキカズラ科などのツル性植物やヤシ類も普通に見られた(Willis & McElwain, 2002；図11-2)。

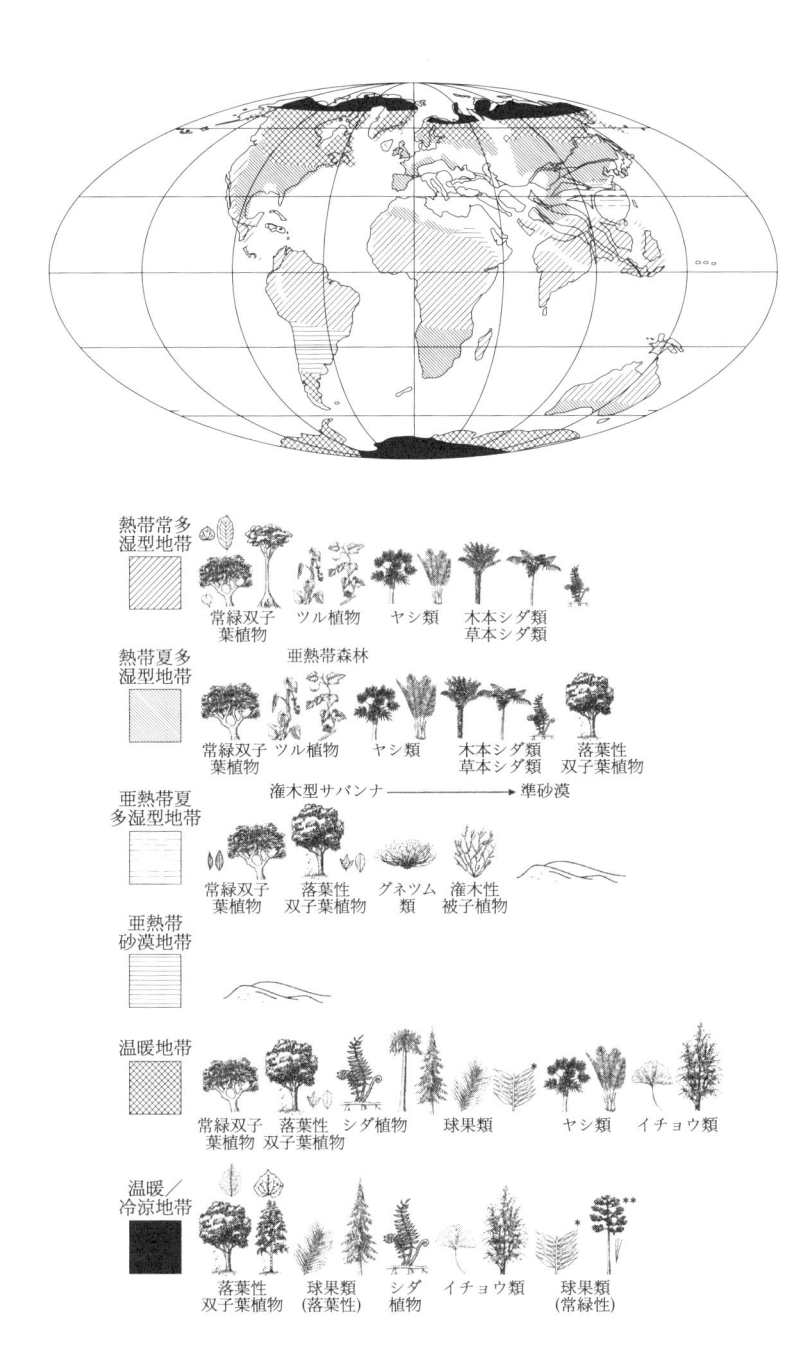

図 11-2　始新世(6000〜5000万年前)の古植物区系 (Willis & McElwain, 2002；©Willis & McElwain)

これらの熱帯の両側に広がっている亜熱帯地域のなかには，チベット，南オーストラリアなどのように，乾燥している地域があったと推定されている．これらの地域からは，乾燥した地域に特有な常緑性の真正双子葉群の葉化石が発見されている．アジアなどにはクスノキ科植物や乾燥地域に適応しているモクマオウ科や，クノニア科，ヤマモモ科，ホルトノキ科などが分布し，季節変化のある亜熱帯林であったと考えられている(Willis & McElwain, 2002)．

　北アメリカでは，スギ科，イチョウ科，スズカケノキ科，カツラ科，ヤマグルマ科，カバノキ科，クルミ科の植物などの落葉性の樹種が優占していた．その他に，この年代の北アメリカに普通に見られるのは，ヒノキ科，クスノキ科，ショウガ科とともにサトイモ科などの湿地に生える植物であった(Brown, 1962；Crane *et al*., 1990；McIver & Basinger, 1993；Stockey *et al*., 1997)．これらの植物は，暁新世の北半球に広く分布していたものである．*Nordenskioldia*，*Nyssidium*，*Palaeocarpinus* のように，すでに後期白亜紀のマストリヒチアン期に北アメリカ，ヨーロッパ，グリーンランド，アジアに分布していた植物が，そのまま生育していたことになる．*Metasequoia*，*Glyptostrobus*，*Platanus* などもこの分布型にはいる．暁新世には北アメリカの固有植物であった *Cranea*，*Cyclocarya*，*Polyptera* などが出現していた．*Cranea* と *Polyptera* は他の大陸に分布を広げないで絶滅した．ところが，*Cyclocarya* はしだいにヨーロッパやアジアに分布を広げて，現在は中国に残っている．暁新世に北アメリカ，ヨーロッパ，アジアを結ぶ架橋が存在していたようである(Manchester, 1999)．

　現在の北アフリカや中央アジア，南アメリカの一部では，この年代からは石炭が産出せず，蒸発岩を多く産出する．このことからこれらの地域は前期始新世では熱帯多雨林と砂漠地帯の移行帯であり，乾燥していた場所であったと推定される．中国の中央域から北西に広がる地域では，乾生植物のハマビシ科 *Nitraria* 属や裸子植物のマオウ属などの潅木が植物化石の80％を占めており，半砂漠〜砂漠地帯であったと考えられる．ただし，これらの潅木に，ハンノキ属，カバノキ属，クルミ属，フウノキ属などが混交しており，

完全な砂漠地帯が広がっていなかったことも示唆されている(Willis & McElwain, 2002；図 11-2)。

現在のカナダやグリーンランド，北東アジア，アルゼンチンと南極大陸沿岸部には，ブナ科，クスノキ科，ツバキ科，モクレン科などが分布していた(Olson, 1985)。この地域には，ツル性植物がなかったことが特徴である。

北緯 70°以上の高緯度の北極地域には，ハンノキ属，カバノキ属，コナラ属，クルミ属，ポプラ属，カエデ属などを含む落葉広葉樹とともに，落葉性の針葉樹である *Metasequoia*, *Pseudolarix*, カラマツ属，ヌマスギ属やイチョウ属がともに生育していた。南極大陸では，北極地域と異なり，針葉樹と落葉樹は少なく，常緑樹が多かった。ナンヨウスギ，マキなどに加えて，常緑のナンキョクブナなどが分布しており，わずかではあるが，ヤドリギ科，ヤマモモ科，モクマオウ科，ユリ科，クノニア科なども含まれていた(Willis & McElwain, 2002)。

花粉分析などから，暁新世〜始新世(6500万年〜5500万年前)にかけてイネ科草本が出現していることが明らかにされている(Jacobs *et al.*, 1999)。始新世の北アメリカやイギリス南部からイネ科の大型化石も発見されており(Chandler, 1964b；Thomasson, 1987b；Crepet & Feldman, 1991)，イネ科植物は，その後の漸新世にかけて増加していったことが明らかにされている。

日本では，この時期のフロラを示す植物化石を含む地層が見つけられていない(Momohara, 1997)。

2. 中期始新世〜漸新世(4500万年〜2303万年前)の古植生

南半球では，南極大陸からオーストラリア，ニューギニア，アフリカ，インドが分離された。北半球では，グリーンランドとノルウェーが分離した。暁新世に北アメリカに分布していた真正双子葉群のすべての科が始新世に引き継がれ，さらに新しい属が増加し，多様性が増した。

中期始新世〜漸新世にかけて，地球の寒冷化が始まることになる。始新世末から始まった寒冷化によって，北アメリカでもヨーロッパでも熱帯性植物

が減少していった．それに対して，後期始新世にすでに北アメリカに生育していた温帯林要素が優占するようになった．漸新世の北米とヨーロッパの植物相には多くの共通属が見られる．このことから北大西洋の隔離効果が少なく，大西洋を挟んで植物の分布拡大が可能であったことを示している．この年代には，多くの乾生植物が出現してきた．いわゆるサバンナ地域が広がったこともこの年代の特徴である(Willis & McElwain, 2002)．

漸新世の熱帯地域では，暁新世や始新世と同様の植物相が広がっていたと推定される．つまりホルトノキ科，カンラン科，ムクロジ科，トウダイグサ科，ブナ科などで構成される熱帯林が広がっていた．熱帯ではマングローブも沿岸に広がっていたが，暁新世や始新世とは異なり，高緯度の温帯林まで広がることはなかった(Willis & McElwain, 2002)．

漸新世の10〜30°の低緯度地域である両半球の南北アメリカ，アフリカ，アジア，オーストラリアでは，熱帯多雨林や亜熱帯雨林である常緑広葉樹が占めていた．ブナ科，バンレイシ科，カキノキ科，アオギリ科などが顕著であった．中国の雲南地方では，常緑のブナ科やクスノキ科が優占していたことが明らかにされている(Willis & McElwain, 2002)．

北半球のモンゴル，カザフスタン，中国北西部，北アメリカ中央部や，南アメリカでは，木本性植物によるサバンナが広がっていた．花粉や葉化石から北アメリカのロッキー山脈では，エノキ属，マオウ属，ヒイラギナンテン属，$Astronium$ などといった乾燥に適応した植物化石が発見されている．中国北西部では，マオウ属，$Nitraria$ のような乾生植物やアカザ科などのような塩生植物も見られるようになる(Willis & McElwain, 2002)．

漸新世のユーラシア，北アメリカ，アフリカ北部には，常緑広葉樹と落葉広葉樹が帯状になった温帯林が分布していた．この時期に温帯林を構成していたのは，ペカン属，フウノキ属，カツラ属，スイショウ属，セコイヤ属や，ハンノキ属，カバノキ属，ハシバミ属，$Nyssa$，コナラ属，ニレ属などであった．一方では，始新世〜漸新世にかけて，相対的に熱帯性の植物が減少していった(Willis & McElwain, 2002)．

北アメリカやヨーロッパでは熱帯に適していた常緑広葉樹植物が減少して

いった。北アメリカとヨーロッパに共通した植物が増加し，大西洋の北側では植物の分布拡大が可能であったと推定される(Willis & McElwain, 2002)。

　北半球の高緯度地域のカナダやグリーンランド，ロシア，シベリアや，南半球の南極大陸沿岸，南アメリカの先端では，寒冷な地域が広がることになった。針葉樹と落葉樹が混交林を構成し，北半球ではメタセコイヤやハンノキ属が，南半球ではナンキョクブナ属やマキ属が優占していた(Truswell, 1990)。花粉分析の結果によれば，3800万年前に南極大陸に最初の氷河が現れ，その周囲にツンドラ地帯が広がっていったことが明らかにされている。3500万年前には高緯度地域からほとんどの常緑広葉樹は消失したが，ハンノキやメタセコイヤからなる前期始新世の森林は高緯度地域でも漸新世まで残っていた。始新世以降に地球環境の寒冷化とともに，マツ科植物が増える傾向が見られる(Willis & McElwain, 2002)。

　中期始新世の北海道では，常緑のカシ，ヤマモモ科，フトモモ科，クスノキ科などの常緑樹が生育しており(Tanai, 1990, 1992)，西日本でもヤシ科やマングローブ植物など亜熱帯性植物が分布していた。しかし，中期始新世末以降，気温の低下にともない，落葉広葉樹が広がるようになる。さらに，始新世末〜前期漸新世にかけて，著しく気温が低下し，東北日本ではハンノキ属，シイ属，ハシバミ属，コナラ属，ニレ属，ナシ属などが増加し，落葉広葉樹・針葉樹混交林へと変化していった(Momohara, 1997)。西日本では亜熱帯性の常緑広葉樹が繁茂していたが，漸新世末になると西日本からも常緑広葉樹が減少していく傾向があった(Momohara, 1997)。

3. 中新世〜鮮新世(2303万年〜180万年前)の古植生

　北半球全体に，針葉樹・落葉広葉樹混交林が広がった時期である。地球の気温が確実に下がり，両極には氷床(氷河)が発達し，海水準が下がった。1000万年前には，熱帯多雨林が赤道付近を取り囲み，極相林としては，ヤシ，ツル植物，木本性の被子植物とナンヨウスギなどの裸子植物が多様であった。しかし，熱帯林の占める割合は少なくなってきた。現生の熱帯多雨

林を構成しているすべての科はすでに中新世には出現していた。インドの中新世の地層からフタバガキ科植物の化石が発見されている(Willis & McElwain, 2002)。

　南アメリカ北部やアフリカ，南アジアには，豊富な常緑広葉樹類，ヤシ類，ツル植物からなる熱帯多雨林が広がっていた。その周囲の南・北緯20°あたりまで位置する雲南地方のような地域にはブナ科，クスノキ科，マツ属，トウヒ属などの亜熱帯林があった。これ以前の年代までにアジア地域に生育していたヒシ属がヨーロッパや北米に侵入するなど，アジア要素が欧米地域に分布を広げた時期でもある。中期中新世には，一時的に温暖な気候となり，常緑のカシ類やクスノキ科植物などの照葉樹林が北海道南部に生育していたことがあった。

　ヨーロッパや北アメリカでは，寒冷化とともに，イネ科植物を中心としたステップ地帯が広がるようになった。キク科の新しいグループも加わることになった。アラビア半島やアジア西部でもイネ科を中心としたサバンナが広がっていた。一方，地中海周辺や北アメリカ西部にはマツ属，コナラ属などによる森林ができ，冬に湿度が高い気候であったと考えられている(Willis & McElwain, 2002)。

　後期中新世にはいると，落葉広葉樹の地域に大きな変化が見られ，漸新世では，北緯45°であったのが，後期中新世では，北緯30°まで境界が南下してきた。この年代の日本から発見される冷温帯性の落葉広葉樹・針葉樹の北方型の植物化石は，阿仁合型植物群と呼ばれている(Tanai, 1961)。阿仁合型植物群を構成していたのは，クルミ科，ブナ科，ハンノキ属，カエデ属，ニレ属，コナラ属，カバノキ属，スズカケノキ属，シナノキ属などの落葉広葉樹林である被子植物と，メタセコイヤ属やわずかなマツ科などの針葉樹の裸子植物であった。1700万年〜1600万年前頃になると，地球は一時的に温暖化し，常緑樹と落葉広葉樹の混交林が分布するようになる。この頃の植物群は，台島型植物群と呼ばれている(Tanai, 1961)。台島型植物群は，アカガシ亜属，フウ属，カリヤクルミ属が多く見られ，西日本の各地からマングローブ林の花粉化石が多く見つかっている(Momohara, 1997)。この年代の

日本に生育していたトチュウ科，ヌマミズキ科，メタセコイヤ，スイショウ属，オオバタグルミなど植物は，鮮新世〜第四紀にかけて地球がさらに寒冷化するとともに，段階的に日本から消滅していった。

4．「第三紀周極要素起源説」の崩壊

　Engler(1879/1882)は，多くの針葉樹と落葉樹からなる現在の東アジアや北アメリカ，ヨーロッパで優占している植生を表す Arctotertiary flora(周極要素)という考え方を提唱した。北アメリカ西部で新生代のフロラの研究を始めたカリフォルニア大学の Chaney(1959, 1967)は，白亜紀や暁新世のフロラが熱帯性であったのに対して漸新世〜中新世のフロラには温帯性被子植物の落葉樹と針葉樹が含まれていることから，古第三紀に周極地域で分化した温帯性の植物群がその構成要素を変えずにいくつかの時代にわたって優占域を変えていく植物群として認識した結果，第三紀周極要素起源説 Arcto-Tertiary Geoflora を提唱した。北極の周囲に起源し，後期始新世の寒冷化にともない南下したと考えられた温帯落葉性被子植物を中心とする森林のことである。この考え方は，日本の植生変遷史や種分化の研究に大きな影響を与えてきた。

　しかし，植物の構成要素そのものが変化しないままにセットとなって，それぞれの年代で分布域を変えてきたとする第三紀周極要素起源説に対して当初から批判的な意見が多かった。しかも，発表当時は温帯性の植物化石が発見された周極地域の地層年代は中新世と考えられていたが，実際は暁新世〜始新世であった。そのために，第三紀周極要素の起源は，後期白亜紀〜暁新世までさかのぼることになった。しかも，これらの暁新世における高緯度地域の温帯落葉樹林には多くの熱帯的な植物が混じっており，アラスカやグリーンランドの暁新世の地層からヤシ科の植物化石が発見されていることを考えると温帯性の植物というよりは，熱帯性植物と温帯性植物が混在し，生態的にもユニークな古フロラを構成していたと考えられるようになってきた。6500万年〜5500万年前に北極周辺で起源した植物群が南に分布を拡大した

という説に対して多くの点で疑問が投げかけられてきた。Wolfe(1972)は，アラスカの古第三紀には温帯的な特徴をもっている化石植物が存在した証拠はなく，化石植物がセットになって分布を拡大したという説は否定されるべきであると主張している。つまり，第三紀周極要素そのものが存在していなかった可能性が高いのである。種レベルでみる限り，古第三紀と中新世との間には著しい植物相の変化，断絶が存在し，それを単純に北方系植物群の南下としてかたづけるわけにはいかない。たとえば，亜熱帯〜温帯にかけて分布しているブナ科植物の化石は，白亜紀以降存在しており，新生代にかけて多様な種分化が起こってきたことが知られている(Manchester, 1999)。これまでにブナ科と近縁であると考えられてきた南半球に分布するナンキョクブナ属は別科であるナンキョクブナ科として扱われており，北半球のブナ科とは姉妹群ではないことが明らかにされている(Nixon & Crepet, 1989；Manos et al., 1993；Manos & Steeler, 1997)。北半球に分布しているブナ属の分子系統によると，中国で起源した系統が日本に分布を広げ，北アメリカ，メキシコ，ヨーロッパへ別系統群として分化して広がり，さらに中国に戻ってきたことが明らかにされている(Manos & Stanford, 2001)。これらの結果から，ブナ属の祖先群はアジアに出現して，北アメリカやヨーロッパに分化しながら広がっていったと推定され，このことは植物化石や花粉化石のデータからも支持されている(Manchester, 1999)。

　Manchester(1999)は，第三紀における北半球の古フロラの比較によって，大陸ごとの植物相の変遷過程を解明しようとした。その結果，これまでに，新生代から発見された植物化石の出現状況から，それぞれの植物の種分化と分布の変遷過程は植物の分類群によって異なっていることが明らかにされた。つまり，現在，北半球に分布している被子植物は，すべて寒冷化とともに古第三紀に周極地方に分布していた植物群が南下したとする第三紀周極要素起源説だけでは語ることはできないことが解明されたのである。古第三紀にヨーロッパに分布していた植物群が，現在は北アメリカと東アジアに隔離分布しており，あるいは，もともと北アメリカに分布していたが，第四紀にはヨーロッパだけに分布するようになった植物群もあることも明らかになって

きた。このことは，棚井(1971)によってすでに指摘されてきたことであるが，被子植物の分布パターンには多様な変遷過程が見られることが明らかにされている。地球の寒冷化にともない，温帯性の植物群が南に移動したとする「第三紀周極要素起源説」が適応できるのはかなり限定的なものであり，すでに学説としての有効性を失っていると考えられる。新生代になってから6500万年という長い年代の間にわたり，それぞれの分類群は新たな種形成と絶滅を繰り返しながら，ある特定の地域にだけ分布を限定したり，あるいは分布地域を拡大することによって進化史をつくりあげてきている。

今後は，現在の植物分布型だけでなく，それぞれの植物群が地質年代ごとにたどってきた多様化と分布の変遷を明らかにすることによって，被子植物の分布と分化の歴史が具体的に解明していく必要がある。

5. 新生代第三紀の植物化石

新生代にはいると植物の種子，果実や葉の化石が非常に豊富に発見されるようになる。たとえば，デンマークの Jutland にある中新世の地層から1万4000点以上の植物化石が発見されており，そのなかに150種以上の植物種が含まれていた(Friis, 1985b)。これらのなかには，サンショウモ属やアカウキクサ属の大胞子，セコイヤ属や *Glyptostrobus* などの裸子植物の種子化石，ユリノキ属，スイレン科，アカネ科，アカバナ科など40属をこえる双子葉群の植物化石とヒルムシロ科やガマ科などの22属の単子葉群の植物化石が含まれている(Friis, 1985b)。Friis(1985b)などの研究のなかから，デンマークの中新世から発見されたいくつか代表的な植物化石と新生代の地層から最近発見された植物化石をとりあげて紹介しよう。

5.1 スイレン科 Nymphaeaceae

スイレン科は特徴的な種子をもっている。すべての種子は倒生胚珠で，2珠皮性，外種皮外層型で，口蓋をもっている。外種皮の表面は厚壁異形細胞によって，星状模様を示す。珠孔と臍の位置と口蓋の関係からどの属に近縁

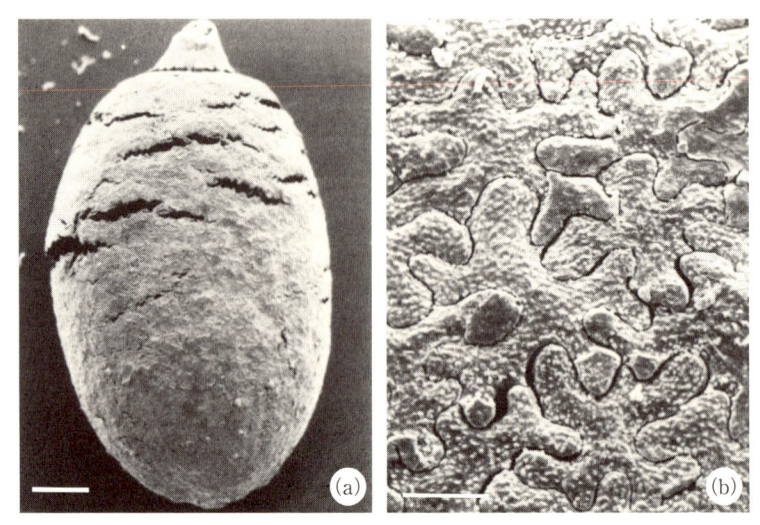

図 11-3 スイレン科の種子化石 *Brasenia* cf. *tenuicostata* Nikitin (Friis, 1985b；ⓒ Biologiske Skrifter)。(a)種子化石。先端に口蓋が残っている。スケール＝250 μm, (b) 種子の表面。星状～波状のパターンが見られる。スケール＝20 μm

であるかを判断することができる(図 11-3)。デンマークの中新世の地層から発見された化石は楕円形で明確な口蓋をもっていることが特徴である(Friis, 1985b)。長さは 1.5～2.5 mm で，幅 0.9～2.0 mm である。口蓋は円錐形であり，珠孔は口蓋の先端にあり，その下に丸い臍がある。外種皮は外側の棒状の厚壁細胞と内側の柔組織から構成されており，表面には掌状の星状模様が見られる。これらの特徴は現生の *Brasenia* に類似している。ただし，現生の *Brasenia* の種子ははるかに大きく，種皮も厚いことが異なっている。

Brasenia の種子化石は，ヨーロッパやアジアの新生代から普通に出現してくる。その他に，*Nymphaea* の種子化石なども Jutland から出現している(Friis, 1985b)。

5.2 モクレン目
5.2.1 モクレン科 Magnoliaceae

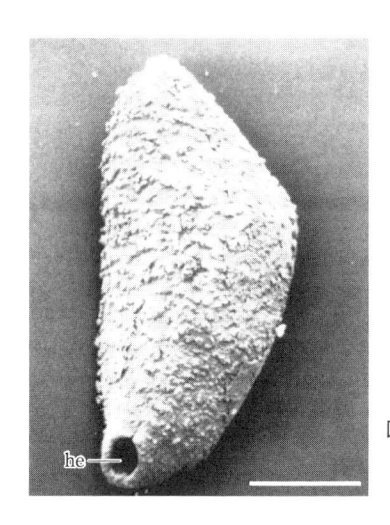

図 11-4 モクレン科の種子化石 *Liriodendron* sp. (Friis, 1985b；ⒸBiologiske Skrifter)。he：heterophyle，スケール＝1 mm

　ユリノキ属の種子は，倒生胚珠，2 珠皮，臍の周囲が膨らみ，厚い外種子をもっている。Jutland から発見された種子化石は，長さ 2.2〜5.0 mm で，幅 1.2〜2.4 mm で，卵形〜長楕円形で平たく，先端はわずかに湾曲していた (Friis, 1985b；図 11-4)。種子の基部は丸くなっている。種子は厚い厚壁細胞からなる種皮で被われており，結晶状のパターンを示す。これらの特徴は現生のユリノキ属に最も類似している。ただし，現生のユリノキ属の種子の大きさが長さ 4.6〜6.6 mm，幅 1.9〜3.4 mm と比べると，半分以下の大きさということになる。この属の種子化石は，アジアやヨーロッパの中新世から発見されている (Dorofeev, 1970)。

5.2.2　ハンゲショウ科 Saururaceae

　現生のハンゲショウ科はアジアと北アメリカだけに分布しているが，デンマークの中新世から種子化石が発見されている (Friis, 1985b；図 11-5)。果実は 4 分果からなり，1 分果の長さが 0.9(1.22)1.5 mm で，幅 0.6(1.08)1.3 mm である。種子は，卵形で先端は少し尖っており，長さ 0.7(0.85)1.1 mm で，幅 0.6(0.72)0.9 mm であった (図 11-5)。外種子は薄い細胞壁をもつ表皮系とその内側に縦方向に長い細胞からできている。その表面が少

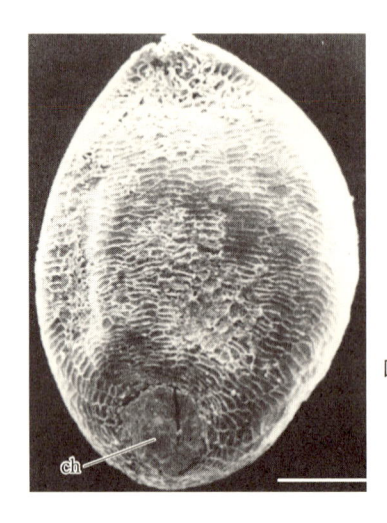

254　第11章　新生代の被子植物

図11-5　ハンゲショウ科の種子化石 *Saururus bilobatus* (Nikitin ex Dorefeev) Mai (Friis, 1985b；ⓒBiologiske Skrifter)。外種皮の細胞が横に伸びてパターンを形成している。ch：カラザ。スケール＝200 μm

し削られて，横紋を示すことがある(Friis, 1985b)。ヨーロッパではハンゲショウ属の化石は始新世～鮮新世にかけて出現してくる(Mai & Walther, 1978)。

5.3　単子葉群
5.3.1　ラン科の種子化石 Orchidaceae
　Jutland から発見された化石のなかにラン科の種子と考えられるものが含まれていた(図11-6)。種子は長さ0.55 mm，幅0.25 mm と小さく，長楕円形で，先端は鈍形である。種子の表面には長軸方向に少しラセン状に伸びている大型の網目模様が見られる。種皮の内部構造からラン科の種子化石である可能性が高いと判断されている(Friis, 1985b)。ラン科の植物化石は，Friis(1985b)による報告が唯一である。

5.3.2　カヤツリグサ科 Cyperaceae
　この果実化石は，楕円形～卵形で，断面は三角形に近く，基部は尖っている。長さ0.62(0.73)0.79 mm で，幅は0.33(0.38)0.42 mm であった。果実の表面は明るい褐色で，縦方向に表皮細胞が配列している。果皮は0.02

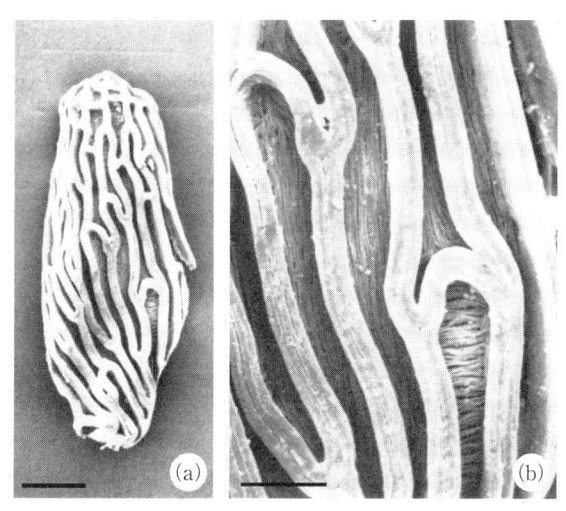

図 11-6　ラン科の種子化石？（Friis, 1985b；ⒸBiologiske Skrifter）。(a)全体像。スケール＝100 μm，(b)種子の表面。スケール＝20 μm

mm の厚さで，外側は立方形の厚壁細胞が網目模様を構成している。この属の化石は新生代〜第四紀にかけて出現してくる（Friis, 1985b；図 11-7）。

5.3.3　ガマ科 Typhaceae

種子化石は長楕円形で，先端は円錐台型で基部はくさび形である。長さ 1.0(1.13)1.35 mm で，幅 0.27(0.34)0.41 mm である。胚軸に蓋状の構造物がある。種皮は薄く，横に細長い細胞からできている（Friis, 1985b；図 11-8）。ガマ属の種子化石はユーラシアの新生代の地層から広く出現している。大きさや形態でいくつかの種類に区別されている。Jutland からは，他に 2 種類が確認されている（Friis, 1985b）。

5.3.4　ミクリ科 Sparganiaceae

内果皮は一室性で，紡錘形で先端は細長く尖っており，先端に孔があいている。長さ 1.0(1.54)2.2 mm で幅 0.6(0.76)1.9 mm である。内果皮は 0.1 mm の厚さがあり，穿孔のある大型の厚壁細胞からできている（Friis,

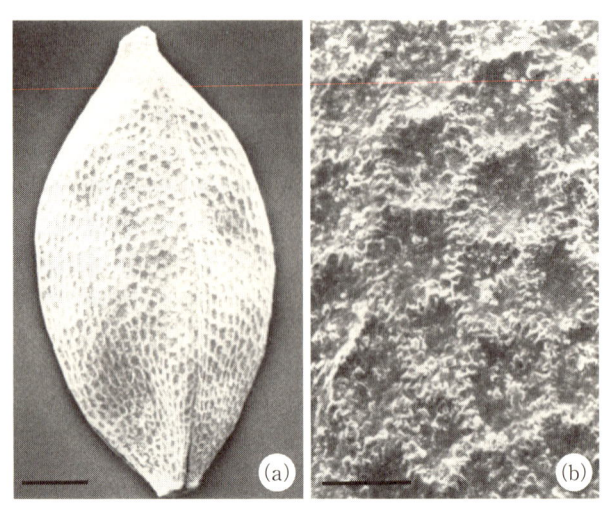

256   第11章　新生代の被子植物

図11-7　カヤツリグサ科の果実化石 *Cyperus* sp. (Friis, 1985b；ⒸBiologiske Skrifter) (a)痩果。スケール＝100 μm，(b)痩果実の表面。スケール＝20 μm

図11-8　ガマ科の種子化石 *Typha* sp. (Friis, 1985b；ⒸBiologiske Skrifter)。(a・b)スケール＝200 μm

図11-9　ミクリ科の内果皮化石 *Sparganium pusilloides* Mai (Friis, 1985b；ⒸBiologiske Skrifter)。(a・b)内果皮。スケール＝500 μm

1985b；図11-9)。ミクリ属の内果皮化石は，ヨーロッパの漸新世～中新世にかけて出現してくる(Mai & Walther, 1978)。Jutland の中新世からは，形態の異なる別の2種類の内果皮化石が発見されている(Friis, 1985b)。

5.4 真正双子葉群
5.4.1 ヤマグルマ科 Trochodendraceae

現生のヤマグルマ科は東南アジアに分布するスイセイジュ属と日本と朝鮮半島の固有属であるヤマグルマ属からなり，無道管植物として有名である。ヤマグルマ科の化石属 *Nordenskioldia borealis* が北アメリカの暁新世の地層から発見された(Crane *et al*., 1991；図11-10)。

Nordenskioldia は，多くの無柄の果実をつけている170 mm の長さの花序軸であり，やはり道管を欠いていた。果実は単生または2～3個が集合してついており，1本の花序軸には25個の果実をつけていた。果実は球形に近く，12～20個の分離果からできていた。果実の直径は12～15 mm で，高さ12～15 mm であった。花托に放射状に分離果がついていた。分離果はD字型で，背軸側が丸くなっていた。それぞれの分離果には1個の種子がはいっており，裂開することで種子散布を行なっていた。卵形の種子は倒生であり，垂下していた。種子の長さは5～8 mm で，幅は4.5～6 mm であった。外種皮は翼状に発達している(Crane *et al*., 1991)。現生のヤマグルマが1室あたり数個の種子が成熟するのに対して，*Nordenskioldia* では1室あたり1個だけの種子が成熟することが異なっている。*Nordenskioldia* とともに生育していた植物相は少なく，北アメリカやアジアの暁新世の氾濫原に優占していたと考えられている(Crane *et al*., 1991)。

さらに，北アメリカのアイダホ州やワシントン州，それにカナダの British Columbia の中新世の地層から *Nordenskioldia* の別種が発見された(Manchester *et al*., 1991)。*N. interglacialis* と名づけられた新種は，*N. borealis* と異なり，心皮の数が多く，18～24個の分離果からできていることが特徴である。*Nordenskioldia* は，第三紀の北アメリカ，日本，中央アジアに広く分布していたことが明らかにされている(Crane *et al*., 1991)。

258　第11章　新生代の被子植物

図 11-10　ヤマグルマ科の化石属。(a) *Nordenskioldia* の復元図 (Crane *et al*., 1991；ⒸAJB)，(b)アイダホ州で発見された果実化石 *Nordenskioldia interglacialis* (Hollick) Manchester, Crane et Dilcher (Manchester *et al*., 1991；ⒸUniv. Chicago Press)。スケール＝1 mm，(c)果実化石 *Nordenskioldia borealis* Crane, Manchester et Dilcher の断面 (Crane *et al*., 1991；ⒸAJB)。スケール＝5 mm

5.4.2 スズカケノキ科 Platanaceae

ヨーロッパの始新世～中新世の地層から *Platanus neptuni* が発見された (Kvaček & Manchester, 2004；図 11-11)。雌性と雄性の別々の球形～楕円形で有柄の花序からなり，雌性の花序は 20 mm で，23 mm の柄についており，雌花には花被が発達している。雄性の花序は 4×6 mm で，8～12 mm の柄についており，多くの雄蕊をもち，花被の発達は悪く，小さい花がついていた。短い花糸の雄蕊がついていた。花粉は三溝粒型であり，細網目模様で極軸が 16～20 μm で，赤道軸は 14～18 μm であった (Kvaček & Manchester, 2004)。系統的には，白亜紀と現生のスズカケノキ科植物の中間的位置にある興味深い植物化石である。

5.4.3 カツラ科 Cercidiphyllaceae

現生のカツラは中国と日本にだけ分布している 1 属 1 種の植物であるが，カツラ科に近縁な化石種 *Joffrea speirsii* がカナダのアルバータの暁新世の地層から発見されている (Crane & Stockey, 1985；図 11-12)。

Joffrea の茎には，短茎と長茎の区別があり，短茎の葉は十字対生で，葉柄がある。葉は単葉で広卵形，先端は鈍頭，基部は丸く，切形～心臓形であ

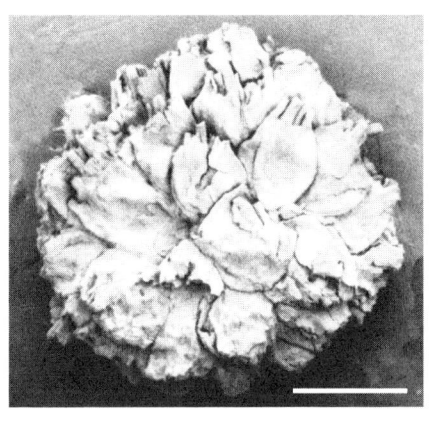

図 11-11　スズカケノキ科 *Platanus neptuni* (Ettingshausen) Bůžek, Holy et Kvaček の雄性の花化石 (Kvaček & Manchester, 2004；ⒸSpringer)。花被があった。スケール＝2 mm

図 11-12 カツラ科の *Joffrea speirsii* Crane et Stockey の化石の構築図 (Crane & Stockey, 1985；ⒸCan. J. Bot.)。花被片と雄蕊を欠いており，1心皮からなる40個の雌蕊によって花序を構成している。

り，円鋸歯の葉縁をもち，葉脈は放射状に広がっている。花序は雌雄別であり，雌花序では雄蕊と花被がない。花序は短枝の先端で腋生し，40個くらいの心皮が1〜5 mmの間隔でついている。それぞれの心皮は1〜2 mmの柄についている。心皮は長さが9〜11 mmあり，長楕円形で，向軸側が直線的で，背軸側は丸くなっている。種子は三日月型で，細かい線状紋をもっている。*Joffrea* は風媒花植物であり，氾濫原に生育していた植物と推定さ

れている(Crane & Stockey, 1985)。

5.4.4 クルミ科 Juglandaceae

ワイオミング州とモンタナ州の暁新世からクルミ科の化石植物である*Polyptera*が再構築された(Manchester & Dilcher, 1997；図 11-13)。この化石の花序には，30個以上の無柄の果実がラセン状に配列している。果実は堅果であり，円盤状で8〜12片に裂片化した翼をつけている。堅果はピラミッド型をしており，直径が6〜7 mmであった。葉は複葉であり，11〜25 cmの長さで，5〜7枚の楕円形の小葉からできている。小葉の先端は鋭先形

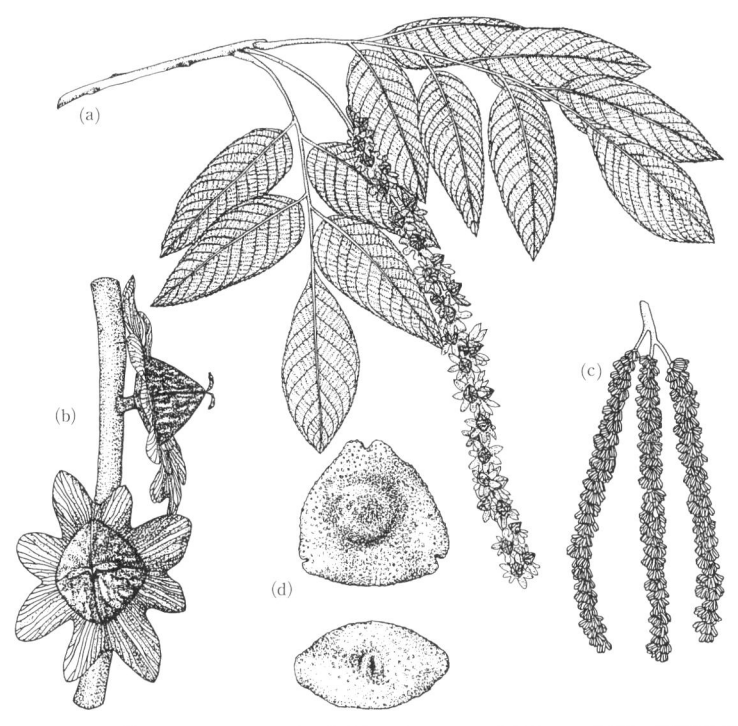

図 11-13 クルミ科 *Polyptera manningii* Manchester et Dilcher の化石の構築図 (Manchester & Dilcher, 1997；ⓒAJB)。北アメリカの暁新世の地層から発見された。(a)花序の再構築図，(b)果実，(c)雄花の花序，(d)花粉

で鋸歯がある。この植物も，植物の種類数の比較的少ない地域であった氾濫原や河川の流域に分布していたと考えられている(Manchester & Dilcher, 1997)。

5.4.5 オトギリソウ科 Hypericaceae

デンマークの Jutland の地層からオトギリソウ属の種子化石 *Hypericum holyi* が発見された(Friis, 1985b；図 11-14)。この種子化石は，細長い楕円形で，直生またはわずかに湾曲しており，両先端が微突形である。種子の長さは 0.96(1.07)1.23 mm で，幅 0.35(0.47)0.55 mm である。背線は不明瞭で，外種皮は横に伸びている細胞からなり，内種皮は内側の小さい細胞層と外側の星状紋のある細胞壁の厚い立方形状の細胞からできている。外種皮の表面に 14 列になって縦方向の細胞壁が盛り上がっており，明確な網目模様を示している(Friis, 1985b)。Jutland の地層からは，もう 1 種類の *Hypericum* の種子化石が報告されている。オトギリソウ属はオトギリソウ科という独立の科があったが，現在はフクギ科に含められている。

5.4.6 エノキ科 Celtidaceae

北アメリカと東アジアの暁新世からエノキ科植物 *Celtis aspera* が発見されている(Manchester *et al.*, 2002；図 11-15)。この植物の葉は単葉で，5〜30 mm の葉柄があり，卵形〜皮針形で長さ 2.4〜12 cm，幅 1.4〜7 cm で基部は丸く，対称〜わずかに非対称，先端は漸先形，鋭形，単鋸歯である。この葉化石はかつて *Viburnum* として記載されていたものであった。内果皮は球形に近く，2.9〜5.0 mm で，基部は丸く，先端はわずかに尖り，表面は網目模様が畝状に盛り上がっている。1 室で内側は平滑である(Manchester *et al.*, 2002)。

現在，エノキ属は常緑性も落葉性もあり，世界中に分布している。エノキ属の起源地についてはまだわかっていない。白亜紀からのエノキ属の報告はないが，暁新世には北アメリカ，南アメリカ，東アジアに分布していたことが明らかにされている(Manchester *et al.*, 2002)。

図11-14 オトギリソウ科 *Hypericum holyi* Friis の種子化石（Friis, 1985b；ⒸBiologiske Skrifter）。(a・b)スケール＝200 μm

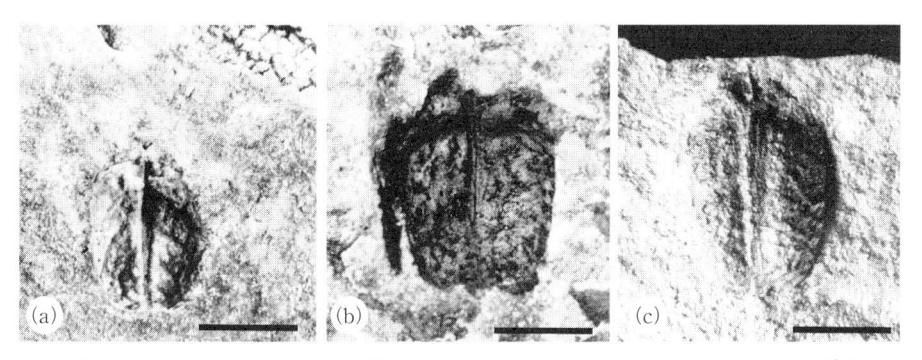

図11-15 エノキ科 *Celtis aspera* (Newberry) Manchester, Akhmetiev et Kodrul の内果皮化石（Manchester *et al*., 2002；ⒸUniv. Chicago Press）。(a〜c)スケール＝3 mm

5.4.7 バラ科 Rosaceae

バラ科の果実化石は，Jutland の地層から多く発見されており，*Potentilla*，*Rubus*，*Pyracantha*，*Prunus* などの属が認められている（Friis, 1985b）。そのなかから，キイチゴ属 *Rubus* の内果皮化石をとりあげてみよう（図11-16）。

発見された内果皮化石は，側に広がっており，楕円形〜卵形で，丸くなっ

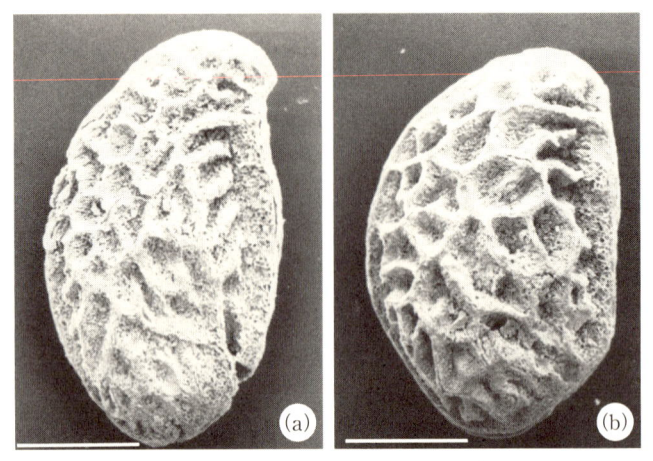

図 11-16　バラ科 *Rubus* sp. の内果皮化石（Friis, 1985b；ⒸBiologiske Skrifter）(a・b)スケール＝500 μm

ている背側が竜骨突起を形成している。内果皮の基部は丸く，先端は鋭先形である。内果皮の長さは 1.4(1.73)2.0 mm で，幅 0.6(1.02)1.3 mm である。表面は粗い網目模様をなし，網目のサイズは 0.1～0.4 mm である。1個の種子を含んでいる。キイチゴ属の内果皮化石はユーラシアの広範囲にわたった新生代から発見されており，すでに 12 種の化石種が記載されている（Friis, 1985b）。

5.4.8　アオイ科 Malvaceae

シナノキ属 *Tilia* は，北半球の代表的な落葉性の植物である。葉のような苞が花序をつけていることが特徴である。北半球の新生代からシナノキ属の数種類の化石が発見された（Manchester, 1994a；図 11-17）。Manchester (1994a)は，苞の形態から A～C の 3 タイプに分けた。タイプ A は，苞が円形で掌状の葉脈パターンが特徴である。苞の基部に花序軸がつき，葉柄は長く，オレゴン州の漸新世から発見された *T. circularis* などである。苞の長さは 3.2～6.8 cm である。タイプ B は，苞の基部から花序がでていることはタイプ A と共通している。苞は細長い皮針形で，長さ 4.2～8.8 cm であ

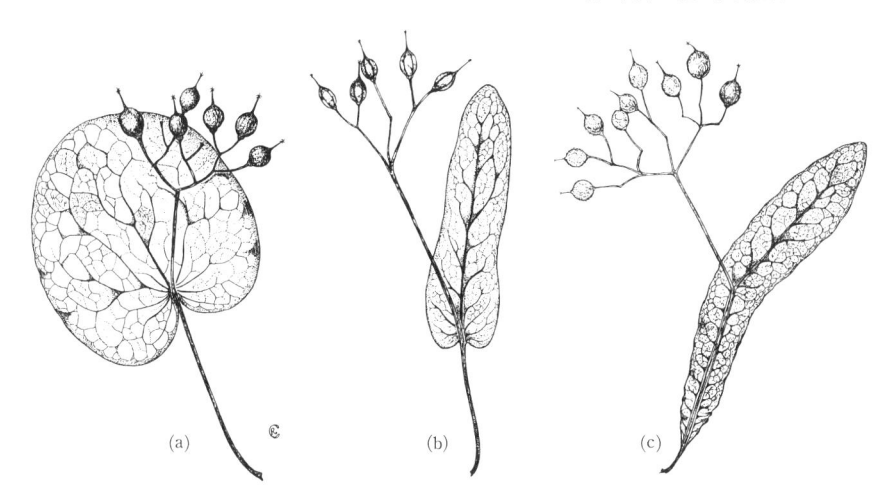

図 11-17 *Tilia* 属の化石の再構築図 (Manchester, 1994a ; ⓒAJB)。(a) *Tilia circularis* (Chaney) Manchester。オレゴン州の漸新世の地層から発見された化石, (b) *Tilia pendunculata* Chaney, (c) *Tilia irtyschensis* (Shaparenko) Grubov

る。葉脈は1本の主脈があって，細脈に分かれている。北アメリカ西部の始新世〜中新世やヨーロッパの中新世〜鮮新世から出現し，現生種には中国の *Tilia endochrysea* がある。タイプCは，苞と花序軸の合着が進行していることが特徴である。カザフスタンの漸新世から発見された *T. irtyschensis* や日本の中新世から発見された *T. protojaponica* などが含まれる(Tanai & Suzuki, 1963)。タイプAからタイプCへの進化傾向が推定されている。始新世〜中新世に北アメリカ西部にはBまたはAタイプのシナノキ属が分布していた。ヨーロッパでは中新世〜鮮新世にかけてBタイプからCタイプへと移行し，東アジアには漸新世以降Cタイプのシナノキ属植物が生育するようになったと推定されている(Manchester, 1994a)。

5.4.9 ムクロジ科 Sapindaceae

現生のムクロジ科の *Dipteronia* は，中国の固有種である。その *Dipteronia* の翼果の化石が，北アメリカの暁新世〜漸新世の地層から発見された(McClain & Manchester, 2001 ; 図 11-18)。*Dipteronia* の果実は，翼果の

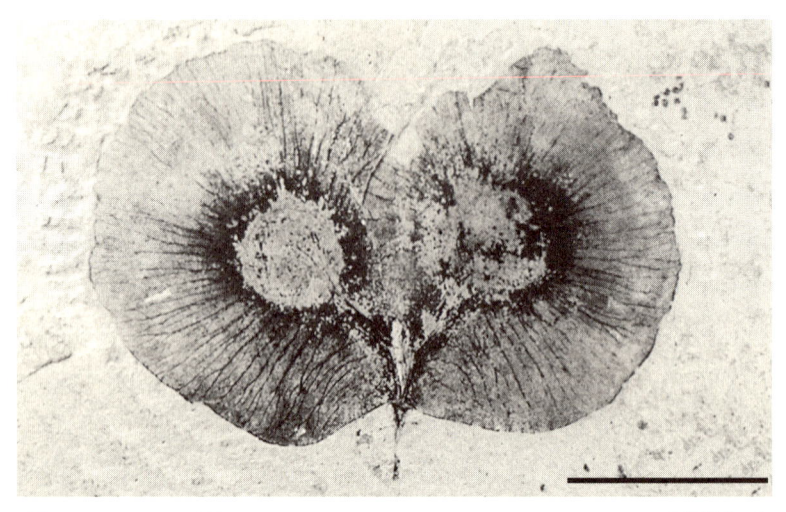

図 11-18　ムクロジ科 *Dipteronia brownii* McClain et Manchester の分離果化石（McClain & Manchester, 2001；ⓒAJB）。スケール＝1 cm

分離果であることが特徴である。現生の中国の *Dipteronia* の翼果実は，4.5〜6.0 cm と大きい種類と 2.0〜2.5 cm と比較的小さい種類がある。ところが，北アメリカから発見された化石種では 0.8〜2.4 cm とさらに小さい。*Dipteronia* は，カエデ属などと共通の祖先群をもっている植物であると考えられている。これまでにアジア地域からは *Dipteronia* の化石が発見されたことがなく，古第三紀に北アメリカに生育していた *Dipteronia* が，どのような過程で中国の固有属になっていったかの進化史の解明には，アジアにおける *Dipteronia* の化石の研究が必要である（McClain & Manchester, 2001）。

5.4.10　ミズキ科 Cornaceae

日本の後期白亜紀からミズキ科の古いタイプの果実化石 *Hironoia* が発見されたことはすでに第9章で述べている。ここでは，北アメリカとアジアの暁新世から発見されたミズキ科の果実化石 *Amersinia* について紹介しよう（図 11-19）。北アメリカと中国，北東ロシアの暁新世の地層からミズキ科の

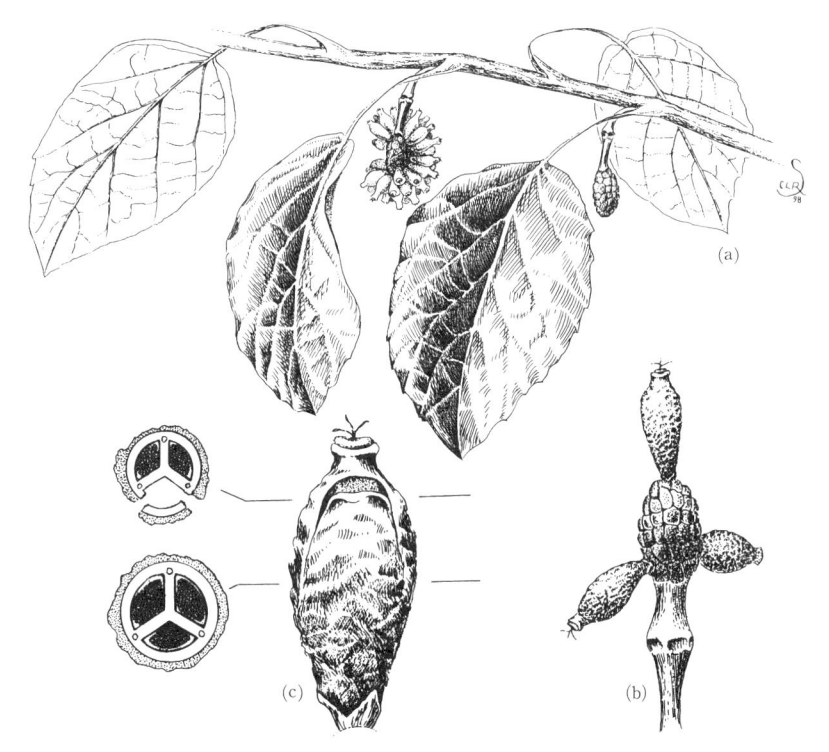

図 11-19 ミズキ科の化石の再構築図 (Manchester *et al*., 1999；ⒸUniv. Chicago Press)。*Amersinia obtrullata* Manchester, Crane et Golovneva の果実化石と *Beringiaphyllum cupanioides* (Chelobaeba) Manchester, Crane et Golovneva の葉化石。(a)全体像，(b)果実化石，(c)花序

化石 *Amersinia obtrullata* が Manchester *et al*.(1999)によって再構築された。*Amersinia* は球状の 21〜25 mm の頭状花序に多くの 3 室性の果実をつけている。果実は狭卵形〜卵形で，長さ 6.5〜12 mm で先端は鈍頭で，弁開し，それぞれの室に 1 個の種子がはいっている。葉は単葉であり，3.8〜14.0 cm の長さである。白亜紀から発見された *Hironoia* に比べると *Amersinia* の果実が 2〜5 倍大きいという特徴がある。*Amersinia* は現生の中国に分布しているハンカチノキ属 *Davidia* に近縁であると考えられている。暁新世にすでに，東アジアと北アメリカに隔離分布していた植物があったことを *Amersinia* は示唆している(Manchester *et al*., 1999)。

鮮新世になると，現在は中国の固有属であるハンカチノキ属の果実化石が北アメリカや日本でも出現しており，ハンカチノキもかつては，北アメリカや日本にも生育していたことが明らかにされている(Tsukagoshi et al., 1997；Manchester, 2002)。

5.4.11 マタタビ科 Actinidiaceae

現生のマタタビ科はアジアとアメリカのなかの熱帯～温帯にかけて生育分布している。ところが，マタタビ属の種子化石がデンマークの Jutland の中新世の地層から発見されている(Friis, 1985b；図 11-20)。この種子化石は長楕円形で長さ 2.1 mm，幅 1.0 mm，先端は丸く，基部は珠孔付近でわずかに飛び出ている。臍は珠孔の近くにある。表面には孔が一様に分布しており，多角形的なパターンがある(Friis, 1985b)。マタタビ属の種子化石は，ヨーロッパの暁新世～第四紀にかけて出現してくることが知られている(Friis, 1985b)。

図 11-20　マタタビ科 *Actinidia* sp. の種子化石 (Friis, 1985b；ⒸBiologiske Skrifter)
(a)種子化石。スケール＝500 μm，(b)種の表面模様。スケール＝50 μm

5. 新生代第三紀の植物化石　269

5.4.12　リョウブ科 Clethraceae

リョウブ科は常緑性または落葉性の潅木または木本で，現在はアメリカやアジアの熱帯，亜熱帯が分布の中心である。Jutland から発見されたリョウブ属の果実は3室からなる蒴果であり，毛に被われている。胎座は中央あるいは側膜で多くの種子が含まれている。種子は背腹側に平らになっており，歯状に発達した翼が先端と基部に特に突き出している。種皮は多角形的であり，明確な網目模様になっている(図11-21)。これらの種子の長さが1.0(1.4)1.8 mm で，幅が 0.6(0.9)1.3 mm であった。これらの特殊な構造からこの種子化石がリョウブ属であることが明らかである(Friis, 1985b)。

5.4.13　ツバキ科 Theaceae

ツバキ科は主に常緑性の木本植物であり，アジアから中央アメリカにかけて分布している。Jutland からヒサカキ属の種子化石が発見されている(Friis, 1985b；図 11-22)。種子は湾生胚株であり，角ばっており，0.9〜2.0 mm の大きさである。表面は網目模様である。これまで，ヒサカキ属の

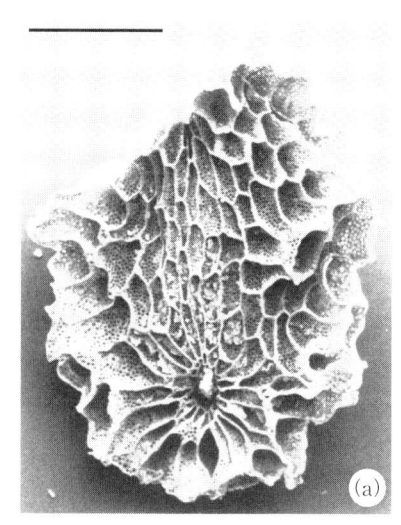

図 11-21　リョウブ科 *Clethra cimbrica* Friis の種子化石 (Friis, 1985b；ⓒBiologiske Skrifter)。(a・b)スケール=50 μm

270　第 11 章　新生代の被子植物

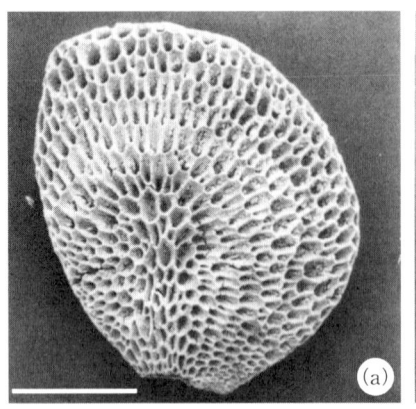

図 11-22　ツバキ科 *Eurya stigmosa* (Ludwig) Mai の種子化石 (Friis, 1985b；ⒸBiologiske Skrifter)。(a・b)スケール＝50 μm

化石はヨーロッパからも発見されており，最も古い化石は，後期白亜紀から発見されている(Knobloch & Mai, 1983)。

6．第四紀の植物

　180万年前以降の第四紀になると，地球はさらに寒冷化して氷河期にはいり，約70万年前からは氷期と間氷期を繰り返すことになる。鮮新世の日本に生育していたメタセコイヤを中心とする暖温帯性針葉広葉混交林が，第三紀の前期更新世に受けつがれることになる。だが，メタセコイヤ，スイショウ，イヌカラマツ，オオバタグルミ，ヒメブナ，フウなどによって構成されていた暖帯性混交林は，しだいに衰退し，代わりにトウヒ属，マツ属，ブナ，ミツガシワ，ヒシモドキなどの温帯〜冷温帯性の植物が現れてくる(相馬・辻，1988)。中期更新世の1時期的に，コウヨウザン，フトモモ，クスノキ属，モチノキ属などの暖温帯要素が出現した時期もあったが，氷期の到来とともに消えていった(相馬・辻，1988)。ウルム氷期にはヨーロッパや北米の大半が厚い氷床に覆われており，当時の日本には，全体的に寒冷性の植物が優占していたことを花粉分析は示している。2万年前には，関東〜四国・九

州にかけて，ブナを中心とする冷温帯落葉広葉樹が広がっていたと推定されている(那須，1980)。

完新世にはいると，温暖化が進み，日本ではハンノキ属とカバノキ属の花粉の占める割合が高くなる傾向が見られる。縄文海進の時期には，ミズナラ属やブナ属，ニレ属およびケヤキ属から構成されている落葉または常緑広葉樹とスギ属の増加が見られ，地域によってはサルスベリ属が多く占めていた。歴史時代にはいると，人間生活にともないマツ属の花粉が増えていく傾向が見られる(相馬・辻，1988)。

7. 新生代被子植物の特徴

地球全体には，暁新世～始新世にかけて熱帯～亜熱帯の被子植物が広く分布していた。被子植物のほとんどの科はすでに出現しており，キク科も漸新世には出現したことが花粉化石から明らかにされている。気候の乾燥化が進むとともに，北半球の中央アジアや南北アメリカ，アフリカではイネ科やキク科などの乾生植物が繁茂するサバンナやステップが広がっていった。中新世にはいると，地球の気温が下がり始め，針葉樹・落葉広葉樹混交林が広がり，熱帯多雨林の地域が減少していき，第四紀にはいると，地球はさらに寒冷になり，寒冷性～温帯性の植物が生育する地域が地球上で拡大していった。

前期白亜紀に出現した被子植物は，後期白亜紀にかけて多くの科に分化した。新生代にはいると，さらに多くの属に分化させていった。オレゴン州のClarno層(始新世：4400万年前)から，2万点をこえる植物化石が発見されており，145属173種が確認されている(Manchester, 1994b)。そのなかで，75属102種が現生科との関連がつき，残りの70属71種は現生科との対応関係が不明であった。さらに，現生科との対応関係がついた102種のうち，58%が現生属に含めることができたが，33%は絶滅属であり，残りは属の特定ができないものであった(Manchester, 1994b)。つまり，4400万年前に生育していた植物化石の50%近くが現生科との対応関係がなく，さらに現生科と対応のついた種の42%が現生属とは異なるものであったことになる。

このことは，白亜紀や第三紀に生育していた植物のなかに，多くの絶滅した科や属があったことを示唆している．また，ブナ属の化石は始新世以降に出現することが知られているが，その後の 3000 万年の間に，絶滅していった多くのブナ属の種のあることが明らかにされている (植村, 2002)．つまり，これらのことは，白亜紀〜新生代にかけて被子植物が多様化しただけでなく，被子植物の進化の過程において絶滅していった多くの科や属の系統群があったことを示唆している．これまでに絶滅してしまった多くの被子植物の姿を系統樹の上によみがえらせるためには，今後の植物化石に関する地道な研究を続けていくことが必要である．

終 論

　ダーウィンは，被子植物が急激に出現したと考えていたようである。白亜紀における被子植物の出現と初期進化の問題は，最近までまったく未知の領域であっただけに，ダーウィンの時代に，被子植物が急激に出現してきたように考えられてもしかたがなかったのかも知れない。これまでにみてきたように，最古の被子植物の花粉化石は，1億3200万年前の前期白亜紀の地層から発見され，その後に，被子植物の主要な分類群が出現し，さらに多様化するのに6000万年という長い年月がかかってきた。このことを考えれば，被子植物は非常に長い年月をかけて進化してきたと表現する方がより適切であろう。

　この章では，ダーウィンを遠ざけさせてきた被子植物の「忌まわしき謎」が，小型化石の研究によって，どこまで明らかにされてきたのかを，私の仮説をおりまぜて整理し，さらに将来の研究の展望をしてみよう。

1. 被子植物が起源した時期

　被子植物の起源の時期をめぐるこれまでの議論について整理してみよう。たとえば，第3章で紹介したCornetの研究のように，被子植物の生殖器官の化石を三畳紀から発見したという具体的根拠に欠ける研究が発表されたこともあった(Cornet, 1986)。また，最近では*Archaefructus*のように，あいまいな地質年代によって，ジュラ紀から最古の被子植物が発見されたと発表されたこともあった(Sun *et al.*, 1998)。このように，これまでに被子植物の起源をジュラ紀や三畳紀とする説が繰り返し主張されてきた。しかし，これ

らの多くのデータはいずれも信頼性に欠けているものや，地質年代が間違っていたもので，これまでに白亜紀よりも古い年代に被子植物が出現したという確実な植物化石の証拠は未だ発見されていない。一方，Wikström et al. (2001, 2003)は，分子時計に基づいて被子植物の起源をジュラ紀(1億4500万年〜2億800万年前)と推定している。

　白亜紀の被子植物始原群については，最近では小型化石や花粉化石の研究によって，具体的な証拠に基づいた議論が展開できるようになった。それによって，分子時計も最少分岐年代を植物化石の発見に基づいて議論ができるようになった(Davies et al., 2004；Friis et al., 2005)。最古の被子植物の根拠となるものは，イスラエルの後期バランギニアン期〜前期オーテリビアン期の Helez 層から発見された15個の花粉化石である。しかも，数千個の花粉化石のなかに2〜3個の割合で発見されたという報告にあるように，全花粉植生のなかで，被子植物の花粉化石が含まれている割合はわずかに0.1％以下ということになる。このように小型化石の研究は，膨大な量の材や葉や茎の断片のなかから被子植物の花化石を探していく必要がある。かつて Friis らがポルトガルのバランギニアン層から最古の被子植物の小型化石を探そうとしたことがあるが，未だ成功していない。花粉の量からみてもバランギニアン期に被子植物の小型化石を求めることがいかに困難な研究であるかを推測することは難しいことではないだろう。このように，現在のところ，前期白亜紀に被子植物が出現したという証拠はあるが，ジュラ紀や三畳紀に存在していたという化石の証拠はでていない(Friis et al., 2005, 2006)。分子時計による被子植物の分岐年代と植物化石のデータの相違点をどのように埋めていくかが，今後の被子植物の起源をめぐる研究の課題の1つである。

2．被子植物が起源した地域

　前節で述べたように花粉化石の出現状況から，被子植物は1億4000万年〜1億3000万年前に低緯度地域で初期系統群が分化し，1億年前から高緯度地域にも広がったことが示唆されている。大陸プレートの移動によって，白

亜紀での現在の調査地点の地球上の正確な緯度は明らかでない。しかし，花粉化石の出現頻度によって，被子植物が低緯度地域で初期進化をして，その後に高緯度に広がっていったことを知ることができる。

被子植物の初期進化群が分化した場所は，前期白亜紀の古緯度のなかで低緯度に位置していた熱帯多雨林であったと推定される。前期白亜紀の地球大気のなかで，二酸化炭素は現在よりも4～6倍も多く，酸素の量も多かったと推定されている。地球全体が温室効果の影響を受けていたが，初期の被子植物が出現したのは，そのなかでも高温多湿であった低緯度の古熱帯多雨林地域であり，その後の2000万年～3000万年の間に高緯度地域に広がっていったと推定されている(Hickey & Doyle, 1977；Crane & Lidgard, 1989；Drinnan & Crane, 1990；Lupia et al., 1999；Barrett & Willis, 2001)。

最も古い被子植物の花粉化石は，イスラエルとモロッコの後期バランギニアン期(1億3200万年前)から発見されている(Gubeli et al., 1984；Brenner, 1996)。前期白亜紀の間，これらの地域は古赤道と北緯25°に位置していた。古熱帯多雨林地域とは，前期白亜紀の0～30°の低緯度地域である。その後，被子植物の花粉化石がイギリスや中国のオーテリビアン期(1億3200万年前)の地層や，中央アフリカ，オーストラリア，ヨーロッパ，中国のバレミアン期(1億2700万年前)の地層から発見されていることから，被子植物が1000万年の間に高緯度地域に広がったことが示唆されている。全植生のなかで被子植物が優占するようになるのは，低緯度ではアプチアン期以降(～1億2000万年前)であり，高緯度ではセノマニアン期以降(～1億年前)のことであった(Crane & Lidgard, 1989；Drinnan & Crane, 1990；Lidgard & Crane, 1990)。この状態は白亜紀末まで続き全花粉種類中の被子植物の花粉の割合は，マストリヒチアン期(7000万年前)でも低緯度において60～80%であり，高緯度で30～50%であり，他は裸子植物の花粉やシダ類の胞子であった(Crane, 1987a)。

Raven & Axelrod(1974)は，被子植物の起源の地はアフリカと南アメリカがつながっていたゴンドワナ大陸西側の湿潤熱帯高地であると主張して，研究者の興味を引いたことがあった。この「西ゴンドワナ起源説」は，

Axelrod(1952)によって，2億年以前の湿潤熱帯高地で被子植物が起源したと提唱された「熱帯高地起源説」に基づいている．そもそも，2億年以前という年代に被子植物が起源したという主張に根拠が認められない．しかも，ジュラ紀～前期白亜紀のゴンドワナ大陸の西側は，湿潤な熱帯高地ではなく，石炭の生産量も少なく，乾燥していた可能性が高いと推定されている(Rees *et al*., 2000；Scotese, 2001)．ゴンドワナ大陸の西側で被子植物が起源するための条件がそろっていたとは考え難い．それよりも，前期白亜紀にテーチス海周縁地域に広がっていた湿潤な熱帯多雨林で，被子植物が最初に出現した可能性が高いと考えられる．前期白亜紀におけるテーチス海北西縁地域とは，現在の地球上の東南アジア～アフリカ北部およびヨーロッパ南部に広がっている地域に相当している．このことは，最古の被子植物の花粉化石がイスラエルやモロッコから発見されていることからも示唆されている．また，ポルトガルの1億3000万年～1億1500万年前の地層からも，被子植物の最も古い小型化石が発見されているのである．これらのことを総合的に考えると，被子植物が起源したのは，湿潤な熱帯多雨林が広がっていたテーチス海周縁地域であったという新しい可能性がでてきた．これらの地域の前期白亜紀の地層に被子植物初期進化群を探すことによって，被子植物の初期進化に関する新たな研究の展開が期待されている．

3. 被子植物の「忌まわしき謎」はどこまで解明されたか？

では，これまで闇のなかに閉ざされた「忌まわしき謎」とされてきた問題は，どこまで解決したのだろうか？ そして，白亜紀の小型植物化石の発見によって，被子植物始原群の「失われた鎖」のなかから，何が解き明かされたのだろう？

残念ながら，ダーウィンを悩ませた「Abominable mystery」は，未だに解決したとはいえない．しかし，少なくとも，最も暗い闇のなかにあったこの難問にも，少しずつ光が差し込むようになってきている(Friis *et al*., 2006)．

白亜紀の小型化石の研究が始められて25年あまりである。この25年間に，欧米，中央アジアと日本の白亜紀の地層から発見された被子植物の花や果実の小型化石の種類数は，15科28属におよんでいる。そのなかにはアンボレラ科，スイレン科，モクレン科，クスノキ科，ロウバイ科，センリョウ科，ミズキ科，ツゲ科，ブナ科，ユキノシタ目，マンサク目，シクンシ科などが含まれている。これらの小型化石の1つひとつが，白亜紀に出現した被子植物始原群の「失われた鎖」である。被子植物の多くの科が白亜紀末までには分化したと考えられている(Magallón *et al.*, 1999)。分子時計に植物化石のデータに基づく最少分岐年代を重ね合わせることによって，たとえば，ミズキ目が分岐したのは，1億2800万年前であり，リンドウ目が分岐したのは1億800万年前というように，それぞれの分類群の分岐年代を具体的に明らかにしていこうとする試みも行なわれている(Bremer *et al.*, 2004；表12-1)。一方，Janssen & Brenner(2004)は，単子葉群のすべての目は1億年前よりも以前に分岐し，1億年〜6500万年前の間の単子葉群のほとんどの科が分岐したと推定している。

　これまでに，前期白亜紀の被子植物初期進化群の姿は，かなり具体的に明らかにされてきた。被子植物始原群とは初期進化段階の被子植物群であり，前期白亜紀に多様化を開始した被子植物の基幹群のことである。小型化石によって明らかにされた白亜紀の被子植物始原群は，現生の原始的被子植物群とは必ずしも一致していないが，被子植物始原群の小型化石の出現してくる傾向は最近の分子系統学的研究に準じているようにみえる。

　小型化石の研究によって，明らかにされたことを以下に記そう。まず，被子植物始原群と呼ばれる初期の被子植物のグループが1億2000万年前には出現していたことが明らかにされた。また，従来は被子植物始原群を木本性モクレン目に求める考え方があったが，小型化石の研究によって，モクレン説とは異なる進化傾向があり得ることが示唆されてきた。つまり，必ずしも大型の花でラセン配列をしている被子植物だけが前期白亜紀に出現しているのではなく，単性花や合生心皮をもつ植物もかなり早い地質年代から出現していたという新たな証拠の発見である。白亜紀の被子植物が最初に昆虫をひ

表12-1 Bremer et al.(2004)によって分子時計と植物化石のデータに基づいて推定された被子植物の各分類群の分岐年代を示している。ステム分岐年代(樹幹分岐年代)は，それぞれの分類群が出現した分岐年代を示しており，クラウン分岐年代(樹冠分岐年代)は，その分類群内で複数の分類群に分化した年代を示している。単位は百万年前。

主要な分類群，目，科	ステム分岐年代	クラウン分岐年代
ASTERIDS	——	128
Cornales	128	112
Ericales	127	114
Pentaphylacaceae	107	102
Styracaceae	100	55
Tetrameristaceae	56	41
Theaceae	103	68
EUASTERIDS	127	123
CAMPANULIDS	123	121
Aquifoliales	121	113
CORE CAMPANULIDS	121	114
Columelliaceae	110	64
Paracryphiaceae	111	101
Apiales	113	84
Dipsacales	111	101
Caprifoliaceae	101	75
Asterales	112	93
Calyceraceae	51	26
LAMIIDS	123	119
Icacinaceae	119	115
Garryales	114	——
CORE LAMIIDS	119	108
Gentianales	108	78
Solanales	106	100
Montiniaceae	92	42
Lamiales	106	97
Acanthaceae	67	54
Gesneriaceae	78	71
Orobanchaceae	64	48
Plantaginaceae	76	66
Scrophulariaceae	75	68
Tetrachondraceae	87	46

きつけるために使ったものは花被片でなく，雄蕊であったと考えられている(Crepet & Friis, 1987)。萼片が分化することによって，しだいに花弁が進化し，花冠がつくられるようになるのはさらに高い進化段階になってからのことであったことが植物の小型化石の研究によって明らかにされた(Friis, 1990)。その一方において，白亜紀の植物化石の研究では，子房上位から子房下位への進化傾向を支持していない。また，ラセン配列をする多数の心皮を有する原始的な段階から，5数性や3数性の心皮からなる雌蕊が一方向に進化してきたという説にも疑問を投げかけている。花の発生過程に関する研究からもわかっているように，雄蕊や心皮の数の変化には一定の進化的な方向性がなく，不規則に変化している。また，両性花が原始的で，単性花が進化した形質であるということも疑わしくなってきた。つまり，かなり古い年代からも単性花が出現してくるのである。現生の被子植物のなかで最も原始的といわれているアンボレラも雌雄異株の単性花である。これらのことは，被子植物の進化傾向に関して，伝統的なモクレン説と異なる説が提示される可能性を示唆しており，今後の研究の興味深い展開が期待されている。

4. 被子植物始原群の出現

これまで小型化石が発見された最も古い地層は，西ポルトガルの Torres Vedras(後期バレミアン期または前期アプチアン期)であることは前述した。これらには，被子植物のなかで最も原始的といわれている被子植物群に近縁なものと単子葉群および真正双子葉群の出現を示唆する小型化石が含まれている。特に，原始的被子植物群のなかのアンボレラ科，スイレン科やシキミ科に類縁性のある小型化石は，興味深い存在である。しかし，多くの小型化石は現生の特定の科に所属させることができないものばかりであった。こうしたなかにあってセンリョウ科に属する植物化石が明らかにされたのは，極めて例外的なことである。

これまでの前期白亜紀から発見されてきた花粉化石と花化石に関する研究によって，被子植物の始原群が前期白亜紀に初期進化により主要な分類群に

分化したことが明らかにされている。後期バレミアン期〜アプチアン期には原始的なANITA植物群やモクレン綱，原始的な真正双子葉群と単子葉群が分化していた。この年代の古植生のなかで，被子植物はまだ優占している植物群ではなかったが，後期白亜紀にはさらなる多様化が起こり，地球上の植生を広く覆うようになっていった(Friis et al., 2006)。

ポルトガルのバレミアン期またはアプチアン期の小型化石の研究が明らかにしたことは，現生の原始的被子植物群よりも，白亜紀の被子植物始原群の方が多様性に富んでいたということである。

被子植物の初期進化の段階において，かなり古い起源をもつ原始的被子植物群やセンリョウ科，クスノキ科のような科がすでに分化していたが，現生の科に属さない多くの植物群も分化していたことがわかってきた。現生の原始的被子植物群やモクレン綱は，白亜紀の多様に分化していた被子植物始原群のなかの遺存的なグループといえるかも知れない。

5. 被子植物始原群の形質の特徴と進化傾向

現在の原始的被子植物学説では，モクレン科に見られるように，大型の両性花で，多数の花被片や雄蕊などがラセン状に配列し，多数の心皮がラセン状に離生し，子房上位である状態が原始的形質とされた。そして，単性花となり，少数の花被片や，雄蕊が輪生状に配列し，心皮数の減少と互いの合着および子房下位に移行していく進化傾向があるとされてきた。

ところが，前期白亜紀においてすでに花の各器官の数が少ない構成要素からなる花が多く発見されている。発見された4種類のなかの3種類は子房下位花で，残りの1種類が子房上位花であった。さらに，断片化された小型化石からポルトガルの前期白亜紀の被子植物には，単性花と両性花が混在していたこともわかった。しかも，モクレン群，単子葉群や真正双子葉群のなかにも，単性花が両性花よりも多くあったようなのである。たとえば，代表的な小型化石として，現生の*Hedyosmum*に類似している単一の心皮で構成されている雌性花や単一の雄蕊からなる雄性花があげられる。他の花化石で

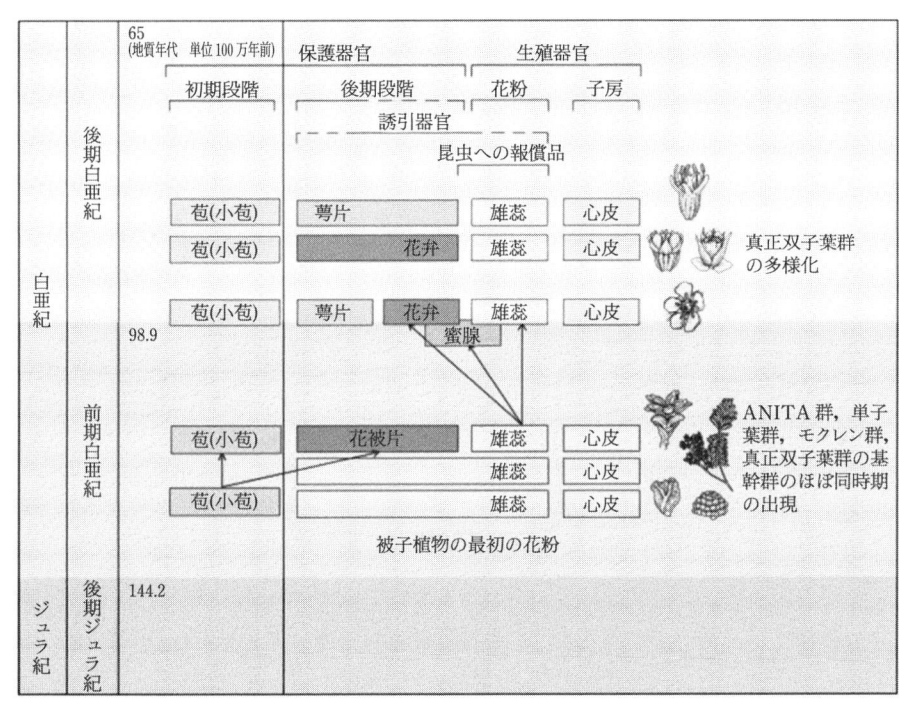

図 12-1 植物化石に基づく白亜紀における花器官の進化過程 (Friis *et al.*, 2006；© Elsevier)

は，花被片や雄蕊が 3〜8 個輪生しており，雌蕊は，単一心皮性，2 心皮性，または，3 心皮性と多様である．さらに，アンボレラのように多くの雄蕊からなる単性花の花化石も発見されている．

白亜紀の地質年代によって出現してくる花化石の特徴から，花の初期進化段階における傾向が明らかにされている (Friis *et al.*, 2006；図 12-1)．花の主要な機能は，花粉と胚珠を生産し，受精を行なうことである．次に乾燥から保護し，他花受粉を促進することである．前期白亜紀の被子植物では，花あたりの子房を包む器官の数は少なかったようである．この地質年代の雌蕊は，1 心皮またはわずかの数の心皮からなる離生心皮から構成されていた．柱頭には特別の構造がまだ発達していなかった．しかし，多くの花は虫媒による受粉を行なっていたと考えられている．被子植物の初期進化段階では，

1心皮あたりの胚珠の数は1〜数個に限られており，1雄蕊あたりの花粉の量も少なく，受粉の効率は悪く，種子の生産量も多くはなかったであろう。前期白亜紀の花には，花被片がまったく欠けている花のタイプと，花被片をもっているが花弁と萼片に未分化の状態のタイプの2つのタイプが見られた。花被片を欠いているタイプの花は苞によって保護されていた。*Virginianthus* などは雄蕊が虫をひきつける役目を担っていたと考えられている。一般に白亜紀の被子植物は小さい花をつけていたので，互いに密生して大きな花序をつくっていたと推定される。

後期白亜紀にはいると，雄蕊の形態も多様化してきたことが明らかにされている。花被片は萼片と花冠に分化し，萼片は保護器官としての役目を果たし，花冠は昆虫をひきつける役目を果たすようになった（Friis *et al.*, 2006；図12-1）。一方，後期白亜紀にはいるとNormapolles型花粉をもつような風媒花も増加する傾向が見られる。

従来のモクレン説では，多くの器官をつけていた花が起源となって，それらの器官が消失や欠失することによって進化してきたとされている。その理由の1つは，新しい器官が付加されていくよりは，もともと存在していたものが失われていく方が「考えやすい」ということであった。だが，被子植物の起源群が両性花で，多くの器官で構成されていたという従来の見解は再検討が求められているのである。いずれ，形態進化の分子系統学的解析も含めて，最も原始的であった被子植物の姿を明らかにすることが求められている。

6. 小さい花をつけていた被子植物始原群

前期白亜紀から発見された被子植物始原群の花，果実，種子の小型化石は，ほとんどが1〜2 mmと極めて小さい。雄蕊も，ほとんどの長さが0.2〜2.5 mmである。白亜紀全般にわたって被子植物の生殖器官は小さい傾向が認められる。たとえば，ポルトガルのバレミアン期〜アプチアン期から発見されたスイレン目の果実化石は，長さ3 mm，直径2 mmと非常に小さい。また，バージニア州のアルビアン期から発見されたモクレン科型の果実化石も，

長さ1.5〜3.5 mm，直径2 mmである．現生のスイレン科植物やモクレン科植物に比べて，わずかに1/100の大きさにすぎない．

このことは花粉についてもいえる．現生の被子植物の多くは30〜40 μm の大きさの花粉をつけているのに対して，白亜紀の大部分のものが，10 μm 以下の小さい花粉をつけているのも特徴的なことである．花粉のサイズは柱頭の長さと関連があるともいわれており，白亜紀の被子植物の花が全体的に小さかったことを裏づけている．

前節でも述べたように，前期白亜紀の被子植物の花の特徴として，花弁と萼片に分化していない花被片の状態にあったことをあげることができる．また，葯と花糸が明瞭に区別されないタイプの雄蕊が多く，葯隔が太く発達しているという原始的な段階である．

これまでの多くの小型化石の発見によって，白亜紀の被子植物始原群には現生の被子植物に比べて非常に小さい花と花粉をつけていた分類群が圧倒的に多かったことが明らかにされた．このことから，従来のモクレン説で主張されていたような大型の花だけが原始的な形質とは限らないことが明らかになった．

しかし，アルビアン期以降には，1〜2 mmの花をつけていた被子植物だけでなく，なかには大きめの花をつけていた分類群も発見されている．たとえば，北アメリカのアルビアン期〜セノマニアン期から発見されたモクレン型果実の印象化石 *Archaeanthus* の花床の長さは135 mmであった．北アメリカのカンサス州のアルビアン期〜セノマニアン期の地層から発見された *Lesqueira* は，長さ40 mmの大型の果実であった．さらに，北海道のチューロニアン期の地層からは直径25 mmの *Protomonimia* なども発見されている．これらの植物化石は，アルビアン期以降に大型化したモクレン型植物が出現していたことを示唆している．また，白亜紀後期のカンパニアン期〜マストリヒチアン期から発見される他の種類の植物化石も大型化の傾向が見られる．

7. 虫媒花と風媒花

　虫媒花と風媒花のどちらが，より原始的であるかという議論は，100年前のエングラーの時代から繰り返されてきた。モクレン説が優勢になるに従って，原始的な花は，大型の両性花であり，虫媒花であったと考えられるようになった。裸子植物には風媒花植物が多く見られるが，ジュラ紀〜前期白亜紀に出現してくるCycadeoidalesは虫媒花植物であった可能性が高い(Crepet, 1974)。また，Crepet & Friis(1987)は，ジュラ紀〜前期白亜紀の両性の生殖器官をもつ*Cycadeoidea*に昆虫との共生の祖先型ともいえる関係があったことを示唆した。そのために，虫媒花植物が原始的な受粉タイプであると考えられてきた。

　しかし，北アメリカのアルビアン期の地層から風媒花植物であるスズカケノキ科の植物化石が発見されたことで状況が変わってきた。Crepet & Friis(1987)は，風媒花植物であった被子植物祖先型が，進化の過程で虫媒花植物へ変わり得ることを示唆した。この考えが正しければ，前節で述べた花の大きさに続いて受粉様式からも従来のモクレン説のように大型の両性花が必ずしも原始的であるということではないということになる。

　バレミアン期〜アプチアン期から発見された小型化石の花や雄蕊の構造から類推して，前期白亜紀には虫媒花と風媒花の両方がすでに存在していたと思われる。現生の*Hydeosmum*に類似している花化石の雄性花は，裂開面が不明瞭な長い葯をもち，多くの花粉を生産し，一方，雌性花の雌蕊には広い柱頭をもっていた。さらに*Hydeosmum*が風媒花であることからも，この小型化石も風媒花であったと推定できる。さらに，この地質年代の多くの被子植物群は虫媒花であった可能性が高い。小さい葯でわずかな花粉を生産していたのであろう。多くの雄蕊に弁開する葯がついていることがわかっている。この脂質を生じる不稔性の器官は昆虫をひきつけることに役立っていたのであろう。花粉の表面模様やポーレンキット(虫媒花粉に多く見られる花粉の周囲につく脂質)の存在からみて，前期白亜紀には多くの虫媒受粉を

する植物も誕生していたようである。ただし，密腺をもつ花化石は発見されていない。おそらく，昆虫は花粉が目的で白亜紀の花に集まっていたのかも知れない。すでに記したが，白亜紀の被子植物が最初に昆虫をひきつけるために使ったものは，花被片でなく雄蕊であったと考えられている(Crepet & Friis, 1987)。これだけ小さい花に虫がよってくることを考えると集合花序を形成していたか，かなり小さい甲虫によって花粉が運ばれていたと考えられる。蝶のような長い口吻を必要とする大型の花が現れるのは，新生代以降のことのようである。

8. 被子植物始原群の果実と分散様式

白亜紀の果実の75%はいろいろなタイプの乾果であり，残りの25%は液果であると推定される。袋果は比較的多く，10種類が確認されている。最も多い果実のタイプは，堅果または痩果である。分散型と保存型の両方のタイプの子房が認められる。多くの種子は，倒生胚珠であるが，直生胚珠や湾生胚珠もわずかに認められる。珠皮の構成は，化石ではわかりにくいが，いくつかの細胞層から構成されており，2珠皮性であると推定される。1心皮あたりの胚珠の数は，多くの場合1個であり，複数の胚珠を含んでいるのもある。白亜紀の被子植物の果実は，重力による落下や風による分散型など重力散布や風散布が多く，果実が動物によって食べられることで種子が散布されるいわゆる動物散布型はほとんどなかったようである。

9. センリョウ科とクスノキ科の小型化石の意義

ポルトガルの後期バレミアン期または前期アプチアン期からセンリョウ科の雄蕊の小型化石が発見されている。センリョウ科は，それ以降の白亜紀の地質年代の全地層から発見されている。白亜紀だけでも6000万年～7000万年もの長い間，センリョウ科は基本的な形態的特徴を変えないままに生存し続けたことになる。植物の進化スピードがすべての科で一定なのではなく，

なかには進化スピードがゆっくりとした分類群も存在することを示唆している。センリョウ科は，白亜紀以降，新生代を経て1億年以上もの長い間生存し続けていることになる。

かつて，分子系統学的研究によって，センリョウ科が最も原始的な被子植物であると示唆され，「古草本説」へと展開していったことがある。しかし，その後の研究で，必ずしも最も原始的な科ということではなくなったが，原始的被子植物群の1つであることには異論がない。

クスノキ科も，前期白亜紀にはすでに科としての基本的特徴をもち，1億年以上も長い間生存し続けている分類群である。この科の花粉外膜は発達が悪く，アセトリシス処理で容易に崩壊してしまう無花粉外膜型である。北アメリカのニュージャージー州のチューロニアン期の地層から，不完全ながら，クスノキ科新属の花化石が発見されており，この花化石は *Perseanthus* と名づけられた。この *Perseanthus* には，球形で表面には刺状突起があり大きさが 28～33 μm の花粉化石がついていた。このクスノキ科の花粉化石によって，白亜紀のクスノキ科植物が現生のクスノキ科植物の花粉と同じタイプの花粉をつけていたことが明らかにされた。9000万年以上の長い年代にわたって，クスノキ科植物は花や花粉の基本的形質を保持し続けたことになる。

10. *Esgueiria* が物語ること

シクンシ科の絶滅属 *Esgueiria* が，西ポルトガルのカンパニアン期～マストリヒチアン期から発見され，さらに，同じ属が福島県の広野町(コニアシアン期)から発見された。これらの地点は，後期白亜紀にユーラシア大陸の東西の端に位置している。福島県の双葉層群の方が，ポルトガルの地層よりも約2000万年古い。このことから後期白亜紀のユーラシア大陸に *Esgueiria* が広く分布していたものと思われる。しかも，それぞれの地域で複数の種が発見されていることより，それぞれの地域で種分化が進行していたことが示唆される。異なる地質年代の地域から *Esgueiria* のデータがさらに集まれば，白亜紀の年代にそって分布を広げつつ，種分化をしていった *Esgueiria* の進

化の歴史を明らかにすることも夢ではないであろう．

11. 真正双子葉群の出現の時期

また，真正双子葉群の出現を示唆する三溝粒型花粉をもつ葯化石の発見は，被子植物の初期進化を解明するうえで意義のある発見である．

従来，真正双子葉群が出現してくるのは後期アプチアン期～前期アルビアン期と考えられていた．ところが，小型化石は，真正双子葉群の起源がさらに古い年代であることを示唆した．ポルトガルの地層から発見された植物化石には，子房下位や合生心皮などの進化的形質をもつ小型化石なども含まれており，被子植物が起源してから真正双子葉群が分化するまでは，それほど長い地質年代を必要とはしなかったようである．ポルトガルの後期バレミアン期または前期アプチアン期から発見された被子植物の花化石を調べた結果，60種類におよぶ花粉化石が発見されている．それらの花粉化石のほとんどは単溝粒型花粉であるが，わずかに真正双子葉群の三溝粒型花粉も見つかっている．小型化石の花被片と雄蕊に対する雌蕊の位置関係から，ポルトガルの前期白亜紀の被子植物には子房上位花が多く含まれていると推定できるが，いくつかの異なる子房下位花も発見されている．これらのことにより，この地質年代において，すでに花の構成状態の異なるいくつかの系統群に分化していたと推定される．三溝粒型の花粉化石や合生心皮からなる子房下位の花化石の存在により，この地質年代にはすでに真正双子葉群の初期群も出現していたようである．前期白亜紀の真正双子葉群の小型化石は，現生の特定の科に分類することのできない形質をもっている．

図12-2はMagallón *et al*.(1999)によるもので，これまでに発見された真正双子葉群の小型化石の出現状況を系統樹に重ねたものである．系統樹のなかで黒い太線になっているのは，小型化石が発見された年代を表している．分子系統学的研究によるそれぞれの分類群が出現したと予想される年代と，小型化石の発見された地質年代が，かなり重なり合っていることがわかる．系統樹の線が太くなっていない部分は，まだ小型化石が発見されてない空白

288　終　論

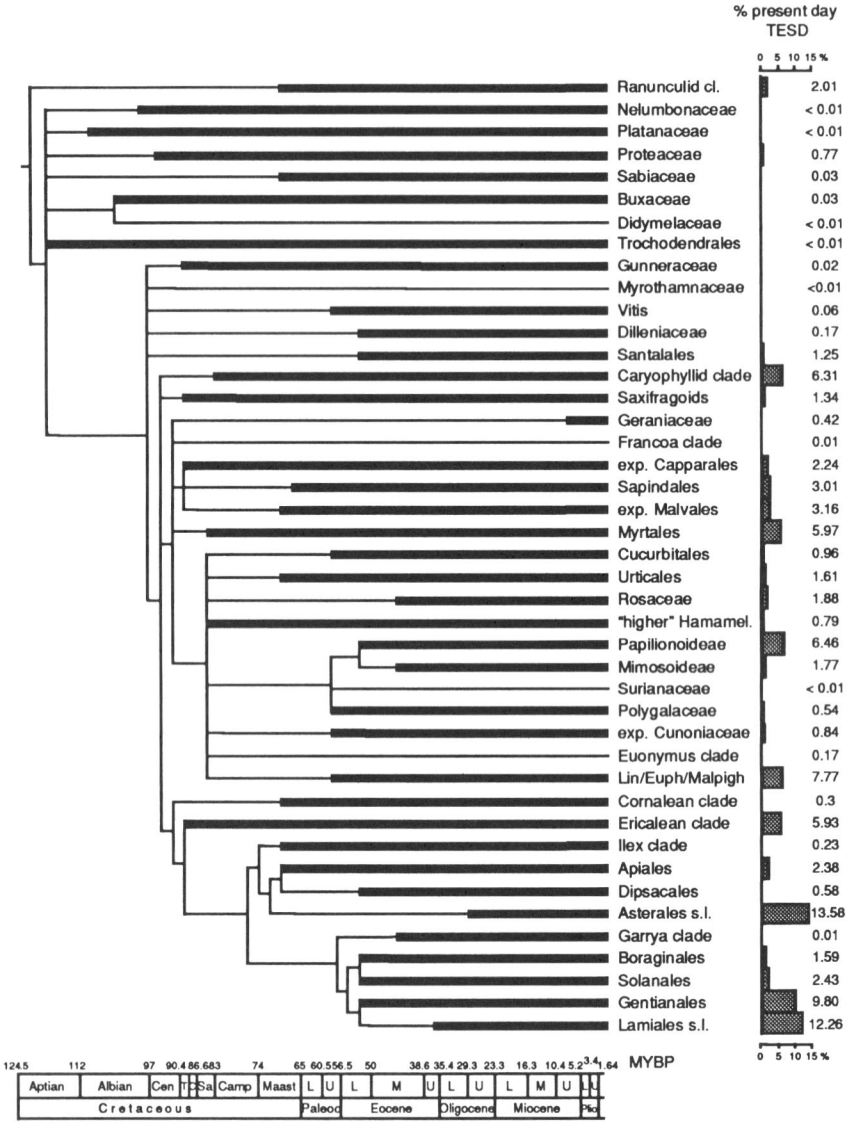

図 12-2　真正双子葉群の系統分化と化石の出現状況（Magallón *et al.*, 1999；©Univ. Chicago Press）。太い線は最初の化石が発見された地質年代を示している。右側のTESD は，現生の種類数の構成割合を示している。

域と考えられる。小型化石の出現状況から，前期アプチアン期に真正双子葉群の原始的な群が分化し，アルビアン期にヤマグルマ科やスズカケノキ科などの分類群が現れ，セノマニアン期〜サントニアン期にかけて真正双子葉群の主要な系統樹が分岐し，そして第四紀にはいってからキク群が多様化してきたというように，系統樹と地質年代の関係が結びつけられるようになった。今後の小型化石の研究によって，被子植物系統樹の化石の空白部分が埋められ，地質年代にそって，それぞれの系統樹中のどのような植物群が分化していったかが解明されていくことであろう(Anderson et al., 2005)。

12. 被子植物の起源と初期進化

現在，被子植物の起源について，分子時計を利用した研究によって提案されたいくつかの説がある。たとえば初期の分子系統学的研究では被子植物の起源を4〜5億年前と推定している研究者もいれば(Ramshaw et al., 1972)，被子植物の分岐年代が2億〜3億年も前の中生代の初期(おそらく後期三畳紀)までさかのぼるとも示唆されていた(Martin et al., 1989；Wolfe et al., 1989；Brandl et al., 1992)。

この2億年前説は，Axelrod(1952)や Raven & Axelrod(1974)の「熱帯高地起源説」とも一致しており，最近の研究者のなかでも支持している人が少なからずいることも事実である。被子植物の2億年前起源説を主張する人のなかには，「被子植物は前期白亜紀に爆発的に進化していることが花粉化石によって明らかにされており，その起源は前期白亜紀よりもはるかに以前のはずである」ということが前提となって主張されてきた。だが，これまでの植物化石や花粉化石のデータは，白亜紀より古い年代に被子植物が出現していたという明確な情報を提供していない。被子植物が三畳紀に出現していたとは考えられない。

最近では，Wikström et al.(2001, 2003)は，植物化石のデータに基づいて分子時計を調整した分子時計の研究によって，被子植物の起源をジュラ紀(1億4500万年〜2億800万年前)と推定し，単子葉群の分岐年代を1億2700

万年～1億4100万年前，真正双子葉群の分岐年代を1億3100万年～1億4700万年前と推定している(Sanderson *et al.*, 2004)。これに対して，Anderson *et al.*(2005)は，三溝粒型花粉化石の最古の出現年代である1億2400万年前に基づいて，真正双子葉群の各分類群の分岐年代を再計算している。被子植物がジュラ紀に起源したというWikström *et al.*(2001, 2003)の分子時計の結果も，最少分岐年代の設定のやり方で違った地質年代の数値になる可能性もあり，現段階では1つの作業仮説とみなすべきだろう。

　種子植物が本当に被子的段階に達するのは，花粉化石や植物化石の出現状況から，前期白亜紀にはいってからのことであると考えられる。イスラエルのバランギニアン期(1億3200万年前)の地層からわずかの花粉化石が発見されてから，ポルトガルの最古の小型化石が発見されるまでに実に1000万年以上もかかっている。たとえ，最古の花粉化石よりも古い年代としても，被子植物の主な初期進化群が出現したのは，前期白亜紀のベリアシアン期～バレミアン期(1億4200万年～1億2100万年前)とするのが妥当なところであろう。

　それでは，地上で最古の花は，どのようなものであったのだろうか？　イスラエルのバランギニアン期(1億3200万年前)の地層から被子植物のわずかの花粉化石が発見されている。これらの花粉化石はどのような花についていたのだろうか？　残念ながら，ベリアシアン期～バレミアン期から被子植物の花化石が発見されていないので正確なことはいえないが，これまでにそれよりも新しい地層であるバレミアン期～アプチアン期から発見された化石から推定すると，地上最初の花は1～2 mmの小さい花であり，花弁と萼片の分化はなく，雌雄異花であった可能性が高い。さらに，心皮の合着やラセン配列から輪生への進化は漸次的に起こったのではなく，極めて初期の進化段階で心皮は合着し輪生するようになったと考えている。今後，白亜紀のベリアシアン期～バレミアン期などの古い地層からの被子植物の花化石の発見が期待される。

　これらの初期進化段階の被子植物は，数mmの小さな果実をつけることで，種子を乾燥から保護していたと考えられる。白亜紀の被子植物の花や果

実に集まってくるのは小型の昆虫ぐらいだったかも知れない。現生植物の大型の果実は白亜紀の被子植物に比べて，何千倍もの大きさに進化したことになり，被子植物の進化にともなう花や果実の巨大化が起こったのであろう。このような花や果実の巨大化という進化は，新生代にはいって哺乳類や鳥類の進化と関連しており，動物と植物の共進化の1つと考えられる。

　被子植物の進化の特徴は，放射多様化型ということである。つまり，1つの系統樹のなかで順をおって段階的に進化していったというよりは，放射状にあらゆる方向に多様化した結果が，25万種という膨大な種類の現生被子植物群の進化に結びついたことになる。このことは初期進化の段階でも同じ状況であったと推定される。現生被子植物群のなかで，最も原始的な群といわれるのは，アンボレラなど原始的被子植物群と呼ばれているわずかの種類であるが，この群は初期進化段階の被子植物群のなかで残ってきた数少ない遺存群と考えられる。前期白亜紀においては，現生の原始的被子植物群よりも多様な初期進化群があった可能性がある。多くの絶滅した被子植物始原群を明らかにしていくのは，これからの小型化石の研究である。

付記
　この分野の理解をさらに深めるためには，2011年に発行された下記の本が，大いに役立つであろう。
　Friis, E. M., R. C. Crane and K. R. Pedersen. 2011. Early Flowers and Angiosperm Evolution. Cambridge University Press. 596 pp.

補論1　種子植物の化石資料

　これまでの蘚苔植物の化石データは Edwards(1993)が整理しており，シダ植物の植物化石のデータは Cleal(1993a)によってまとめられている。

　裸子植物の化石のデータは，Cleal(1993b)や Manchester(1999)によってまとめられている。

　被子植物については，Chester et al.(1967)が，150科の植物化石を整理している。ただし，Chester et al.(1967)は，それぞれの植物化石について詳しい分類学的検討を加えなかったので，あいまいなデータが集積されており，信頼性に欠けるデータも含まれていた。一方，Muller(1981)は，白亜紀〜新生代にいたる花粉化石のデータを集大成し，被子植物の進化のプロセスを解明しようとした。Uemura & Nishida(2002)によって，日本から記載された花粉や胞子のタイプ標本についてのデータベースがまとめられている。Holmes(1991)も植物化石のデータを整理している。Holmes(1991)による植物化石の資料は，被子植物の属のタイプ種が最初に出現した地質年代を示している。Collinson et al.(1993)は，これまでの被子植物の化石に関する研究資料を集大成している。最近では，Magallón et al.(1999)が，真正双子葉群の植物化石のデータをまとめており，さらに Manchester(1999)が第三紀の被子植物化石のデータをまとめている。単子葉群の植物化石については，Daghlian(1981)と Herendeen & Crane(1995)によって，総説がまとめられている。

　日本の新生代の被子植物化石の出現状況は，棚井(1978)によってまとめられている。また，Uemura et al.(2002)によって，日本から記載された植物化石のタイプ標本に関するデータベースがまとめられている。

ここでは，裸子植物と被子植物の化石データをそれぞれの分類群ごとに紹介する。はじめに，裸子植物の主な科の化石について紹介しよう。

1. 裸子植物群 Gymnosperms

1.1 イチョウ目 Ginkgoales
1.1.1 イチョウ科 Ginkgoaceae
ジュラ紀以降，化石の報告がある。北アメリカではロッキー山脈の暁新世(Brown, 1962)やオレゴン州の中新世の地層から発見されている(Chaney, 1920)。この科の総説は Tralau(1968)によってまとめられている。

1.2 球果目 Coniferales
1.2.1 ヒノキ科 Cupressaceae
ワイオミング州の暁新世から葉と球果の化石 *Fokieniopsis* がでている(McIver & Basinger, 1990；McIver, 1992)。中国からヒノキ科化石の報告がある(Guo et al., 1984)。現在，地中海西部に生育している *Tetraclinis* は，ヨーロッパの第四紀と北アメリカの漸新世〜中新世からでている(Kvaček, 1989；Mai, 1995；Meyer & Manchester, 1997；Kvaček et al., 2000)。

1.2.2 マツ科 Pinaceae
北半球の白亜紀〜新生代から多くの報告がある(Crabtree, 1983；Miller & Malinky, 1986；Schorn & Wehr, 1986；LePage & Basinger, 1991；Schorn, 1994；Meyer & Manchester, 1997)。

1.2.3 スギ科 Taxodiaceae
スウェーデンの後期白亜紀から，茎，球果，種子などの植物化石の報告がある(Srinivasan & Friis, 1989)。三木茂によって鮮新世〜更新世の地層から発見されたメタセコイア属 *Metasequoia* の話は有名である(Miki, 1941)。中国や台湾に自生しているコウヨウザン属 *Cunninghamia* の球果，種子，

葉化石が，北アメリカ西部の始新世〜中新世(Meyer & Manchester, 1997)やヨーロッパの新生代(Mai, 1995)と日本の始新世〜中新世(Matuo, 1967 ; Horiuchi, 1996)から発見されている。現在は中国の固有属であるスイショウ属 *Glyptostorobus* はヨーロッパの暁新世(Boulter & Kvaček, 1989)〜鮮新世(Mai, 1995 ; Mainetto, 1998)や日本の始新世〜鮮新世(Tanai, 1961 ; Matsumoto *et al*., 1997b)，および北アメリカの暁新世〜中新世(Brown, 1936, 1962 ; Chaney & Axelrod, 1959 ; Fields, 1996 ; Hoffman, 1996)から発見されている。セコイア属 *Sequoia* とヌマスギ属 *Taxodium* は現在では太平洋の周囲だけに分布しているが，北半球全体から化石の報告がある(Martinetto, 1994)。

1.2.4 イチイ科 Taxaceae

現在，中国や東南アジアに分布する *Amentotaxus* の化石が，北アメリカの後期白亜紀〜中新世やヨーロッパの暁新世〜中新世からでている(Fergusson *et al*., 1978 ; Jähnichen, 1990)。イチイ属 *Taxus* とカヤ属 *Torreya* の化石も知られている(Manchester, 1994b ; Meyer & Manchester, 1997)。

1.3 グネツム目 Gnetales

1.3.1 グネツム科 Gnetaceae

バージニア州のアプチアン期の地層からグネツム目の化石 *Drewria* が発見された(Crane & Upchurch, 1987)。この化石は，葉を十字対生につける単軸分枝をしており，生殖器官は腋生で，サバクオモト型花粉をもつことが明らかにされている。グネツム目の化石については Crane(1996)によってまとめられている。

北アメリカのポトマック群からシダ種子植物 *Decussosporites* の生殖器官の小型化石が発見されている(Pedersen *et al*., 1993)。その他のシダ種子植物(Glossopteridales, Gigantopteridales, *Caytonia*, Bennettitales, Pentoxylales)や Cordaites, Cycadales, 球果類については, Crane

(1985a)やTaylor & Taylor(1993)に詳しく解説されている。

次に被子植物系統解析グループの分類体系に従って(APG II, 2003)，被子植物それぞれの分類群ごとに植物化石のデータベースを整理してみよう。

2. 原始的被子植物群(ANITA群)

原始的被子植物群は，アンボレラ科，センリョウ科，スイレン科，アウストロベイレヤ目，マツモ目からなる。

2.0.1 アンボレラ科 Amborellaceae

現生の被子植物のなかでも，最も原始的な被子植物は，ニューカレドニアに1種だけが知られているアンボレラである。

これまでにアンボレラ型の花と果実の化石が西ポルトガルの後期バレミアン期または前期アプチアン期の地層から発見されている(Friis *et al*., 1994b, 2000b)。

2.0.2 センリョウ科 Chloranthaceae

現生のセンリョウ科は，主に熱帯に生育している4属77種で構成されている。この科のすべての植物は，草本または潅木で，虫媒花，単性花で，無花被花である。かつて，この科が「古草本説」として話題にのぼったことがある(Donoghue & Doyle, 1989a, b ; Taylor & Hickey, 1996a)。いわゆる「古草本群」は，分子系統的には単系統ではないにもかかわらず，この考え方は非木本性モクレン類の系統関係に少なからず影響を与えてきた。センリョウ科やコショウ科と類似しており，「古草本説」の化石上の裏づけとされている印象化石がオーストラリアのアプチアン期(Taylor & Hickey, 1990)とイギリス南部のオーテリビアン期(Hill, 1996)から発見されている。残念ながら，これらの印象化石は，貧弱な保存状態であり，系統的な類縁性を議論できるだけの情報が示されていない(Friis *et al*., 1997b)。

(1)白亜紀

　白亜紀の地層からセンリョウ科に関する化石の多くの報告がある。最も古いものは，西ポルトガルの後期バレミアン期または前期アプチアン期の地層から発見されている(Friis et al., 1994b)。さらに，北アメリカのチューロニアン期とスウェーデンのサントニアン期〜カンパニアン期から発見された雄蕊化石である *Chloranthistemon* は，センリョウ属 *Chloranthus* に近縁なものである(Crane et al., 1989；Herendeen et al., 1993；Eklund et al., 1997)。ネブラスカ州のセノマニアン期から発見された葉化石 *Crassidenticulum* は現生植物の *Ascarina* や *Hedyosmum* に類似している(Upchurch & Dilcher, 1990)。同じ地層からはセンリョウ科の葉化石 *Densinervum* も発見されている(Upchurch & Dilcher, 1990)。イギリスの Welden の地層(バレミアン期〜アプチアン期)から，67種の胞子・花粉の化石が報告されているが，そのなかで唯一の被子植物型花粉である *Clavatipollenites hughesii* が発見された(Couper, 1958)。発表当初から *Clavatipollenites* は，現生のセンリョウ科の *Ascarina* の花粉に類似していると指摘され，最古の被子植物の花粉化石といわれていたこともある。この花粉は，遠心極の中央部に短い溝をもち，網目模様を構成している畝(muri)の表面に微小突起があるという特徴がある。特に現生の *Ascarina* の花粉との類似性が指摘されてきた。その後，別の分類群の被子植物の花粉化石が，さらに古いバランギニアン期〜オーテビリアン期から発見されており，*Clavatipollenites* が必ずしも最古の被子植物の化石ということではなくなった。前期白亜紀の地層から出現する *Clavatipollenites*，*Stephanocolpites*，*Asteropollis* などの花粉化石がセンリョウ科と考えられている。発芽口が三叉状〜六叉状の星型である花粉化石 *Asteropollis* や多溝粒型花粉化石である *Stephanocolpites* もセンリョウ科の花粉と考えられている(Walker & Walker, 1984)。北アメリカ東部のセノマニアン期の地層から発見された Clavatipollenites 型の花粉をつけている果実化石 *Couperites* は，1心皮性で，倒生している1種子が垂下している。現生のセンリョウ科は，種子が直生している点で異なっている(Pedersen et al., 1991)。Clavatipollenites 型花粉をつけている1心皮で1種子性の果

実化石はポルトガルのバレミアン期〜アプチアン期の地層からも発見されている(Friis et al., 1994b)。アルゼンチンのアプチアン期の地層からはClavatipollenites 型花粉をつけている葯の化石が発見されている(Archangelsky & Taylor, 1993)。センリョウ科とされる Asteropollis 型花粉化石も発見されており(Hedlund & Norris, 1968)，現生の Hedyosmum に近縁と考えられている(Walker & Walker, 1984)。この Asteropollis 型花粉はヨーロッパのバレミアン期〜セノマニアン期の地層(Groot & Groot, 1962；Pais & Reyre, 1981；Singh, 1983)やエジプトのバレミアン期〜アプチアン期(Schrank, 1987)および北アメリカのアルビアン期〜チューロニアン期(Hedlund & Norris, 1968；Doyle, 1969；Phillips & Felix, 1971；Davies & Norris, 1976；Doyle & Robbins, 1977；Srivastava, 1977；Ward, 1986)，南アメリカのアルビアン期やオーストラリアのチューロニアン期など(Dettmann, 1973；Burger, 1980a, b)，世界中の白亜紀の地層から発見されている。現生のセンリョウ科の花粉には多溝粒型花粉をもつ属もある。現生のセンリョウ科植物と白亜紀の化石種の形態形質に基づいた分岐分類によって，この科の系統関係が解析されている(Eklund et al., 2004)。

(2)新生代

新生代にはいると，センリョウ科の化石は比較的少なくなる。

2.0.3 スイレン科 Nymphaeaceae

現生のスイレン科には，Barclaya，Cabomba，Brasenia，Euryale，Nuphar，Nymphaea，Ondinea，Victoria などが含まれ，淡水性の水生植物である。

(1)白亜紀

Friis et al.(2001)によって，ポルトガルの前期白亜紀(前期バレミアン期〜後期アプチアン期)から，スイレン科に類縁性の高い花化石が発見された。北アメリカのニュージャージー州 Old Crossman Clay(チューロニアン期)から，花化石 Microvictoria が発見されている(Gandolfo et al., 2004)。さらに，ヨーロッパ中央の後期マストリヒチアン期から，スイレン科と考えられ

る種子が報告されている(Knobloch & Mai, 1986；Mai, 1985a, 1995)が，この種子化石については再検討の余地がある(Cevallos-Ferriz & Stockey, 1989)。スイレン目とみなされる葉の化石も，白亜紀から数多く出現している(Teixeira, 1945；Crabtree, 1987)。ただし，これらの印象化石はあまり保存性がよいとはいえない。種子化石 *Barclayopsis* がヨーロッパのマストリヒチアン期以降に出現する(Knobloch & Mai, 1984；Mai, 1985a, 1995)。Nymphaea 型の花粉がカナダのマストリヒチアン期から発見されている(Srivastava, 1969；Muller, 1981)。

(2)**新生代**

スイレン科の種子化石である *Sabrenia* や *Palaeonymphaea* の報告が暁新世からあるが，多くは始新世以降である(Weyland, 1938；Miki, 1941；Collinson, 1980, 1986a；Mai, 1985a, 1995；Cevallos-Ferriz & Stockey, 1989)。コウホネ属 *Nuphar* の種子化石が中国山東省の始新世の地層から発見されている(Chen et al., 2004)。*Sabrenia* のような絶滅属が Cabombaceae と Nymphaeaceae の中間型であると考えられている(Collinson, 1980)。これらの 2 つの科は，中期始新世に分化したと推定されている(Cevallos-Ferriz & Stockey, 1989)。暁新世の葉化石は Taylor(1990)がまとめているが，現生属との関連性は明確ではない。カナダの British Columbia の中期始新世から発見された *Princetonia allenbyensis* は，スイレン目に関連した植物化石と考えられている(Stockey, 1987；Stockey & Pigg, 1991)。

日本では，鮮新世以降にスイレン科の種子化石が発見されている(棚井, 1978)。

2.0.4　旧ハゴロモモ科 Cabombaceae

この科の化石の報告は Dorofeev(1973)，Collinson(1980)，Mai(1985a)，Cevallos-Ferriz & Stockey(1989)によってまとめられている。いくつかの種子化石は，ハゴロモモ科とスイレン科の中間型である。イギリスの始新世からは *Brasenia* に類似している種子化石がでている(Collinson et al., 1993)。

2.1 アウストロベイレヤ目 Austrobaileyales

2.1.1 アウストロベイレヤ科 Austrobaileyaceae

オーストラリアのクィーンズランド北部に生育するツル植物である。花の直径は，約5〜6 cm，ラセン状配列を示す。現生植物は1属1種，これまでに，アウストロベイレヤ科の化石のデータはない。

2.1.2 マツブサ科 Schisandraceae

(1)白亜紀

ポルトガルのバレミアン期またはアプチアン期に発見された小型化石のなかには，離生の多心皮からなる雌蕊がある。ラセン状に配列した心皮が細長い花床に密についている。この小型化石の心皮の配列状態は，現生のマツブサ科に類似している(Friis et al., 2000b)。さらに，マツブサ科の花粉化石がマストリヒチアン期から発見されている(Chmura, 1973；Muller, 1981)。

(2)新生代

新生代から葉や種子の化石の報告がある。ヨーロッパの始新世〜鮮新世，西アジアの鮮新世および東アジアの始新世〜鮮新世，北アメリカの始新世から *Schisandra* の葉化石や種子化石の報告がある(Gregor, 1981；Mai & Walther, 1985；Wilde, 1989；Manchester, 1994b；Mai, 1995)。*Schisandra* の種子化石は，オレゴン州の始新世(Manchester, 1994b)，チェコの中新世(Bůžek et al., 1996)，フランスの鮮新世(Gregor, 1981)の地層から発見されている。日本の鮮新世からマツブサ属 *Schisandra* の種子化石が出現している(棚井，1978)。

2.1.3 旧シキミ科 Illiciaceae

(1)白亜紀

シキミ科型の花粉化石が，カリフォルニア州のマストリヒチアン期から発見されたという報告がある(Chmura, 1973)。ネブラスカ州のセノマニアン期から発見された葉の化石である *Longstrethia varidentata* は，シキミ科の特徴があるが，トリメニア科の特徴もある(Upchurch & Dilcher, 1990)。西

ポルトガルの後期バレミアン期または前期アプチアン期(1億3000万年～1億1500万年前)の地層から種子化石が発見されている。その他にも，カザフスタンのセノマニアン期からの種子化石の報告がある(Frumin & Friis, 1996, 1999)。原始的被子植物群のなかで，シキミ科は，三溝粒型花粉をもっている。ただし，片方の極で発芽溝が結合しており，花粉の極性から，単溝粒型の派生タイプの花粉とみなすことができる(Takahashi, 1994)。

(2) 新生代

ヨーロッパ，アジア，北アメリカの暁新世～中新世にかけて多くの葉化石と種子化石の報告がある(Tiffney & Barghoorn, 1979 ; Mai, 1995)。果実化石がドイツと北アメリカの中新世の地層から発見されている(Mai, 1970 ; Tiffney & Barghoorn, 1979)。シキミ属 *Illicium* に類似している葉化石が，ドイツ(Wilde, 1989)と北アメリカ(Taylor, 1990)の始新世から報告されている。

2.1.4 トリメニア科 Trimeniaceae

東オーストラリアからセレベスにかけて，分布する木本植物で小さな両性花をつける。この科の花粉は特徴的な8～12個の発芽孔をもつ散孔粒型花粉である。

(1) 白亜紀

この科の大型化石の報告は少ない。ブラジルのアルビアン期～セノマニアン期や西アフリカのチューロニアン期から，花粉化石 *Cretacaeisporits scabrathus* が発見されている(Muller, 1981)。オーストラリアのカンパニアン期～マストリヒチアン期からトリメニア科と思われる花粉化石 *Periporopollenites fragilis* が発見されている(Dettmann, 1994)。

(2) 新生代

オーストラリアの古第三紀からトリメニア科とされる花粉化石 *Periporopollenites* が発見されている(Macphail *et al*., 1994)。ただし，漸新世～中新世から発見されたこれと同じ花粉がナデシコ科であるとされている(Blackburn & Sluiter, 1994)。

2.2 マツモ目 Ceratophyllales

2.2.1 マツモ科 Ceratophyllaceae

半水生植物，単性の水媒花で世界中に分布している。長い針状突起がある果実は木質化しており，化石として残る可能性が高い。花粉外膜は非常に薄くなっている(Takahashi, 1995)。

(1)白亜紀

2つの化石の報告がある(Dilcher, 1989)が，あいまいな点が残っている。

(2)新生代

暁新世からマツモ属 *Ceratophyllum* の果実化石が知られている。長さ4 mmで8〜11本の針状突起をもつ。始新世からも細かく全裂した葉が輪生し，膨らんだ節間をもつ軸の化石が発見されている(Herendeen *et al*., 1990)。新生代のヨーロッパとアジアからは，12種の果実化石が報告されている(Mai, 1985a, 1995；Dorofeev, 1988)。北アメリカでは暁新世以降に出現している(Les, 1988；Herendeen *et al*., 1990)。

3. モクレン群 Magnoliids

3.1 カネラ目 Canellales

3.1.1 カネラ科 Canellaceae

5属17種からなる小さな科で，現在，アフリカ，マダガスカル，南アメリカなどの熱帯地方に分布している。

(1)白亜紀

植物化石は発見されていない。

(2)新生代

信頼性のある植物化石は発見されていない。カネラ科の唯一の化石の報告は，プエルトリコの漸新世から発見された花粉化石 *Pleodendron* だけである(Graham & Jarzen, 1969)が，Muller(1981)はこの花粉化石に疑問を投げかけている。

3.1.2 シキミモドキ科 Winteraceae

現在，中央アメリカ，南アメリカ，マダガスカル，ニュージーランド，オーストラリア，ニューカレドニアに分布している4〜9属からなる小潅木または木本性の植物である。生殖器官に関する化石の報告はないが，花粉，葉，材の化石が白亜紀や第三紀の地層からでてくる。

(1)白亜紀

最も古い記録は，Gabon 地域のバレミアン期〜アプチアン期から発見された花粉化石 *Walkeripollis gabonensis* である(Doyle *et al*., 1990a, b)。イスラエルのアプチアン期〜アルビアン期からも出現している(Walker *et al*., 1983)。細長い発芽口をもち，表面模様からシキミモドキ科とみなされている。*Pseudowinterapollis* という花粉化石は，オーストラリアのカンパニアン期〜マストリヒチアン期の地層から発見されている(Couper, 1960；Specht *et al*., 1992；Dettmann, 1994)。南極のサントニアン期〜カンパニアン期から無道管双子葉群型の材化石 *Winteroxylon* が発見されている(Poole & Francis, 2000)。カリフォルニア州の後期白亜紀の地層からシキミモドキ科に類縁の材化石が報告されている(Page, 1979)。仮道管は小さく，厚い細胞壁でできており，道管はなく，放射組織は4〜5つの細胞からできており，小さな壁孔が放射状の細胞壁についている。材化石には後期白亜紀から発見されている *Tetracentronites* もある(Page, 1968)。*Afropollis* や，北アメリカのアプチアン期から発見される *Schrankipollis* は，シキミモドキ科のものと考えられることもある。セノマニアン期からは葉化石が発見されている(Upchurch & Dilcher, 1990)。葉化石のなかには，再検討され，モクレン科に含められたものもある(Kirchheimer, 1957；Takhtajan, 1974)。

(2)新生代

オーストラリアの鮮新世〜更新世から *Tasmannia* の種子化石が発見されている(Hill & Macphail, 1985)が，年代の再検討が必要である。始新世からは材化石が発見されている(Gottwald, 1992)。ニュージーランドの新生代の地層から花粉化石や葉の化石が発見されている(Mildenhall & Crosbie, 1979)。南アフリカの中新世から花粉化石の報告がある(Coetzee & Muller,

1984；Coetzee & Praglowski, 1987)。新生代から発見される葉化石のなかで，パタゴニアの中新世から発見された Drimys patagonica は信頼性のあるデータと認められている(Vink, 1993)。

3.2 クスノキ目 Laurales

北アメリカとヨーロッパから特徴的な葉脈とクチクラをもつクスノキ目の葉化石が多くでている(Upchurch & Dilcher, 1990；Kvaček, 1992)。ブラジルの Crato 層(アプチアン期～アルビアン期)からはクスノキ目の花芽の印象化石 Arapiria が発見されている(Mohr & Eklund, 2003)。

アテロスペルマ科 Atherospermataceae とゴモルテガ科 Gomortegaceae の化石データはない。

3.2.1 ロウバイ科 Calycanthaceae

現生の4属，Idiospermum，Calycanthus，Sinocalycanthus，Chimonanthus が，中国と北アメリカに分布しており，両性花をつける。

(1)白亜紀

バージニア州の Puddledock の前期白亜紀(アルビアン期)から発見された Virginianthus calycanthoides という花化石が有名である(Friis et al., 1994a)。この花化石は長さ2～3 mm と小さく，12枚の花被片と30～40本の雄蕊と18～26枚の心皮から構成される雌蕊からなる。現生のロウバイ科とは，雄蕊や花粉の特徴で異なっている。その他に，ニュージャージー州のチューロニアン期からいくつかの花化石が発見されている(Crepet & Nixon, 1994；Crepet et al., 2005)。

(2)新生代

ドイツの中新世から Calycanthus に類似している果実化石の報告がある(Mai, 1987b)。

3.2.2 ハスノハギリ科 Hernandiaceae

ハスノハギリ科は，汎熱帯地域に分布している科で5属から構成されてい

る。
(1)白亜紀
この科の化石の報告はほとんどなく，ポルトガルの初期白亜紀に発見された小さな花化石は，ハスノハギリ科のものと類似しているが，その類縁性は確認されていない(Friis *et al*., 1994b)。

(2)新生代
ベネズエラの中新世から発見された *Gyrocarpus* に類似している葉化石がある(Berry, 1937)が，この化石については再検討が必要である。

3.2.3 クスノキ科 Lauraceae
現生のクスノキ科は，3 数性の花をつける 50 属 2500 種におよぶ木本または潅木で，主に汎熱帯地域に生育している。芳香性のある油脂を含んでいる。

(1)白亜紀
この科について，多くの化石の報告がある。最古のものは，ポルトガルのバランギニアン期〜前期アプチアン期から花の化石が発見されている。バージニア州のアルビアン期からクスノキ科の花化石が発見されている(Crane *et al*., 1994)。メリーランド州のセノマニアン期の地層から *Mauldinia mirabilis* (Drinnan *et al*., 1990)，ヨーロッパのボヘミア地方(チェコ)のセノマニアン期からも *Mauldinia bohemica* が発見されている(Eklund & Kvaček, 1998)。カザフスタンのセノマニアン期〜チューロニアン期の地層からは *Maulinia hirsuta* が発見されている(Frumin *et al*., 2004)。さらに，ニュージャージー州のチューロニアン期から発見された *Perseanthus crossmanensis* (Herendeen *et al*., 1994)や，福島県広野町から発見された *Lauranthus futabensis* などの花化石(Takahashi *et al*., 2001b)がある。*Perseanthus* には，残りにくいといわれていたクスノキ科の花粉がついている状態で発見されている(Herendeen *et al*., 1994)。カンザス州のセノマニアン期から発見された *Prisca reynoldsii* は，*Mauldinia* に類似しているが，断片化した印象化石に基づいているので，クスノキ科との類縁性は，確定していない(Retallack & Dilcher, 1988)。材化石 *Paraphyllanthoxylon* も確認されてい

る(Herendeen, 1991a, b)。ネブラスカ州のセノマニアン期からは，長楕円形の葉化石 *Crassidenticulum* が出現している(Upchurch & Dilcher, 1990)。クスノキ科に近縁とされている葉化石には，*Densinervum*，*Landonia*，*Pabiania*，*Pandemophyllum* などがある。ボヘミアのセノマニアン期からは *Prisca* とつながっており，*Eucalyptus* に類似している葉化石 *Magnoliaephyllum* が発見されている(Retallack & Dilcher, 1981a；Kvaček, 1992)。材化石 *Ulminium* が北海道のコニアシアン期〜サントニアン期から発見されている(Takahashi & Suzuki, 2003)。

(2)新生代

クスノキ科の材化石は，多様な道管〜放射組織の壁孔，2〜3個の細胞からなる異形細胞の放射組織，油脂細胞，周囲柔細胞と小さい壁孔をもつことで容易に区別がつく(Scott & Wheeler, 1982)。材化石には，オレゴン州の始新世から発見された *Ulminium scalariforme* がある。北アメリカの始新世から花の印象化石 *Androglandula*(Taylor, 1988)とドイツの中新世から *Litseopsis* と *Lindera* の花の印象化石が発見されている(Weyland, 1938b)。バルテック海付近の地域のコハクからクスノキ属 *Cinnamomum* と *Trianthera* の花化石が発見されている(Conwentz, 1886)。クスノキ科に関する文献は Rohwer(1993)を参照すればよい。

日本の始新世以降の地層から葉化石が出現している(棚井，1978)。

3.2.4 モニミア科 Monimiaceae

(1)白亜紀

モニミア科は，現在，主に南半球の熱帯，亜熱帯に分布している。この科の化石の報告は少なく，わずかに，葉の化石がドイツのサントニアン期から発見されている(Rüffle, 1965；Knappe & Rüffle, 1975；Rüffle & Knappe, 1988)。南極大陸の暁新世から葉化石の報告がある(Dusén, 1908)。

(2)新生代

現生の *Doryphora* に類似している葉化石がオーストラリアの始新世から(Collinson *et al*., 1993)，材化石が始新世からでている(Gottwald, 1992)。

オーストラリアの更新世からは Atherosperma に類似している葉化石がでている(Hill & Macphail, 1985；Collinson et al., 1993)。

3.2.5 シパルナ科 Siparunaceae
化石の報告はない。

3.3 モクレン目 Magnoliales
モクレン目には，バンレイシ科 Annonaceae，デゲネリア科 Degeneriaceae，エウポマチア科 Eupomatiaceae，ヒマンタンドラ科 Himantandraceae，モクレン科 Magnoliaceae，ニクズク科 Myristicaceae が含まれている。これらの科のなかで，モクレン科とバンレイシ科の花は，多心皮性の雌蕊と多くの雄蕊群からなっている(Crane et al., 1994)。

(1)白亜紀

バージニア州のアルビアン期からモクレン型の花化石が発見されている(Crane et al., 1994)。ニュージャージー州のチューロニアン期からモクレン型の花化石 Cronquistiflora と Detrusandra が発見されている(Crepet & Nixon, 1998b)。その他の印象化石として，前期アルビアン期～中期セノマニアン期から発見された Archaeanthus (Dilcher & Crane, 1984)が有名である。カンサス州とテキサス州から Lesqueria elocata が発見されている(Crane & Dilcher, 1984)。モクレン型果実化石 Protomonimia が北海道の羽幌のチューロニアン期層から発見されている(Nishida, 1985；Nishida & Nishida, 1988)。

モクレン型の花粉化石と思われる Lethomasites fossulatus が，北アメリカ東部のバレミアン期～アプチアン期から発見されている(Ward et al., 1989)。この花粉化石は，50μm以上と大きい単溝粒型花粉であり，表面模様は小孔紋である。花粉外膜には，顆粒状の層があるという原始的な特徴を示している。一般に，白亜紀の被子植物の花粉は 10μm 前後のタイプが多いなかで，Lethomasites はかなり大形の花粉である(Ward et al., 1989)。

デゲネリア科 Degeneriaceae とヒマンタンドラ科 Himantandraceae の

化石の報告はない。

3.3.1 バンレイシ科 Annonaceae
(1) 白亜紀
バンレイシ科の種子には繊維状の種皮などに特徴的な構造があるのでわかりやすいが，白亜紀からの報告はアフリカのマストリヒチアン期からだけである (Chester, 1955；Monteilet & Lappartient, 1981)。さらにマストリヒチアン期から花粉化石のデータがある (Sole de Porta, 1971；Muller, 1981)。

(2) 新生代
ヨーロッパの始新世以降の地層から多くの種子化石が報告されている (Reid & Chandler, 1933；Chandler, 1964b；Monteillet & Lappartient, 1981；Collinson *et al.*, 1993)。パキスタンの暁新世からも報告されている (Tiffney & McClammer, 1988)。北アメリカの始新世から葉化石の報告がある (Taylor, 1990)。

3.3.2 エウポマチア科 Eupomatiaceae
ニューギニアとオーストラリアにそれぞれ1種だけ生育している小さな科である。

(1) 白亜紀
エウポマチア科に近縁と推定される花化石が，北アメリカのチューロニアン期から発見されているが，詳しい類縁関係は明らかにされていない (Crepet & Nixon, 1994)。カリフォルニア州のマストリヒチアン期から花粉化石の報告がある (Chmura, 1973)。

3.3.3 モクレン科 Magnoliaceae
(1) 白亜紀
白亜紀のモクレン科の化石は Friis *et al.* (1997b) によってまとめられている。モクレン科の白亜紀の化石の記録は，第三紀に比べると少ないが，この科が白亜紀に存在していたという確かな証拠がある。モクレン科の代表的な

植物化石は，カンサス州のアルビアン期～セノマニアン期から発見された多心皮性の果実化石である Archaeanthus linnenbergeri と，一緒に出現する葉の化石 Liriophyllum kansense，花被片の化石 Archaeanthus beekeri，A. obscura と，托葉状の化石である Kalymmanthus walkeri である(Dilcher & Crane, 1984)。グリーンランドのセノマニアン期～サントニアン期からは，Archaeanthus と同様の多心皮状の果実化石 Magnoliaestrobus gilmouri や，Litocarpon beardii の報告がある(Seward & Conway, 1935；Delevoryas & Mickle, 1995)。カザフスタンと北アメリカ東部の後期白亜紀からモクレン科の翼のついている種子化石 Liriodendroidea の報告がある(Frumin & Friis, 1996, 1999)。モクレン科の種子化石は，カザフスタン(セノマニアン期～チューロニアン期)，ドイツ(サントニアン期～マストリヒチアン期)，ノースカロライナ州(カンパニアン期)，ジョージア州(サントニアン期)から発見されている(Knobloch & Mai, 1984, 1986；Mai, 1987a；Frumin & Friis, 1996, 1999)。Liriophyllum と Liriodendrites が白亜紀から発見されている(Johnson, 1996)。翼のある Liriodendrites が，後期白亜紀から発見されている(Friis et al., 1997b)。後期白亜紀からモクレン科型の葉化石が発見されているが，モクレン科の類縁科とも共通した特徴をもっている(Crabtree, 1987；Upchurch & Dilcher, 1990)。白亜紀からのモクレン科の絶滅属の化石が発見されている(Friis et al., 1997b)。北海道のコニアシアン期～サントニアン期から材化石 Magnoliaceoxylon が発見されている(Takahashi & Suzuki, 2003)。

(2)新生代

現生のモクレン科の材と共通した特徴をもつ材化石である Magnoliaceoxylon や Liriodendroxylon が，始新世の地層から発見されている(Wheeler et al., 1977；Cevallos-Ferriz & Stockey, 1990a)。モクレン科の種子の特徴がはっきりしているので，モクレン科の種子化石であると識別することは容易である(Reid & Chandler, 1933；Tiffney, 1977)。暁新世から種子化石が発見されている(Knobloch & Mai, 1986；Mai, 1987a)。Cevallos-Ferriz & Stockey(1990a)は，現生属の種子と始新世から発見される種子化石につい

てまとめている。北アメリカの暁新世からでてくるモクレン型葉化石については，Taylor(1990)がまとめている。始新世の材化石についてはCevallos-Ferris & Stockey(1990a)がまとめているが，現生属と類似しているとはいえない。北アメリカでは暁新世〜中新世から種子化石がでている(Grote, 1989; Rember, 1991; Manchester, 1994b)。ヨーロッパやアジアでは，暁新世〜鮮新世から発見されている(Mai, 1995)。北アメリカの中新世から葉と果実の化石が発見され(Baghai, 1988)，ヨーロッパでは鮮新世から出現している(Wilde et al., 1992)。日本では中新世からユリノキ属 *Liriodendron* の葉と果実化石がでているが，鮮新世では姿を消している(Tanai, 1979)。

3.3.4 ニクズク科 Myristicaceae

この科の植物は小さな単性花をもつ潅木または高木で，主に熱帯に分布している。

(1)白亜紀

ニクズク科の化石の報告は少ない。わずかにサハラの後期白亜紀から *Myristicoxylon* という材化石が発見されているだけである(Boureau, 1950)。前期白亜紀から発見された Clavatipollenites 型花粉のなかにニクズク科と関連があると考えられる花粉化石も含まれている(Walker & Walker, 1984)。

(2)新生代

Wolfe(1977)は，北アメリカの中期中新世から葉の化石を発見した。果実化石 *Myristicacarpum* が，ヨーロッパの中期中新世から発見されている(Gregor, 1978)。アフリカから花粉の報告がある(Muller, 1981)。

3.4 コショウ目 Piperales

単溝粒型で微顆粒突起と疣状突起のある花粉化石 *Tucanopollis*／*Transitoripollis* が，広く白亜紀から発見されている(Doyle & Hotton, 1991)。特に，ヨーロッパと北アメリカのアルビアン期(Doyle & Hotton, 1991)，アフリカのバレミアン期(Doyle & Hotton, 1991)，南アメリカのバレミアン期〜アプチアン期(Regali, 1989)から多く発見されている。この花粉の花粉外

膜の内部には，顆粒状構造があり，Doyle & Hotton(1991)によって，白亜紀のコショウ目の花粉であろうと推定されてきた。北アメリカのバージニア州のアルビアン期から発見された花化石の柱頭に *Transitoripollis* 型花粉をつけた小さな果実化石 *Appomattoxia ancistrophora* が発見された(Friis *et al.*, 1995)。その小さな果実は，単心皮で，単室，直生胚珠が垂下しており，果実壁は薄く，単細胞性で先端が曲がっている多くの針状突起が密生している。この果実化石の形質の直生胚珠と種皮が薄いことは，現生のコショウ目に類似しているが，形質のなかには，一部がモザイク状になって，センリョウ科や Circaeasteraceae，モクレン群とも類似している点がある(Friis *et al.*, 1995)。

3.4.1 ウマノスズクサ科 Aristolochiaceae
(1)新生代
ウマノスズクサ科の花粉の報告は少ない。インドのデカン地方の Intertarppen Beds(白亜紀または第三紀初期?)からの材化石，*Aristolichioxylon prakashii*(Kulkarni & Patil, 1977)と，新第三紀からの葉化石 *Aristolochia* の報告があるだけである(Czeczott, 1951；MacGinitie, 1953, 1969, 1974；Pimenova, 1954；Kolakovsky, 1957, 1964；Takhtajan, 1974；Taylor, 1990；Friis *et al.*, 1997b)。

3.4.2 ヒドノラ科 Hydnoraceae
アフリカに分布している2属10種からなる葉を欠いている腐生植物である。化石のデータはない。

3.4.3 ラクトリス科 Lactoridaceae
(1)白亜紀
ラクトリス科と思われる花粉化石 *Lactoris* が北アメリカの前期白亜紀から報告されている(Zavada & Taylor, 1986)。南西アフリカのチューロニアン期～カンパニアン期からは，花粉化石 *Lactoripollenites africanus* が発見

されている(Zavada & Benzon, 1987)。大型化石の報告はない。

3.4.4 コショウ科 Piperaceae
(1)白亜紀
日本の白亜紀から*Saururopsis*が報告されている(Stopes & Fujii, 1910)が,再検討が必要である。
(2)新生代
サダソウ属*Peperomia*に類似の種子化石がシベリアの中新世から報告されている(Dorofeev, 1988)。ハンゲショウ属*Saururus*に類似している果実化石がヨーロッパの始新世〜中新世に出現する(Friis, 1985b ; Mai, 1995)。

3.4.5 ハンゲショウ科 Saururaceae
(1)白亜紀
Stopes & Fujii(1910)が北海道の後期白亜紀から茎の化石*Saururopsis*を報告しているが,再検討が必要であり,*Saururopsis* Turczaninow の異属同名となっており命名上有効名でない。
(2)新生代
ヨーロッパの鮮新世からハンゲショウ属*Saururus*に類似している種子化石が発見されている(Friis, 1985a)。

4. 単子葉群 Monocots

次にとりあげるのが,現生の植物のなかで被子植物のなかの 22% を占めている単子葉植物である。従来,ユリ科に含められていたオゼソウやノギランが最も原始的な単子葉群に位置している。ユリ科の多系統性が明らかにされ,単子葉群の分類体系が大幅に変更された。単子葉群の分類体系は,セキショウ目,オモダカ目,キジカクシ目,ヤマノイモ目,ユリ目,タコノキ目,ツユクサ綱(基幹群,ヤシ目,ショウガ目)に分類されている。単子葉群の化石のデータを Daghlian(1981)と Herendeen & Crane(1995)がまとめている。

最近の分子時計の研究は，1億4000万年前に出現した単子葉群が，前期白亜紀には主要な目が分岐し，後期白亜紀にかけてイネ科を含むほとんどの科が分化したと推定している(Bremer, 2000；Janssen & Bremer, 2004)。

(1)白亜紀

一般に，単子葉群の化石は非常に乏しいといわれている。単子葉群のなかで4科のみが白亜紀までさかのぼることが知られている(Stewart & Rothwell, 1993)。北アメリカのアルビアン期から *Epipremum* (サトイモ科)に類似している種子化石がでているという報告がある(Collinson *et al.*, 1993)。北アメリカのサントニアン期〜カンパニアン期から *Spirematospermum* という種子と果実の化石らしいものが見つかっているだけである。*Spirematospermum* については，ショウガ科という意見とバショウ科に含まれるという異なる見解がある。ポルトガルのバレミアン期〜アプチアン期と北アメリカのアルビアン期から単子葉群またはモクレン群と考えられている果実と花粉の化石 *Anacostia* が発見されている(Friis *et al.*, 1997a)。北アメリカのアプチアン期〜アルビアン期から単子葉群の花粉化石が発見されている(Doyle, 1973；Walker & Walker, 1984)。単子葉群の化石はインドのマストリヒチアン期からショウガ科の化石が発見されている(Jain, 1963)。後期白亜紀〜暁新世にかけては葉化石である *Zingiberopsis* が発見されている(Hickey & Peterson, 1978)。マストリヒチアン期〜始新世にかけて，熱帯〜亜熱帯性の単子葉群が世界的に広がったことが知られている。

(2)新生代

始新世にはいると，単子葉群にも現生属と類似の植物化石が出現するようになる。Collinson & Hooker(1987)は，イギリス南部の初期始新世の地層からトチカガミ科の *Stratiotes*，ヒルムシロ科のヒルムシロ属 *Potamogeton*，カヤツリグサ科の *Scirpis* と *Mariscus*，サトイモ科の *Manicaria* と *Nipa* や，ガマ科のガマ属 *Typha* などを発見している。

サクライソウ科 Petrosaviaceae の報告はない。

4.1 セキショウ目 Acorales
4.1.1 セキショウ科 Acoraceae
セキショウ科は，従来サトイモ科にいれられていたが，新たに設定されたセキショウ目の独立した科として認められた(APG II, 2003)。北アメリカの中新世からセキショウに類似している肉穂花序の化石 *Acorites* が発見されている(Crepet, 1978)。

4.2 オモダカ目 Arismatales
シバナ科 Juncaginaceae，リムノカリタ科 Limnocharitaceae，ポシドニア科 Posidoniaceae の化石は報告されていない。

4.2.1 オモダカ科 Alismataceae
沼沢地や湿地に生育するオモダカ科は，単性または両性の花をつける。
(1)白亜紀
オモダカ科といわれる化石が白亜紀から報告されている(Berry, 1925)が，単子葉群である可能性が示唆されているだけで保存性がよいものではない。
(2)新生代
暁新世からオモダカ科の可能性のある葉と果実の化石がある(Brown, 1962)。*Alisma* に近縁な果実化石がイギリスの漸新世の地層からでている(Chandler, 1964b)。直径 1.5 mm の葉柄の化石 *Heleophyton* が始新世から発見されている(Erwin & Stockey, 1989)。36 本の広楕円形の並立維管束が数列になって配列している。しかし，Erwin & Stockey(1991a)は，*Heleophyton* はハナイ属 *Butomus* にも類似していることを指摘している。Collinson(1983)は，イギリスの後期始新世～前期漸新世から果実化石を発見している。漸新世よりも新しい地層からも発見されている(Mai, 1985a；Collinson, 1988a；Erwin & Stockey, 1989)。

4.2.2 レースソウ科 Aponogetonaceae
(1)新生代

カザフスタンの漸新世から，レースソウ属 *Aponogeton* に類似している葉化石の報告がある(Zhilin, 1974a, b, 1989；Pneva, 1988)。

4.2.3 サトイモ科 Araceae
(1)白亜紀

ワイオミング州やモンタナ州のマストリヒチアン期からボタンウキクサ属 *Pistia* の報告がある(Hickey, 1991)。ポルトガルの Torres Vedras(バレミアン期〜アプチアン期)からはサトイモ科の Spathiphylleae(ササウチワ連)に類似の花粉化石 Mayoa がでている(Friis *et al.*, 2004)。北アメリカのアルビアン期からは，*Epipremnum* に似ている種子化石がでている。

(2)新生代

この科の化石はヨーロッパの新生代の地層からよく発見されている(Chandler, 1964b；Wilde, 1989)。Madison & Tiffney(1976)は，漸新世〜鮮新世のサトイモ科の化石の総説をまとめている。北アメリカの暁新世の地層からウキクサ群に近縁な花粉を含んでいる雄蕊の化石(Kvaček, 1995；Stockey *et al.*, 1997)や *Linmobiophyllum* が発見されており，サトイモ科とウキクサ科を結びつける化石と示唆されている(Kvaček, 1995)。この化石は，北アメリカやヨーロッパ，アジアの暁新世〜始新世からは広く発見されている(Krassilov, 1976；McIver & Basinger, 1993；Golovneva, 1994；Stockey *et al.*, 1997)。北アメリカの中期始新世から果実と種子の化石が発見されている(Cevallos-Ferriz & Stockey, 1988a)。ヨーロッパの中期始新世(Wilde, 1989)と北アメリカの始新世(Taylor, 1990)から葉化石が発見されている。Dilcher & Daghlian(1977)は *Philodendron* の葉化石としたが，Mayo(1991)はこの化石を葉縁の形状から *Typhonodorum* のものとした。北アメリカから花序の化石が発見されている(Crepet, 1978)。始新世の Princeton チャート層から Lasioideae 亜科の花序化石が発見されている(Cevallos-Ferriz & Stockey, 1988a)。カナダの暁新世の地層から *Pistia* が

記載されている(McIver & Basinger, 1993)。

4.2.4 旧ウキクサ科 Lemnaceae

アオウキクサ属 *Lemna* に類似の種子化石がヨーロッパとアジアの漸新世から知られている(Mai & Walther, 1978; Mai, 1985a; Dorofeev, 1988)。この化石についてはウキクサ科ではないという意見もあり，ロシアの鮮新世や更新世からも発見されている(Nikitin, 1957)。カナダの暁新世と始新世からウキクサ属 *Spirodella* に類似の葉化石がでている(Taylor, 1990)。暁新世から新たな *Spirodella* の化石がでている(McIver & Basinger, 1993)。

4.2.5 ハナイ科 Butomaceae
(1)新生代

ヨーロッパの漸新世以降，種子や花粉の報告がある(Takhtajan *et al.*, 1963; Mai, 1985a; Collinson *et al.*, 1993)。ただし，ハナイ科の網目模様の単溝粒型花粉は，この科に限定的なものではない。

4.2.6 シオニラ科 Cymodoceaceae
(1)白亜紀

オランダのマストリヒチアン期から *Cymodocea* に類似している化石が発見されている(Voight, 1981)。

(2)新生代

Daghlian(1981)は，それまでのシオニラ科の化石の報告をすべて否定している。フロリダ州の始新世から，葉と地下茎の化石が発見されている(Lumbert *et al.*, 1984)。

4.2.7 トチカガミ科 Hydrocharitaceae
(1)新生代

始新世以降に，細長く，表面は平滑なトチカガミ科の種子化石 *Stratiotes* が出現している(Chandler, 1964b; Collinson, 1986a, 1990)。ヨーロッパの

始新世から葉化石が発見されている(Mai & Walther, 1978, 1985；Wilde, 1989)。ミズオオバコ属 *Ottelia* の化石もイギリスの漸新世から出現している(Chandler, 1964b)。北アメリカの始新世からは現生の *Thalassia* に相当する化石が発見されている(Ivany *et al*., 1990)。

4.2.8 旧イバラモ科 Najadaceae

イバラモ属 *Najas* に似ている種子化石がヨーロッパの漸新世から発見されている(Mai, 1985a；Collinson, 1988a)。

4.2.9 ヒルムシロ科 Potamogetonaceae
(1)新生代

ヒルムシロ属 *Potamogeton* の葉化石がオーストラリアの中新世からでている(Kovar-Eder, 1992)。*Potamogeton* と類似の果実化石がヨーロッパとアジアの始新世から(Collinson, 1982, 1988a；Mai, 1985a)，北アメリカの始新世からでる葉化石は Taylor(1990)によってまとめられている。イギリスの暁新世から，ヒルムシロ科と考えられる果実化石 *Limnocarpus* が出現している(Chandler, 1961；Collinson, 1982)。

4.2.10 旧イトクズモ科 Zannichelliaceae

イトクズモ属 *Zannichellia* に近い果実化石がヨーロッパの中新世〜鮮新世からでている。

4.2.11 カワツルモ科 Ruppiaceae
(1)新生代

絶滅属 *Limnocarpus* と関連属の果実化石は，カワツルモ科とヒルムシロ科の中間型と考えられている(Collinson, 1982)。これらの果実化石はヨーロッパやロシアから多くでている。カワツルモ属 *Ruppia* に類似している果実化石は，更新世から発見されている(Collinson, 1982)。デンマークの中新世から発見された内果皮の化石 *Limnocarpus* がカワツルモ科の可能性があ

ると考えられている(Friis, 1985b)。

4.2.12 ホロムイソウ科 Scheuchzeriaceae

Chester et al.(1967)によって引用されている化石があるが，確かではない。

4.2.13 イワショウブ科 Tofieldiaceae
(1)白亜紀

カリフォルニア州のマストリヒチアン期から Dicolpopollis という現生のイワショウブ属 Tofieldia に類似している花粉化石が発見されている(Chmura, 1973)。この花粉化石については再検討が必要である。

4.2.14 アマモ科 Zosteraceae
(1)白亜紀

日本の白亜紀やロシアの始新世からの報告があるが，信頼性に欠けている。Koriba & Miki(1960)は，コダイアマモと記載したが，後に動物の生痕化石であることが明らかにされている。Daghlian(1981)は，この科のすべての植物化石は疑わしいと判断している。

4.3 キジカクシ目 Asparagales

ネギ科 Alliaceae，旧ムラサキクンシラン科 Agapanthaceae，旧ヒガンバナ科 Amaryllidaceae，キジカクシ科 Asparagaceae，旧アフィランツス科 Aphyllanthaceae，旧ヘスペロカリダ科 Hesperocallidaceae，旧ヒアシンス科 Hyacinthaceae，旧ラックスマニア科 Laxmanniaceae，旧ナギイカダ科 Ruscaceae，旧テミダ科 Themidaceae，ブランドフォルデア科 Blandfordiaceae，ボリア科 Boryaceae，ドリアンタ科 Doryanthaceae，キンバイザサ科 Hypoxidaceae，イキシオリア科 Ixioliriaceae，ラナリア科 Lanariaceae，テコフィラエア科 Tecophilaeaceae，ススキノキ科 Xanthorrhoeaceae，キセロネマ科 Xeronemataceae の植物化石の報告はない。

4.3.1 旧リュウゼツラン科 Agavaceae
(1)新生代
ネバダ州の中新世から *Protoyucca shadisii* が記載されている(Tidwell & Parker, 1990)。はっきりとしていない大型化石の報告もある(Daghlian, 1981)。

4.3.2 アステリア科 Asteliaceae
(1)新生代
アステリア属 *Astelia* の花粉がニュージーランドの始新世から発見されている(Couper, 1960；Mildenhall, 1980)。

4.3.3 アヤメ科 Iridaceae
(1)新生代
ヨーロッパや日本の更新世から種子化石が報告されている(Miki, 1961；Mai, 1985a)が，それ以外の化石のデータはない。

4.3.4 ラン科 Orchidaceae
(1)新生代
鮮新世からの化石が見つかっている(Strauss, 1969)。Schmid & Schimid (1973)によれば，信頼性のある化石は発見されていない。だが，デンマークの中新世の地層からラン科と思われる小さい種子化石が発見されている(Friis, 1985b)。

4.3.5 旧ツルボラン科 Asphodelaceae
この科は，前期白亜紀に出現していた可能性がある(Holland, 1978；Smith & Van Wyk, 1991)。

4.3.6 旧カンゾウ科 Hemerocallidaceae
三叉状口で網目模様のある *Phormium* の花粉化石がニュージーランドの

始新世以降の地層からでている(Couper, 1960；Muller, 1981)。ただし，このタイプの花粉はカンゾウ科だけに見られるものではない。

4.4　ヤマノイモ目 Dioscoreales

ヒナノシャクジョウ科 Burmanniaceae，ノギラン科 Nartheciaceae の植物化石の報告はない。

4.4.1　ヤマノイモ科 Dioscoreaceae

Daghlian(1981)は，この科のすべての化石報告には問題があり，再検討が必要であると述べている。

4.4.2　旧タシロイモ科 Taccaceae
(1)新生代

現生のタシロイモ属 *Tacca* に類似している種子化石が東ヨーロッパの漸新世からでている(Gregor, 1983)。

4.5　ユリ目 Liliales

多くは多年性の草本であり，わずかに木本性のものがある。3数性の両性花をつけ，虫媒植物である。二次生長をする単子葉群の化石 *Protoyucca* がネバダ州の中新世から発見されている(Tidwell & Parker, 1990)。この化石はユッカラン属植物 *Yucca brevifolia* と類似点が多い。

ユリズイセン科 Alstroemeriaceae，カンピネマ科 Campynemataceae，イヌサフラン科 Colchicaceae，コルシア科 Corsiaceae，ツバキカズラ科 Luzuriagaceae，フィレシア科 Philesiaceae，リポゴナ科 Ripogonaceae の植物化石の報告はない。

4.5.1　ユリ科 Liliaceae
(1)白亜紀

カリフォルニア州のマストリヒチアン期から *Liliacidites pollucibilis* とい

う花粉が発見されている(Chmura, 1973)。この花粉は，ユリ科またはリュウゼツラン科のものであろう。北海道の後期白亜紀から *Cretovarium* が報告されている(Stopes & Fujii, 1910)。

4.5.2　シュロソウ科 Melanthiaceae
(1)白亜紀
カリフォルニア州のマストリヒチアン期から *Dicolpopollis* という現生のイワショウブ属 *Tofieldia* に類似している花粉化石が発見されている(Chmura, 1973)。この花粉型は他の分類群にも見られるものであり，シュロソウ科とすることは困難である。

4.5.3　シオデ科 Smilacaceae
(1)新生代
ドイツの漸新世～中新世から *Smilax* の葉の化石がでているという報告があるが，ヤマノイモ科との区別がはっきりしていない(Berry, 1929；Mai & Walther, 1978；Wilde, 1989；Taylor, 1990)。ケンタッキー州とテネシー州の始新世からシオデ属 *Smilax* の葉化石が発見されている(Sun & Dilcher, 1988)。シオデ科の葉化石については Daghlian(1981) と Collinson *et al.* (1993) によってまとめられている。

4.6　タコノキ目 Pandanales
この目についての信頼性のある植物化石は発見されていない。
ホンゴウソウ科 Triuridaceae，ベロジア科 Velloziaceae の植物化石の報告はない。

4.6.1　パナマソウ科 Cyclanthaceae
(1)新生代
現生のパナマソウ属 *Cyclantus* に類似の果実化石が始新世から報告されていた(Collinson, 1988b)が，この科には含まれないものである。

4.6.2　タコノキ科 Pandanaceae

(1)白亜紀

カナダのマストリヒチアン期から花粉化石 *Pandanus* が発見されている (Jarzen, 1978)。

(2)新生代

タコノキ科については信頼性のある化石は発見されていない(Daghlian, 1981)。たとえば，始新世の *Pandanophyllum* や *Ludoviopsis* などは，タコノキ科に類似している点もあるが，保存性がよくない化石である。Weyland(1957)は，ヨーロッパの漸新世〜中新世の化石をまとめている。始新世の葉化石を Lakhanpal *et al.*(1984)がまとめているが，詳しい再検討が必要である。

4.6.3　ビャクブ科 Stemonaceae

(1)白亜紀

ヨーロッパの後期白亜紀から *Spirellea* が報告されている(Knobloch & Mai, 1986)。これらの化石はビャクブ科のものとされているが，再検討が必要である(Collinson *et al.*, 1993)。

5.　ツユクサ群 Commelinids

ホシクサ目 Eriocaulales，サンアソウ目 Restionales，イネ目 Poales，イグサ目 Juncales，カヤツリグサ目 Cyperales と思われる化石の区別は困難である。白亜紀以降，平行脈のある葉が出現しているが，そのような特徴のある葉をもつ科は非常に多く，区別し難い。明らかな単子葉群の化石は始新世の地層から発見されている(Potter, 1976)。地下茎は短い節間からできていて，鱗片状の葉がラセン状に配列している。表皮は，細長い細胞からできている。気孔の構造などからスゲ科と考えられている。

ダセポゴナ科 Dasypogonaceae の植物化石の報告はない。

5.1 ヤシ目 Arecales
5.1.1 ヤシ科 Arecaceae(Palmae)

ヤシ科は，熱帯，亜熱帯に生育し，潅木，ツル植物，または木本植物である。肉穂花序に単性または両性の花をつける。果実は液果または石果である。単子葉群のなかでは，化石のデータが最も多い科である。

(1)白亜紀

北アメリカの前期カンパニアン期(Crabtree, 1987)とサントニアン期(Daghlian, 1981)から葉化石の報告がある。Daghlian(1981)は，ヤシ科の果実，茎，葉の化石のデータをまとめている。サントニアン期より，葉化石 *Sabal* と茎化石 *Palmaxylon* が出現している(Berry, 1916b)。羽状複葉の化石はマストリヒチアン期以降に出現し，掌状複葉は暁新世以降でないと出現してこない(Crabtree, 1987)。花化石である *Phoenix* がバルト海のコハクに含まれていたという報告があるが，この化石は *Phoenix* と異なり，ヤシ科ではないと考えられている。この科の花粉化石がサントニアン期〜コニアシアン期の地層から発見されている(Christopher, 1979)。

(2)新生代

Costapalma，*Palustropalma*，*Palmacites* などが始新世からでている。ドイツの始新世から花，果実，葉の化石がでている(Schaarschmidt & Wilde, 1986；Wilde, 1989)。アフリカの暁新世からニッパヤシ属 *Nypa* に類似している果実がでている(Gee, in Knobloch & Kvaček, 1990, pp. 315-319 参照)。*Nysa* の果実はブラジルの暁新世や北アメリカの始新世からでている。エジプトのアプチアン期から果実化石が出現しているという報告がある(Vaudois-Miéja & Lejal-Nicol, 1987)が，この化石の形態的，解剖学的な特徴はヤシ科と特定するだけの十分なデータではない。

5.2 ツユクサ目 Commelinales

ハエモドルム科 Haemodoraceae，ハングアナ科 Hanguanaceae，タヌキアヤメ科 Philydraceae の植物化石の報告はない。

5.2.1 ツユクサ科 Commelinaceae

現生のツユクサ科は熱帯～亜熱帯の草本植物で葉鞘があり，青い花冠があり，6本の雄蕊がある。果実は蒴果で，50属以上からなっている。

(1)新生代

化石は暁新世以降である。ケニヤの中新世の地層からヤブミョウガ属の *Pollia tugenensis* という葉と果実の化石が発見されている(Jacobs & Kabuye, 1989)。披針形の葉は 12 cm あり，多くの毛が表皮を被っている。

5.2.2 ミズアオイ科 Pontederiaceae

ミズアオイ属 *Monochoria* に似ている種子化石とホテイアオイ属 *Eichhornia* に類似している種子と葉化石がヨーロッパの始新世からでている (Mai & Walther, 1978, 1985；Wilde, 1989)。

5.3 イネ目 Poales

アナルトリア科 Anarthriaceae，エクデイオコレル科 Ecdeiocoleaceae，ヒダテラ科 Hydatellaceae，ジョインビレア科 Joinvilleaceae，マヤカ科 Mayacaceae，ラパテア科 Rapateaceae，ツルニア科 Thurniaceae の植物化石の報告はない。

5.3.1 パイナップル科 Bromeliaceae

(1)新生代

Collinson *et al.*(1993)は，従来のパイナップル科の大型化石については再検討が必要であることを述べている。中央アメリカの後期始新世から Tillandsia 型の花粉化石が発見されている(Graham, 1987)。

5.3.2 カツマダソウ科 Centrolepidaceae

明確な化石の報告はない。

5.3.3　カヤツリグサ科 Cyperaceae

湿ったところに分布し，茎(稈)は，三角形で，葉鞘がある。花は，単性花または両性花であり，苞穎の腋につく。雌蕊は，2または3心皮からなり，1〜3本の雄蕊がある。風媒花である。

(1)白亜紀

カヤツリグサ科の最古の化石は，ロシアのアプチアン期〜アルビアン期に花序をつける茎の化石 *Caricopsis* の報告がある(Samylina, 1968)が，信頼性に欠ける。

(2)新生代

第三紀からの *Cyperacites* は細長い穂状花序の化石であり，ラセン状に配列した鱗片がある。*Caryx graceiha* は，3 mm の長さの多角形の表皮細胞からなる(Thomasson, 1983；Gabel *et al.*, 1992)。その他にペリジニウムを欠いている痩果である *Cyperocaupus* も発見されている。暁新世以降のヨーロッパの地層から果実化石がでている(Chandler, 1964b；Mai & Walter, 1985；Mai, 1987a)。ドイツの始新世から Mapanoideae に類似している果実化石が発見されている(Collinson, 1988b)。デンマークの中新世の地層からも，数種類の果実化石が発見されている(Friis, 1985b)。

5.3.4　ホシクサ科 Eriocaulaceae

(1)新生代

北アメリカの暁新世からホシクサ属 *Eriocaulon* の報告がある(Chesters *et al.*, 1967)が，Taylor(1990)のリストにははいっていない。

5.3.5　トウツルモドキ科 Flagellariaceae

ボルネオの中新世から Flagellaria 型の花粉化石が発見されている(Muller, 1981)。ユーラシアの新生代からトウツルモドキ属 *Flagellaria* に類似している化石がでている(Linder, 1987)。

5.3.6 イグサ科 Juncaceae
(1)新生代

大型化石はコロラド州の中新世〜鮮新世から報告があるが確実なものではない。同年代から顆粒状の模様をもつ四分花粉が出現しているという報告があるが，これも確実なものではない。イギリスの始新世〜漸新世から種子化石が発見されている(Collinson, 1983；Collinson et al., 1993)。ヨーロッパの中新世からの種子化石の報告がある(Mai, 1985a)。Kovach & Dilcher (1988)は，*Spermatites* がイグサ科の種子化石と考えているが，再検討の必要がある。始新世から，根と側枝の化石が報告されている(Erwin & Stockey, 1992)が，イグサ科のものであるという見解には異論もある(Herendeen & Crane, 1995)。

5.3.7 イネ科 Poaceae
(1)新生代

イネ科の化石については，Thomasson(1987b)によって，まとめられている。この科の最も古い化石としては，ブラジル，カメルーン，ナイジェリアの暁新世から花粉化石が出現している(Adegoke et al., 1978)。Linder & Ferguson(1985)や Linder(1987)によって，この科の花粉化石のデータがまとめられており，マストリヒチアン期からの花粉化石も確認されているが信頼性の高いものではない。

花粉分析などから，暁新世〜始新世(6500万年〜5500万年前)にかけてイネ科草本が出現していることが明らかにされている(Jacobs et al., 1999)。代表的なイネ科の化石は，カリフォルニア州の中新世からでてきた *Tomlinsonia* である。この化石は鉱化した直径3mmの草本性の化石で，維管束が交互のリングを構成している(Nambudiri et al., 1978)。ネブラスカ州の中新世からの *Archaeoleersia* という化石が知られている。シリカ化した化石で3.4mmの長さがあり，イネ科の化石と推定されている。大型化石や花粉化石から，イネ科は始新世以降出現してくる(Chandler, 1964b；Germemaad et al., 1968)。北アメリカの暁新世〜始新世から小穂や花序の化石

が発見されている(Crepet & Feldman, 1991)。北アメリカの中新世から果実化石が報告されている(Thomasson, 1979, 1982, 1987a)。中新世から葉化石や C_4 光合成植物を示唆する化石もでている(Nambudiri et al., 1978 ; Thomasson et al., 1986 ; Tidwell & Namburdiri, 1989)。

5.3.8 サンアソウ科 Restionaceae
(1)新生代
これまで,信頼性のある植物化石の報告がない(Daghlian, 1981)。

5.3.9 ミクリ科 Sparganiaceae
(1)白亜紀
Médus(1987)は,スペインのカンパニアン期の地層からミクリ科とガマ科に類似している花粉化石を報告している。
(2)新生代
果実化石が始新世からでている(Berry, 1924)。現生のミクリ属 *Sparganium* に類似している果実化石がヨーロッパの始新世以降にでている(Chandler, 1964b ; Hickey, 1977 ; Mai & Walther, 1978 ; Friis, 1985a ; Knobloch & Mai, 1986 ; Mai, 1985a, 1987b ; Collinson, 1988b)。Daghlian(1981)によって,化石のデータがまとめられている。

5.3.10 ガマ科 Typhaceae
(1)白亜紀
ヨーロッパの後期白亜紀からガマ属 *Typha* に類似している果実と種子の化石がでている(Mai, 1985a ; Knobloch & Mai, 1986 ; Collinson, 1988a)が,これらのガマ科の化石には疑問があり,再検討が必要である。
(2)新生代
確実な花粉化石は,暁新世からでている(Wilson & Weber, 1946)。北アメリカの始新世から *Typha* の小穂の化石が発見されている(Grande, 1984)。

5.3.11 トウエンソウ科 Xyridaceae
(1)新生代

ヨーロッパの中新世からトウエンソウ属 *Xyris* の化石がでている（Mai, 1985a）。

5.4 ショウガ目 Zingiberales

オオホザキアヤメ科 Costaceae, オウムバナ科 Heliconiaceae, ロウイア科 Lowiaceae の植物化石の報告はない。

5.4.1 カンナ科 Cannaceae
(1)新生代

以前，葉化石とされたものがあったが，Daghlian(1981)によって疑問視されている。

5.4.2 クズウコン科 Marantaceae
(1)新生代

Chester *et al.*(1967)は，クズウコン科の可能性がある植物化石として引用しているが，Daghlian(1981)は否定している。

5.4.3 バショウ科 Musaceae
(1)白亜紀

メキシコカンパニアン期からの果実と種子の化石 *Spirematospermum* がバショウ科のものとされた(Rodríguez-de la Rosa & Cevallos-Ferris, 1994)。

(2)新生代

オレゴンの始新世から種子化石 *Ensete* が記載されている(Manchester & Kress, 1993；Manchester, 1994b；Wehr & Manchester, 1996)。バショウ科の葉化石といわれる *Musophyllum* や *Musocaulon* はバショウ科ではなく，オウムバナ科か，ゴクラクチョウ科と考えられている(Boyd, 1990)。*Musophyllum* は，北海道や北九州の始新世〜漸新世から報告がある(棚井, 1978)。

5.4.4　ゴクラクチョウカ科 Strelitziaceae
(1)新生代

Zhilin(1974b)によって漸新世～中新世からの *Strelitzia* に近い葉化石といわれてきた化石は Daghlian(1981)によって否定されている。

5.4.5　ショウガ科 Zingiberaceae
(1)白亜紀

北アメリカのサントニアン期～カンパニアン期から果実化石が発見されている(Friis, 1988)。種子化石 *Spirematospermum* が北アメリカのサントニアン期～カンパニアン期からでている(Goth, 1986 ; Knobloch & Mai, 1986 ; Friis, 1988c)。この種子化石は，葉化石 *Zingiberopsis* と関連があると考えられている。マストリヒチアン期以降の地層から葉化石が出現している (Hickey & Peterson, 1978)。メキシコのカンパニアン期の地層から果実と種子の化石が発見されている(Rodríguez-de la Rosa & Cevallos-Ferriz, 1994)。

(2)新生代

果実化石である *Spirematospermum* が，ヨーロッパの第三紀から発見されている(Koch & Friederich, 1971 ; Goth, 1986 ; Knobloch & Mai, 1986 ; Friis, 1988c)。*Spirematospermum* は，バショウ科に近縁であるという見解もある(Rodríguez-de la Rosa & Cevallos-Ferriz, 1994)。葉化石が始新世から発見されている(Wilde, 1989 ; Taylor, 1990)。

その他に所属があいまいな化石も発見されている。後期白亜紀～新生代から発見された *Cyclanthodendron sahnii* が Biradar & Bonde(1990)によって再検討され，バショウ科またはゴクラクチョウ科のものであると訂正されている。グリーンランドの古新生代からバナナ属 *Musa* に似ている葉化石 *Musopsis* が報告され，オウムバナ科，バショウ科，ゴクラクチョウ科などと比較されたが，化石のデータ不足により具体的な類縁性は明らかにされていない(Boyd, 1992)。

6. 真正双子葉群 Eudicots

　真正双子葉群は，現生の被子植物のすべての種の75%近くに相当する約17万5000種から構成されており，花粉に3数性または3数性の派生型の発芽口があることで特徴づけられる。真正双子葉群は，多くの系統解析において単系統群であることが証明されている。真正双子葉群の基底部にツゲ科，アワブキ科，ヤマグルマ科があり，さらにヤマモガシ目，キンポウゲ目があり，真正双子葉基幹群へと続いていく。

　従来，真正双子葉群が最初に化石として知られていたのは，ポルトガルのバレミアン期～初期アプチアン期の地層から発見された三溝粒型花粉化石をもつ花化石であり，この化石によって，真正双子葉群の出現の時期がかなり古いことがわかってきた。Gabon (1億2500万年前) のバレミアン期～初期アプチアン期の地層からも化石が発見されており，初期の真正双子葉群の進化は1億2500万年の前期白亜紀のバレミアン期～前期アプチアン期に始まったと考えられている。中国遼寧省のバレミアン期～アプチアン期の地層からも真正双子葉群と考えられる果実化石 *Sinocarpus* が発見されている (Leng & Friis, 2003)。

　アルビアン期の地層から真正双子葉基幹群にある種数の少ない系統群であるスズカケノキ科とツゲ科の化石が出現している。さらに上部の地層からの化石データは真正双子葉群の多様性がかなり増加してきたことを示唆している。マンサク亜科とユキノシタ目に類縁性のある化石がチューロニアン期～カンパニアン期の地層から発見され，バラ群のフウチョウソウ目とフトモモ目がチューロニアン期とサントニアン期～カンパニアン期からそれぞれ発見されている。バラ群に含まれるクルミ目，ヤマモモ目やブナ目などの花の化石は，サントニアン期～カンパニアン期から発見されており，アジサイ科の花化石がコニアシアン期～サントニアン期から出現している。キク群の最も基幹部のグループとツツジ目 (マタタビ科を含む) がチューロニアン期～カンパニアン期から出現している。真正双子葉群の45%を占めるキク群 (狭

義)，シソ綱(広義)とリンドウ目の植物化石は後期白亜紀のマストリヒチアン期あるいは第三紀から発見されている。マメ科の多くの化石は始新世から発見されている。ジャケツイバラ亜科の可能性のある花粉がマストリヒチアン期からでていることは，この科が後期白亜紀末にさかのぼることを示唆している。キク科，シソ目，リンドウ目の葉化石が，暁新世から出現している。主要な真正双子葉群の系統群で種の多様性の不均一な分布があり，特に多様性に富む分類群は，比較的新しい年代における被子植物の進化の後半に起こった放射状進化の結果と考えられている。

6.0.1 ツゲ科 Buxaceae

現生のツゲ科は4属からなる熱帯〜温帯性の植物である。単性花が対生または十字対生に花序についている。子房上位であり，3枚の心皮からなる。それぞれの室に2胚珠がついている。

(1)白亜紀

ツゲ科の花粉は，白亜紀から報告されている(Boltenhagen, 1963)。カンパニアン期の花粉化石 *Erdtmanipollis* は，25〜35 μm の多孔型で，クロトン型の表面模様をもっている。ツゲ科の花化石は，北アメリカのメリーランド州の中期アルビアン期〜セノマニアン期から発見されている(Drinnan *et al*., 1991)。*Spanomera mauldinensis* は，4〜5枚の対生または十字対生の花被片の単性花である。化石は，頂端にある雌性の花と側生している雄性花が花序についている状態で発見された(Drinnan *et al*., 1991)。メリーランド州のセノマニアン期から，20 μm の花粉 *Striatopollis* を含む雄蕊の化石が発見されている。雌蕊の化石 *Spanomera* は，縫線のある2心皮性で，ツゲ科がマンサク綱と近縁であることを示唆している。ツゲ科に類似している *Spanomera* が発見されたのは，メリーランド州のポトマック化石植物群(アルビアン期〜セノマニアン期)からである(Drinnan *et al*., 1991)。この化石は花序からできており，頂端には雌花があり，2対の雄花が側生している(Drinnan *et al*., 1991)。

(2) 新生代

ヨーロッパの後期始新世から *Pachysandra* に類似している種子の化石が発見されている(Mai & Walther, 1985)。ユーラシアから発見されたツゲ属 *Buxus* に類似している葉と果実の化石は Kvaček *et al*.(1982)がまとめている。第三紀の花粉化石は，Bessedik(1983)と Muller(1981)によってまとめられている。日本の中新世から *Buxus* に類似している葉化石が発見されている(Miki, 1937；棚井，1978；Uemura, 1979)。

6.0.2　旧ジジメレス科 Didymelaceae

(1) 新生代

インド洋やニュージーランドの暁新世から花粉化石の報告がある(Harris, 1974)。

6.0.3　アワブキ科 Sabiaceae

(1) 白亜紀

アオカズラ属 *Sabia* やアワブキ属 *Meliosma* に類似している内果皮化石がヨーロッパのマストリヒチアン期から発見されている(Knovloch & Mai, 1986)。*Sabia* の化石がドイツのマストリヒチアン期から発見されている(Knovloch & Mai, 1986)。北海道のコニアシアン期から材化石 *Sabiaceoxylon* が発見されている(Takahashi & Suzuki, 2003)。Stopes & Fujii(1910)によって北海道の後期白亜紀から報告された *Sabiocaulis* は，情報量が少なすぎて，アワブキ科のものであるかはあいまいである。

(2) 新生代

ヨーロッパの暁新世〜鮮新世の地層から発見されている(Reid & Chandler, 1933；Mai & Palamarev, 1977；Mai, 1987a；Friis & Crane, 1989；Crane *et al*., 1990；Martinetto, 1994, 1998)。北アメリカからは *Meliosma* の内果皮化石が後期白亜紀〜始新世から発見されている(Manchester, 1994b)。フランスとイタリアの鮮新世および北アメリカの始新世から *Sabia* の化石が発見されている(Geissert & Gregor, 1981；Martinetto, 1994, 1998；

Manchester, 1994b)。暁新世以降の *Meliosma* に類似している葉化石の報告が Taylor(1990)によってまとめられている。

日本では中新世から *Meliosma* の材化石(Watari, 1949),鮮新世から *Sabia* の内果皮化石が知られている(Miki, 1941)。

6.0.4 ヤマグルマ科 Trochodendraceae
(1)白亜紀

この科に類似している果実化石がブラジルのアルビアン期の地層から発見されている(Mohr & Friis, 2000)。この科の葉化石(Hickey & Doyle, 1977)と材化石(Vozenin-Serra & Pons, 1990)が白亜紀から出現している。*Nordenskioldia* が,アジア〜北アメリカの後期白亜紀の地層から発見されている(Crane et al., 1990, 1991)。スイセイジュ属 *Tetracentron* に類似の葉化石が後期白亜紀からでている(Wolfe, 1977)。チベットのアプチアン期から材化石 *Lhassoxylon* が報告されている(Vozenin-Serra & Pons, 1990)。

日本の前期白亜紀から *Tetracentronites japonica* が報告されている(Nishida, 1962)が,この化石はスイセイジュ科とは無関係の Bennettitales に近縁な *Phoroxylon* であることが明らかにされている(Suzuki et al., 1991)。

(2)新生代

Crane et al.(1991)が北半球の暁新世から *Nordenskioldia borealis* を発見した。この化石は,有柄の単葉で,丸い葉の先端と全縁である。葉脈は放射走行 actinodromous であり,従来 *Zizyphoides* という葉化石として認識されていた。この葉に茎や果実の情報が加えられて,ヤマグルマ科であることがわかった。この化石の2次木部には軸状の仮道管が放射状に配列しているが,無道管で,生殖器官は硬い分離果で花序軸に輪生している。*Nordenskioldia* の果実は,1個の種子を含む多くの心皮からできており,ヤマグルマ科に近いと考えられている(Manchester et al., 1991)。*Nordenskioldia* は,北半球の暁新世に広がっていた果実と花序の絶滅化石である(Manchester et al., 1991)。Vozein-Serra & Pons(1990)は,チベットの後期アプチアン期から *Lhassoxylon* という裸子植物と被子植物の両方の特徴をもつ材化石を

発見した。この化石は，被子植物の材のような多くの柔組織をもち，裸子植物のように樹脂道をもっている。

ヤマグルマ属 *Trochodendron* は中新世以降出現してくる(Manchester *et al*., 1991)。*Trochodendron* は，アメリカ，カムチャツカ，日本の始新世〜中新世の地層からも発見されている(Chelebaeva & Chigayeva, 1988；Wolfe, 1989；Manchester *et al*., 1991；Wehr, 1995)。Suzuki *et al*.(1991) は，日本の中新世から材化石を発見し，*Tetracentron japonoxylum* と名づけた。これらの仮道管の放射面には，放射細胞に対して半分だけ開いている孔があり，これらは現生の *Tetracentron* にだけ見られる特徴である。*Tetracentron* に類似している葉化石が古第三紀からでている(Takhtajan, 1974；Wolfe, 1977)。一部はカツラ科に類縁性の高いものである。葉化石についての再検討が必要である。

三溝粒型花粉化石のある種類は，ヤマグルマ目と共通する線状紋をもっている(Penny, 1988)。北アメリカのアプチアン期から発見され，*Populus potomacensis* と名づけられた葉化石は，*Tetracentron* に類似している (Doyle & Hickey, 1976)。*Trochodendron* に類似している *Nordenskioldia* は，マストリヒチアン期からも発見されているが，北半球の暁新世の高緯度地方に普通に見られる化石である。その他，ヤマグルマ目に類似している線状紋をもつ三溝粒型の花粉や，*Tetracentron* に類似している葉化石がマストリヒチアン期や暁新世から発見されている。

6.0.5　旧スイセイジュ科 Tetracentraceae
前述を参照。

6.1　ヤマモガシ目 Proteales
6.1.1　ハス科 Nelumbonaceae
(1)白亜紀

バージニア州のアルビアン期からハス科植物に近縁な生殖器官の化石の報告がある(Upchurch *et al*., 1994)。

(2) 新生代

北アメリカの始新世からハス属 *Nelumbo* に似ている葉化石がでている (Mai, 1985a；Taylor, 1990)。

6.1.2　ヤマモガシ科 Proteaceae
(1) 白亜紀

ヤマモガシ科の花粉と思われる化石が前期白亜紀から発見されている (Ward & Doyle, 1994)。

(2) 新生代

オーストラリアで始新世以降に発見される。*Banksia* や *Dryandra* に近い葉化石(Hill & Christophel, 1988)や *Lomatia* に類似している葉化石(Carpenter & Hill, 1988)，花序化石 *Musgraveinanthus* (Christophel, 1984)が発見されている。*Musgraveinanthus* は，第三紀から発見された30対の花をつけている花序の軸の化石である(Christophel, 1984)。花は3枚の苞で支えられており，子房上位である。

北アメリカの始新世から発見される *Lomatia* に類似している葉と果実の化石が Taylor(1990)によってまとめられているが，再検討が必要である。始新世〜漸新世からのヤマモガシ科の葉化石は *Lomatia* と呼ばれている (Carpenter & Hill, 1988)。

Serlin(1982)は，テキサス州のアルビアン期から葉柄と葉身に分化していないヤマモガシ科に関連のある葉化石 *Tenuiloba* を記載している。同じところから材化石である *Aplectotremas* が発見されている。*Beaupreaidites* は，ヤマモガシ科の花粉化石である。この花粉化石は，ニュージーランドやオーストラリアの後期白亜紀から出現している (Pocknall & Crosbie, 1988)。

アルゼンチンの始新世からでてきた材化石は *Lomatia* に近いと考えられている。第三紀からは大型化石がでている (Christophel, 1984；Collinson *et al.*, 1993)。

6.1.3 旧スズカケノキ科 Platanaceae
(1)白亜紀

現生のスズカケノキ科は温帯および熱帯に生育する木本植物である。掌状複葉になった葉の化石がアプチアン期から出現していることにより，スズカケノキ科が前期白亜紀には出現していたと考えられている。スズカケノキ科の最も古い生殖器官の化石は，バージニア州の中期アルビアン期から出現している(Crane et al., 1993)。雄蕊だけの化石がバージニア州の前期アルビアン期から出現している(Crane & Herendeen, 1996)。後期白亜紀や第三紀からもスズカケノキ科の化石が発見されている(Crane et al., 1986, 1988, 1993；Manchester, 1986；Friis et al., 1988；Boulter & Kvaček, 1989；Pigg & Stockey, 1991；Pedersen et al., 1994；Magallón et al., 1997)。一般には球状の花序であるが，*Tanioplatanus cranei* は，円筒状の花序である(Manchester, 1994b)。スズカケノキ科の白亜紀の花化石(Friis et al., 1988；Crane et al., 1993；Pedersen et al., 1994)は，第三紀や現生の花の構造と異なっている(Manchester, 1986, 1994b；Pigg & Stockey, 1991)。白亜紀の花化石には花被片があり，5本の雄蕊と雌蕊からできている。前期白亜紀のアルビアン期から *Platananthus potomacensis* と *Platanocarpus marylandensis* という2種類の雄性花と雌性花が発見されたのが，スズカケノキ科の5数性の花化石として最も古い。5数性の *Platananthus hueberi* と *Platanocarpus carolinensis* がノースカロライナ州のサントニアン期～カンパニアン期から発見されている。さらにスウェーデンの Scania から *Platananthus scanicus* と *Platanocarpus* sp. が発見されている。白亜紀のスズカケノキ科の花は，花弁を有すること，5数性の雄蕊と心皮があるのが特徴で，新生代や現生のものと異なっている。

ジョージア州のコニアシアン期～サントニアン期から発見された *Quatriplatanus* は，4数性のスズカケノキ科の移行型である(Magallón et al., 1997)。雄性花は4枚の花被片と4本の雄蕊からなっていて，雌性の花は，2輪の合着した花被片と8枚の心皮からできていた(Magallón et al., 1997)。同じような雄性花が，ニュージャージー州のチューロニアン期から発見され

ている(Crepet *et al*., 1992)。

　これらが，スズカケノキ科の植物化石であるという根拠は，花を構成している数が4または5の単性花が集合して密なボール状の頭状花序をなしていることである。さらに，花被片があり，子房上位花，1心皮性の雌蕊，心皮が部分的に腹側で癒合し，単一の種子をつけ堅果になること，種子は，直生胚珠が垂下していること，細長く伸びた内側の表皮，雄蕊には短い花糸と細長い葯，葯隔の先端は突出していること，葯は，4つの花粉嚢からなり，花粉は三溝粒型で網目模様であることなどの特徴をあげることができる。現生のスズカケノキ科との違いは，化石植物には永続性のある花被片，5数性，ラセン状配列(現生のスズカケノキ科は，3〜5の雄蕊，4〜9枚の心皮)，9〜16μmの小さい花粉(現生のものは，16〜27μm)，小果実が無毛(現生のものは，多くの毛に被われている)などである。このために，化石種は虫媒花の可能性があり，現生のスズカケノキ属 *Platanus* より，はるかに小さい花と果実をつけていたと推定されている。カンサス州のセノマニアン期から花序の化石 *Caloda* が発見されている(Dilcher & Kovach, 1986)。北海道のセノマニアン期〜サントニアン期から材化石 *Plataninium* が発見されている(Takahashi & Suzuki, 2003)。

(2)新生代

　多くのスズカケノキ科の化石は，後期白亜紀および新生代の地層から発見されている(Manchester, 1986；Crane *et al*., 1988, 1993；Friis *et al*., 1988；Boulter & Kvaček, 1989；Pigg & Stockey, 1991；Pedersen *et al*., 1994；Magallón *et al*., 1997；Kvaček *et al*., 2001；Kvaček & Manchester, 2004)。スコットランドの暁新世から出現する同様の葉化石は，*Platanites* と命名された(Crane *et al*., 1988)。葉は先端の小葉と非対称の側生する小葉からなる掌状複葉である。Manchester(1986)は，オレゴン州の始新世から発見された植物化石のなかからスズカケノキ科の化石属 *Macginitiea* を再構築している。*Macginitiea* の葉は5〜7枚の小葉からなり，反転する2次脈があり，托葉がない(Wolfe & Wehr, 1987)。*Platininium* は，スズカケノキ科の葉化石の含まれている地層から発見される材化石である

(Wheeler et al., 1977 ; Wheeler, 1991)。ほとんど，現生のスズカケノキ科の材構造と一致しているが，単孔穿孔と広い放射組織を欠いている。*Macginicarpa* は，始新世から発見された雌性の花序の化石であり，5枚の心皮からなる花化石である(Manchester, 1986)。雌性の花序が軸にラセン状に集合してついている(Manchester, 1986)。それぞれの小花は5枚の離生している心皮を花被片が包んでいる。成熟すると痩果をつける。雄性の花序 *Platananthus* は，5本の雄蕊をもつ多くの小花からなっている。花序や葉化石については，Pigg & Stockey(1991)がまとめている。

6.2 キンポウゲ目 Ranunculales

花の基本数は，2数性または3数性であるが，共通している形質はない。キンポウゲ目の花は，2数性の両性花であるものや，3数性で，子房上位の単性花や，ラセン配列の5枚の花弁をもつものもある。フサザクラの花は，小形で，両性の無花被花である。ケシ目は，放射相称花または左右相称花で，2数性，十字対生，1輪の萼片と2輪の花弁がある。

ポルトガルの前期白亜紀の地層からカラマツソウ属 *Thalictrum* に類似している果実化石が発見されている(Friis et al., 1995)。バージニア州の前期アルビアン期から発見された果実化石 *Appomattoxia ancistrophora* は，キルカエアステル科に類似している(Friis et al., 1995)が，柱頭についていた単溝粒型花粉は，ケシ目の特徴をもっていた。ツヅラフジ科の内果皮の化石が，マストリヒチアン期に出現していることにより，白亜紀の終わり頃には，ケシ目が分化していたことを示唆している。始新世にかけて多様化してきたことがわかっている(Collinson et al., 1993)。サルゼントカズラ科の種子化石や，フサザクラ属 *Euptelea* の葉化石が始新世から発見されている。キケマン属 *Corydalis* の種子化石が中新世から出現している。

旧キングドニア科 Kingdoniaceae，旧オサバグサ科 Pteridophyllaceae の植物化石の報告はない。

6.2.1　メギ科 Berberidaceae
(1)白亜紀

マストリヒチアン期から葉化石の報告がある(Taylor, 1990)が，再検討の余地がある。

(2)新生代

現生のヒイラギナンテン属 *Mahonia* が，東アジア，マレーシア，北アメリカ，中央アメリカに分布している(Whittemore, 1997)。この属は特徴的な尖歯のある複葉をもっているので，化石として識別しやすい。北アメリカでは始新世～鮮新世にかけて出現する(Taylor, 1990；Schorn, 1966)。現在のヨーロッパには分布していないが，ヨーロッパの漸新世や中新世の地層から発見されている(Bůžek *et al.*, 1990；Kvaček & Bůček, 1994)。日本の中新世から *Mahonia lanceofolia* が記載されている(Tanai & Suzuki, 1963)が，小葉に尖歯を欠いており疑問視されている。

6.2.2　キルカエアステル科 Circaeasteraceae
(1)白亜紀

バージニア州のアルビアン期からキルカエアステル科に似ている果実化石 *Appomattoxia ancistrophora* が報告されている(Friis *et al.*, 1995)。しかし，単溝粒型花粉は，コショウ科との類縁を示唆している。

6.2.3　フサザクラ科 Eupteleaceae
(1)新生代

フサザクラ科の生殖器官の化石は知られていない。葉化石は北アメリカの始新世から報告されている(Wolfe, 1977；Collinson *et al.*, 1993)。オレゴン州の始新世から材化石が報告されている(Taylor, 1990)。

6.2.4　アケビ科 Lardizabalaceae
(1)新生代

Sargentodoxa が北アメリカの始新世～中新世の地層から報告され(Tiffney, 1993；Manchester, 1994b），ヨーロッパの鮮新世からも発見されている(Geissert et al., 1990)。ドイツの漸新世から Decaisnea に類似している種子化石が報告されている(Mai, 1980)。

6.2.5 旧サルゼントカズラ科 Sargentodoxaceae
米国の漸新世から種子化石の報告がある(Collinson et al., 1993)。

6.2.6 ツヅラフジ科 Menispermaceae
(1)白亜紀

マストリヒチアン期に内果皮化石が最初に発見されている(Collinson, 1986a；Knobloch & Mai, 1986；Mai, 1987a；Collinson et al., 1993)。カンパニアン期からの葉化石がツヅラフジ科の特徴に類似しているという見解もある(Crabtree, 1987)。

(2)新生代

北アメリカの暁新世からの報告は少ない(Crane et al., 1990)が，始新世では内果皮化石が普通に見られるようになる(Manchester, 1994b；Meyer & Manchester, 1997)。内果皮の化石は，始新世にかけて多様になっていく(Chandler, 1964b；Collinson, 1986a；Knobloch & Mai, 1986；Mai, 1987a；Collinson, 1988b)。葉化石も報告されている(Takhtajan, 1974；Wilde, 1989)。従来，アオツヅラフジ属 Cocculus や Menispermites の葉の化石として北半球から広く報告されていたが，これらの葉化石は，ヤマグルマ科の絶滅植物 Nordenskioldia のものと考えられている(Crane et al., 1991；Manchester et al., 1991)。北アメリカの始新世からは多様な内果皮化石が報告され(Manchester, 1994b)，暁新世からの報告もある(Crane et al., 1990)。Taylor(1990)は，暁新世と始新世の葉化石をまとめている。日本では，鮮新世から種子化石の報告がある(棚井，1978)。

6.2.7 ケシ科 Papaveraceae
(1)新生代
ケシ属 *Papaver* に類似している種子化石がイギリスの始新世からでているといわれている(Chandler, 1926)。ただし，この化石は不明瞭な点が多く，新しい化石も発見されていない。中新世からキケマン属 *Corydalis* の種子が発見されている(Dorofeev, 1964；Collinson *et al.*, 1993)。中新世からはタケニグサ属 *Macleaya* に近い種子化石も発見されている(Dorofeev, 1969)。これらのデータはすべて再検討する必要がある。北アメリカの始新世から発見された花化石(Stockey, 1987)はケシ科に類似しているが，ケシ科と断定することができない。

6.2.8 旧エンゴサク科 Fumariaceae
中新世以降のキケマン属 *Corydalis* の種子化石の報告が Dorofeev(1964)によってまとめられている。

6.2.9 キンポウゲ科 Ranunculaceae
(1)白亜紀
カザフスタンの中期アルビアン期から両性花の化石 *Hyrcantha* が発見されている(Krassilov *et al.*, 1983)。キンポウゲ科またはボタン科の化石と考えられている。苞のある花序で3～5枚の袋状の長さ7mmの心皮をもっており，雄蕊は心皮とほぼ同長であるが，保存性は悪い。カラマツソウ属 *Thalictrum* に類似している果実化石がポルトガルの前期白亜紀の地層から発見されている(Friis *et al.*, 1994b)。
(2)新生代
イギリスとドイツの漸新世から *Myosurus* の果実化石が報告されている(Mai & Walther, 1978)。ヨーロッパやロシアからも，漸新世以降，果実化石の報告がある(Takhtajan, 1974；Łańcucka-Środoniowa, 1979；Mai, 1985a)。日本の漸新世～鮮新世からキンポウゲ科の葉や果実化石がでている(棚井, 1978)。

7. 真正双子葉基幹群 Core Eudicots

このなかには，3つの主要な群(ナデシコ綱，バラ群，キク群)といくつかの独立した系統系列(ユキノシタ綱，ビャクダン綱，ビワモドキ科，ブドウ属 *Vitis*，グンネラ属 *Gunnera*，*Myrothamnus*)が認められる。これらの類縁関係は解明されてなく，異なる分析によっていろいろな系統配置が現れてくる。アエクストキシコン科 Aextoxicaceae，メギモドキ科 Berberidopsidaceae の植物化石の報告はない。

7.0.1 ビワモドキ科 Dilleniaceae
(1)白亜紀
この科に類似の葉化石は後期白亜紀から出現しているが，現生のビワモドキ科の特徴をもっているとは限らない(Crabtree, 1987；Taylor, 1990)。
(2)新生代
Tetracera や *Hibbertia* に類似している種子化石がイギリスの始新世からでている(Chandler, 1964b)。

7.1 グンネラ目 Gunnerales
旧ミロタムヌス科 Myrothamnaceae の植物化石の報告はない。

7.1.1 グンネラ科 Gunneraceae
(1)白亜紀
この植物は多年生草本で現在は南半球だけに分布している。花粉化石 *Tricolpites reticulatus* はグンネラ科のものと一致しており，後期白亜紀には世界中に分布していた(Jarzen & Dettmann, 1989)。

7.2 ナデシコ目 Caryophyllales
これらの植物群の白亜紀からの化石は少なく，発見されているのは，ほと

んどは第三紀以降である。ヒユ科と思われる種子化石が，スウェーデンのサントニアン期〜カンパニアン期からでており，メキシコのカンパニアン期からヤマゴボウ科の鉱化化石がでている。新生代からは，ナデシコ科とモウセンゴケ科に類すると思われる種子化石が始新世から発見されている。アカザ科の種子化石とヒメハギ科の果実化石が中新世から出現している。

アカトカルプス科 Achatocarpaceae，ザクロソウ科 Aizoaceae，ツクバネカズラ科 Ancistrocladaceae，アストロペイア科 Asteropeiaceae，バルベウイヤ科 Barbeuiaceae，ツルムラサキ科 Basellaceae，カナボウノキ科 Didiereaceae，ジオンコフィルム科 Dioncophyllaceae，ドロソフィルム科 Drosophyllaceae，フランケニア科 Frankeniaceae，ギセキア科 Gisekiaceae，ハロフィテア科 Halophytaceae，ザクロソウ科 Molluginaceae，ウツボカズラ科 Nepenthaceae，ピセナ科 Physenaceae，イソマツ科 Plumbaginaceae，ラブドデンドラ科 Rhabdodendraceae，サルコバタ科 Sarcobataceae，シンモンドシア科 Simmondsiaceae，ステグノスペルマ科 Stegnospermataceae の植物化石の報告はない。

7.2.1　ヒユ科 Amaranthaceae
(1)白亜紀

スウェーデンのサントニアン期〜カンパニアン期からヒユ科の種子が発見されている(Collinson *et al*., 1993)。

(2)新生代

種子化石が中新世からでている(Gregor, 1982；Friis, 1985a；Van der Burgh, 1987；Dorofeev, 1988；Collinson *et al*., 1993)。ロシアの後期中新世から現生のヒユ属 *Amaranthus* の種子に類似している化石が発見されている(Negru, 1979)。

7.2.2　サボテン科 Cactaceae
(1)新生代

かつて，*Eopuntina* という化石がこの科のものではないかと考えられてい

たが，MacGinitie(1969)によって再検討され，単子葉群であると訂正されている。

7.2.3　ナデシコ科 Caryophyllaceae
(1)新生代
化石のデータは少なく，始新世からナデシコ科と思われる種子化石の報告がある(Chandler, 1964b；Mai, 1985a；Collinson *et al*., 1993)。

7.2.4　モウセンゴケ科 Droseraceae
(1)白亜紀
ヨーロッパのマストリヒチアン期から種子化石 *Palaeoaldrovanda* がでている(Knobloch & Mai, 1986)。ただし，この化石については再検討する必要がある。

(2)新生代
化石のデータは少なく，始新世からモウセンゴケ科と思われる種子化石の報告がある(Chandler, 1964b；Mai, 1985a；Collinson *et al*., 1993)。ムジナモ属 *Aldrovanda* に類似している種子化石がヨーロッパの始新世からでている(Chandler, 1964b；Mai, 1985a)。

7.2.5　オシロイバナ科 Nyctaginaceae
(1)新生代
Abronia の中新世の化石のデータがある(Berger, 1954)。暁新世からの報告もある(Wolfe & Upchurch, 1986 参照)が，信頼性に欠ける。

7.2.6　ヤマゴボウ科 Phytolaccaceae
(1)白亜紀
ヤマゴボウ科に似ている果実と種子の化石が，メキシコのカンパニアン期から発見されている(Pérez-Hernández *et al*., 1997)。

7.2.7 タデ科 Polygonaceae
(1)新生代

スイバ属 *Rumex* やタデ属 *Polygonum* に類似している果実化石が中新世からでている (Gregor, 1982；Friis, 1985a；Van der Burgh, 1987；Dorofeev, 1988；Collinson et al., 1993)。日本の更新世の地層から果実化石が知られている(棚井，1978)。

7.2.8 スベリヒユ科 Portulacaceae

古第三紀から発見された種子化石はノボタン科のものとされている。

7.2.9 ギョリュウ科 Tamaricaceae
(1)新生代

ロシアの中新世からギョリュウ属 *Tamarix* に類似している茎の化石を報告している(Gokhtuni & Takhtajan, 1988)。

7.3 ビャクダン目 Santalales

ミソデンドロン科 Misodendraceae の植物化石の報告はない。

7.3.1 ボロボロノキ科 Olacaceae
(1)新生代

イギリスの始新世から *Olax* や *Erythropallum* に類似している果実化石の報告がある(Chandler, 1964b；Mai, 1976；Collison et al., 1993)。北アメリカの始新世から *Schoepfia* の葉化石が報告されている(Taylor, 1990)。Taylor (1990) の *Olax* の果実化石を，Manchester (1994b) はこの科に含めていない。この *Olax* といわれた果実化石は，*Musa* の種子である。絶滅花粉化石 *Aquillapollenites* がビャクダン目に近縁であるという考え方があるが，この花化石は発見されてない(Jarzen, 1977；Muller, 1984)。

日本の始新世からボロボロノキ属 *Schoepfia* の葉化石が知られている(棚井，1978)。

7.3.2 カナビキボク科 Opiliaceae
(1)白亜紀

ナイジェリアの後期白亜紀から材化石 *Ophilioxylon* が報告されているが，真偽のほどは不明である(Collison *et al*., 1993)。

7.3.3 ヤドリギ科 Loranthaceae
(1)新生代

ドイツやオーストラリアの始新世から葉化石が発見されている(Mai & Walther, 1978；Wilde, 1989；Collinson *et al*., 1993)。日本の漸新世以降からヤドリギ属 *Viscum* の葉化石が知られている(棚井，1978)。

7.3.4 ビャクダン科 Santalaceae
(1)白亜紀

北アメリカのセノマニアン期から葉化石がでている(Chester *et al*., 1967)とされているが，Taylor(1990)は文献リストから外している。

(2)新生代

ドイツ始新世からビャクダン属 *Santalum* の種子化石がある(Mai, 1976)。

7.3.5 旧ヤドリギ科 Viscaceae

ドイツの中新世から材化石 *Viscoxylon* が記載されている。*Arceuthobium* の花と果実に類似している化石がポーランドの中新世から発見されている(Łańcucka-Šroudoniowa, 1980)。

7.4 ユキノシタ目 Saxifragales

後期白亜紀からのユキノシタ類の化石は，北半球のマストリヒチアン期～暁新世から出現している。後期白亜紀の地層から，多くのマンサク亜科の植物化石がでている。たとえば，スウェーデンのサントニアン期～カンパニアン期から出現する *Archamamelis bivalvis* は，それぞれの半葯に1個の花粉嚢があることから，*Embolanthera* あるいはマンサク属 *Hamamelis* に近

縁であると考えられている (Endress & Friis, 1991) が，花の各器官の構成数が現生のものと異なっている。ジョージア州の後期サントニアン期の Allon 地域から発見された *Allonia decandra* は，マンサク亜科のトキワマンサク亜連に近縁で，系統解析によると *Maingaya* に特に近いと考えられている (Magallón *et al.*, 1996)。さらに，ジョージア州のコニアシアン期〜サントニアン期から Altingioideae 亜科のフウ属 *Liquidambar* に近いと思われる花序の化石が見つかっている。

後期白亜紀からユキノシタ科の2つの種類の花化石が見つかっている。スウェーデンの Scania から発見された *Scandianthus* が，アジサイ科，バーリア科，エスカロニア科とも類似している。ニュージャージー州のチューロニアン期から発見された花化石も，ユキノシタ科に属するものであろうと考えられているが，アジサイ科とも類似している。

Nissidium articum と *Joffrea speirsii* は，現生のカツラ属 *Cercidiphyllum* に類縁性の高い植物化石である (Crane & Stockey, 1985, 1986)。

アルチンギア科 Altingiaceae，アファノペタル科 Aphanopetalaceae，旧タコノアシ科 Penthoraceae，旧テトラカルパエア科 Tetracarpaeaceae，旧プテロステモン科 Pterostemonaceae，ボタン科 Paeoniaceae の植物化石の報告はない。

7.4.1 カツラ科 Cercidiphyllaceae

現生のカツラ科は，1属2種からなり，東アジアにだけ分布している固有属である。カツラ科の葉は有柄であり，楕円形で，基部は鋭形または丸く，葉縁は円鋸歯で，しばしば有腺である。放射走行の葉脈をもっている。カナダの暁新世から *Joffrea* と呼ばれていたカツラ科に類似の葉の化石が数多く発見されていた。茎，雄花，40個の心皮からなる雌花などが発見された。さらに1cm くらいの翼のある種子が発見された (Stockey & Crane, 1983)。この白亜紀と古第三紀の葉の化石は *Trochodendroides* と呼ばれている (Crane, 1984)。もう1つイギリスから発見されたカツラ科の果実化石に *Nyssidium* がある (Crane, 1984)。*Nyssidium* は，葉化石 *Trochodendroides*

と同一の植物である。*Nyssidium* は，莢状の袋果で，表面には斜状に条線がはいり，細長い総状をなす。*Nyssidium* は，北アメリカの後期白亜紀，暁新世，始新世から出現している。アジアでは，後期白亜紀〜暁新世にかけて現れる。ヨーロッパでは，暁新世〜始新世にかけてでてくる。Crane & Stockey(1986)や Friis & Crane(1989)，Crane *et al.*(1990)によって詳しくこの科の化石がまとめられている。

 (1)白亜紀

この科の化石は葉や果実が知られており，後期白亜紀までさかのぼる。後期白亜紀には北半球全体に広がっていたことが知られている(Mai & Walther, 1983)。

 (2)新生代

北アメリカとヨーロッパの漸新世〜中新世にかけて，この属の葉と果実の化石がでてくることが知られている(Smiley & Rember, 1985；Meyer & Manchester, 1997)。カナダの暁新世からカツラ科の植物化石 *Joffrea* が出現している(Stockey & Crane, 1983；Crane & Stockey, 1985)。カナダのアルバータでは果実化石 *Nyssidium* と葉化石 *Trochodendroides* と種子が同種の植物であることがわかって，新たに *Joffrea* として記載された(Crane & Stockey, 1985)。ヨーロッパでは，漸新世〜鮮新世からでてくる。ボヘミアの中新世の地層から雄性花と果実と葉化石が発見されている(Kvaček & Konzalová, 1996)。カムチャツカの中新世から果実と葉の化石が発見されている(Chelebaeva, 1978)。カツラ属 *Cercidiphyllum* に類似している化石が多くでてくるのは中新世以降である(Crane & Stockey, 1985)。日本の漸新世から *Cercidiphyllum* の葉化石がでている(棚井，1978)。

7.4.2　ベンケイソウ科 Crassulaceae

Friis & Skarby(1982)によると，この科のすべての化石は問題があり，再検討を必要とする。

7.4.3 ユズリハ科 Daphniphyllaceae
(1)新生代

日本の中新世からユズリハ属の *Daphniphyllum protomacropodum* の葉化石が発見されている(Uemura, 1988)。

7.4.4 スグリ科 Grossulariaceae
(1)白亜紀

Friis(1990)は，スウェーデンのサントニアン期〜カンパニアン期の地層からユキノシタ目の花化石を発見しており，この化石はEscalloniaceaeのなかで *Quintinia* に特に類似している。

(2)新生代

Quintinia に類似している葉化石がオーストラリアの始新世から報告されている(Christophel et al., 1987 ; Christophel & Greenwood, 1988)。北アメリカの始新世以降，*Ribes* に類似している葉化石が発見されている(Taylor, 1990)。漸新世からの報告もある(Wolfe & Schorn, 1989)。ズイナ属 *Itea* に類似している果実化石がヨーロッパの鮮新世から発見されている(Mai, 1985b)。バルテック海のコハクからはズイナ科 Iteaceae の花化石が発見されている(Friis & Skarby, 1982)。北アメリカの始新世からは *Itea* の葉化石が報告されている(Taylor, 1990)。

7.4.5 アリノトウグサ科 Haloragaceae
(1)新生代

Proserpinaca とフサモ属 *Myriophyllum* に類似している果実化石がヨーロッパの漸新世の地層から発見されている(Mai, 1985a)。

7.4.6 マンサク科 Hamamelidaceae
(1)白亜紀

スウェーデンのサントニアン期〜カンパニアン期から発見された花化石 *Archamamelis bivalvis* は，単一の花粉嚢の半葯を2個もっている雄蕊を

もっており，現生の *Embolanthera* や *Hamamelis* に近い。ただし，輪生している各器官の数が現生のマンサク科と異なっている。ジョージア州のサントニアン期から発見された *Allonia* は，マンサク科の Loropetalinae に近い化石植物である(Magallón *et al.*, 1996)。特に現生の植物と *Maingaya* は姉妹群を構成している。Altingioideae(マンサク科)に近縁な花序化石 *Androdecidua* もジョージア州のサントニアン期から発見されている(Magallón *et al.*, 2001)。果実の集合様式，心皮の輪郭や裂開の状態などはフウ属 *Liquidambar* に似ている(Friis & Crane, 1989；Endress & Friis, 1991)。後期白亜紀から種子化石が報告されている(Chandler, 1964b；Knobloch & Mai, 1986；Mai, 1987a)。カンパニアン期から葉化石の報告がある(Crabtree, 1987)。ニュージャージー州のチューロニアン期からマンサク科に類縁のある花化石が発見されている(Crepet *et al.*, 1992；Zhou *et al.*, 2001)。北海道のコニアシアン期～サントニアン期の地層から材化石 *Hamamelidoxylon* が発見されている(Takahashi & Suzuki, 2003)。

(2)新生代

Corylopsis の種子化石がヨーロッパと北アメリカの第三紀の地層から出現している(Tralau, 1963；Grote, 1989)。花序と種子の化石である *Fortunearites* がオレゴン州からでている(Manchester, 1994b)。*Exbucklandia* は，アイダホ州の中新世の地層から発見されている(Brown, 1946b；Lakhanpal, 1958)。MacGinitie(1941)によって，カリフォルニア州の始新世から発見されたという *Liquidambar* はスズカケノキ科の葉であった(Manchester, 1986)。*Liquidambar* の葉の化石は北アメリカの漸新世～中新世から発見されている(Chaney & Axelrod, 1959；Rember, 1991；Meyer & Manchester, 1997)。カムチャツカの始新世や日本の中新世の地層からも発見されている(Huzioka & Uemura, 1979；Budantsev, 1997)。ヨーロッパでは漸新世～鮮新世からでている(Mai & Walther, 1978)。日本では中新世以降に葉や果実の化石が報告されている(棚井, 1978)。

7.4.7 ズイナ科 Iteaceae
(1)白亜紀

ニュージャージー州のチューロニアン期の地層から花化石 *Divisestylus* が発見されている (Hermsen *et al*., 2003)。

7.4.8 ユキノシタ科 Saxifragaceae
(1)白亜紀

スウェーデンの後期白亜紀の地層から花化石 *Scandianthus* の報告がある (Friis & Skarby, 1982)。*Scandianthus* は長さ 2.2 mm の小さな 5 数性の両性花である。雌蕊は，2 つの心皮が合着してできている。*Scandianthus* は，ユキノシタ科の代表的な化石植物であるが，アジサイ科，Vahliaceae，Escalloniaceae にも類似している (Friis & Skarby, 1982)。もう 1 つの花として，*Silvianthemum* がある (Friis, 1990)。*Silvianthemum* は，5 数性の花であり，花粉は 10 μm の三溝粒型である。ニュージャージー州のチューロニアン期から発見された花化石 *Tylerianthus* もユキノシタ科との類縁性が認められるが，アジサイ科とも類似している (Gandolfo *et al*., 1995, 1998a)。さらに，同じ地層からは花化石 *Divisestylus* が発見されている (Hermsen *et al*., 2003)。

(2)新生代

Reid & Chandler (1933) によってイギリスの始新世から発見された *Saxifragiospermum* はイイギリ科に含まれる化石とされた (Chandler, 1964b)。*Saxifragaceaecarpum* は，マチン科のものと考えられている (Mai, 1968)。バルト海のコハクから発見された植物化石は，雄蕊に関する情報がないためにユキノシタ科からは外されている (Friis & Skarby, 1982)。ネコノメソウ属 *Chrysosplenium* とチャルメルソウ属 *Mitella* に類似している種子化石がヨーロッパの鮮新世から発見されている (Friis & Skarby, 1982)。

8. バラ群 Rosids

アフロイア科 Aphloiaceae，ゲイソロマ科 Geissolomataceae，イキセルバ科 Ixerbaceae，ピクラミア科 Picramniaceae，ストラスブルゲリア科 Strasburgeriaceae の植物化石の報告はない。

8.0.1 ブドウ科 Vitaceae
(1) 白亜紀
明確な種子化石の報告はない(Knobloch & Mai, 1986)。
(2) 新生代
この科は熱帯〜亜熱帯に多く，ツル植物である。ヨーロッパの暁新世以降，種子化石が発見されている(Chandler, 1964b；Mai & Walther, 1978, 1985；Collinson, 1986a；Mai, 1987a)。始新世から *Vitis* の種子化石が出現している(Tiffney & Barghoorn, 1979；Cevallos-Ferriz & Stockey, 1990b)。葉化石がヨーロッパの始新世〜漸新世(Mai & Walther, 1985；Wilde, 1989)，種子化石が，北アメリカの始新世から報告されている(Manchester, 1994b；Cevallos-Ferriz & Stockey, 1990b)。北アメリカの暁新世からの葉化石は Taylor(1990)によってまとめられている。*Ampelocissus similkameenensis* は，カナダの始新世から出現している。

日本の鮮新世から種子化石が知られている(棚井, 1978)。

8.1 クロッソソマ目 Crossosomatales
8.1.1 クロッソソマ科 Crossosomataceae
この科の植物化石の報告はない。

8.1.2 キブシ科 Stachyuraceae
(1) 新生代
ドイツの中新世からキブシ属 *Stachyurus* に類似している果実化石が報告

されている(Mai, 1964)。

8.1.3 ミツバウツギ科 Staphyleaceae
(1)新生代
北アメリカやヨーロッパの中新世の地層からショウベンノキ属 *Turpinia* の種子化石が発見されている(Mai, 1964；Tiffney, 1979)。ヨーロッパと北アメリカの始新世から *Tapiscia* の化石が発見されている(Mai, 1980；Manchester, 1988, 1994b)。北アメリカの暁新世以降のミツバウツギ属 *Staphylea* と *Turpinia* に類似している葉，種子，材の化石がまとめられている(Taylor, 1990)。日本の鮮新世からゴンズイ属 *Euscaphis* の種子化石が報告されている(棚井, 1978)。

8.2 フウロウソウ目 Geraniales
旧ヒピセオカリタ科 Hypseocharitaceae, レドカルパ科 Ledocarpaceae, メリアンタ科 Melianthaceae, 旧フランコア科 Francoaceae, ビビアニア科 Vivianiaceae の植物化石の報告はない。

8.2.1 フウロウソウ科 Geraniaceae
(1)新生代
少なくとも，第三紀初期までは，これらの分類群の信頼性のある植物化石は発見されていない(Collinson *et al*., 1993)。鮮新世からゲンノショウコ属 *Geranium* またはオランダフウロ属 *Erodium* と思われる化石が報告されている(Strauss, 1969)。

8.3 フトモモ目 Myrtales
インドのデカン地方(暁新世〜始新世)からフトモモ目の花と果実の化石が発見されている(Nambudiri *et al*., 1978)。花化石である *Sahnianthus* と果実化石 *Enigmocarpon* が共通の地層から発見されている。

アルザテア科 Alzateaceae, ヘテロピクシス科 Heteropyxidaceae, 旧メ

メキロン科 Memecylaceae，オリニア科 Oliniaceae，ペナエア科 Penaeaceae，プシロキシラ科 Psiloxylaceae，リンコカリクス科 Rhynchocalycaceae，ボキシア科 Vochysiaceae の植物化石の報告はない。

8.3.1 シクンシ科 Combretaceae
(1)白亜紀

花化石 *Esgueiria* が，ポルトガルのカンパニアン期～マストリヒチアン期(Friis *et al.*, 1992)と日本のコニアシアン期(Takahashi *et al.*, 1999b)から発見されている。この属は，盾型の蜜腺毛が子房下位の果実についていることが特徴である。しかし，現生のシクンシ科とは花柱が3つに分かれているという違いがある。

(2)新生代

北アメリカの漸新世からでたモモタマナ属 *Terminalia* に近縁な果実化石(Taylor, 1990)については，再検討が必要である(Manchester & Meyer, 1987)。*Combretum* や *Terminalia* に類似している果実化石は，ケニヤの中新世から数多く発見されている(Chesters, 1957)。この科の材化石は，アフリカや東南アジアの漸新世や新第三紀の地層から多く発見されている(Boureau *et al.*, 1983；Bande & Prakash, 1986)。ヨーロッパの中新世からは現生のシクンシ属 *Quisqualis* に類似の果実化石が発見されている。

8.3.2 クリプテロニア科 Crypteroniaceae
大型化石の報告はない。

8.3.3 ミソハギ科 Lythraceae
(1)白亜紀

現生の *Trapa* に類似の果実化石 *Palaeotrapa* がロシアのマストリヒチアン期の地層から出現している(Golovneva, 1991)。オーストラリアの前期白亜紀から *Hemitrapa* といわれた種子化石が発見されているが，これは被子植物ではないとされている(Drinnan & Champer, 1986)。

⑵新生代

暁新世より生殖器官の化石が発見されている(Collinson, 1986b；Collinson et al., 1993)。*Decodon* の鉱化化石がヨーロッパ，アジア，北アメリカから出現している(Dorofeev, 1977；Mai & Walther, 1978；Friis, 1985b；Cevallos-Ferris & Stockey, 1988b；Manchester, 1994b；Matsumoto et al., 1997)。絶滅属である *Microdiptera* がヨーロッパの始新世〜中新世にかけて出現している(Tiffney, 1981a)。イギリスの始新世から多様な果実化石がでている(Chandler, 1964b)。イギリスの暁新世から *Decodon* に類似している種子化石が発見されている(Collinson, 1986b)。*Trapa* の果実化石が，北アメリカやヨーロッパの暁新世〜中新世にかけて出現している(Manchester, 1999)。果実と種子の化石である *Decodon allenbyensis* がカナダ西部の British Columbia の始新世から発見されている(Eyde, 1972；Cevallos-Ferris & Stockey, 1988a)。

日本では，鮮新世からの報告がある(Miki, 1941, 1952)。*Hemitrapa* の果実化石が鮮新世からでている(Miki, 1941)。

8.3.4 旧ザクロ科 Punicaceae

従来，*Punica* に類縁とされた *Carpolithes* は heterophyle が見られないという理由で Friis(1985a)によって否定されている。Gregor(1978)は果実化石や種子化石の報告をしている。

8.3.5 旧ハマザクロ科 Sonneratiaceae

古第三紀から材化石が発見されている(Mehrotra, 1981)。

8.3.6 旧ヒシ科 Trapaceae

この化石については Mai(1985a, fig. 485)によってまとめられ，果実化石 *Hemitrapa* がヨーロッパの漸新世から発見されている。ヒシ属 *Trapa* に類似の化石はヨーロッパでは中新世以降に発見されている。

8.3.7 ノボタン科 Melastomataceae
(1)新生代
ヨーロッパの中新世から種子化石が報告されている(Dorofeev, 1988；Collinson & Pingen, 1992)。このなかには Portulaceae と間違っていた化石も含まれている。*Acrovena* という葉化石が始新世から報告されている(Hickey, 1977)。ただし，この葉化石はノボタン科と異なる点がある。この属にいれられる化石の別の報告もある(Taylor, 1990)。

8.3.8 フトモモ科 Myrtaceae
(1)白亜紀
この科は現生の100属3000種の木本や潅木であり，主にオーストラリアや熱帯アメリカに分布している。この科と思われる花粉化石 *Myrtaceidites* が白亜紀から出現している(Krutzsch, 1969)。
(2)新生代
Myrtaciphyllum は，始新世の長さ3cmの葉化石である(Christophel & Lys, 1986)。暁新世より果実化石が発見されている(Crane *et al*., 1990)。北アメリカの暁新世〜始新世から果実化石 *Paleomyrtinaea* が発見されている(Pigg *et al*., 1992)。北アメリカの始新世の地層から発見された葉と果実の化石に基づいて設定された *Syzygioides* が発見されている(Manchester *et al*., 1998)。*Eugenia* に類似している始新世からの葉化石が Taylor(1990)によってまとめられている。デンマークの中新世から *Myrtus* の種子化石が記載されている(Friis, 1985a)。ヨーロッパの始新世から葉化石 *Rhodomyrtophyllum* が頻繁に発見されている(Mai & Walther, 1985；Wilde, 1989)。オーストラリアの始新世からも葉化石が多く見られる(Christophel & Greenwood, 1987, 1988；Christophel *et al*., 1987)。ユーカリ属 *Eucalyptus* の葉化石と果実化石が始新世から報告されている(Collinson *et al*., 1993)。

8.3.9 アカバナ科 Onagraceae
(1)白亜紀
化石の報告はマストリヒチアン期から始まり，漸新世以降多くなる。三孔型花粉である *Corsinipollenites* は，ニュージーランドの漸新世から発見されており，現生の *Epilobium* に近い。

(2)新生代
始新世より生殖器官の化石が発見されている(Collinson, 1986b；Collinson et al., 1993)。ヨーロッパの漸新世～中新世からミズキンバイ属 *Ludwigia* に類似している種子化石がでている(Friis, 1985a；Mai, 1985a)。

9. 真正バラ綱Ⅰ群 Eurosids Ⅰ

ハマビシ科 Zygophyllaceae，旧クラメリア科 Krameriaceae，フア科 Huaceae の植物化石の報告はない。

9.1 ニシキギ目 Celastrales
カタバミノキ科 Lepidobotryaceae，ウメバチソウ科 Parnassiaceae，旧レプロペタラ科 Lepuropetalaceae の植物化石の報告はない。

9.1.1 ニシキギ科 Celastraceae
(1)新生代
イギリスの始新世から果実と種子の化石の報告がある(Chandler, 1964b)。北アメリカの始新世からの葉化石は Taylor(1990)によってまとめられている。日本では，中新世からミジンコザクラ属 *Perrottetia* の葉化石と鮮新世からクロヅル属の果実化石が発見されている(棚井，1978)。

9.2 ウリ目 Cucurbitales
この目の植物化石は，始新世から発見されるウリ科の種子化石や中新世から発見されるドクウツギ属の種子化石が見つかっている。

アニソフィレア科 Anisophylleaceae，シュウカイドウ科 Begoniaceae，コロノカルプス科 Corynocarpaceae，テトラメレス科 Tetramelaceae の植物化石の報告はない。

9.2.1 ドクウツギ科 Coriariaceae
ドイツの中新世からドクウツギ属 *Coriaria* に類似している種子化石が発見されている(Gregor, 1980)。

9.2.2 ウリ科 Cucurbitaceae
(1)新生代
イギリスの始新世から種子化石 *Cucurbitospermum* (Chandler, 1964b)，暁新世から未記載の種子化石が報告されている(Collinson, 1986a)。

9.2.3 ダチスカ科 Datiscaceae
(1)新生代
インドの始新世から *Tetrameleoxylon* という材化石の報告がある(Collinson *et al.*, 1993)。

9.3 マメ目 Fabales
クイラジャ科 Quillajaceae の植物化石の報告はない。

9.3.1 マメ科 Fabaceae
(1)白亜紀
この科は後期白亜紀に進化したと考えられている(Raven & Pohhill, 1981)。
(2)新生代
Eomimosoidea に近縁な小葉と果実の化石が北アメリカの始新世からでてきている(Herendeen & Dilcher, 1990a〜c)。*Duckeophyllum* は，2回羽状複葉の化石である(Herendeen & Dilcher, 1990a)。葉化石 *Parvilegumino-*

phyllum も報告されている。果実化石 *Eliasofructus* は，長さ 15 cm で多くの種子を含んでいる。ジャケツイバラ属の *Caesalpinia claiborenensis* は，長さ 8 cm の始新世の果実化石であり，縫線にそって翼が発達している (Herendeen & Dilcher, 1991)。同様の果実化石が始新世〜中新世にかけて出現している (Knowlton, 1926)。アカシアのグループの花も穂状花序についた状態で発見されている (Crepet & Dilcher, 1977)。*Eomimosoidea plumosa* も始新世〜漸新世にかけて出現している (Daghlian *et al.*, 1980)。この化石は，萼が 4 裂しており，8 本の突き出た雄蕊からなることが知られている。花粉は四分子型であり，雌蕊は 1 心皮からできている。*Crudia* は，北アメリカの始新世から発見された小葉と果実の化石である (Herendeen & Dilcher, 1990b)。小葉は，長さ 2.7 cm の非対称性で広楕円形である。果実は長さ 11.5 cm である。パナマの始新世からは 2 個の胚珠を含んでいる *Crudia* の花粉が発見されている (Graham, 1999)。

わずかに，暁新世より生殖器官の化石が報告されている (Herendeen & Crane, 1992)。マメ科の 3 亜科は，始新世に分化していたことが示唆されている (Herendeen, 1992；Herendeen & Crane, 1992)。ジャケツイバラ亜科の *Caesalpina* 属の果実化石が北アメリカとイギリスの第三紀の地層から発見されている (Herendeen & Dilcher, 1991；Herendeen & Crane, 1992)。ネムノキ亜科の花化石 *Eomimosoidea* がテネシー州の始新世から発見されている (Crepet & Dilcher, 1977)。マメ亜科の花と果実の化石である *Barnebyanthus* が北アメリカの始新世から発見されている (Crepet & Herendeen, 1992)。現生の *Diplotropis* に類似している果実化石が始新世から発見されており，ジャケツイバラ型の花化石が北アメリカの暁新世〜始新世の地層から発見されている (Herendeen & Dilcher, 1990b)。マメ科の花化石は，後期暁新世の地層から発見されている (Crepet & Taylor, 1986)。この化石は，マメ科の特徴である蝶形花で最古の左右相称花型の化石である。Mimosoideae の化石である *Protomimosoidea* は，後期暁新世〜後期始新世にかけて出現している (Crepet & Taylor, 1986)。始新世〜漸新世にかけて出現する *Eomimosoides* は，無柄の花が互生している Mimosoideae の花化

石である(Daghlian *et al*., 1980)。タンザニアでは，始新世の地層から*Aphanocalyx*と*Acacia*の種子化石が発見されている(Herendeen & Jacobs, 2000)。

日本では，中新世以降の地層から葉や果実の化石が報告されている(棚井，1978)。

9.3.2 ヒメハギ科 Polygalaceae
(1)新生代

暁新世から翼果の化石が発見され(Crane *et al*., 1990)，中新世より葉化石が発見されている(Collinson *et al*., 1993)。

9.3.3 スリアナ科 Surianaceae
(1)新生代

北アメリカの始新世から材化石が報告されている(Taylor, 1990)が，再検討が必要である。

9.4 ブナ目 Fagales

ポルトガルのカンパニアン期〜マストリヒチアン期から，ブナ目に近縁な花化石*Normanthus*が発見されている(Schönenberger *et al*., 2001b)。

チコデンドラ科 Ticodendraceae の植物化石の報告はない。

9.4.1 カバノキ科 Betulaceae

分子系統と植物化石からカバノキ科の進化史がChen *et al*.(1999)によってまとめられている。

(1)白亜紀

花と花粉の化石がマストリヒチアン期から発見されている(Crane & Stockey, 1987；Collinson *et al*., 1993)。ジョージア州のサントニアン期からカバノキ科の花化石が発見されている(Sims *et al*., 1999)。Normapolles型花粉がカンパニアン期〜マストリヒチアン期に北アメリカからヨーロッパ

にかけて出現する。この材化石は，2つの異なるサイズの放射組織をもっている。年輪がはっきりしていない。道管は単孔である。

(2)新生代

Crane(1989b)によって，化石のデータがまとめられている。北半球にこの科の化石の報告が多い。

ハンノキ属 *Alnus* の化石は，アメリカの始新世から発見されている(Crane, 1989b)。*Alnus* の材化石は，北アメリカの始新世からも発見されている(Wheeler *et al*., 1977)。日本の宇部炭鉱(Huzioka & Takahashi, 1970)やカムチャツカ(Budantsev, 1997)の始新世から葉の化石が発見されている。イギリスの暁新世と始新世からも発見されている(Chandler, 1963；Crane, 1982)。

カバノキ属 *Betula* も現在は広く北半球に広がっている。カバノキ属と他のカバノキ科の葉を明確に区別できないが，3裂している苞によって識別されたカバノキ属は始新世中期に北アメリカで発見されている(Crane & Stockey, 1987；Meyer & Manchester, 1997)。

シデ属 *Carpinus* は非対称性の苞をもっているのが特徴である。日本では始新世から発見されている(Tanai, 1972；Uemura & Tanai, 1993)。ヨーロッパでは，始新世〜漸新世にかけて発見されている(Wilde & Frankenhäuser, 1998)。北アメリカからは，*Paracarpinus* が発見されている(Manchester & Crane, 1987；Crane, 1989b；Meyer & Manchester, 1997)。

ハシバミ属 *Corylus* は現在は北アメリカ，ヨーロッパ，アジアに分布する。*Corylus* に似ている葉化石は北半球の暁新世〜始新世から出現してくる。この葉化石は，*Corylus* か，*Palaeocarpinus* か，はっきりしていないので，*Corylites* という別属扱いにする場合がある。現生の *Corylus* と比較して *Corylites* の葉は球状である点で異なっている(Manchester, 1994b)。

Cranea は，細長い球果のような花序と無翼の堅果をもつワイオミング州の暁新世に出現する化石である(Manchester & Chen, 1998)。北アメリカ以外では発見されたことがなく，北アメリカの固有種であったと考えられている(Manchester, 1999；Manchester & Chen, 1998)。

Ostrya は北半球に分布し，宿存性のある葉身状の苞が小堅果を包んでいる。ヨーロッパと北アメリカの漸新世に出現し(Meyer & Manchester, 1997; Kvaček & Walther, 1998)，中新世に日本や中国に分布を広げた (Huzioka, 1963; Tanai, 1972; WGCPC, 1978)。

Palaeocarpinus は，*Corylus* と同様の苞をもつ果実と *Carpinus* の小堅果に近い果実をもつ絶滅化石である(Crane, 1981, 1989b)。暁新世には汎北半球に分布しており，イギリス，フランス，中国，北アメリカ(Crane, 1989b; Crane *et al.*, 1990; Sun & Stockey, 1992; Manchester & Chen, 1996; Manchester & Guo, 1996)から発見されている。ロシアの暁新世からも発見されている(Akhmetiev & Manchester, 2000)。

北アメリカで発見された果実化石 *Asterocarpinus* は，1.3 cm の長さであり，*Paracarpinus* と同一植物の可能性がある(Manchester & Crane, 1987)。

日本の中新世〜鮮新生からイヌシデ属 *Carpinus*，*Alnus*，*Betula* などの葉化石が知られている(棚井，1978)。

9.4.2 モクマオウ科 Casuarinaceae
現生のモクマオウ科は4属80種から構成されている。
(1)新生代
モクマオウ属 *Casuarina* は，オーストラリアの始新世から発見されている(Christophel, 1980; Dilcher *et al.*, 1990; Collinson *et al.*, 1993)。化石の報告は，Johnson & Wilson(1989)によってまとめられている。

9.4.3 ブナ科 Fagaceae
(1)白亜紀
花粉化石は，ブナ科がサントニアン期以前に出現していることを示唆している(Wolfe, 1973; Herendeen *et al.*, 1995; Sims *et al.*, 1998)。現生のクリ属 *Castanea* は，北半球に分布している。*Castanea* の最初の化石はサントニアン期の花粉である。ブナ科の2つの絶滅属がジョージア州のサントニアン期から発見されている(Herendeen *et al.*, 1995; Sims *et al.*, 1998)。その1

つ *Protofagacea allonensis* は，雄性の花序，花，殻斗(かくと)，果実の化石である (Herendeen *et al*., 1995)。もう 1 つ *Antiquacupula sulcata* は，雄性花と両性花の化石で現生のブナ科植物には見られない蜜腺が発達している(Sims *et al*., 1998)。ブナ科の花化石が，北アメリカのサントニアン期から発見されている(Herendeen *et al*., 1995 ; Sims *et al*., 1998)。材化石 *Paraquercinium* は，コナラ属 *Quercus* と *Lithocarpus* の両方の特徴をもっている (Wheeler *et al*., 1987)。

北海道のチューロニアン期からは，クリ属に近縁な材化石 *Castanoradix* が発見されている(Takahashi & Suzuki, 2003)。

(2)新生代

Kvaček & Walther(1989)によって，ヨーロッパの第三紀から発見されたブナ科の植物化石の研究がまとめられている。クリ亜科の花序化石がテネシー州の中期始新世からでている。雄蕊の尾状花序 *Castaneoidea* は，長さ 9 cm で 3 個の小花からなる 2 出集散花序がラセン状に配列している。それぞれの小花は，10 本の雄蕊をもっている(Crepet & Daghlian, 1980)。シイノキ属 *Castanopsis* の長さ 3 cm の果実化石は始新世や漸新世から発見されている(Mai, 1989 ; Manchester, 1994b)。材化石 *Castanoxylon* も発見されている(Navale, 1968)。その他に *Quercinium* が北アメリカの始新世から発見されている(Wheeler *et al*., 1978)。*Fagopsis* は，漸新世の鋸葉をもつ葉化石で，雌性の花序が残っており，現生のものとは異なる点もあるが，全体的にはブナ科に属している(Manchester & Crane, 1983)。

これらは，現生のブナ科植物が動物によって運ばれるのとは対照的に，風で運ばれるタイプとなっている。

テキサス州の漸新世から出現する果実，花序，葉の化石はブナ科植物の当時の多様性を示唆している(Crepet & Nixon, 1989a)。*Contracuparius* は，深裂した十字対生の殻斗であり，なかに 3〜7 個の翼果をつけている。一方，*Amentoplexipollenites* は，十字対生の小花からなる尾状花序の化石である。花粉は三溝孔型花粉であり，その表面模様は現生ブナ科植物への移行型である。その他の尾状花序の化石として *Paleojulacea* がある。*Castaneophyllum*

は，28 cm の単葉，長皮針形の葉化石である。

　Quercus の現生種は，熱帯〜温帯に分布している。単葉と羽状裂片をもつ。単性の花序は雄性花をもち，裂片化した花被片と 4〜9 本の雄蕊からなる。花粉は三溝孔型で，殻斗をもつ。*Quercus* の化石は北アメリカの始新世や漸新世から発見されている(Daghlian & Crepet, 1983；Crept, 1989；Manchester, 1994b)。葉化石は北半球の漸新世の地層から広く発見されている(Tanai & Uemura, 1994)。*Querciniumha* は，イエローストーン国立公園の始新世の地層から発見されたブナ科の材化石である。*Q. lamarense* の年輪は 2〜10 mm で，細胞 1 層の柔組織が発達している。北アメリカの第三紀の地層から *Castanea* の葉化石が発見されたという報告があるが，それらの大部分は疑わしいものである。*Castanea* の葉の長毛縁に葉脈がなく，*Quercus* の葉には葉脈がある。このことに注目してみると北アメリカの第三紀から発見された葉化石は *Castanea* ではなくて，*Quercus* となる。北アメリカでは中新世以前に *Castanea* の殻斗の化石は発見されていなかった(Chaney, 1920)が，Crepet & Daghlian(1980)によって，テネシー州の始新世から *Castanea* の殻斗と葉および雄性花の化石が発見された。

　Fagopsiphyllum は北アメリカの暁新世の地層から発見された葉化石である(Manchester, 1999)。この化石植物は，始新世にはアジアに分布を広げていったと考えられる。それに対して，*Fagopsis* は北アメリカにとどまっていたようである(Manchester, 1999)。

　ブナ属 *Fagus* は，オレゴン州の漸新世の地層から発見されている(Meyer & Manchester, 1997)。*Fagus* の化石と進化に関しては，Tanai(1974, 1995)，Zetter(1984)，Kvaček & Walther(1991, 1992)などの報告がある。この属は中新世に北アメリカに分布しており，漸新世〜鮮新世にかけてヨーロッパとアジアに分布を広げた植物である。Crepet(1989)は北アメリカの暁新世の地層から発見された花序化石が最古のものであると考えた。Kvaček & Walther(1989)は，始新世以降の化石をまとめている。

　北アメリカの絶滅固有属であった *Pseudofagus* はアイダホ州の中新世の地層から発見されている(Smiley & Huggins, 1981)。その他のブナ科の化石と

して *Trigonobalanus*，*Formanodendron* や *Colombobalanus* などの殻斗や翼果の化石が北アメリカの始新世の地層から発見されている(Nixon & Crepet, 1989)。

日本の中新世〜更新世からブナ科の葉や総苞，堅果の化石が出現している(棚井，1978)。

9.4.4　クルミ科 Juglandaceae

クルミ科の化石は，白亜紀と第三紀に出現している。

(1)白亜紀

Friis(1983)は，スウェーデンの後期白亜紀から花化石である *Manningia* を報告している。この花化石は，2 mm 以下と小さく，5枚の花被片と5本の雄蕊からなっていた。柱頭は3裂し，雌蕊は単心皮からなっており，1個の種子が含まれていた。もう1つの花化石である *Caryanthus* は，子房下位であり，多くの雄蕊をもっていた。この花化石には，Normapolles 型花粉である *Plicapollis* がついていた。クルミ科の原始的なタイプと考えられる花と果実の化石 *Caryanthus* が，北アメリカとヨーロッパの後期白亜紀の地層から発見されている(Friis, 1983；Friis & Crane, 1989；Crane & Herendeen, 1996)。

(2)新生代

この科は暁新世から多様に分化する(Manchester, 1987a, 1989c；Stone, 1989)。この科の現生の属が発見されるようになるのは暁新世以降のことである(Manchester, 1987b, 1989b)。この科についての総括的研究は Manchester(1987a)によって行なわれている。ロシアのクルミ科の化石の報告が Budantsev (1994)によってまとめられている。

Caryojuglandoxylon や *Eucaryoxylon*，*Pterocaryoxylon* は，クルミ科の材構造に類似している材化石である(Müller-Stoll & Mädel, 1960)。始新世から出現する *Pterocaryoxylon* が最も古いクルミ科の材化石である(Wheeler *et al.*, 1978)。

第三紀から発見された *Drophyllum* は，クルミ科の長楕円形の葉化石であ

る(Jones et al., 1988)。小堅果の翼の化石は, Casholida と呼ばれている(Crane & Manchester, 1982a)。Oreoroa という葉化石もある(Dilcher & Manchester, 1986)。Palaeocarya は, 3裂の翼をつけた果実化石である。翼の長さは7cm である。

Cyclocarya の果実化石は北アメリカの暁新世から出現してくる(Manchester & Dilcher, 1982；Manchester, 1987b)。ヨーロッパとアジアの漸新世～鮮新世からも広く発見されている(Manchester, 1987a；Mai, 1995)。しかし, アジアや日本から発見されたとされる Cyclocarya(Tao & Xiong, 1986；Tanai, 1992)は, ハス属 Nelumbo やクロウメモドキ科の Paliurus の別の植物群の可能性が高い(Manchester, 1999)。

雄性の尾状花序の化石 Eokachyra は, 6cm の軸でラセン状に花が配列している(Crepet et al., 1980)。Cruciptera は北アメリカとヨーロッパの始新世～漸新世にかけての地層から出現している(Manchester, 1991, 1994b；Manchester et al., 1994；Wehr, 1995；Meyer & Manchester, 1997)。

ペカン属 Carya は, 暁新世の16cm もある小葉の化石である。Carya の果実化石が北アメリカのコロラド州の始新世から発見されており, ヨーロッパからは漸新世～鮮新世にかけて多様な種の化石が発見されている(Kirchheimer, 1957；Mai, 1981)。Carya 型の花粉化石も暁新世から発見されているが, 現生の属に比べて, 花粉が小さい(Manchester, 1989b)。

Paleooreomunnea や Paleoengelhardtia が北アメリカの始新世から発見されている(Dilcher et al., 1976；Manchester, 1987a)。ノグルミ属 Platycarya は北アメリカとヨーロッパの始新世からでている(Reid & Chandler, 1933；Wing & Hickey, 1984；Manchester, 1987a)。サワグルミ属 Pterocarya は北アメリカの漸新世～中新世からでている(Manchester, 1987a；Meyer & Manchester, 1997)。Polyptera は, 北アメリカの暁新世からの果実化石である(Manchester & Dilcher, 1982, 1997)。

日本の中新世～鮮新世にかけて, クルミ科の葉と堅果の化石が出現している(棚井, 1978)。

9.4.5 旧ロイプテレア科 Rhoipteleaceae
(1)白亜紀

Rhoiptelea の果実化石がヨーロッパのマストリヒチアン期から報告されている (Knobloch & Mai, 1986)。

9.4.6 ヤマモモ科 Myricaceae
(1)白亜紀

単葉であり，単室の子房が合着している。Normapolles 型の花粉をもつグループがある。ヤマモモ属 *Myrica* に近縁な花粉が北アメリカのサントニアン期からでている (Doyle & Robbins, 1977)。

Normapolles 型花粉をつけている花化石である *Manningia*, *Antiquocarya*, *Caryanthus* がスウェーデンのサントニアン期〜カンパニアン期からでている。これらの花化石は，ヤマモモ科あるいはクルミ科に近いと考えられている (Friis, 1983)。

(2) 新生代

Hill (1988) は，オーストラリアのヤマモモ科の葉化石は間違っていると指摘している。この科の化石のデータは，Macdonald (1989) によってまとめられ，始新世よりも古いデータは信頼できないと述べられている。

北半球の第三紀の地層から葉化石 *Comptonia* が出現している (Tanai, 1961；WGCPC, 1978；Huzioka & Uemura, 1979；Boyd, 1985；Wolfe & Wehr, 1987；Wilde, 1989；Zhilin, 1989；Akhmetiev, 1991；Wilde *et al.*, 1992；Wilde & Frankenhäuser, 1998)。*Comptonia* の葉化石と内果皮化石がヨーロッパや北アメリカの始新世 (Mai & Walther, 1978；Taylor, 1990) と日本の漸新世〜鮮新世からでている (棚井，1978)。長さ 12 cm の葉化石 *Comptonia columbiana* が始新世からでている (Wolfe & Wehr, 1987)。

ヨーロッパでは *Myrica* に類似している内果皮化石が始新世からでている (Chandler, 1964b；Mai & Walther, 1978, 1985；Friis, 1985a)。

9.4.7 ナンキョクブナ科 Nothofagaceae
(1)白亜紀
材化石 *Nothofagoxylon* は，後期白亜紀から出現している(Torres & Rallo, 1981；Romero, 1986b)。材は道管の階段状壁孔とラセン状肥厚と道管同士の交互の穿孔によって特徴づけられる。ナンキョクブナ属 *Nothofagus* の花粉化石 *Nothofagidites* はサントニアン期に最初に現れる(Dettman & Playford, 1969)。*Nothofagus* の花粉化石は，カンパニアン期からも発見されている(Dettman *et al*., 1990)。花粉化石の大きさは，25 μm と小さく，多溝孔型花粉である(Dettman & Playford, 1969)。ナンキョクブナ科の化石は，Hill(1991a)によって総説がまとめられている。

(2)新生代
現生のナンキョクブナ属 *Nothofagus* の葉化石は，複鋸葉をもち，始新世に最初に出現する(Romero & Dibbern, 1985；Romero, 1986b)。*N. mullelri* では，左右対称の長さ7 cm の葉であり，鋸歯がはっきりしている(Hill, 1988)。第三紀の材化石は，*Nothofagus* に含められている(Ohsawa & Nishida, 1990)。

Nothofagus の殻斗と葉の化石が漸新世から発見されている(Hill, 1991a；Collinson *et al*., 1993)。

9.5 キントラノオ目 Malpighiales
アカリア科 Achariaceae, バラノプス科 Balanopaceae, ヤチモクコク科 Bonnetiaceae, 旧カイナンボク科 Dichapetalaceae, 旧エウフロニア科 Euphroniaceae, 旧トリゴニア科 Trigoniaceae, クテノフォナ科 Ctenolophonaceae, グーピア科 Goupiaceae, オトギリソウ科 Hypericaceae, アービンギア科 Irvingiaceae, イクソナンテス科 Ixonanthaceae, ラキステマ科 Lacistemataceae, ロフィピクス科 Lophopyxidaceae, 旧メズサギネ科 Medusagynaceae, 旧クイイナ科 Quiinaceae, パンダ科 Pandaceae, 旧マレシェルビア科 Malesherbiaceae, 旧ツルネラ科 Turneraceae, ペリジスクス科 Peridiscaceae, ピクロデンドラ科 Picrodendraceae, プツラニ

バ科 Putranjivaceae の植物化石の報告はない。

9.5.1 バターナット科 Caryocaraceae
(1) 新生代
大型化石の報告はない。特徴的な花粉化石の報告がベネズエラの始新世からある(Gonzalez, 1967)。

9.5.2 クリソバラヌス科 Chrysobalanaceae
(1) 新生代
コロンビアの更新世から *Parinari* と考えられる果実化石が発見されている(Wijninga & Kuhry, 1990)。

9.5.3 フクギ科 Clusiaceae
(1) 白亜紀
ニュージャージー州のチューロニアン期の地層から花化石 *Paleoclusia* が発見されている(Crepet & Nixon, 1998a)。
(2) 新生代
ヨーロッパの漸新世の地層からオトギリソウ属 *Hypericum* に類似している種子化石が発見されている(Friis, 1985a)。

9.5.4 ミゾハコベ科 Elatinaceae
現生のミゾハコベ属 *Elatine* に類似している種子化石がヨーロッパの中新世の地層から発見されている(Mai, 1985a)。

9.5.5 トウダイグサ科 Euphorbiaceae
この科は8000種におよぶ大きな科である。
(1) 白亜紀
Dilcher & Manchester(1988)は，白亜紀のデータは信頼できないとしている。北アメリカのマストリヒチアン期からトウダイグサ型の葉化石が報告

されている(Wolfe & Upchurch, 1986)。

(2)新生代

イギリスの始新世からはHippomaneaeの果実化石が発見されている(Chandler, 1964b)。花粉化石は，暁新世から出現している(Muller, 1984)。始新世の花序の化石である*Hippomaneoides*は，3個の雄性の小花の小花序を単位とする(Crepet & Daghlian, 1982)。*Crepetocarpon*は，始新世から出現する直径4cmの痩果のような果実化石である(Dilcher & Manchester, 1988)。*Paraphyllanthoxylon*は，白亜紀〜第三紀の材化石であり，現生の*Bridelia*と共通する特徴をもっている(Thayn & Tidwell, 1984)。

テキサス州から発見された*Paraphyllanthoxylon abbottii*は，暁新世からの初めての双子葉群の材化石(Wheeler, 1991)であるが，カンラン科Burseraceaeである可能性が高い。白亜紀のPotomac groupからの*Paraphyllanthoxylon*は，クスノキ科に含まれるであろう(Herendeen, 1991a)。その他にもホルトノキ科Elaeocarpaceae, Flacoutiaceae, ウルシ科Anacardiaceaeの材化石もあるようである(Herendeen, 1991a)。

暁新世より花粉化石が発見され(Muller, 1981)た。また始新世のLondon Clay Floraからは，果実と種子の化石が発見されている(Collinson, 1983)。*Hippomane*に類似している果実化石が，始新世から発見されている。Tanai(1990)は，この科の化石の報告をまとめている。特に日本からの始新世の葉化石を報告している。

9.5.6 フミリア科 Humiriaceae

(1)白亜紀

Berryによるコロンビアのマストリヒチアン期からの果実と葉の印象化石の研究がRomero(1986a)によって引用されている。これらの地質年代については問題があり，再検討が必要である。コロンビアの鮮新世から現生の*Sarcoglottis*と*Humiriastrum*に類似している内果皮化石が発見されている(Wijninga & Kuhry, 1990)。

9.5.7　アマ科 Linaceae
(1)新生代

Decaplatyspermum がこの科に類縁の化石であると考えられる(Chandler, 1964b)。

Sarcoglottis に類似している内果皮化石がコロンビアの鮮新世から報告がある(Wijninga & Kuhry, 1990)。

9.5.8　旧フゴニア科 Hugoniaceae
大型化石の報告はない。

9.5.9　キントラノオ科 Malpighiaceae
(1)新生代

テネシー州の始新世から花化石 *Eoglandulosa* が発見されている(Taylor & Crepet, 1987)。東ヨーロッパの漸新世の地層から果実化石 *Tetrapteris* が発見されている(Hably & Manchester, 2000)。一方，北アメリカから発見された *Tetrapteris* に類似している果実化石は，他の科に移動している(Manchester, 1991)。

9.5.10　オクナ科 Ochnaceae
(1)新生代

Chesters(1957)は，北アメリカの始新世から発見された *Ouratea* を引用しているが，Taylor(1990)は，リストから外している。

9.5.11　トケイソウ科 Passifloraceae
(1)新生代

Passiflora に類似している種子化石がヨーロッパの中新世から発見されている(Mai, 1964；Gregor, 1978, 1982)。

9.5.12　コミカンソウ科 Phyllanthaceae
トウダイグサ科を参照。

9.5.13　カワゴケソウ科 Podostemaceae
(1)新生代
ポーランドの鮮新世とドイツの中新世から葉と花の化石が報告されている(Szafer, 1952；Koenigswald, 1989)。

9.5.14　ヒルギ科 Rhizophoraceae
(1)新生代
始新世より生殖器官の化石が発見されている(Collinson, 1986b；Collinson et al., 1993)。 *Ceriops* の胎生胚の化石がイギリスの始新世から報告されている(Wilkinson, 1981)。北アメリカの始新世からメヒルギ属 *Kandelia* に類似している葉化石がでている(Taylor, 1990)。

9.5.15　旧コカノキ科 Erythroxylaceae
(1)新生代
Chester et al.(1967)は，中新世から *Erythroxylon* の報告を引用している。Cronquist(1981)は，アルゼンチンの始新世からの化石に言及している。

9.5.16　ヤナギ科 Salicaceae
(1)新生代
Populus の一種が，始新世中期の種として報告されている(Manchester et al., 1986)。長さ 10 cm の卵形の葉であり，葉縁は円鋸歯で，総状花序にラセン状に有柄の果実がつき，楕円形の蒴果をつける。材化石は，コロラド州の中新世から報告されている(Wheeler & Matter, 1977)。北アメリカにおける暁新世以降のポプラ属 *Populus* と始新世以降のヤナギ属 *Salix* の化石が知られている(Manchester et al., 1986)。日本の中新世〜鮮新世からは，ヤナギ科の葉化石が知られている(棚井, 1978)。

9.5.17 旧イイギリ科 Flacourtiaceae
(1)白亜紀

イイギリ型の葉化石がマストリヒチアン期から報告がある(Wolfe & Upchurch, 1986；Taylor, 1990)。

(2)新生代

イギリスの始新世から果実化石の報告がある(Chandler, 1964b)。イイギリ属 *Idesia* に類似している葉，果実，種子の化石が北アメリカの始新世以降にでている(Taylor, 1990)。

9.5.18 スミレ科 Violaceae
(1)新生代

ヨーロッパの漸新世～鮮新世から *Viola* の種子化石が発見されている(Łańcucka-Środoniowa, 1979)。

9.6 カタバミ目 Oxalidales

ブルレリア科 Brunelliaceae，ケファロテカ科 Cephalotaceae の植物化石の報告はない。

9.6.1 マメモドキ科 Connaraceae
(1)新生代

ケニヤの中新世から *Cnestis* に類似している果実化石がでている(Chester, 1957)が，確かではない。

9.6.2 クノニア科 Cunoniaceae
(1)白亜紀

スウェーデンのサントニアン期～カンパニアン期の地層から花化石 *Platydiscus* が発見されている(Schönenberger *et al.*, 2001a)。

(2)新生代

現生の *Weinmannia* や *Cunonia* に類似している葉化石がタスマニアの漸

新世からでている(Collinson *et al*., 1993)。葉化石 *Eucryphia* がオーストラリアの暁新世から発見されている(Hill, 1991b；Collinson *et al*., 1993)。北アメリカやグリーンランドの暁新世から *Weinmannia* に類似している葉化石がでており，始新世からは，*Sloanea* に類似している果実化石がでている(Friis & Skarby, 1982；Friis, 1990)。北半球からの化石データを信用していない研究者もいる(Wolfe, 1991)。北アメリカの始新世からは *Lamanonia* と見られる葉化石が発見されていた(Hickey, 1977)が，現在はクルミ科の *Platycarya* であったことが明らかにされた(Manchester, 1987a)。Gottwald (1992)は，始新世から材化石を発見している。

9.6.3 旧エウクリフィア科 Eucryphiaceae

オーストラリアの暁新世〜始新世から *Eucryphia* の葉化石が発見されている(Hill, 1991b)。

9.6.4 ホルトノキ科 Elaeocarpaceae
(1)新生代

北アメリカとグリーンランドの暁新世の地層から現生属 *Sloanea* に類似している果実化石 *Carpolites* が発見されている(Manchester, 1999)。*Sloaneaecarpum* はハンガリーの漸新世の地層から見つかっている(Rásky, 1962)。ハンガリーの漸新世からはハリミコバンモチ属 *Sloanea* の果実化石も発見されている(Kvaček *et al*., 2001)。現生のホルトノキ属 *Elaeocarpus* に類似している果実化石が漸新世から発見されている(Collinson *et al*., 1993)。Christophel & Greenwood(1987)は，*Sloanea* や *Elaeocarpus* に類似している葉化石をオーストラリアの始新世から発見している。Chandler (1964b)は，イギリスの始新世から *Echinocarpus* に類似している果実化石を報告している。

日本の始新世〜鮮新世から葉の化石がでている(棚井，1978)。

9.6.5 カタバミ科 Oxalidaceae
(1)新生代

カタバミ属 *Oxalis* に類似している種子化石が，ドイツの鮮新世から報告されている(Mai & Walther, 1988)。

この科の葉に類似している化石も発見されている(Hickey, 1977)が，カタバミ科との関連は明確でない。

9.7 バラ目 Rosales

バルベヤ科 Barbeyaceae，ジラクマ科 Dirachmaceae の植物化石の報告はない。

9.7.1 アサ科 Cannabaceae
(1)新生代

Collinson(1989)によって，ロシアとブルガリアから発見された果実化石がカナムグラ属 *Humulus* に近い植物と判定されている。

9.7.2 旧エノキ科 Celtidaceae

北アメリカの暁新世などから，葉や果実の化石が発見されている(Manchester *et al.*, 2002)。その他に花，果実，葉の化石も発見されている(Manchester, 1989b)。

9.7.3 グミ科 Elaeagnaceae
(1)新生代

Wolfe(1964)は，北アメリカの中新世からグミ属 *Elaeagnus* の葉化石を報告しているが，この葉化石は *Speherdia* に含まれるものである(Wolfe, 1991)。北アメリカからの最も古い報告である。

現生の *Shepherdia* に類似している葉化石が北アメリカの漸新世から報告されている(Taylor, 1990)。ただし，この葉化石については異論がある(Wolfe & Schorn, 1989；Collinson *et al.*, 1993)。

9.7.4 クワ科 Moraceae
(1) 白亜紀

現生のクワ科植物のなかには温帯に生育する種もわずかにあるが，主な分布地は熱帯〜亜熱帯で，木本または潅木の植物である。多数の痩果または液果をつける。後期白亜紀の果実化石である *Arthmicarpus hesperus* は，ラセン状に配列する長さ 1.5 mm の液果である (Delevoryas, 1964)。

果実化石が後期白亜紀から発見されている (Collinson *et al.*, 1993)。材化石も発見されている (Manchester, 1981 など; Collinson, 1989 参照)。

(2) 新生代

Collinson (1989) がクワ科の化石の総説をまとめている。そのなかにはヨーロッパの始新世から発見されたイヌビワ属 *Ficus* やクワ属 *Morus* に似た内果皮や痩果の果実が含まれている。

9.7.5 クロウメモドキ科 Rhamnaceae
(1) 新生代

この科の化石は第三紀以降である。花粉化石は漸新世以降で，葉は始新世以降である。葉化石 *Berhamniphyllum* は，北アメリカの始新世から出現している (Jones & Dilcher, 1980)。北アメリカの始新世以降の葉化石について Taylor (1990) によってまとめられている。

Paliurus の果実化石が北アメリカの始新世〜中新世の地層から発見されている (Berry, 1928)。ヨーロッパでは漸新世〜中新世から化石の報告がある (Kirchheimer, 1957; Bůček, 1971)。*Paliurus* に類似している果実と種子の化石がデンマークの中新世からでている (Friis, 1985a)。ケニヤの中新世から *Zisyphus* に類似している果実と種子の化石が出現している (Chester, 1957)。

アジアでは，日本の始新世〜中新世から果実化石の報告がある (Huzioka & Takahashi, 1970; Tsukagoshi & Suzuki, 1990)。さらに，中国の中新世 (WGCPC, 1978) やカザフスタンの中新世からも化石の報告がある (Zhilin, 1989)。

9.7.6 バラ科 Rosaceae
(1)白亜紀
　白亜紀からもバラ科の花化石が発見されている。5数性で萼片も花弁も離れていることがわかっている(Basinger, 1976；Basinger & Dilcher, 1984)。
(2)新生代
　Paleorosa は，始新世より発見された5数性の両性の放射相称花である(Basinger, 1976)。萼片も花弁の5枚で，雌蕊は5枚の離生している毛のある心皮からできており，それぞれの室には2個の胚珠がはいっている。多くの雄蕊をもっていることはわかっているが，どのような花粉をつけていたかはわかっていない。

　始新世の地層からバラ科の材化石(Cevallos-Ferriz & Stockey, 1990c)と花化石(Taylor, 1990)，花化石である *Paleorosa* (Basinger, 1976；Cevallos-Ferriz *et al*., 1993)やサクラ属 *Prunus* の果実化石(Mai, 1984；Collinson *et al*., 1993；Manchester, 1994b)が発見されている。

　この科は，暁新世の地層の報告は少なく，北アメリカでは始新世から多様化したと推定されている(Manchester, 1999)。*Prunus* の内果皮化石が北アメリカの始新世から発見されている(Cevallos-Ferris & Stockey, 1991；Manchester, 1994b)。ヨーロッパにおける始新世以降の *Prunus* の内果皮化石が Mai(1984)によってまとめられている。多様な葉化石が始新世から発見されている(Wehr & Hopkins, 1994)。バラ属 *Rosa* の果実化石がオレゴン州の漸新世の地層からでている(Meyer & Manchester, 1997)。始新世の葉化石を含む植物化石について Taylor(1990)がまとめている。Prunoideae の材化石が始新世から発見されている(Cevallos-Ferriz & Stockey, 1990c)。葉化石はヨーロッパの始新世以降から出現している(Wilde, 1989)。

　日本ではバラ科の堅果や葉の化石が中新世以降の地層から知られている(棚井, 1978)。

9.7.7 ニレ科 Ulmaceae

(1)白亜紀

後期白亜紀(マストリヒチアン期)からの花粉化石の報告がある(Muller, 1981)。

(2)新生代

Burnham(1986)は，北アメリカの古第三紀から，多くのニレ科の葉化石を報告している。Burnham(1986)はまた，ニレ属 *Ulmus* は，中期始新世に最初に出現したことを示唆している。Manchester(1989b)は，この科の化石の総説をまとめている。第三紀に多く出現する翼のある果実化石は，*Cedrelospermum* と考えられている(Manchester, 1989b)。翼果の翼の数(1または2)は，種間の違いとして認識されている(Manchester, 1989b)。ニレ科については，多くの化石の報告がある(Manchester, 1987b)。葉化石は，北半球で暁新世以降出現しているが，翼果と結びついている状態では発見されていない。翼果は，北アメリカの始新世からでてきている(Manchester, 1989b)。

新生代からのニレ科化石の報告は多い(Manchester, 1987b)。ただし，北アメリカから固有の植物の葉化石として報告されている *Planera* がニレ科であるかはあいまいである。*Ulmus* の葉の化石はアジアから北アメリカにかけての北半球の地層から広く発見されているが，翼果と結びついている状態では発見されていない。この葉化石は，*Ulmus* ではなく，ニレ科の他の化石属のものである可能性がある。*Ulmites* という別属名を採用した方がよいという考えもある(Kvaček *et al.*, 1994)。本当の *Ulmus* は始新世に北アメリカの太平洋側で出現した(Manchester, 1989b)。この最も古い *Ulmus* の果実化石は，*Chaetoptelea* 節と同じような細長い翼をもっている。*Cedrelospermum* は，ニレ科の絶滅属である(Manchester, 1989a)。この化石属は，葉，果実，花がついている枝として発見されている。この属の最も古い果実化石と葉化石は，北アメリカやヨーロッパの始新世の地層から発見されている(Manchester, 1999)。

日本の中新世〜鮮新世からニレ科の葉と果実の化石がでている(棚井，

1978)。

9.7.8　イラクサ科 Urticaceae
(1)白亜紀
白亜紀の果実化石は現生植物と異なっており(Friis & Crane, 1989)，クルミ目／ヤマモモ目の *Caryanthus* と類似している。

ヨーロッパとアジアの漸新世以降 *Pilea* と *Laportea* に近い果実化石が発見されている。

(2)新生代
バルト海沿岸の始新世と漸新世のコハクから *Forskohleanthium* という雄蕊の花化石が発見されている(Collinson, 1989)。

10.　真正バラ綱 II 群 Eurosids II

タピスキア科 Tapisciaceae の植物化石の報告はない。

10.1　アブラナ目 Brassicales
旧ブレシュナイデラ科 Bretschneideraceae，バチス科 Bataceae，パパイア科 Caricaceae，エンブリンジア科 Emblingiaceae，ギロステモン科 Gyrostemonaceae，ゲーベルリニア科 Koeberliniaceae，リムナンタ科 Limnanthaceae，ワサビノキ科 Moringaceae，ペンタジプランドラ科 Pentadiplandraceae，モクセイソウ科 Resedaceae，サルバドラ科 Salvadoraceae，セチェランタ科 Setchellanthaceae，トバリア科 Tovariaceae，ノウゼンハレン科 Tropaeolaceae の植物化石の報告はない。

10.1.1　アカニア科 Akaniaceae
Akaniaceae の葉の印象化石が暁新世から発見されている(Romero & Hickey, 1976；Collinson *et al*., 1993)。しかし，本当にアカニア科かは不明である。

10.1.2　アブラナ科 Brassicaceae
(1) 白亜紀
ニュージャージー州のチューロニアン期から花の小型化石が発見されている (Crepet & Nixon, 1996 ; Gandolfo et al., 1996, 1998b)。
(2) 新生代
イギリスの始新世から果実と種子の化石が発見されている (Chandler, 1964b ; Collinson et al., 1993)。ワイオミング州の漸新世から果実化石が発見されている (Taylor, 1990)。現生の *Bunias* に類似している種子化石の報告がある (Mädler, 1939 ; Dorofeev, 1957)。

10.1.3　旧フウチョウソウ科 Capparaceae
(1) 白亜紀
ニュージャージー州のチューロニアン期から花化石 *Dressiantha* が発見されている (Gandolfo et al., 1998b)。
(2) 新生代
イギリスの始新世から果実と種子の報告がある (Chandler, 1964b)。材化石についても北アメリカの始新世からの報告がある (Taylor, 1990)。

10.2　アオイ目 Malvales
ベニノキ科 Bixaceae，旧デゴデンドラ科 Diegodendraceae，旧ワタモドキ科 Cochlospermaceae，ムンテギア科 Muntingiaceae，ネラウダ科 Neuradaceae，サルコラエナ科 Sarcolaenaceae，スファエロスパルム科 Sphaerosepalaceae の植物化石の報告はない。

10.2.1　ハンニチバナ科 Cistaceae
(1) 新生代
始新世の地層から材化石が報告されている (Gottwald, 1992)。

10.2.2 フタバガキ科 Dipterocarpaceae

(1)白亜紀

問題の多い植物化石が含まれている。白亜紀から発見されたという *Woburnia* は疑問が多い(Collinson *et al*., 1993)。

(2)新生代

葉化石 *Parashorea* が北アメリカの始新世から発見されている(Wolfe, 1977；Collinson *et al*., 1993)。葉化石は Lakhanpal & Guleria(1986)によってまとめられている。

東南アジアの新第三紀から材化石 *Dipterocarpoxylon* がでている(Bande & Prakash, 1986)。

10.2.3 アオイ科 Malvaceae

(1)白亜紀

材化石 *Parabombacaceoxylon* については，異論もある(Wheeler *et al*., 1987；Taylor, 1990)。

(2)新生代

始新世の地層から生殖器官の化石が発見されている(Chandler, 1964b；Wilde, 1989；Collinson *et al*., 1993)。

Florissanthia は，果実，花，花粉からアオイ科との類縁が高いと考えられている化石であるが，北アメリカの始新世〜漸新世および東アジアの中新世から出現している(Kryshtofovich, 1921；Manchester, 1992, 1999)。第三紀からは *Craigia* が広く発見されている(Kvaček *et al*., 1991, 2002；Kvaček, 1994；Meyer & Manchester, 1997)。絶滅属 *Pteleacarpum* とされた果実化石も発見されている(Bůžek *et al*., 1989)。シナノキ属 *Tilia* の苞の化石も北アメリカの始新世の地層から発見されている(Manchester, 1994a)。

ハンガリーの始新世〜漸新世から *Kydia* が報告されている(Rásky, 1956a)。ロシアの始新世から葉化石が発表されている(Iljiskaya, 1986)。ロシアの中新世からは *Kosteletzkya* の種子化石がでている(Dorofeev, 1959, 1988)。

10.2.4　旧パンヤ科 Bombacaceae

Berry による記載は誤りである(Taylor, 1990)。*Bombacoxylon* はアフリカとフランスの漸新世から発見されている(Boureau *et al.*, 1983 ; Wheeler *et al.*, 1987)。

10.2.5　旧アオギリ科 Sterculiaceae

材化石が始新世から報告されている(Manchester, 1980)。現生のピンポン属 *Sterculia* や *Dombeya* などの葉化石がヨーロッパと北アメリカの始新世から発見されている(Wilde, 1989 ; Taylor, 1990)。

Manchester(1980)によって否定されていた *Pterospermites* は，Taylor(1990)によってリストのなかに加えられた。

10.2.6　旧シナノキ科 Tiliaceae

シナノキ属 *Tilia* や *Willinsia* に似ている葉化石が北アメリカの始新世から報告されている(Taylor, 1990)。ヨーロッパの始新世から果実化石がでている(Chandler, 1964b ; Vaudois-Miéja, in Collinson, 1988c, pp. 31-44)。日本の鮮新世から葉化石がでている(棚井，1978)。

10.2.7　ジンチョウゲ科 Thymelaeaceae

始新世の地層から生殖器官の化石が発見されている(Taylor, 1990 ; Collinson *et al.*, 1993)。

ヨーロッパの始新世～漸新世からは *Aquilaria* に類似している果実化石が，始新世～中新世からは *Thymelaeaspermum* に似ている種子化石がでている(Mai & Walther, 1978, 1985)。

日本の中新世以降の地層から葉や果実の化石が出現している(棚井，1978)。

10.3　ムクロジ目 Sapindales

ビーベルスタイニア科 Biebersteiniaceae，キルキア科 Kirkiaceae，ニトラリア科 Nitrariaceae，旧ペガナ科 Peganaceae，旧テトラデクリダ科

Tetradiclidaceae の植物化石の報告はない。

10.3.1 ウルシ科 Anacardiaceae
(1)白亜紀

後期白亜紀からの葉化石の報告(Knobloch & Mai, 1986)があるが，あいまいな点があり，再検討が必要である。

(2)新生代

Pentoperculum という絶滅属の果実化石が，オレゴン州とイギリスの始新世から発見されている(Reid & Chandler, 1933；Chandler, 1964b；Manchester, 1994b)。北アメリカの中期始新世から果実，葉，材の化石が報告されている(Taylor, 1990)。*Astronium truncatum* という果実の化石が北アメリカ西部からでている(MacGinitie, 1953)。現生属とは脈理と果実形態でかなり異なっているといわれており，ウルシ科と一致していない点がある(Manchester & Wang, 1998)。

ウルシ属 *Rhus* の果実化石もオレゴン州の始新世からでている(Manchester, 1994b)。前期暁新世からの果実化石(Mai, 1987a)などもあるが，あいまいな点がある。

日本の中新世以降の地層からは，ウルシ科の葉や果実化石が知られている(棚井, 1978)。

10.3.2 旧ユリアニア科 Julianiaceae

Schinus として記載された葉化石が，この科のものと考えられている(Wolfe, 1964, 1991)。

10.3.3 カンラン科 Burseraceae

イギリスの前期始新世から多様な果実化石が発見されている(Collinson et al., 1993)。北アメリカの始新世からの葉と果実の化石は，Taylor(1990)によってデータがまとめられている。

10.3.4 センダン科 Meliaceae

(1) 白亜紀

Guarea に類似の果実化石が，マストリヒチアン期から報告されている(Taylor, 1990)が，再検討が必要である。

(2) 新生代

イギリスの始新世から果実化石が出現している(Chandler, 1964b)。

チャチン属 *Cedrela* に類似している葉化石が北アメリカの始新世から報告されている(Taylor, 1990)。漸新世からは葉と種子がでている(Manchester & Meyer, 1987)。*Guarea* に類似の果実化石が，暁新世から報告されている(Taylor, 1990)が，再検討が必要である。日本の新第三紀からセンダン属 *Melia* の種子や葉の化石がでている(棚井, 1978)。

10.3.5 ミカン科 Rutaceae

(1) 白亜紀

ヨーロッパのマストリヒチアン期からは，種子の化石が発見されている(Knobloch & Mai, 1986)。

(2) 新生代

ゴシュユ属 *Evodia* の種子化石がイギリスの始新世とベルモント地方の中新世の地層から発見されている(Tiffney, 1981b)。さらに *Zanthoxylon* や *Phellodendron* も発見されている(Tiffney, 1981a)。種子化石 *Rutaspermum* が，ドイツの始新世から発見されている(Collinson & Gregor, 1988)。*Ptelea* が北アメリカの中新世から発見されている(Call & Dilcher, 1995)。この科の種子化石は，北アメリカ，ヨーロッパ，アジアの始新世以降，よく出現する(Collinson & Gregor, in Collinson, 1988c, pp. 67-80；Gregor, 1989)。ヨーロッパの暁新世から種子化石が発見されている(Mai, 1987a)。ヨーロッパと北アメリカの始新世から葉化石が発見されている(Wilde, 1989；Taylor, 1990)。

日本では，鮮新世の地層からサンショウ属 *Zanthoxylum* の種子化石が発見されている(Miki, 1937)。

10.3.6 ムクロジ科 Sapindaceae

(1)白亜紀

カエデ属 *Acer* に類縁性のある植物化石'*Acer*' *arcticum* 群が後期マストリヒチアン期から発見されている(Wolfe & Tanai, 1987)。ヨーロッパのマストリヒチアン期から化石の報告が多い(Knobloch & Mai, 1986)。*Acerites* が報告されている。

(2)新生代

雄性の花化石 *Wehrwolfea striata* がカナダの British Columbia の始新世から発見されている。花の長さは1mmで離生している花被片と蜜線があることが特徴である。ムクロジ科の葉化石(MacGinitie, 1953；Wolfe, 1977)や，始新世からの果実化石(Reid & Cahndler, 1933)，*Paleoallophylus*，*Paleoalectryon*(Chandler, 1961)，*Cupanoides*(Collinson, 1983)などが報告されている。

花粉化石，果実，種子の化石が漸新世からでている。

Wolfe & Tanai(1987)が，カエデ属 *Acer* と第三紀の葉化石についてまとめている。Wolfe & Tanai(1987)は，絶滅属 *Bohlenia* がカエデ科 Aceraceae と Sapindaceae の中間型と考えている。暁新世から *Acer* の化石が発見されている(Wolfe & Tanai, 1987；Collinson *et al*., 1993；Crane *et al*., 1990)。イギリスの始新世から多様な果実と種子の化石がでている(Chandler, 1964b)。北アメリカの始新世と第四紀の地層から果実と葉の化石の報告がある(Wolfe & Tanai, 1987)。

Dipteronia の果実化石が北アメリカの暁新世～漸新世と中国の始新世から発見されている(Meyer & Manchester, 1997；McClain & Manchester, 2001)。北アメリカから，葉化石と果実化石 *Aesculus* が記載されている(Manchester, 2001)。東アジアの第四紀(Tanai, 1972, 1983)やヨーロッパ(Walther, 1972；Procházka & Bůžek, 1975)の報告がある。

Koelreuteria は，ヨーロッパの漸新世～中新世と北アメリカの始新世から発見されている(Edwards, 1927；Weyland, 1937；MacGinitie, 1953, 1969；Rüffle, 1963；Bůžek, 1971)。アジアでは中国の中新世の地層から出現して

いる(Hsu & Chaney, 1940)。

　ヨーロッパ，アジア，北アメリカから産する果実化石 *Pteleaecarpus* がムクロジ科とされてきたが，この見解は正しくないと考えられている(Collinson *et al.*, 1993)。アメリカの始新世の地層から，新たに，*Landeenia* が発見されている(Manchester & Hermsen, 2000)。カナダの British Columbia の始新世の地層から花化石 *Wehrwolfea straiata* が報告されている(Erwin & Stockey, 1990)。

　Erwin & Stockey(1990)は，北アメリカから発見されてきた白亜紀の化石データに疑問をもち，*Wehrwolfea* がこの科の最も古い化石として Sapindaceae の化石の総説をまとめている(Erlin & Stockey, 1990)。

10.3.7　旧カエデ科 Aceraceae

後期暁新世以降に果実や葉化石の報告がある(Wolfe & Tanai, 1987)。カエデ群の植物化石の研究は Tanai(1972)，Wolfe & Tanai(1987)がまとめている。日本の始新世以降の地層から葉や翼果の化石が出現している(棚井, 1978)。

10.3.8　旧トチノキ科 Hippocastanaceae
(1)新生代

北アメリカの暁新世からトチノキ属 *Aesculus* の葉と果実の化石が発見されている(Manchester, 2001)。北アメリカの始新世からの葉化石は Taylor (1990)によって疑問視されている。ヨーロッパの中新世〜鮮新世から *Aesculus* に類似している果実化石が発見されている(Szafer, 1961)。

10.3.9　ニガキ科 Simaroubaceae
(1)新生代

北半球の第三紀の地層から広く発見されている(Tralau, 1963)。ヨーロッパの始新世〜中新世の地層からも発見されている(Råsky, 1956a, b；Collinson, 1988b；Knobloch & Kvaček, 1993；Kvaček, 1996)。カザフスタンの

漸新世と中国の始新世〜中新世の地層から果実化石が発見されている(Hsu & Chaney, 1940；WGCPC, 1978；Akhmetiev, 1991)。日本では北海道の中新世の地層から発見されている(Tanai & Suzuki, 1965)。北アメリカの始新世から，*Ailantus* が発見されている(MacGinitie, 1941, 1969；Chaney & Axelrod, 1959；Becker, 1961；Taylor, 1990；Fields, 1996)。Wang & Manchester(2000)によって，北アメリカの始新世と中国の中新世の地層からニガキ科の花の印象化石 *Chaneya* が発見されている。

10.3.10　旧レイトネリア科 Leitneriaceae

内果皮化石がシベリアの漸新世とドイツの鮮新世から出現しており(Dorofeev, 1963, 1994；Mai, 1980)，現生種の *Leitneria* と解剖学的特徴が同じであることが明らかにされている(Dorofeev, 1974b)。

Chester *et al.*(1967)は中新世の化石の報告を引用している。Cronquist (1981)は，*Leitneria* の漸新世の化石を引用している。

日本の中新世からニガキ属 *Picrasma* の葉化石がでている(棚井，1978)。

11.　キク群 Asterids

11.1　ミズキ目 Cornales

クルテシア科 Curtisiaceae，グルッビア科 Grubbiaceae，ヒドロスタキス科 Hydrostachyaceae の植物化石の報告はない。

11.1.1　ミズキ科 Cornaceae
(1)白亜紀

日本のコニアシアン期から発見された *Hironoia* は，白亜紀から発見された最古のミズキ科の化石である(Takahashi *et al*., 2002)。現生の *Mastixia* に類似している絶滅した4属の果実化石がマストリヒチアン期から発見されている(Knobloch & Mai, 1986)。カンパニアン期からミズキ属 *Cornus* の内果皮と思われる化石が発見されている(Eyde, 1988)。

(2) 新生代

広い意味でのミズキ科は北半球から化石の報告がある。第三紀からの報告が多い。絶滅属 *Amersinia* は，中国の固有属であるハンカチノキやハネミヌマミズキ属 *Camptotheca* に関連している植物化石である (Manchester *et al*., 1999)。*Cornus* は，現代では北アメリカやアフリカに分布している。暁新世以降，北半球で多く出現している。*Cornus* の葉化石は始新世からでている。*Cornus* に類似している葉化石は Taylor (1990) がまとめている。

現在，ヌマミズキ属 *Nyssa* は，東アジアと北アメリカに隔離分布している。化石は北半球全体から出現する。果実化石は繊維組織から構成されている石果であり，1〜3室がある。先端部分で背側に開口する。内果皮はねじれた繊維によって構成されており，中央維管束を欠いているという特徴がある。この属は，北アメリカやヨーロッパの始新世でよく発見され (Manchester, 1994b；Mai, 1995)，アジアでは漸新世以降出現する (Eyde, 1997)。*Mastixia* は，現在アジアに分布しているが，ヨーロッパの始新世〜中新世にかけてよく発見され，北アメリカの始新世からも出現する。*Mastixia* の内果皮は *Nyssa* とよく似ているが，背軸の凹面の程度が強い。*Langtonia* は2室の楕円形で，内果皮は繊維で構成されており，子房室には単一の種子が含まれている。イギリスや北アメリカの始新世 (Reid & Chandler, 1933；Manchester, 1994b)，ワイオミング州の鮮新世 (Tiffney & Haggard, 1996) から内果皮化石 *Mastixioidiocarpum* が出現している。*Swida* は現生属であり，デンマークの中新世からは果実化石としてでてくる (Friis, 1985b)。この化石は2室で，内果皮があり，先端が細くなっている。

北アメリカの暁新世と日本の鮮新世〜更新世にハンカチノキ属 *Davidia* の内果皮化石がでる (Kokawa, 1965；Tsukagoshi *et al*., 1997；Manchester, 2002)。ミズキ科の内果皮の化石が日本の鮮新世からでている (棚井，1978)。

11.1.2 旧ヌマミズキ科 Nyssaceae

(1) 新生代

始新世から果実化石が発見されている。*Protonyssa* は，後にヌマミズキ

属 *Nyssa* にいれられた(Mai & Walther, 1978)。北アメリカの漸新世から果実化石が報告されている(Taylor, 1990)。ハネミヌマミズキ属 *Camptotheca* の葉化石が日本から出現している(棚井, 1978)。

11.1.3 旧ウリノキ科 Alangiaceae

ウリノキ属 *Alangium* は，現在，日本，中国からオーストラリア，アフリカにかけて分布している。*Alangium* の内果皮は特徴的であり，北アメリカやヨーロッパ，アジアの第三紀の地層から発見されている。北アメリカではオレゴン州の始新世やバーモント州の中新世から出現している(Taylor, 1990；Manchester, 1994b)。ヨーロッパでは暁新世や始新世からでている(Mai, 1970；Geissert & Gregor, 1981；Mai & Walther, 1985)。アジアでは鮮新世〜更新世から出現している(Miki, 1956；Miki & Kokawa, 1962；Eyde *et al*., 1969)。

現生の *Alangium* に類似している葉と種子の化石が北アメリカの始新世から発見されている(Taylor, 1990)。ヨーロッパの始新世からも報告されている(棚井, 1970；Mai, 1976；Mai & Walther, 1985)。

Eyde *et al*.(1969)が，*Alangium* の化石の総説をまとめている。

11.1.4 アジサイ科 Hydrangeaceae
(1) 白亜紀

ジョージア州のコニアシアン期〜カンパニアン期の地層からアジサイ科に類縁性のある花化石が発見されている(Magallón, 1997)。

(2) 新生代

北アメリカの始新世〜中新世の地層からアジサイ属 *Hydrangea* の花化石が発見されている(Manchester, 1994b；Meyer & Manchester, 1997)。ヨーロッパでは始新世〜中新世の地層からでている(Mai, 1985a, 1995；Ablaev *et al*., 1993)。日本の中新世からも発見されている(Okutsu, 1940)。

11.1.5 シレンゲ科 Loasaceae

Chesters *et al*.(1967)は，中新世から *Mentzelia* を引用しているが，この化石は問題があり，再検討が必要である(Wolfe, 1991)。

11.2 ツツジ目 Ericales

スウェーデンの Scania から *Actinocalyx bohrii* が発見されており，イワウメ科に近いと考えられている(Friis, 1985c)。ニュージャージー州のチューロニアン期から出現した *Palaeoenkianthus sayrevillenwsis* は，ツツジ科のものと考えられている(Nixon & Crepet, 1993)。ジョージア州から発見された *Parasurauia allonensis* は，マタタビ科と考えられている(Keller *et al*., 1996)。

バルサミア科 Balsaminaceae，フキエリア科 Fouquieriaceae，マエサ科 Maesaceae，旧モッコク科 Ternstroemiaceae，旧スラデニア科 Sladeniaceae，ハナシノブ科 Polemoniacae，ロリズラ科 Roridulaceae，サラセニア科 Sarraceniaceae，テトラメリスタ科 Tetrameristaceae，旧ペリキエラ科 Pellicieraceae，テオフラスツス科 Theophrastaceae の植物化石の報告はない。

11.2.1 マタタビ科 Actinidiaceae

(1) 白亜紀

マタタビ科に類縁な花化石 *Parasurauia allonensis* がジョージア州のサントニアン期から発見されている(Keller *et al*., 1996)。この花化石は，*Saurauia* や *Actinidia* に近縁と考えられている(Keller *et al*., 1996)。*Saurauia* に類似している種子化石がヨーロッパのマストリヒチアン期から発見されている(Knobloch & Mai, 1986)。

(2) 新生代

マタタビ属 *Actinidia* は，現在のインド〜マレーシアから東アジアだけに分布している。しかし，第三紀の年代は北アメリカとヨーロッパに分布していた。北アメリカでは始新世から種子化石が発見されており(Manchester,

1994b), ヨーロッパでは，始新世〜鮮新世にかけて，種子化石が発見されている(Tralau, 1963；Friis, 1985a；Martinetto, 1998)。

日本では中新世以降に種子化石が知られている(棚井，1978)。

11.2.2 リョウブ科 Clethraceae
(1)白亜紀
Knobloch & Mai(1986)は，マストリヒチアン期から *Discoclethra* と名づけた果実化石を報告しているが，この科であるかは疑問がある。
(2)新生代
リョウブ属 *Clethra* の化石がデンマークの中新世からでた(Friis, 1985b)。

11.2.3 キリラ科 Cyrillaceae
(1)白亜紀
この科の絶滅属の果実と種子の化石がマストリヒチアン期から発見されている(Mai & Walther, 1978, 1985；Knobloch & Mai, 1986；Collinson et al., 1993)。Friis(1985a)は，絶滅属 *Epacridicarpus* について，ツツジ科の可能性もあると疑問を投げかけている。果実化石 *Valvaecarpus* は，この科の特徴をもっている。Friis(1985a)は，スウェーデンのサントニアン期〜カンパニアン期から，Cyrillaceae, Clethraceae, Ericaceae, Epacridaceae, Diapensaceae などに近縁な花，果実，種子の化石を発見している。
(2)新生代
Cyrilla に類似している果実化石が始新世からでている(Mai & Walther, 1985)。

11.2.4 イワウメ科 Diapensiaceae
(1)白亜紀
スウェーデンのサントニアン期〜カンパニアン期の *Actinocalyx* は現生のイワウメ科に近縁である。ただし，半葯や花粉，離れた柱頭など異なってい

る形質も含まれている(Friis, 1985c)。

11.2.5　カキノキ科 Ebenaceae
(1)新生代
　カキノキ科の花と葉の化石が，オーストラリアの始新世から発見されている(Christophel & Basinger, 1982；Basinger & Christophel, 1985)。葉化石 *Austrodiospyros* には，大きさや先端の形態の変異が認められる。放射相称の雄性花では，花被片は4枚の萼片と花弁からなり，花粉は赤道軸で28〜40 μm であった。カキノキ科の種子や果実の化石は，ヨーロッパの第三紀の地層からでている(Vaudois-Miéja, 1982)。種子化石が始新世から発見されている(Collinson *et al.*, 1993)。

11.2.6　ツツジ科 Ericaceae
(1)白亜紀
　果実と種子の化石がマストリヒチアン期から発見されている(Knobloch & Mai, 1986)。後期白亜紀から3次元に保存されたツツジ科の花化石が，Normapolles 地域に出現している。ニュージャージー州のチューロニアン期から発見された *Palaeoenkianthus* は，ツツジ科の花化石と考えられている(Nixon & Crepet, 1993)。この化石は，花の構成や先端が裂開する葯が，ツツジ科との類縁を示唆しているが，他の形質の組み合わせや花柱の構造など現生のツツジ科と異なる点もある。その他に，ツツジ科と考えられる2つの種類の花化石がニュージャージー州のチューロニアン期から発見されている(Crepet & Nixon, 1996)。さらに，ジョージア州のコニアシアン期〜サントニアン期と後期サントニアン期から2つの花化石が発見されている(Herendeen *et al.*, 1999)。スウェーデンのサントニアン期〜カンパニアン期の地層から花化石 *Paradinandra* が発見されている(Schönenberger & Friis, 2001)。

(2)新生代
　ツツジ属 *Rhododendron* に類似の種子化石が，イギリスの暁新世から出

現している(Collinson & Crane, 1978)。この科は，中新世になって多様化した(Friis, 1985a)。Taylor(1990)は，北アメリカの暁新世からでたハナガサシャクナゲ属 *Kalmia* に類似の葉化石をまとめている。

日本の鮮新世からツツジ科の葉化石がでている(棚井，1978)。

11.2.7 旧ガンコウラン科 Empetraceae
ヨーロッパの中新世から *Corema* に類似している果実化石が報告されている(Van der Burgh, 1987)。

11.2.8 旧エパクリス科 Epacridaceae
Epacridicarpum は Cyrillaceae に含まれている。11.2.3 の Cyrillaceae を参照。

11.2.9 サガリバナ科 Lecythidaceae
(1)新生代

材化石が東南アジアから報告されている(Bande & Prakash, 1986)。南アメリカの漸新世から種子化石 *Lechythidospermus* が報告されている(Pons, 1983)。始新世の葉化石(Taylor, 1990)については再検討を必要とする。

11.2.10 マルクグラビア科 Marcgraviaceae
(1)新生代

スマトラから材化石 *Ruyschioxylon* が報告されているが，真偽のほどは確かでない(Collinson *et al*., 1993)。

11.2.11 ヤブコウジ科 Myrsinaceae
(1)新生代

ヤブコウジ属 *Ardisia* に類似している果実化石がイギリスの始新世からでている(Chandler, 1964b)。

11.2.12 ペンタフィラックス科 Pentaphylacaceae

ヨーロッパの後期白亜紀から *Allericarpus* と現生の *Pentaphylax* に類似している果実化石が発見されている(Knobloch & Mai, 1986)。

11.2.13 サクラソウ科 Primulaceae
(1)新生代

ヨーロッパとアジアの漸新世からサクラソウ属 *Lysimachia* に類似する種子化石が報告されている(Friis, 1985a)。

11.2.14 アカテツ科 Sapotaceae
(1)新生代

種子化石が始新世から発見されている(Collinson *et al.*, 1993)。ヨーロッパの始新世から葉化石の報告がある(Wilde, 1989)。

11.2.15 エゴノキ科 Styracaceae
(1)新生代

北アメリカの始新世以降のエゴノキ属 *Styrax* の葉化石は Taylor (1990) によってまとめられているが，再検討を必要とする。北アメリカの第三紀の地層から発見された(Brown, 1946a；Lakhanpal, 1958)といわれているが，これらの化石はエゴノキ科ではない可能性が高い(Manchester, 1999)。

ヨーロッパの第三紀からは内果皮の化石が発見されている(Kirchheimer, 1957)。ドイツの鮮新世の地層から良好に保存された翼果の化石が発見されている。現生の *Pterostyrax* に類似している果実化石がヨーロッパの始新世から報告されている(Mai & Walther, 1985)。*Rehderodendron* に類似している果実化石もイギリスやフランスの始新世から発見されている(Vaudois-Miéja, 1983)。

Mellidendron の果実化石が日本の鮮新世からでている(Miki, 1941)。

11.2.16 ハイノキ科 Symplocaceae

(1)白亜紀

Krutzsch(1989)は，古花粉学に基づいて，ハイノキ科の植物化石のデータをまとめている。それによると北アメリカの後期白亜紀に出現し，暁新世にヨーロッパへ，中新世にアジアに広がっていったと推定している。

(2)新生代

Symplocos は北アメリカの始新世～中新世の地層から発見されており，ヨーロッパの始新世～鮮新世の地層から広く出現してくる(Mai & Walther, 1985；Chandler, 1964b)。果実化石である *Pallipora* と *Sphenotheca* はヨーロッパの第三紀の地層から発見されるハイノキ科の絶滅属である。日本の鮮新世からは果実化石が発見されている(Miki, 1937)。*Symplocos* に類似している葉化石がヨーロッパ(Wilde, 1989)と北アメリカ(Taylor, 1990)からでている。

11.2.17 ツバキ科 Theaceae

(1)白亜紀

後期白亜紀以降，北半球で広く，葉，材，花粉，果実，種子の化石がでてくる(Grote & Dilcher, 1989)。Grote & Dilcher(1989)の総説のなかで，北アメリカの白亜紀～暁新世の葉化石については再検討が必要であると指摘されている。

(2)新生代

Andrewsiocarpon は始新世からのものであり，果実と種子が残っていた(Grote & Dilcher, 1989)。蒴果は5つに分かれ，萼片によって支えられていて，それぞれの室には2個の種子がはいっていた。*Gordoniopsis* は始新世の5弁開の蒴果の化石であり，1室あたり6～10個の倒生胚珠をつけている(Grote & Dilcher, 1989)。種子の大きさは7mmくらいである。*Gordonia* という翼のある種子をつけるグループも報告されている。タイワンツバキ属 *Gordonia* の果実化石や種子化石は，北アメリカの始新世～中新世から出現している(Gregor, 1978；Grote & Dilcher, 1992；Mai, 1995)。*Hartia* は，

ツバキ亜科に近縁な化石属である。

葉化石 *Ternstroemites* が，白亜紀と始新世に共通して出現する。その他の葉化石としては，*Ternstroemia*，*Thea*，*Gordonia*(Huzioka & Takahashi, 1970；Tanai, 1974)などがある。花粉化石 *Pelliceria* が第三紀から報告されている。

Cleyera は北アメリカの始新世やヨーロッパの始新世～中新世から発見されている(Friis, 1985b；Manchester, 1994b)。種子化石が始新世から発見されている(Collinson *et al.*, 1993)。

日本の中新世～鮮新世からは，葉や果実の化石が発見されている(棚井, 1978)。

12. 真正キク綱I群 Euasterids I

化石は新生代以降に限られる。

オンコテカ科 Oncothecaceae，バーリア科 Vahliaceae の植物化石の報告はない。

12.0.1 ムラサキ科 Boraginaceae
(1)白亜紀
化石の報告はない。
(2)新生代
始新世から現生のチシャノキ属 *Ehretia* に類似している果実の報告がある。ヨーロッパの漸新世～鮮新世から現生の *Argusia* に類似している果実化石の報告がある(Gregor, 1978)。この科は，北アメリカの中新世で多様化した(Thomasson, 1987a)。インドの暁新世からも化石の報告がある(Mathur & Mathur, 1985)。

日本からも *Ehretia* やイヌジシャ属 *Cordia* の葉や内果皮の化石が発見されている(棚井, 1978)。

12.0.2 クロタキカズラ科 Icacinaceae
(1)白亜紀
ヨーロッパ，アフリカ，北アメリカの後期白亜紀から発見されている (Tanai, 1990)。マストリヒチアン期の材化石 *Icacinoxylon* は，この科のものではない (Wheeler *et al.*, 1987)。

(2) 新生代
この科の暁新世の果実化石は少ないが，始新世にはいると多様になる (Collinson, 1986a ; Mai, 1987a ; Crane *et al.*, 1990)。*Iodes* がヨーロッパと北アメリカからでている (Reid & Chandler, 1933 ; Manchester, 1994b)。ヨーロッパの始新世〜漸新世から発見されている *Palaeohosiea* がクロタキカズラ科であるかははっきりしていない。*Palaeophytocrene* はイギリスや北アメリカの始新世から普通に見られる化石である (Reid & Chandler, 1933 ; Manchester & Tiffney, 1993 ; Manchester, 1994b)。北アメリカやヨーロッパの始新世から葉化石が発見されている (Wilde, 1989 ; Taylor, 1990)。日本の始新世からも発見されている (Tanai, 1990)。

12.1 ガリア目 Garryales
旧アオキ科 Aucubaceae の植物化石の報告はない。

12.1.1 トチュウ科 Eucommiaceae
(1)新生代
トチュウ属 *Eucommia* の果実と葉の化石が始新世から発見されている (Collinson *et al.*, 1993 ; Call & Dilcher, 1997)。*Eucommia* の果実化石は，アジアでは北海道の始新世から発見されている (Huzioka, 1961)。カザフスタンの漸新世やロシアの中新世からも報告されている (Zhilin, 1989 ; Akhmetiev, 1991 ; Ablaev *et al.*, 1993)。ヨーロッパでは，漸新世〜更新世 (Szafer, 1961 ; Tralau, 1963 ; Mai, 1995) の地層から発見されている。北アメリカでは，始新世の地層から果実化石の報告がある (Call & Dilcher, 1997)。メキシコでは，漸新世〜中新世にかけて発見されている (Magallón-

Puebla & Cevallos-Ferris, 1994a）。

　北アメリカの始新世から発見された *Eucommia* に類似している葉と果実の化石は Taylor(1990)によってまとめられている。

　日本の始新世以降の地層から葉や翼果の化石がでている(棚井，1978)。

12.1.2　ガリア科 Garryaceae
(1)新生代
　ガリア属*Garrya*の種子，花序，葉の化石が中新世からでている(Cronquist, 1981；Collinson *et al.*, 1993)。Wolfe(1964)は，北アメリカの中新世から葉化石を発見している。

12.2　リンドウ目 Gentianales
　ゲルセミア科 Gelsemiaceae の植物化石の報告はない。

12.2.1　キョウチクトウ科 Apocynaceae
(1)白亜紀
　材化石の報告がある(Taylor, 1990)。キョウチクトウ科に類似しているが，ニガキ科や他科にも類似している材化石も発見されている(Wheeler *et al.*, 1987)。
(2)新生代
　細長い種子で先端に種子本体の2～4倍の毛が束生しており，現生のキョウチクトウ科の多くの属で見られる特徴である(Manchester, 1999)。キョウチクトウ科の種子であることは明らかなのであるが，属間の違いを種子で区別することは容易なことではない。

　北アメリカの始新世から発見されているが，その後の地層からは発見されていない。ヨーロッパの始新世～中新世にかけて果実と種子の化石が発見されている(Chandler, 1964b；Collinson *et al.*, 1993)。

12.2.2 旧ガガイモ科 Asclepiadaceae

イギリスの始新世から現生の *Phyllanthera* と *Tylophora* に類似している種子化石が発見されている(Reid & Chandler, 1926)。ブルガリアの中新世から種子の化石の報告がある(Palamarev, 1968)が，あいまいな点がある。

12.2.3 リンドウ科 Gentianaceae
(1)新生代

北アメリカの始新世から花化石が発見されている(Crepet & Daghlian, 1981)。この花には花粉化石 *Pistillipollenites* が含まれていた。ただし，この花粉はリンドウ科以外の花からも発見されている(Stockey & Manchester, 1988)。

Pistillipollenites の化石データは Taylor(1990)によってまとめられている。その結果をみるとマストリヒチアン期～始新世にかけてでてくることになっており，疑問が残る(Collinson *et al*., 1993)。

12.2.4 フジウツギ科 Loganiaceae
(1)新生代

中新世より種子化石 *Saxifragaceaecarpum* の報告がある(Mai, 1968；Collinson *et al*., 1993)。

12.2.5 アカネ科 Rubiaceae
(1)新生代

始新世より化石の報告がある(Vaudois-Miéja, 1976；Friis, 1985a；Mai & Walther, 1985；Collinson *et al*., 1993)。Taylor(1990)は，北アメリカの始新世以降の葉化石をまとめている。フランスの始新世から果実化石の報告がある(Vaudois-Miéja, 1976)。ヨーロッパでは，始新世以降フクロユキノシタ属 *Cephalanthus* の果実化石が広い地域からでている(Friis, 1985b；Mai & Walther, 1985)。

12.3　シソ目 Lamiales

化石は新生代以降に限られる。

ビズリス科 Byblidaceae，カルセオラリア科 Calceolariaceae，カルレマンニア科 Carlemanniaceae，イワタバコ科 Gesneriaceae，ツノゴマ科 Martyniaceae，ハマウツボ科 Orobanchaceae，パウロニア科 Paulowniaceae，ハエドクソウ科 Phrymaceae，プロコスペルマ科 Plocospermataceae，シュレンゲリア科 Schlegeliaceae，スチルベ科 Stilbaceae，テトラコンドラ科 Tetrachondraceae の植物化石の報告はない。

12.3.1　キツネノマゴ科 Acanthaceae

信頼性のある植物化石のデータはない。

イギリスの始新世からハアザミ属 *Acanthus* といわれる種子化石が発見されたといわれている(Reid & Chandler, 1926)が，保存状態が悪く，その後は新しい化石も発見されていない。

12.3.2　ノウゼンカズラ科 Bignoniaceae

現在，キササゲ属 *Catalpa* が東アジア，北アメリカ東部，カリブ地域に分布している。

(1) 新生代

Taylor(1990)は，Wolfe & Schorn(1989)によって化石のデータから削除された葉化石を，ノウゼンカズラ科の北アメリカの漸新世からのものとして化石リストに加えた。

Catalpa の小さな二翼型種子化石が北アメリカ，フランス，ドイツの漸新世の地層から発見されている(Gregor, 1982；Meyer & Manchester, 1997)。その他にもヨーロッパの始新世や中新世から化石の報告がある(Wolfe & Schorn, 1989；Collinson *et al.*, 1993)。

種子化石の報告は信頼性に欠けるとみなされている。

12.3.3 シソ科 Lamiaceae
(1)新生代

漸新世より果実化石の報告がある(Łańcucka-Środoniowa, 1979；Mai, 1985a；Collinson et al., 1993)。

12.3.4 タヌキモ科 Lentibulariaceae
(1)新生代

タヌキモ属 *Urticularia* が第四紀から発見されている(Mai, 1985a；Collinson, 1988a)。

12.3.5 モクセイ科 Oleaceae
(1)新生代

始新世より化石に関する報告がある(Chaney & Axelrod, 1959；Chandler, 1964b；Call & Dilcher, 1992；Collinson et al., 1993；Meyer & Manchester, 1997)。ヨーロッパでは，*Fraxinus* の果実化石が漸新世～鮮新世から発見されている(Kirchheimer, 1957)。北アメリカの暁新世から発見されているトネリコ属 *Fraxinus* の葉と果実の化石は，Taylor(1990)によってまとめられている。オリーブ属 *Olea* に類似している内果皮化石は，イギリスの始新世から報告がある(Chandler, 1964b)。ヨーロッパからは，オウバイ属 *Jasminium* に近い種子化石が中新世～鮮新世からでている(Szafer, 1961)。

その他に Zhilin(1991)，WGCPC(1978)の報告がある。

日本からは中新世～鮮新世にかけて，*Fraxinus* の果実化石が出現している(Tanai, 1961；棚井, 1978)。

12.3.6 ゴマ科 Pedaliaceae
(1)新生代

ヨーロッパの中新世からヒシモドキ属 *Trapella* に類似している種子化石の報告がある(Mai, 1985a；Collinson et al., 1993)。

12.3.7 オオバコ科 Plantaginaceae
(1)新生代

ヨーロッパの鮮新世から果実化石の報告がある(Mai, 1985a)。オオバコ属 *Plantago* に類似している種子化石がポーランドの鮮新世から発見されている(Szafer, 1954)。

12.3.8 旧アワゴケ科 Callitrichaceae

ヨーロッパの鮮新世から果実化石が報告されている(Mai, 1985a)。

12.3.9 旧スギナモ科 Hippuridaceae

スギナモ属 *Hippuris* に近い果実化石がヨーロッパの暁新世から報告されている(Mai, 1985a)。

12.3.10 ゴマノハグサ科 Scrophulariaceae
(1)新生代

始新世より化石の報告がある(Mai & Walther, 1985；Collinson *et al.*, 1993)。キタミソウ属 *Limosella* に類似している種子化石がヨーロッパの始新世以降からでてくる(Mai & Walther, 1985)。オオアブノメ属 *Gratiola* の種子化石がポーランドの中新世からでている(Łańcucka-Środoniowa, 1979)。

12.3.11 クマツヅラ科 Verbenaceae

Holmskioldia に近いとされる花化石が報告されている(Taylor, 1990)が，再検討が必要である。これらの花化石は *Florissantia* と同じとされ(Manchester & Meyer, 1987)，5枚の癒合した花被片と5心皮性の雌蕊がある。クサギ属 *Clerodendrom* の葉化石が中新世から発見されている(Taylor, 1990)。キバナヨウラク属 *Gmelina* に近い材化石がインドから発見されている(Bande, 1986)。

日本でも，更新世から *Clerodendron* の内果皮の化石が発見されている(Miki, 1938；棚井，1978)。

12.4 ナス目 Solanales

ヒドロレア科 Hydroleaceae, モンチニア科 Montiniaceae, ナガボノウルシ科 Sphenocleaceae の植物化石の報告はない。

12.4.1 ヒルガオ科 Convolvulaceae
(1)新生代

福井県の中新世から葉化石 *Palaeoipomoea fukuiensis* が発見されている (Matsuo, 1956)。

12.4.2 ナス科 Solanaceae
(1)新生代

始新世からの化石の報告がある (Collinson *et al*., 1993)。ホウズキ属 *Physalis* に類似している種子化石がヨーロッパの中新世～鮮新世から報告されている (Szafer, 1961)。ナス属 *Solanum* に類似している種子化石がヨーロッパの中新世から報告されている (Gregor, 1982; Van der Burgh, 1987)。

13. 真正キク綱II群 Euasterids II

ブルニア科 Bruniaceae, コルメリア科 Columelliaceae, 旧デスフォンタイニア科 Desfontainiaceae, エレモシネ科 Eremosynaceae, パラクリフィア科 Paracryphiaceae, ポリスマ科 Polyosmaceae, スフェノステモナ科 Sphenostemonaceae, トリベラ科 Tribelaceae の植物化石の報告はない。

13.0.1 エスカロニア科 Escalloniaceae
(1)白亜紀

アメリカのジョージア州のサントニアン期にウコギ科またはセリ科に関連のある花化石が発見されている (Herendeen *et al*., 1999)。スウェーデンのサントニアン期～カンパニアン期から発見された花化石 *Silvianthemum suecicum* は, ユキノシタ目のエスカロニア科の *Quintinia* に近縁であると

考えられている(Friis, 1990)。*Escallonia* や *Quintinia* は，キク目に近縁であるという見解もある。

13.1 セリ目 Apiales

アラリダ科 Aralidiaceae，グリセリニア科 Griseliniaceae，マッキンラヤ科 Mackinlayaceae，メラノフィルム科 Melanophyllaceae，ミヨドカルパ科 Myodocarpaceae，ペナンテア科 Pennantiaceae，トリケリア科 Torricelliaceae の植物化石の報告はない。

13.1.1 セリ科 Apiaceae
(1)新生代

ヨーロッパの中期中新世から *Umbelliferopsis* という果実化石が報告されている(Gregor, 1982)。鮮新世から多くの報告がある(Szafer, 1954；Mai, 1985a)。

13.1.2 ウコギ科 Araliaceae
(1)白亜紀

ヨーロッパのマストリヒチアン期からタラノキ属 *Aralia* やウコギ属 *Acanthopanax* に類似している果実化石が発見されている(Knobloch & Mai, 1986)。

(2)新生代

アジア産の *Toricellia* は独自の科にいれられたり，ミズキ科に近いと考えられてきた。最近の分子系統学的研究はウコギ科にはいることを明らかにした(Plukett *et al.*, 1996)。*Toricellia* は3室のなかの1室に単一の種子がはいっており，他の2室は不稔であるという特徴的な形態をしている。北アメリカやドイツの始新世(Manchester, 1994b)，オーストリアの漸新世(Meller, 1996)から発見されている。*Toricellia* は，始新世では欧米に広がっていたが，アジアには分布してなかった。現生のウコギ科植物がアジアには多いが，アジアにいつ頃広がったかはわかっていない。果実化石が始新世から発

見されている(Palamarev, 1968；Mai & Walther, 1985)。葉化石は北アメリカでは暁新世〜始新世から発見されている(Taylor, 1990)。ヨーロッパの始新世からも発見されている(Wilde, 1989)。

13.1.3　トベラ科 Pittosporaceae
Friis & Skarby(1982)によって報告されているのが唯一の例であるが，類縁性については再検討が必要である。

13.2　モチノキ目 Aquifoliales
ヤマイモモドキ科 Cardiopteridaceae，ハナイカダ科 Helwingiaceae，フィロノマ科 Phyllonomaceae，ステモヌラ科 Stemonuraceae の植物化石の報告はない。

13.2.1　モチノキ科 Aquifoliaceae
(1) 白亜紀
モチノキ属 *Ilex* に似ている果実化石がヨーロッパのマストリヒチアン期から報告されている(Knobloch & Mai, 1986；Collinson *et al*., 1993)。
(2) 新生代
イギリスの新生代からの果実化石があるが，再検討が必要である(Chandler, 1964b)。暁新世と始新世からの *Ilex* の葉化石が引用されている(Taylor, 1990)が，再検討が必要である。日本の鮮新世から内果皮化石が知られている(棚井, 1978)。

13.3　キク目 Asterales
アルセウオスミア科 Alseuosmiaceae，アルゴフィラ科 Argophyllaceae，カリケラ科 Calyceraceae，旧ミゾカクシ科 Lobeliaceae，ユガミウチワ科 Pentaphragmataceae，フェリネ科 Phellinaceae，ロウセア科 Rousseaceae，スチリジウム科 Stylidiaceae，旧ドナチア科 Donatiaceae の植物化石の報告はない。

13.3.1 キク科 Asteraceae
(1)白亜紀
報告はない。
(2)新生代
花粉化石がでてくるのは，漸新世になってからのことである(Muller, 1981, 1985)。

Viquiera cronquistii は漸新世から発見された頭状花序と考えられる印象化石であった(Becker, 1969)が，Crepet & Stuessy(1978)は，キク科以外の他の被子植物または裸子植物であると考えており，*Viquiera cronquistii* をキク科の化石として引用するのは好ましいことではないとした。キク科の確実な果実化石は中新世以降に出現する(Szafer, 1954；Mai, 1985a；Collinson *et al*., 1993)。

13.3.2 キキョウ科 Campanulaceae
(1)新生代
種子化石が，中新世から発見されている(Łańcucka-Środoniowa, 1979；Collinson *et al*., 1993)。

13.3.3 クサトベラ科 Goodeniaceae
(1)新生代
花粉化石が漸新世より発見されている(Muller, 1981)。

13.3.4 ミツガシワ科 Menyanthaceae
(1)新生代
ミツガシワ属 *Menyanthes* に似ている種子化石が漸新世から発見されている(Mai, 1985a；Collinson *et al*., 1993)。

日本の更新世からは *Menyanthes* の種子化石が発見されている(Kokawa, 1961)。

13.4 マツムシソウ目 Dipsacales

レンプクソウ科 Adoxaceae，旧デルビラ科 Diervillaceae，旧リンネソウ科 Linnaeaceae，旧モリナ科 Morinaceae の植物化石の報告はない。

13.4.1 スイカズラ科 Caprifoliaceae
(1)新生代

北アメリカ西部の始新世～中新世にかけて生育していた絶滅属 *Diplodipelta* は，アジアの現生の *Dipelta* に近縁と考えられている (Manchester & Donoghue, 1995)。両属はともに宿存性のある萼片がついている細長い果実をもっているが，2属の種子分散様式は異なっている。*Dipelta* では花序の苞から発達した3つの翼に包まれている。*Diplodipelta* にも苞から発達した3つの翼があるが，総苞が対になっている果実を取り囲んでいる。*Dipelta* がイギリスの始新世から出現することは，この属がアジアだけに限定的に分布していたのではないことを意味している。始新世から生殖器官の化石が発見されている (Chandler, 1964b；Łańcucka-Środoniowa, 1979；Dorofeev, 1988；Collinson *et al*., 1993)。ニワトコ属 *Sambucus* に類似の種子化石が始新世からでている (Chandler, 1964b；Collinson, 1988b)。ツクバネウツギ属 *Abelia* に類似の果実化石がイギリスの始新世～漸新世から発見されている (Crane, 1988)。Taylor (1990) は，暁新世におけるガマズミ属 *Vibrunum* の化石の報告をまとめているが，再検討の余地がある。

13.4.2 旧マツムシソウ科 Dipsacaceae
(1)新生代

ポーランドの鮮新世から果実化石 *Scagiosa* の報告がある (Szafer, 1954)。

13.4.3 旧オミナエシ科 Valerianaceae
(1)新生代

フランスから化石植物 *Valerianellites* が発見されている (Collinson *et al*., 1993)。

補論 2　被子植物の分類体系

　最近の分子系統学的成果に基づいて，被子植物系統解析グループ(APG II)が，被子植物の分類体系を提唱している。被子植物は，原始的被子植物群と単子葉群および真正双子葉群に分類されている(APG II, 2003)。[　]内は，前述の科に含まれることを意味している。

原始的被子植物群(ANITA 群)
　　　　Amborellaceae　　　　　　アンボレラ科
　　　　Chloranthaceae　　　　　　センリョウ科
　　　　Nymphaeaceae　　　　　　スイレン科
　　　　[＋Cabombaceae]　　　　　ハゴロモモ科

　　Austrobaileyales　　　　　アウストロベイレヤ目
　　　　Austrobaileyaceae　　　　アウストロベイレヤ科
　　　　Schisandraceae　　　　　　マツブサ科
　　　　[＋Illiciaceae]　　　　　シキミ科
　　　　Trimeniaceae　　　　　　トリメニア科
　　Ceratophyllales　　　　　マツモ目
　　　　Ceratophyllaceae　　　　マツモ科

Magnoliids　モクレン群
　　Canellales　　　　　　　　カネラ目
　　　　Canellaceae　　　　　　　カネラ科

　　　　Winteraceae　　　　　　　　シキミモドキ科

　　Laurales　　　　　　　　　　　クスノキ目
　　　　Atherospermataceae　　　　アテロスペルマ科
　　　　Calycanthaceae　　　　　　ロウバイ科
　　　　Gomortegaceae　　　　　　　ゴモルテガ科
　　　　Hernandiaceae　　　　　　　ハスノハギリ科
　　　　Lauraceae　　　　　　　　　クスノキ科
　　　　Monimiaceae　　　　　　　　モニミア科
　　　　Siparunaceae　　　　　　　シパルナ科

　　Magnoliales　　　　　　　　　　モクレン目
　　　　Annonaceae　　　　　　　　　バンレイシ科
　　　　Degeneriaceae　　　　　　　デゲネリア科
　　　　Eupomatiaceae　　　　　　　エウポマチア科
　　　　Himantandraceae　　　　　　ヒマンタンドラ科
　　　　Magnoliaceae　　　　　　　モクレン科
　　　　Myristicaceae　　　　　　　ニクズク科

　　Piperales　　　　　　　　　　　コショウ目
　　　　Aristolochiaceae　　　　　ウマノスズクサ科
　　　　Hydnoraceae　　　　　　　　ヒドノラ科
　　　　Lactoridaceae　　　　　　　ラクトリス科
　　　　Piperaceae　　　　　　　　コショウ科
　　　　Saururaceae　　　　　　　　ハンゲショウ科

Monocots　単子葉群
　　　　Petrosaviaceae　　　　　　サクライソウ科
　　Acorales　　　　　　　　　　　セキショウ目

Acoraceae	セキショウ科
Arismatales	オモダカ目
Alismataceae	オモダカ科
Aponogetonaceae	レースソウ科
Araceae	サトイモ科
Butomaceae	ハナイ科
Cymodoceaceae	シオニラ科
Hydrocharitaceae	トチカガミ科
Juncaginaceae	シバナ科
Limnocharitaceae	リムノカリタ科
Posidoniaceae	ポシドニア科
Potamogetonaceae	ヒルムシロ科
Ruppiaceae	カワツルモ科
Scheuchzeriaceae	ホロムイソウ科
Tofieldiaceae	イワショウブ科
Zosteraceae	アマモ科
Asparagales	キジカクシ目
Alliaceae	ネギ科
[+Agapanthaceae]	ムラサキクンシラン科
[+Amaryllidaceae]	ヒガンバナ科
Asparagaceae	キジカクシ科
[+Agavaceae]	リュウゼツラン科
[+Aphyllanthaceae]	アフィランツス科
[+Hesperocallidaceae]	ヘスペロカリダ科
[+Hyacinthaceae]	ヒアシンス科
[+Laxmanniaceae]	ラックスマニア科
[+Ruscaceae]	ナギイカダ科

　　　　［＋Themidaceae］　　　　　　テミダ科
　　　　Asteliaceae　　　　　　　　　　アステリア科
　　　　Blandfordiaceae　　　　　　　　ブランドフォルデア科
　　　　Boryaceae　　　　　　　　　　　ボリア科
　　　　Doryanthaceae　　　　　　　　　ドリアンタ科
　　　　Hypoxidaceae　　　　　　　　　キンバイザサ科
　　　　Iridaceae　　　　　　　　　　　アヤメ科
　　　　Ixioliriaceae　　　　　　　　　イキシオリア科
　　　　Lanariaceae　　　　　　　　　　ラナリア科
　　　　Orchidaceae　　　　　　　　　　ラン科
　　　　Tecophilaeaceae　　　　　　　　テコフィラエア科
　　　　Xanthorrhoeaceae　　　　　　　ススキノキ科
　　　　［＋Asphodelaceae］　　　　　　ツルボラン科
　　　　［＋Hemerocallidaceae］　　　　カンゾウ科
　　　　Xeronemataceae　　　　　　　　キセロネマ科

　　Dioscoreales　　　　　　　　　　　　ヤマノイモ目
　　　　Burmanniaceae　　　　　　　　　ヒナノシャクジョウ科
　　　　Dioscoreaceae　　　　　　　　　ヤマノイモ科
　　　　Nartheciaceae　　　　　　　　　ノギラン科

　　Liliales　　　　　　　　　　　　　　ユリ目
　　　　Alstroemeriaceae　　　　　　　　ユリズイセン科
　　　　Campynemataceae　　　　　　　カンピネマ科
　　　　Colchicaceae　　　　　　　　　　イヌサフラン科
　　　　Corsiaceae　　　　　　　　　　　コルシア科
　　　　Liliaceae　　　　　　　　　　　ユリ科
　　　　Luzuriagaceae　　　　　　　　　ツバキカズラ科
　　　　Melanthiaceae　　　　　　　　　シュロソウ科

Philesiaceae	フィレシア科
Ripogonaceae	リポゴナ科
Smilacaceae	シオデ科
Pandanales	タコノキ目
Cyclanthaceae	パナマソウ科
Pandanaceae	タコノキ科
Stemonaceae	ビャクブ科
Triuridaceae	ホンゴウソウ科
Velloziaceae	ベロジア科
Commelinids ツユクサ群	
Dasypogonaceae	ダセポゴナ科
Arecales	ヤシ目
Arecaceae	ヤシ科
Commelinales	ツユクサ目
Commelinaceae	ツユクサ科
Haemodoraceae	ハエモドルム科
Hanguanaceae	ハングアナ科
Philydraceae	タヌキアヤメ科
Pontederiaceae	ミズアオイ科
Poales	イネ目
Anarthriaceae	アナルトリア科
Bromeliaceae	パイナップル科
Centrolepidaceae	カツマダソウ科
Cyperaceae	カヤツリグサ科

Ecdeiocoleaceae	エクデイオコレル科
Eriocaulaceae	ホシクサ科
Flagellariaceae	トウツルモドキ科
Hydatellaceae	ヒダテラ科
Joinvilleaceae	ジョインビレア科
Juncaceae	イグサ科
Mayacaceae	マヤカ科
Poaceae	イネ科
Rapateaceae	ラパテア科
Restionaceae	サンアソウ科
Sparganiaceae	ミクリ科
Thurniaceae	ツルニア科
Typhaceae	ガマ科
Xyridaceae	トウエンソウ科
Zingiberales	ショウガ目
Cannaceae	カンナ科
Costaceae	オオホザキアヤメ科
Heliconiaceae	オウムバナ科
Lowiaceae	ロウイア科
Marantaceae	クズウコン科
Musaceae	バショウ科
Strelitziaceae	ゴクラクチョウカ科
Zingiberaceae	ショウガ科

Eudicots　真正双子葉群

Buxaceae	ツゲ科
［＋Didymelaceae］	ジジメレス科
Sabiaceae	アワブキ科

Trochodendraceae	ヤマグルマ科
［＋Tetracentraceae］	スイセイジュ科
Proteales	ヤマモガシ目
Nelumbonaceae	ハス科
Proteaceae	ヤマモガシ科
［＋Platanaceae］	スズカケノキ科
Ranunculales	キンポウゲ目
Berberidaceae	メギ科
Circaeasteraceae	キルカエアステル科
［＋Kingdoniaceae］	キングドニア科
Eupteleaceae	フサザクラ科
Lardizabalaceae	アケビ科
Menispermaceae	ツヅラフジ科
Papaveraceae	ケシ科
［＋Fumariaceae］	エンゴサク科
［＋Pteridophyllaceae］	オサバグサ科
Ranunculaceae	キンポウゲ科

Core Eudicots　真正双子葉基幹群

Aextoxicaceae	アエクストキシコン科
Berberidopsidaceae	メギモドキ科
Dilleniaceae	ビワモドキ科
Gunnerales	グンネラ目
Gunneraceae	グンネラ科
［＋Myrothamnaceae］	ミロタムヌス科

Caryophyllales　　　　　　　ナデシコ目
　　Achatocarpaceae　　　　　アカトカルプス科
　　Aizoaceae　　　　　　　　ザクロソウ科
　　Amaranthaceae　　　　　　ヒユ科
　　Ancistrocladaceae　　　　ツクバネカズラ科
　　Asteropeiaceae　　　　　　アストロペイア科
　　Barbeuiaceae　　　　　　　バルベウイヤ科
　　Basellaceae　　　　　　　　ツルムラサキ科
　　Cactaceae　　　　　　　　　サボテン科
　　Caryophyllaceae　　　　　　ナデシコ科
　　Didiereaceae　　　　　　　カナボウノキ科
　　Dioncophyllaceae　　　　　ジオンコフィルム科
　　Droseraceae　　　　　　　　モウセンゴケ科
　　Drosophyllaceae　　　　　　ドロソフィルム科
　　Frankeniaceae　　　　　　　フランケニア科
　　Gisekiaceae　　　　　　　　ギセキア科
　　Halophytaceae　　　　　　　ハロフィテア科
　　Molluginaceae　　　　　　　ザクロソウ科
　　Nepenthaceae　　　　　　　ウツボカズラ科
　　Nyctaginaceae　　　　　　　オシロイバナ科
　　Physenaceae　　　　　　　　ピセナ科
　　Phytolaccaceae　　　　　　　ヤマゴボウ科
　　Plumbaginaceae　　　　　　　イソマツ科
　　Polygonaceae　　　　　　　　タデ科
　　Portulacaceae　　　　　　　　スベリヒユ科
　　Rhabdodendraceae　　　　　　ラブドデンドラ科
　　Sarcobataceae　　　　　　　　サルコバタ科
　　Simmondsiaceae　　　　　　　シンモンドシア科
　　Stegnospermataceae　　　　　ステグノスペルマ科

Tamaricaceae	ギョリュウ科
Santalales	ビャクダン目
Olacaceae	ボロボロノキ科
Opiliaceae	カナビキボク科
Loranthaceae	ヤドリギ科
Misodendraceae	ミソデンドロン科
Santalaceae	ビャクダン科
Saxifragales	ユキノシタ目
Altingiaceae	アルチンギア科
Aphanopetalaceae	アファノペタル科
Cercidiphyllaceae	カツラ科
Crassulaceae	ベンケイソウ科
Daphniphyllaceae	ユズリハ科
Grossulariaceae	スグリ科
Haloragaceae	アリノトウグサ科
[＋Penthoraceae]	タコノアシ科
[＋Tetracarpaeaceae]	テトラカルパエア科
Hamamelidaceae	マンサク科
Iteaceae	ズイナ科
[＋Pterostemonaceae]	プテロステモン科
Paeoniaceae	ボタン科
Saxifragaceae	ユキノシタ科
Rosids　バラ群	
Aphloiaceae	アフロイア科
Geissolomataceae	ゲイソロマ科
Ixerbaceae	イキセルバ科

Picramniaceae　　　　　　　　ピクラミア科
　　　Strasburgeriaceae　　　　　　 ストラスブルゲリア科
　　　Vitaceae　　　　　　　　　　 ブドウ科

　Crossosomatales　　　　　　　クロッソソマ目
　　　Crossosomataceae　　　　　　 クロッソソマ科
　　　Stachyuraceae　　　　　　　　キブシ科
　　　Staphyleaceae　　　　　　　　ミツバウツギ科

　Geraniales　　　　　　　　　　フウロウソウ目
　　　Geraniaceae　　　　　　　　　フウロウソウ科
　　　［＋Hypseocharitaceae］　　　ヒピセオカリタ科
　　　Ledocarpaceae　　　　　　　　レドカルパ科
　　　Melianthaceae　　　　　　　　メリアンタ科
　　　［＋Francoaceae］　　　　　　フランコア科
　　　Vivianiaceae　　　　　　　　 ビビアニア科

　Myrtales　　　　　　　　　　　フトモモ目
　　　Alzateaceae　　　　　　　　　アルザテア科
　　　Combretaceae　　　　　　　　 シクンシ科
　　　Crypteroniaceae　　　　　　　クリプテロニア科
　　　Heteropyxidaceae　　　　　　 ヘテロピクシス科
　　　Lythraceae　　　　　　　　　 ミソハギ科
　　　Melastomataceae　　　　　　　ノボタン科
　　　［＋Memecylaceae］　　　　　 メメキロン科
　　　Myrtaceae　　　　　　　　　　フトモモ科
　　　Oliniaceae　　　　　　　　　 オリニア科
　　　Onagraceae　　　　　　　　　 アカバナ科
　　　Penaeaceae　　　　　　　　　 ペナエア科

　　　　Psiloxylaceae　　　　　　　プシロキシラ科
　　　　Rhynchocalycaceae　　　　リンコカリクス科
　　　　Vochysiaceae　　　　　　　ボキシア科

Eurosids I　真正バラ綱I群
　　　　Zygophyllaceae　　　　　　ハマビシ科
　　　　［＋Krameriaceae］　　　　クラメリア科
　　　　Huaceae　　　　　　　　　フア科

　　Celastrales　　　　　　　　ニシキギ目
　　　　Celastraceae　　　　　　　ニシキギ科
　　　　Lepidobotryaceae　　　　　カタバミノキ科
　　　　Parnassiaceae　　　　　　ウメバチソウ科
　　　　［＋Lepuropetalaceae］　　レプロペタラ科

　　Cucurbitales　　　　　　　ウリ目
　　　　Anisophylleaceae　　　　　アニソフィレア科
　　　　Begoniaceae　　　　　　　シュウカイドウ科
　　　　Coriariaceae　　　　　　　ドクウツギ科
　　　　Corynocarpaceae　　　　　コロノカルプス科
　　　　Cucurbitaceae　　　　　　ウリ科
　　　　Datiscaceae　　　　　　　ダチスカ科
　　　　Tetramelaceae　　　　　　テトラメレス科

　　Fabales　　　　　　　　　マメ目
　　　　Fabaceae　　　　　　　　マメ科
　　　　Polygalaceae　　　　　　　ヒメハギ科
　　　　Quillajaceae　　　　　　　クイラジャ科
　　　　Surianaceae　　　　　　　スリアナ科

Fagales	ブナ目
Betulaceae	カバノキ科
Casuarinaceae	モクマオウ科
Fagaceae	ブナ科
Juglandaceae	クルミ科
[＋Rhoipteleaceae]	ロイプテレア科
Myricaceae	ヤマモモ科
Nothofagaceae	ナンキョクブナ科
Ticodendraceae	チコデンドラ科
Malpighiales	キントラノオ目
Achariaceae	アカリア科
Balanopaceae	バラノプス科
Bonnetiaceae	ヤチモクコク科
Caryocaraceae	バターナット科
Chrysobalanaceae	クリソバラヌス科
[＋Dichapetalaceae]	カイナンボク科
[＋Euphroniaceae]	エウフロニア科
[＋Trigoniaceae]	トリゴニア科
Clusiaceae	フクギ科
Ctenolophonaceae	クテノフォナ科
Elatinaceae	ミゾハコベ科
Euphorbiaceae	トウダイグサ科
Goupiaceae	グーピア科
Humiriaceae	フミリア科
Hypericaceae	オトギリソウ科
Irvingiaceae	アービンギア科
Ixonanthaceae	イクソナンテス科
Lacistemataceae	ラキステマ科

Linaceae	アマ科
Lophopyxidaceae	ロフィピクス科
Malpighiaceae	キントラノオ科
Ochnaceae	オクナ科
［＋Medusagynaceae］	メズサギネ科
［＋Quiinaceae］	クイイナ科
Pandaceae	パンダ科
Passifloraceae	トケイソウ科
［＋Malesherbiaceae］	マレシェルビア科
［＋Turneraceae］	ツルネラ科
Peridiscaceae	ペリジスクス科
Phyllanthaceae	コミカンソウ科
Picrodendraceae	ピクロデンドラ科
Podostemaceae	カワゴケソウ科
Putranjivaceae	プツラニバ科
Rhizophoraceae	ヒルギ科
［＋Erythroxylaceae］	コカノキ科
Salicaceae	ヤナギ科
Violaceae	スミレ科

Oxalidales　　　　　　　　カタバミ目
Brunelliaceae	ブルレリア科
Cephalotaceae	ケファロテカ科
Connaraceae	マメモドキ科
Cunoniaceae	クノニア科
Elaeocarpaceae	ホルトノキ科
Oxalidaceae	カタバミ科

Rosales　　　　　　　　　　バラ目

Barbeyaceae バルベヤ科
Cannabaceae アサ科
Dirachmaceae ジラクマ科
Elaeagnaceae グミ科
Moraceae クワ科
Rhamnaceae クロウメモドキ科
Rosaceae バラ科
Ulmaceae ニレ科
Urticaceae イラクサ科

Eurosids II　真正バラ綱II群

Tapisciaceae タピスキア科

Brassicales　アブラナ目

Akaniaceae アカニア科
［＋Bretschneideraceae］ ブレシュナイデラ科
Bataceae バチス科
Brassicaceae アブラナ科
Caricaceae パパイア科
Emblingiaceae エンブリンジア科
Gyrostemonaceae ギロステモン科
Koeberliniaceae ケーベルリニア科
Limnanthaceae リムナンタ科
Moringaceae ワサビノキ科
Pentadiplandraceae ペンタジプランドラ科
Resedaceae モクセイソウ科
Salvadoraceae サルバドラ科
Setchellanthaceae セチェランタ科
Tovariaceae トバリア科

Tropaeolaceae	ノウゼンハレン科
Malvales	アオイ目
Bixaceae	ベニノキ科
[＋Diegodendraceae]	デゴデンドラ科
[＋Cochlospermaceae]	ワタモドキ科
Cistaceae	ハンニチバナ科
Dipterocarpaceae	フタバガキ科
Malvaceae	アオイ科
Muntingiaceae	ムンテギア科
Neuradaceae	ネラウダ科
Sarcolaenaceae	サルコラエナ科
Sphaerosepalaceae	スファエロスパルム科
Thymelaeaceae	ジンチョウゲ科
Sapindales	ムクロジ目
Anacardiaceae	ウルシ科
Biebersteiniaceae	ビーベルスタイニア科
Burseraceae	カンラン科
Kirkiaceae	キルキア科
Meliaceae	センダン科
Nitrariaceae	ニトラリア科
[＋Peganaceae]	ペガナ科
[＋Tetradiclidaceae]	テトラデクリダ科
Rutaceae	ミカン科
Sapindaceae	ムクロジ科
Simaroubaceae	ニガキ科

Asterids　キク群
　　Cornales　　　　　　　　　ミズキ目
　　　　Cornaceae　　　　　　　ミズキ科
　　　　［＋Nyssaceae］　　　　ヌマミズキ科
　　　　Curtisiaceae　　　　　　クルテシア科
　　　　Grubbiaceae　　　　　　グルッビア科
　　　　Hydrangeaceae　　　　　アジサイ科
　　　　Hydrostachyaceae　　　　ヒドロスタキス科
　　　　Loasaceae　　　　　　　シレンゲ科

　　Ericales　　　　　　　　　ツツジ目
　　　　Actinidiaceae　　　　　マタタビ科
　　　　Balsaminaceae　　　　　バルサミア科
　　　　Clethraceae　　　　　　リョウブ科
　　　　Cyrillaceae　　　　　　キリラ科
　　　　Diapensiaceae　　　　　イワウメ科
　　　　Ebenaceae　　　　　　　カキノキ科
　　　　Ericaceae　　　　　　　ツツジ科
　　　　Fouquieriaceae　　　　フキエリア科
　　　　Lecythidaceae　　　　　サガリバナ科
　　　　Maesaceae　　　　　　　マエサ科
　　　　Marcgraviaceae　　　　マルクグラビア科
　　　　Myrsinaceae　　　　　　ヤブコウジ科
　　　　Pentaphylacaceae　　　ペンタフィラックス科
　　　　［＋Ternstroemiaceae］　モッコク科
　　　　［＋Sladeniaceae］　　　スラデニア科
　　　　Polemoniaceae　　　　　ハナシノブ科
　　　　Primulaceae　　　　　　サクラソウ科
　　　　Roridulaceae　　　　　ロリズラ科

Sapotaceae	アカテツ科
Sarraceniaceae	サラセニア科
Styracaceae	エゴノキ科
Symplocaceae	ハイノキ科
Tetrameristaceae	テトラメリスタ科
［＋Pellicieraceae］	ペリキエラ科
Theaceae	ツバキ科
Theophrastaceae	テオフラスツス科

Euasterids I　真正キク綱 I 群

Boraginaceae	ムラサキ科
Icacinaceae	クロタキカズラ科
Oncothecaceae	オンコテカ科
Vahliaceae	バーリア科

Garryales	ガリア目
Eucommiaceae	トチュウ科
Garryaceae	ガリア科
［＋Aucubaceae］	アオキ科

Gentianales	リンドウ目
Apocynaceae	キョウチクトウ科
Gelsemiaceae	ゲルセミア科
Gentianaceae	リンドウ科
Loganiaceae	フジウツギ科
Rubiaceae	アカネ科

Lamiales	シソ目
Acanthaceae	キツネノマゴ科

Bignoniaceae　　　　　　　　　ノウゼンカズラ科
　　　Byblidaceae　　　　　　　　　　ビズリス科
　　　Calceolariaceae　　　　　　　　カルセオラリア科
　　　Carlemanniaceae　　　　　　　　カルレマンニア科
　　　Gesneriaceae　　　　　　　　　イワタバコ科
　　　Lamiaceae　　　　　　　　　　シソ科
　　　Lentibulariaceae　　　　　　　　タヌキモ科
　　　Martyniaceae　　　　　　　　　ツノゴマ科
　　　Oleaceae　　　　　　　　　　モクセイ科
　　　Orobanchaceae　　　　　　　　　ハマウツボ科
　　　Paulowniaceae　　　　　　　　　パウロニア科
　　　Pedaliaceae　　　　　　　　　ゴマ科
　　　Phrymaceae　　　　　　　　　ハエドクソウ科
　　　Plantaginaceae　　　　　　　　オオバコ科
　　　Plocospermataceae　　　　　　　プロコスペルマ科
　　　Schlegeliaceae　　　　　　　　シュレンゲリア科
　　　Scrophulariaceae　　　　　　　ゴマノハグサ科
　　　Stilbaceae　　　　　　　　　　スチルベ科
　　　Tetrachondraceae　　　　　　　テトラコンドラ科
　　　Verbenaceae　　　　　　　　　クマツヅラ科

　Solanales　　　　　　　　　　　　ナス目
　　　Convolvulaceae　　　　　　　　ヒルガオ科
　　　Hydroleaceae　　　　　　　　　ヒドロレア科
　　　Montiniaceae　　　　　　　　　モンチニア科
　　　Solanaceae　　　　　　　　　　ナス科
　　　Sphenocleaceae　　　　　　　　ナガボノウルシ科

Euasterids II　真正キク綱II群
　　　　Bruniaceae　　　　　　　　　　ブルニア科
　　　　Columelliaceae　　　　　　　　コルメリア科
　　　　[＋Desfontainiaceae]　　　　　デスフォンタイニア科
　　　　Eremosynaceae　　　　　　　　エレモシネ科
　　　　Escalloniaceae　　　　　　　　エスカロニア科
　　　　Paracryphiaceae　　　　　　　パラクリフィア科
　　　　Polyosmaceae　　　　　　　　 ポリオスマ科
　　　　Sphenostemonaceae　　　　　　スフェノステモナ科
　　　　Tribelaceae　　　　　　　　　 トリベラ科

　　Apiales　　　　　　　　　　　　　セリ目
　　　　Apiaceae　　　　　　　　　　 セリ科
　　　　Araliaceae　　　　　　　　　　ウコギ科
　　　　Aralidiaceae　　　　　　　　　アラリダ科
　　　　Griseliniaceae　　　　　　　　グリセリニア科
　　　　Mackinlayaceae　　　　　　　マッキンラヤ科
　　　　Melanophyllaceae　　　　　　メラノフィルム科
　　　　Myodocarpaceae　　　　　　　ミヨドカルパ科
　　　　Pennantiaceae　　　　　　　　ペナンテア科
　　　　Pittosporaceae　　　　　　　　トベラ科
　　　　Torricelliaceae　　　　　　　　トリケリア科

　　Aquifoliales　　　　　　　　　　　モチノキ目
　　　　Aquifoliaceae　　　　　　　　 モチノキ科
　　　　Cardiopteridaceae　　　　　　ヤマイモドキ科
　　　　Helwingiaceae　　　　　　　　ハナイカダ科
　　　　Phyllonomaceae　　　　　　　フィロノマ科
　　　　Stemonuraceae　　　　　　　　ステモヌラ科

Asterales キク目
　　Alseuosmiaceae　　　アルセウオスミア科
　　Argophyllaceae　　　アルゴフィラ科
　　Asteraceae　　　キク科
　　Calyceraceae　　　カリケラ科
　　Campanulaceae　　　キキョウ科
　　[＋Lobeliaceae]　　　ミゾカクシ科
　　Goodeniaceae　　　クサトベラ科
　　Menyanthaceae　　　ミツガシワ科
　　Pentaphragmataceae　　　ユガミウチワ科
　　Phellinaceae　　　フェリネ科
　　Rousseaceae　　　ロウセア科
　　Stylidiaceae　　　スチリジウム科
　　[＋Donatiaceae]　　　ドナチア科

Dipsacales マツムシソウ目
　　Adoxaceae　　　レンプクソウ科
　　Caprifoliaceae　　　スイカズラ科
　　[＋Diervillaceae]　　　デルビア科
　　[＋Dipsacaceae]　　　マツムシソウ科
　　[＋Linnaeaceae]　　　リンネソウ科
　　[＋Morinaceae]　　　モリナ科
　　[＋Valerianaceae]　　　オミナエシ科

資料1　地質年代表

　下記の地質年代は，The 2004 edition of International Stratigraphic Chart に従っている。このなかで白亜紀は1億4550万年前から6550万年前の間であり，ベリアシアン期～アルビアン期を前期白亜紀，セノマニアン期～マストリヒチアン期を後期白亜紀として区別している。

代	紀		世 または 期		何万年前（×百万年）
新生代	第四紀		完新世		0.0115
			更新世		1.806
	第三紀	新第三紀	鮮新世		5.332
			中新世		23.03
		古第三紀	漸新世		33.9
			始新世		55.8±0.2
			暁新世		65.5±0.3
中生代	白亜紀		後期	マストリヒチアン期	70.6±0.6
				カンパニアン期	83.5±0.7
				サントニアン期	85.8±0.7
				コニアシアン期	89.3±0.1
				チューロニアン期	93.5±0.8
				セノマニアン期	99.6±0.9
			前期	アルビアン期	112.0±0.1
				アプチアン期	125.0±1.0
				バレミアン期	130.0±1.5
				オーテリビアン期	136.4±2.0
				バランギニアン期	140.2±3.0
				ベリアシアン期	145.5±4.0
	ジュラ紀				199.6±0.6
	三畳紀				251.0±0.4
古生代	ペルム紀				299.0±0.8
	石炭紀				359.2±2.5
	デボン紀				416.0±2.8
	シルル紀				443.7±1.5
	オルドビス紀				488.3±1.7
	カンブリア紀				542.0±1.0
先カンブリア代	原生代				2500
	始生代				4560

資料2 白亜紀の小型化石の産出場所と年代

産出場所	地質年代	文献
Mira(ポルトガル)	カンパニアン期〜マストリヒチアン期	Friis et al., 1992, 2003b Schöenenberger et al., 2001
Esgueira(ポルトガル)	カンパニアン期〜マストリヒチアン期	Friis et al., 1992
Neuse River(ノースカロライナ州, USA)	サントニアン期〜カンパニアン期	Eklund, 2000 Friis et al., 1988 Frumin & Friis, 1996
Åsen(Scania, スウェーデン)	サントニアン期〜カンパニアン期	Crane et al., 1986, 1989 Endress & Friis, 1991 Eklund et al., 1997 Friis, 1983, 1984, 1985a〜c, 1990 Friis & Pedersen, 1996a Friis & Skarby, 1981, 1982 Friis et al., 1986, 1988 Schönenberger & Friis, 2001 Schönenberger et al., 2001
Allon(ジョージア州, USA)	サントニアン期	Herendeen et al., 1999 Magallón et al., 1996, 1997, 2001 Sims et al., 1999
Buffalo Creek Member(ジョージア州, USA)*	サントニアン期	Herendeen et al., 1995 Keller et al., 1996, 1998 Sims et al., 1998
Nunatak(南極大陸)	サントニアン期	Eklund, 2003 Eklund et al., 2004
いわき市(福島, 日本)	サントニアン期	Takahashi et al., 1999a
Eutaw(Georgia, USA)	コニアシアン期〜サントニアン期	Magallón et al., 1997
久慈(岩手, 日本)	コニアシアン期〜サントニアン期	Takahashi et al., 2001a
広野町(福島, 日本)	コニアシアン期	Takahahashi et al., 1999a, b, 2001b, 2002
Old Crossman Clay Pit(ニュージャージ州, USA)	チューロニアン期	Crepet & Nixon, 1994, 1998a, b Crepet et al., 1992, 2004 Gandolfo et al., 1995, 1996, 1997, 1998a〜c, 2000, 2001, 2002, 2004

		Herendeen *et al.*, 1993, 1994 Hermsen *et al.*, 2003 Nixon & Crepet, 1993
Mauldin Mountain（メリーランド州，USA）	セノマニアン期	Drinnan *et al.*, 1990, 1991 Friis & Pedersen, 1996a Pedersen *et al.*, 1991
Bull Mountain（メリーランド州，USA）	セノマニアン期	Pedersen *et al.*, 1994
Bohemia（Czech Republic）	セノマニアン期	Eklund & Kvaček, 1998 Kvaček, 1992 Kvaček & Eklund, 2003
Sarbay Quarry（カザフスタン）	セノマニアン期～前期チューロニアン期	Frumin & Friis, 1996 Frumin & Friis, 1999 Frumin *et al.*, 2004
West Brothers（メリーランド州，USA）	アルビアン期	Crane *et al.*, 1986, 1989 Drinnan *et al.*, 1991 Friis *et al.*, 1986, 1988
Bull Mountain（メリーランド州，USA）	アルビアン期	Friis *et al.*, 1994a Pedersen *et al.*, 1994
Puddledock（バージニア州，USA）	アルビアン期	Crane *et al.*, 1994 Friis *et al.*, 1995, 1997
Crato（Brazil）*2	アプチアン期～アルビアン期	More & Friis, 2000 More & Eklund, 2003
Catefica（Estremadura Region，ポルトガル）	バレミアン期またはアプチアン期	Friis *et al.*, 1994b, 1997a, 1999, 2000, 2001
Vale de Agua（Beira Litoral Region，ポルトガル）	バレミアン期またはアプチアン期	Friis *et al.*, 1994b, 1997a, 1999, 2000, 2001
Buarcos（ポルトガル）	バレミアン期またはアプチアン期	Friis *et al.*, 1994b, 1997a, 1999, 2000
Famaicãe（Beira Litoral Region，ポルトガル）	バレミアン期またはアプチアン期	Friis *et al.*, 1994, 1997a, 2000
Torres Vedras（Estremadura Region，ポルトガル）*3	バレミアン期～アプチアン期	Friis *et al.*, 1994b, 1997a, 1999, 2000
Helez（Israel）*4	バランギニアン期～オーテビリアン期	Brenner, 1996
Jydegård（Denmark）*5	ベリアシアン期～バランギニアン期	Pedersen *et al.*, 1989 Friis & Pedersen, 1996a

* 当初，前期カンパニアン期とされたが，後期サントニアンに訂正（Sim *et al.*, 1998）
*2 印象化石のみ
*3 Torres Vedras は，当初，バランギニアン期～オーテビリアン期とされていたが，バレミアン期～アプチアン期に変更
*4 花粉化石のみ
*5 *Erdtmanispermum* の種子と花粉が発見されている．被子植物の化石はでてきていない．

文　献

Ablaev, A. G., U. Sin En, I. V. Vassiliev and Lu Zin Mu. 1993. Miocene of the North Korea and the South Primorye (Beds with *Engelhardia*). Russian Academy of Science Far-eastern Branch, Pasific Institute of Oceanology. Dalnauka, Valadivostok.

Adegoke, O. S., R. E. Jan du Chene, A. E. Agumana and P. O. Ajayi. 1978. Palynology and age of the Kerri-Kerri Formation, Nigeria. Revista Esp. Micropaleontol. 10: 267-283.

Akhmetiev, M. A. 1991. Early Oligocene flora of Kiin-Kerish and its comparison with other Paleogene floras. *In* S. G. Zhilin (ed.), Development of the Flora in Kazakhstan and Russian Plain from the Eocene to the Miocene, pp. 37-56. Acad. Sci. USSR, Komarov Bot. Inst., Leningrad.

Akhmetiev, M. A. and S. R. Manchester. 2000. A new species of *Palaeocarpinus* (Betulaceae) from the Paleogene of Eastern Sikhote-Alin. Paleont. Jour. 34: 467-474.

Anderson, C. L., K. Bremer and E. M. Friis. 2005. Dating phylogenetically basal eudicots using *rbcL* sequences and multiple fossil reference points. Amer. J. Bot. 92: 1737-1748.

Ando, H. 1997. Apparent stacking patterns of depositional sequences in the Upper Cretaceous shallow-marine to flurial successions, Northeast Japan. Mem. Geol. Soc. Japan, No. 48: 43-59.

Andrews, H. N. 1958. Notes on Belgian specimens of *Sporogonites*. Palaeobotanist 7: 85-89.

Andrews, H. N. 1961. Studies in Paleobotany. Wiley, New York, 487 pp.

APG. 1998. An ordinal classification for the families of flowering plants. Ann. Missouri Bot. Gard. 85: 531-553.

APG II. 2003. An update of the Angiosperm Phylogeny Group classification for the orders and families of flowering plants: APG II. Bot. Jour. Linn. Soc. 141: 399-436.

Archangelsky, S. and T. N. Taylor. 1993. The ultrastructure of *in situ Clavatipollenites* pollen from the Early Cretaceous of Patagonia. Amer. J. Bot. 80: 879-885.

Asama, K. 1959. Systematic study of so-called *Gigantopteris*. Sci. Rep. Tohoku Univ. 2nd Ser. 31: 1-72, pls. 1-2.

Asama, K. 1976. *Gigantopteris* flora in Southeast Asia and its phytopaleogeographic significance. Geol. Pal. SE Asia 17: 191-207.

Asama, K. 1984. *Gigantopteris* flora in China and southeast Asia. *In* T. Kobayashi, R. Toriyama and W. Hashimoto (eds.), Geology and palaeontology of Southeast Asia pp. 311-323. Univ. Tokyo Press, Tokyo.

Axelrod, D. I. 1952. A theory of angiosperm evolution. Evolution 6: 29-60.

Bada, J. L., X. S. Wang and H. Hamilton. 1999. Preservation of key biomolecules in

the fossil record: current knowledge and future challenges. Phil. Trans. Roy. Soc. London B 354: 77-87.
Baghai, N. L. 1988. *Liriodendron* (Magnoliaceae) from the Miocene Clarkia flora of ldaho. Amer. J. Bot. 75: 451-464.
Bande, M. B. 1986. Fossil wood of *Gmeliña* Linn. (Verbenaceae) from the Decean Intertrappean beds of Nawargaon with comments on the nomenclature of Tertiary wood. Palaeobotanist 35: 165-170.
Bande, M. B. and U. Prakash. 1986. The Tertiary flora of southeast Asia with remarks on its palaeoenvironment and phytogeography of the Indo-Malayan region. Rev. Palaeobot. Palynol. 49: 203-233.
Banks, H. P. 1968. The early history of land plants. *In* E. T. Drake (ed.), Evolution and Environment. Yale University Press, New Haven.
Banks, H. P. 1975a. Palaeogeographic implications of some Silurian-Early Devonian floras. *In* K. S. W. Campbell (ed.), Gondwana Geology. Austr. Nat. Univ. Press, Canberra.
Banks, H. P. 1975b. Reclassification of Psilophyta. Taxon 24: 401-413.
Banks, H. P., S. Leclercq and F. M. Hueber. 1975. Anatomy and morphology of *Psilophyton dawsonii*, sp. n. from the late Lower Devonian of Quebec (Gaspé) and Ontaria, Canada. Palaeontogr. Amer. 48: 77-127.
Barkman, T. J., G. Chenery, J. R. McNeal, J. Lyons-Weiler, W. J. Ellisens, G. Moore, A. D. Wolfe and C. W. de Phamphilis. 2000. Independent and combined analyses of sequences from all three genomic compartments converge on the root of flowering plant phylogeny. Proceed. Nation. Acad. Sci. 97: 13166-13171
Barrett, P. M. 2000. Evolutionary consequences of dating the Yixian Formation. Trends Ecol. Evol. 15: 99-103.
Barrett, P. M. and K. J. Willis. 2001. Did dianosaurs invent flowers? Dianosaur-angiosperm coevolution revisited. Biol. Rev. Cambridge Philosoph. Soc. 76: 411-447.
Basinger, J. F. 1976. *Paleorosa similkameenensis*, gen. et sp. nov., permineralized flowers (Rosaceae) from the Eocene of British Columbia. Can. J. Bot. 54: 2293-2350.
Basinger, J. F. and D. C. Christophel. 1985. Fossil flowers and leaves of the Ebenaceae from the Eocene of southern Australia. Can. J. Bot. 63: 1825-1843.
Basinger, J. F. and D. L. Dilcher. 1984. Ancient bisexual flowers. Science 224: 511-513.
Bateman, R. M., W. A. DiMichele and D. A. Willard. 1992. Experimantal cladistic analysis of anatomically preserved lycoposids from the Carboniferous of Euramerica: an essay on paleobotanical phylogenetics. Ann. Missouri Bot. Gard. 79: 500-559.
Batten, D. J. 1974. Wealden palaeoecology from the distribution of plant fossils. Proc. Geol. Ass. 85: 433-458.
Batten, D. J. 1984. Palynology, climate and the development of Late Cretaceous floral provinces in the Northern Hemisphere; a review. *In* P. Brenchely (ed.), Fossils and Climate, pp. 127-164. John Wiley & Sons, New York.
Batten, D. J. 1986. Possible functional implications of exine sculpture and architec-

ture in some Late Cretaceous Normapolles pollen. *In* S. Blackmore and I. K. Ferguson (eds.), Pollen and Spores: Form and Function, pp. 219-232. Linn. Soc. Symp. Ser. Vol. 12, Academic Press, London.

Batten, D. J. 1989. Systematic relationships between Normapolles pollen and the Hamamelidae. *In* P. R. Crane and S. Blackmore (eds.), Evolution, Systematics, and Fossil History of the Hamamelidae, Vol. 2: 'Higher' Hamamelidae, pp. 9-21. Systematics Association Special Vol. 40B, Clarendon Press, Oxford.

Beck, C. B. 1960. The identity of *Archaeopteris* and *Callixylon*. Brittonia 12: 351-368.

Beck, C. B. 1962. Reconstructions of *Archaeopteris* and further consideration of its phylogenetic position. Amer. J. Bot. 49: 373-382.

Becker, H. F. 1961. Oligocene plants from the Upper Ruby River Basin, southwestern Montana. Geol. Soc. Amer. Mem. 82: 1-127.

Becker, H. F. 1969. Fossil plants of the Tertiary Beaverhead Basins in southwestern Montana. Palaeontographica Abt. 127B: 1-142.

Bennie J. and R. Kidston. 1886. On the occurrence of spores in the Carboniferous Formation of Scotland. Proceed. Roy. Physic. Soc. Edinb. 9: 82-117, pl. 3-6.

Benson M. 1904. *Telangium scottii*, a new species of *Telangium* (*Calymmatotheca*) showing structure. Ann. Bot. 18: 161-176.

Berger, W. 1954. Pflanzenreste aus dem Miozänen Ton von Weingraben bei Drasmarkt (Mittelburgenland). II. Sitzum. Math.-Natur. Klasse Bayer. Akad. Wissen. München, Abt. 1, 162: 17-24.

Berner, R. A. and D. E. Canfield. 1989. A new model for atmospheric oxygen over Phanerozoic time. Amer. J. Sci. 289: 333-361.

Berner, R. A. and Z. Kothavala. 2001. Geocarb III: A revised model of atmospheric CO_2 over phanerozoic time. Amer. J. Sci. 301: 182-204.

Berry, E. W. 1916. Systematic paleontology. Upper Cretaceous: Fossil plants. *In* W. B. Clark (ed.), Upper Cretaceous, pp. 757-901. Maryland Geol. Surv. Baltimore, Maryland.

Berry, E. W. 1924. A *Sparganium* from the Middle Eocene of Wyoming. Bot. Gaz. 78: 324-348.

Berry, E. W. 1925. The flora of the Ripley Formation. U. S. Geol. Surv. Prof. Paper 136: 1-94.

Berry, E. W. 1928. A Miocene of *Paliurus* from the state of Washington. Amer. J. Sci. ser. 5. 16: 39-44.

Berry, E. W. 1929. A revision of the flora of the Latah Formation. U. S. Geol. Surv. Prof. Paper 154: 225-265.

Berry, E. W. 1937. *Gyrocarpus* and other fossil plants from the Cumarebo field in Venezuela. Jour. Washing. Acad. Sci. 27: 501-506.

Bessedik, M. 1983. Le genre *Buxus* L. (*Nagypollis* Kedves 1962) au Tertiaire en Europe occidentale: évolution et implications palégéographiques. Pollen Spores 25: 461-486.

Biradar, N. V. and S. D. Bonde. 1990. The genus *Cyclanthodendron* and its affinities. *In* J. G. Douglas and D. C. Christoper (eds.), Proceed. 3rd Inter. Organ. Palaeobot, Conf., pp. 51-57.

Blackburn, D. T. and I. R. K. Sluiter. 1994. The Oligo-Miocene coal floras of southeastern Australia. *In* R. S. Hill (ed.), History of the Australian vegetation: Cretaceous to Recent, pp. 328-367. Cambridge University Press, Cambridge.

Boltenhagen, E. 1963. Introduction à la palynologie stratigraphique de bassin sédimentaire de l'Afrique Equatorial. Mém. Bur. Rech., Géol. et Min. 32: 305-326.

Boulter, M. C. and Z. Kvaček. 1989. The Palaeocene flora of the Isle of Mull. Spec. Papers Palaeont. 42: 1-149. The Palaeont. Assoc., London.

Boureau, E. 1950. Étude paléoxylologique du Sahara (IX). Sur un *Myristicoxylon princeps* n. gen., nov. sp., du Danien d'Asselar. Bull. Mus. Hist. Nat. Paris II 22: 523-528.

Boureau, E. (ed.) 1964. Sphenophyta, Noeggeratiophyta. Traité de Paléobotanique Vol. 3. Masson et Cie, Paris, 544 pp.

Boureau, E., M. Cheboldaeff-Salard, J.-C. Koeniguer and P. Louvet. 1983. Evolution des flores et de la végétation Tertiaires en Afrique, au nord de l'Equateur. Bothalia 14: 355-367.

Bower, F. O. 1908. The origin of a land flora. Macmillan, London, 727 pp.

Boyd, A. 1990. The Thyra Ø Flora: toward an understanding of the climate and vegetation during the Early Tertiary in the High Arctic. Rev. Palaeobot. Palynol. 62: 189-203.

Boyd, A. 1992. *Musopsis* n. gen.: a banana-like leaf genus from the Early Tertiary of eastern North Greenland. Amer. J. Bot. 79: 1359-1367.

Boyd, A. E., III. 1985. A Miocene Flora from the Oviatt Creek Basin, Clearwater County, Idaho. Master's Thesis, University of Idaho, Moscow, Idaho.

Bradbury, S. 1967. The evolution of the Microscope. Pergamon Press, New York.

Brandl, R., W. Mann and M. Sprintzl. 1992. Estimation of the monocot-dicot age through *t*RNA sequences from the chloroplast. Proceed. Roy. Soc. London, ser B 24: 13-17.

Brattegard, O. 1951-52. Edward Edvardsen Bergen. - Bergens Hist. Skr. 55, 58, 526+ 377 pp.

Bremer, K. 2000. Early Cretaceous lineages of monocot flowering plants. Proceed. Nat. Acad. Sci. USA. 97: 4707-4711.

Bremer, K., E. M. Friis and B. Bremer. 2004. Molecular phylogenetic dating of Asterid flowering plant shows early Cretaceous diversification. Syst. Biol. 53: 496-505.

Brenner, G. J. 1976. Middle Cretaceous floral provinces and early migrations of angiosperm. *In* C. B. Beck (ed.), Origin and Early Evolution of Angiosperms, pp. 23-47. Columbia University Press, New York.

Brenner, G. J. 1984. Late Hauterivian angiosperm pollen from Helez Formation, Israel. Sixth International Palynological Conference, Calgary, Abstracts, p. 15.

Brenner, G. J. 1996. Evidence for the earliest stage of angiosperm pollen evolution: A paleoequatorial section from Israel. *In* D. W. Taylor and L. J. Hickey (eds.), Flowering plant origin, evolution and phylogeny, pp. 91-115. Chapman & Hall, New York.

Brown, R. W. 1936. The genus *Glyptostorobus* in America. J. Washington Acad. Sci.

26: 353-357.

Brown, R. W. 1946a. Alterations in some fossil and living floras. J. Washington Acad. Sci. 36: 344-355.

Brown, R. W. 1946b. Walnuts from the Late Tertiary of Ecuador. Amer. J. Sci. 244: 554-556.

Brown, R. W. 1956. Palm-like plants from the Dolores Formation (Triassic) in southwestern Colorado. U. S. Geol. Surv. Prof. Paper 274: 205-209.

Brown, R. W. 1962. Paleocene floras of the Rocky Mountains and Great Plains. U. S. Geol. Surv. Prof. Paper. 375: 1-119, pls. 1-69.

Budantsev, L. Y. (ed.) 1994. Fossil Flowering Plants of Russia and Adjacent States, Vol. 3, Leitneriaceae-Juglandaceae. Komarov Bot. Inst., Russ. Acad. Sci. St. Petersburg [In Russian].

Budantsev, L. Y. 1997. Late Eocene Flora of Western Kamchatka. Proc. Komarov Bot. Inst., Russ. Acad. Sci., St. Petersburg, Issue 19.

Burger, D. 1980a. Palynological studies in the Lower Cretaceous of the Surat Basin, Australia. Bur. Miner. Resour. Geol. Geophys. (Canberra) Bull. 189: 1-106.

Burger, D. 1980b. Palynological studies in the Lower Cretaceous of the Surat Basin, Australia. Spec. Publ. Geol. Soc. Aust. 4: 3-34.

Burnham, R. J. 1986. Foliar morphological analysis of the Ulmoideae (Ulmaceae) from the early Tertiary of western North America. Palaeontographica 201B: 135-167.

Bůžek, Č. 1971. Tertiary flora from the northern part of the Pětipsy area (North-Bohemian Basin). Edice Rozpravy Ustř. Ust. Geologického 36.

Bůžek, Č., O. Feifar, M. Konzalová and Z. Kvaček. 1990. Floristic changes around Stehlin's Grand Coupure in Central Europe. *In* E. Knobloch and Z. Kvaček (eds.), Paleoflorsitic and Paleoclimatic Changes in the Cretaceous and Tertiary, pp. 167-181. Geol. Survey Publ., Praha.

Bůžek, Č., F. Holý and Z. Kvačk. 1996. Early Miocene flora of the Cypris Shale (western Bohemia). Acta Musei. Nat. Pragae, ser. B, Hist. Nat. 52: 1-172.

Bůžek, Č., Z. Kvaček and S. R. Manchester. 1989. Spindaceous affinities of *Pteleaecarpum* fruits from the Tertiary of Eurasia and North America. Bot. Gaz. 150: 477-489.

Call, V. B. and D. L. Dilcher. 1992. Investigations of angisperms from the Eocene of southeastern North America: Samaras of *Fraxinus wilcoxiana* Berry. Rev. Palaeobot. Palynol. 74: 249-266.

Call, V. B. and D. L. Dilcher. 1995. Fossil *Ptelea samaras* (Rutaceae) in North America. Amer. J. Bot. 82: 1069-1073.

Call, V. B. and D. L. Dilcher. 1997. The fossil record of *Eucommia* (Eucommiaceae) in North America. Amer. J. Bot. 84: 798-814.

Carpenter, R. J. and R. S. Hill 1988. Early Tertiary *Lomatia* (Proteaceae) macrofossils from Tasmania, Australia. Rev. Palaeobot. Palynol. 56: 141-150.

Cevallos-Ferriz, S. R. S., E. M. Erwin and R. A. Stockey. 1993. Further observations on *Paleorosa similkameenensis* (Rosaceae) from the Middle Eocene Princeton chert of British Columbia, Canada. Rev. Palaeobot. Palynol. 78: 277-292.

Cevallos-Ferriz, S. R. S. and R. A. Stockey. 1988a. Permineralized fruits and seeds from the Princeton Chert (Middle Eocene) of British Columbia: Araceae. Amer. J. Bot. 75: 1099-1113.
Cevallos-Ferriz, S. R. S. and R. A. Stockey. 1988b. Permineralized fruits and seeds from the Princeton Chert (Middle Eocene) of British Columbia: Lythraceae. Can. J. Bot. 66: 303-312.
Cevallos-Ferriz, S. R. S. and R. A. Stockey. 1989. Permineralized fruits and seeds from the Princeton Chert (Middle Eocene) of British Columbia: Nymphaeaceae. Bot. Gaz. 150: 207-217.
Cevallos-Ferriz, S. R. S. and R. A. Stockey. 1990a. Vegetative remains of the Magnoliaceae from the Princeton Chert (Middle Eocene) of British Columbia. Can. J. Bot. 68: 1327-1339.
Cevallos-Ferriz, S. R. S. and R. A. Stockey. 1990b. Permineralized fruits and seeds from the Princeton Chert (Middle Eocene) of British Columbia: Vitaceae. Can. J. Bot. 68: 288-295.
Cevallos-Ferriz, S. R. S. and R. A. Stockey. 1990c. Vegetative remains of the Rosaceae from the Princeton Chert (Middle Eocene) of British Columbia. Inter. Assoc. Wood Anat. Bull. 11: 261-280.
Cevallos-Ferriz, S. R. S. and R. A. Stockey. 1991. Fruits and seeds from the Princeton Chert (Middle Eocene) of British Columbia: Rosaceae (Prunoideae). Bot. Gaz. 152: 369-379.
Chaloner, W. G. 1967. Lycophyta. In E. Boureau, S. Jovet-Ast, O. A. Høeg and W. G. Chaloner (eds.), Bryophyta, Psilophyta, Lycophyta. Traité de paléobotanique Vol. 2, pp. 435-802. Masson et Cie, Paris.
Chandler, M. E. J. 1926. The Upper Eocene Flora of Hordle, Hants. The Palaeontographical Society, London, 52 pp., 8pl.
Chandler, M. E. J. 1961. The Lower Tertiary Floras of southern England. 1. Paleocene floras, London Clay flora (Supplement), Text and Atlas. British Museum (Nat. Hist.), London.
Chandler, M. E. J. 1963. The Lower Tertiary Floras of southern England. 3. Flora of the Bournemouth Beds; the Boscombe, and the Highcliff Sands. British Museum (Nat. Hist.), London.
Chandler, M. E. J. 1964a. Some Upper Cretaceous and Eocene fruits from Egypt. Bull. Brit. Mus. (Nat. Hist.) Geol. 2: 147-187.
Chandler, M. E. J. 1964b. The Lower Tertiary Floras of Southern England. 4. A Summary and Survey of Findings in the light of recent botanical observations. British Museum (Nat. Hist.), London, 151 pp.
Chaney, R. W. 1920. The flora of the Eagle Creek Formation. Contr. Walker Mus. 2: 115-181.
Chaney, R. W. 1959. Miocene floras of the Columbia Plateau. Part I. Composition and interpretation. Carnegie Inst. Wash. Contrib. Paleontol. 617: 1-134.
Chaney, R. W. 1967. Miocene forests of the Pacific Basin; their ancestors and their descendants. Jubilee Publication Commemorating Professor Sasa's 60th Birthday. Hokkaido University, Sapporo, pp. 209-239.

Chaney, R. A. and D. I. Axelrod. 1959. Miocene floras of the Columbia Plateau. Part II, Systematic considerations. Carnegie Inst. Wash. Publ. 617: 1-237.

Chase, M. W., D. E. Soltis, R. G. Olmstead, D. Morgan, D. H. Les, B. D. Mishler, M. R. Duvall, R. A. Price, H. G. Hills, Y.-L. Qui, K. A. Kron, J. H. Rettig, E. Conti, J. D. Palmer, J. R. Manhart, K. J. Sytsma, H. J. Michaels, W. J. Kress, K. G. Karol, W. D. Clark, M. Hedrén, B. S. Gaut, R. K. Jansen, K.-J. Kim, C. F. Wimpee, J. F. Smith, G. R. Furnier, S. H. Strauss, Q.-Y. Xiang, G. M. Plunkett, P. S. Soltis, S. M. Swensen, S. E. Williams, P. A. Gadek, C. J. Quinn, L. E. Eguiarte, E. Golenberg, G. H. Learns, S. W. Graham, S. C. H. Barrett, S. Dayanandan and V. A. Albert. 1993. Phylogenetics of seed plants: an analysis of nucleotide sequences from the plastid gene *rbc*L. Ann. Missouri Bot. Gard. 80: 528-580.

Chase, M. W., D. E. Soltis, P. S. Soltis, P. J. Rudall, M. F. Fay, W. J. Hahn, S. Sullivans, J. Joseph, M. Molvray, P. J. Kores, T. J. Givnish, K. J. Sytsma and J. C. Pires. 2000. Higher-level systemaitcs of the monocotyledons: An assessment of current knowledge and a new classification In K, L. Wilson and D. A. Wilson (eds.), Systematics and evolution of monocots. Proceedings of the 2nd International Monocot Symposium, Melborne: CSIRO, 3-16.

Chelebaeva, A. I. 1978. Miocene Floras of Eastern Kamchatka. Akad. Nauk SSSR, Trudy Enam. Inst. Volcanol [In Russian].

Chelebaeva, A. I. and G. B. Chigayeva. 1988. The genus *Trochodendron* (Trochodendraceae) in the Miocene of Kamchatika. Bot. Zhurn. 73: 315-316 [In Russian].

Chen, I., S. R. Manchester and Z. Chen. 2004. Anatomically preserved seeds of *Nuphar* (Nymphaeaceae) from the Early Eocene of Wutu, Shandong Province China. Amer. J. Bot. 91: 1265-1272.

Chen, Z.-D., S. R. Manchester and H-Y. Sun. 1999. Phylogeny and evolution of the Betulaceae as inferred from DNA sequences, morphology and paleobotany. Amer. J. Bot. 86: 1168-1181.

Chester, K. I. M. 1955. Some plant remains from the Upper Cretaceous and Tertiary of West Africa. Ann. Mag. Nat. Hist. 8: 498-503.

Chester, K. I. M. 1957. The Miocene flora of Rusinga Island, Lake Victoria, Kenya. Palaeontographica B 101: 30-71.

Chester, K. I. M., F. R. Gnauck and N. F. Hughes. 1967. Angiospermae. *In* W. B. Harland, C. H. Holland and M. R. House (eds.), The Fossil Record, pp. 269-288. Geological Society, London.

Chloner, W. G. and A. Sheerin. 1979. Devonian macrofloras. *In* M. R. House, C. T. Scrutton, and M. G. Bassettt (eds.), The Devonian system. Spec. Papers Palaeont. 23. The Palaeont. Assoc., London.

Chmura, C. A. 1973. Upper Cretaceous (Campanian-Maastrichitian) angiosperm pollen from the western San Joaquin Valley, Califronia, U.S.A. Palaeontographica B 141: 89-171.

Christophel, D. C. 1980. Occurrence of *Causuarina* megafossils in the Tertiray of south-eastern Australia. Aust. J. Bot. 28: 249-259.

Christophel, D. C. 1984. Early Teriary Proteaceae: The first floral evidence of Musgraveinae. Aust. J. Bot. 32: 177-186.

Christophel, D. C. and J. F. Basinger. 1982. Earliest floral evidence for the Ebenaceae in Australia. Nature 296: 439-441.
Christophel, D. C. and D. R. Greenwood. 1987. A megafossil flora from the Eocene of Golden Grove, South Australia. Tran. Roy. Soc. South Aust. 111: 155-162.
Christophel, D. C. and D. R. Greenwood. 1988. A comparison of Australian tropical rainforest and Tertiary fossil leaf beds. Proceed. Ecol. Soc. Aust. 15: 139-148.
Christophel, D. C., W. K. Harris and A. K. Syber. 1987. The Eocene flora of the Anglesea Locality, Victoria. Alcheringa 11: 303-323.
Christophel, D. C. and S. D. Lys. 1986. Mummified leaves of two new species of Myrtaceae from the Eocene of Victoria, Australia. Aust. J. Bot. 34: 649-662.
Christopher, R. A. 1979. *Normapolles* and triporate pollen assemblages from the Raritan and Mogothy Formations (Upper Cretaceous) of New Jersey. Palynology 3: 73-122.
Cleal, C. J. 1993a. Pteridophyta. *In* M. J. Benton (ed.), The Fossil Record 2, pp. 779-794. Chapman & Hall, London.
Cleal, C. J. 1993b. Gymnospermophyta. *In* M. J. Benton (ed.), The Fossil Record 2, pp. 795-808. Chapman & Hall, London.
Cloud, P. 1968. Atmospheric and hydorospheric evolution on the primitive Earth. Science 160: 729-736.
Cloud, P. 1972. A working model of the primitive Earth. Amer. J. Sci. 272: 537-548.
Cloud, P. 1976. Beginning of biospheric evolution and their biochemical conseuences. Paleobiology 2: 351-389.
Coetzee, J. A. and J. Muller. 1984. The phytogeographic significance of some extinct Gondwana pollen types from the Tertiary of the southwestern Cape (South Africa). Ann. Missouri Bot. Gard. 71: 1088-1099.
Coetzee, J. A. and J. Praglowski. 1987. Winteraceae pollen from the Miocene of the southwesten Cape (South Africa). Grana 27: 27-37.
Collinson, M. E. 1980. Recent and Tertiary seeds of the Nymphaeaceae *sensu lato* with a revision of *Brasenia ovula* (Brong.) Reid and Chandler. Ann. Bot. 46: 603-632.
Collinson, M. E. 1982. A reassessment of fossil Potamogetoneae fruits with description of new material from Saudi Arabia. Tert. Res. 4: 83-104.
Collinson, M. E. 1983. Palaeofloristic assemblages and palaeoecology of the Lower Oligocene Bembridge Marls, Hamstead Ledge, Isle of Wight. Bot. Jour. Linn. Soc. 86: 177-225.
Collinson, M. E. 1986a. The Felpham Flora: a preliminary report. Tert. Res. 8: 29-32.
Collinson, M. E. 1986b. Use of modern generic names for plant fossils. *In* R. A. Spicer and B. A. Thomas (eds.), Systematic and Taxonomic Approaches in Palaeobotany. System, pp. 91-104. Assoc. Spec. Vol. 31, Clarendon Press, Oxford.
Collinson, M. E. 1988a. Freshwater macrophytes in palaeolimnology. Palaeogeogr. Palaeoclimatol. Palaeoecol. 62: 317-342.
Collinson, M. E. 1988b. The special significance of the Middle Eocene fruit and seed flora from Messel, West Germany. Courier Forschungsinstitut Senckenberg 107: 187-197.

Collinson, M. E. (ed.) 1988c.　Plants and their palaeoecology: examples from the last 80 million years. Tert. Res. 9: 1–235.
Collinson, M. E. 1989.　The fossil hisotry of the Moraceae Urticaceae (including Cecropiaceae), and Cannabaceae.　*In* P. R. Crane and S. Blackmore (eds.), Evolution, Systematics, and Fossil History of the Hamamelidae, Vol. 2: 'Higher' Hamamelidae, pp. 319–339.　Systematics Association Special Vol. 40B, Clarendon Press, Oxford.
Collinson, M. E. 1990.　Plant evolution and ecology during the early Cainozoic diversification. Advances Bot. Res. 17: 1–98.
Collinson, M. E., M. C. Boulter and P. L. Holmes. 1993.　Magnoliophyta ("Angiospermae").　*In* M. J. Benton (ed.), The Fossil Record 2, pp. 809–841.　Chapman & Hall, London.
Collinson, M. E. and P. R. Crane. 1978.　*Rhododendron* seeds from the Palaeocene of southern England. Bot. Jour. Linn. Soc. 76: 195–205.
Collinson, M. E. and J.-J. Gregor. 1988.　Rutaceae from the Eocene of Messel, West Germany. Tert. Res. 9: 67–80.
Collinson, M. E. and J. J. Hooker. 1987.　Vegetational and mammalian faunal changes in the early Tertiary of southern England.　*In* E. M. Friis, W. G. Chaloner and P. R. Crane (eds.), The Origin of Angiosperms and Their Biological Consequences, pp. 259–304.　Cambridge University Press, Cambridge.
Collinson, M. E. and M. Pingen. 1992.　Seeds of the Melastomataceae from the Miocene of Central Europe, *In* J. Kovar-Eder (ed.), Palaeovegetational Development in Europe and Regions Relevant to its Palaeofroristic Evolution, pp. 129–39. Museum of Natural History, Vienna.
Conwentz, H. 1886.　Die Flora des Bernsteins, 2. Die Angiospermen des Bernsteins. Wilhelm Engelmann, Leipzig, 140 pp.
Cornet, B. 1986.　The leaf venation and reproductive structures of a Late Triassic angiosperm, *Sanmiguelia lewisii*. Evolutionary Theory 7: 231–309.
Cornet, B. 1989a.　The reproductive morphology and biology of *Sanmiguelia lewisii*, and its bearing on angiosperm evolution in the Late Triassic. Evol. Trends Pl. 3: 25–51.
Cornet, B. 1989b.　Late Triassic angiosperm-like pollen from the Richmond Rift Basin of Virginia, USA. Palaeontographica B 213: 37–87, fig. 1–3.
Cornet, B. and D. Habib. 1992.　Angiosperm-like pollen from the ammonite dated Oxfordian (Upper Jurassic) of France. Rev. Palaeobot. Palynol. 71: 269–294.
Couper, R. A. 1956.　Evidence of a possible gymnospermous affinity for *Tricolpites troedssonii* Erdtman. New Phytol. 55: 280–285.
Couper, R. A. 1958.　British Mesozoic microspores and pollen grains. Palaeontographica 103B: 75–179.
Couper, R. A. 1960.　New Zealand Mesozoic and Cainozoic plant microfossils. New Zealand Geol. Surv. Palaeont. Bull. 32: 1–87.
Crabtree, D. R. 1983.　*Picea wolfei*, a new species of petrified cone from the Miocene of northwestern Nevada. Amer. J. Bot. 70: 1356–1364.
Crabtree, D. R. 1987.　Angiosperms of the northern Rocky Mountains: Albian to

Campanian (Cretaceous) megafossil floras. Ann. Missouri Bot. Gard. 74: 707-747.
Crane, P. R. 1981. Betulaceous leaves and fruits from the British Upper Paleocene. Bot. Jour. Linn. Soc. 83: 103-136.
Crane, P. R. 1982. Betulaceous leaves and fruits from the British Upper Paleocene. Bot. Jour. Linn. Soc. 83: 103-136.
Crane, P. R. 1984. A re-evaluation of *Cercidiphyllum*-like plant fossils from the British early Tertiary. Bot. Jour. Linn. Soc. 89: 199-230.
Crane, P. R. 1985a. Phylogenetic analysis of seed plants and the origin of angiosperms. Ann. Missouri Bot. Gard. 72: 716-793.
Crane, P. R. 1985b. Phylogenetic relationships in seed plants. Cladistics 1: 329-348.
Crane, P. R. 1987a. Vegetational consequences of the angiosperm diversification. *In* E. M. Friis, W. G. Chaloner and P. R. Crane (eds.), The Origin of Angiosperms and Their Biological Consequences, pp. 107-144. Cambridge University Press, Cambridge.
Crane, P. R. 1987b. Cornet, B., The leaf venation and reproductive structures of a Late Triassic angiosperm, *Sanmiguelia lewisii,* Evolutionary Theory 7: 231-309. Taxon 36: 778-779.
Crane, P. R. 1988. *Abelia*-like fruits from the Palaeogene of Scotland and North America. Tert. Res. 9: 21-30
Crane, P. R. 1989a. Palaeobotanical evidence on the early radiation of nonmagnoliid dicotyledons. Plant Syst. Evol. 162: 165-191.
Crane, P. R. 1989b. Early fossil history and evolution of the Betulaceae. *In* P. R. Crane and S. Blackmore (eds.), Evolution, Systematics, and Fossil History of the Hamamelidae, Vol. 2: 'Higher' Hamamelidae, pp. 87-116. Systematics Association Special Vol. 40B, Clarendon Press, Oxford.
Crane, P. R. 1996. The fossil history of the gnetales. Int. J. Plant Sci. 157 (suppl. 6): S50-S57.
Crane, P. R. and S. Blackmore (eds.), 1989. Evolution, Systematics, and Fossil History of the Hamamelidae, Vol. 1: Introduction and 'Lower' Hamamelidae; Vol. 2: 'Higher' Hamamelidae. Systematics Association Special Vol. 40A, 40B, Clarendon Press, Oxford.
Crane, P. R. and D. L. Dilcher. 1984. *Lesqueria*: an early angiosperm fruiting axis from the mid-Cretaceous. Ann. Missouri Bot. Gard. 71: 384-402.
Crane, P. R., E. M. Friis and K. R. Pedersen. 1986. Lower Cretaceous angiosperm flowers: Fossil evidence on early radiation of Dicotyledons. Science 232: 852-854.
Crane, P. R., E. M. Friis and K. R. Pedersen. 1989. Reproductive structure and function in Cretaceous Chloranthaceae. Plant Syst. Evol. 165: 211-226.
Crane, P. R., E. M. Friis and K. R. Pedersen. 1994. Palaeobotanical evidence on the early radiation of magnoliid angiosperms. Plant Syst. Evol. (Suppl.) 8: 51-72.
Crane, P. R., E. M. Friis and K. R. Pedersen. 1995. The origin and early diversification of angiosperms. Nature 374: 27-33.
Crane, P. R. and P. S. Herendeen. 1996. Cretaceous floras containing angiosperm flowers and fruits from eastern North America. Rev. Palaeobot. Palynol. 90: 319-

337.
Crane, P. R., P. S. Herendeen and E. M. Friis. 2004. Fossils and plant phylogeny. Amer. J. Bot. 91: 1683-1699.
Crane, P. R. and S. Lidgard. 1989. Angiosperm diversification and paleolatitudinal gradients in Cretaceous Floristic Diversity. Science 246: 675-678.
Crane, P. R. and S. R. Manchester. 1982. An extinct juglandaceous fruit from the Upper Palaeocene of southern England. Bot. Jour. Linn. Soc. 85: 89-101.
Crane, P. R., S. R. Manchester and D. L. Dilcher. 1988. Morphology and pylogenetic significance of the angiosperm *Platanites hebridicus* from the Palaeocene of Scotland. Palaeontology 31: 503-517.
Crane, P. R., S. R. Manchester and D. L. Dilcher. 1990. A preliminary survey of fossil leaves and well-preserved reproductive structures from the Sentinel Butte Formation (Palaeocene) near Almont, North Dakota. Fieldiana Geology, New Series 20: 1-63.
Crane, P. R., S. R. Manchester and D. L. Dilcher. 1991. Reproductive and vegetative structure of *Nordenskioldia* (Trochodendraceae), a vesseless dicotyledon from the Early Tertiary of the Northern Hemisphere. Amer. J. Bot. 78: 1311-1334.
Crane, P. R., K. R. Pedersen, E. M. Friis and A. N. Drinnan. 1993. Early Cretaceous (Early to Middle Albian) platanoid inflorescences associated with *Sapindopsis* leaves from the Potomoac Group of eastern North America. Syst. Bot. 18: 328-344.
Crane, P. R. and R. A. Stockey. 1985. Growth and reproductive biology of *Joffrea speirsii* gen. et sp. nov., a *Cercidiphyllum*-like plant from the Late Palaeocene of Alberta, Canada. Can. J. Bot. 63: 340-364.
Crane, P. R. and R. A. Stockey. 1986. Morphology and development of pistillate inflorescences in extant and fossil Cercidiphyllaceae. Ann. Missouri Bot. Gard. 73: 382-393.
Crane, P. R. and R. A. Stockey. 1987. *Betula* leaves and reproductive structures from the Middle Eocene of British Columbia, Canada. Can. J. Bot. 65: 2490-2500.
Crane, P. R. and G. R. Upchurch. 1987. *Drewria potomacensis* gen. et sp. nov., an Early Cretaceous member of Gnetales from the Potomac Group of Virginia. Amer. J. Bot. 74: 1722-1736.
Crepet, W. L. 1974. Investigations of North American Cycadeoids: The reproductive biology of Cycadeoidea. Palaeontographica B 148: 144-169, Pls. 52-72.
Crepet, W. L. 1978. Investigations of angiosperms from the Eocene of North America: an aroid inflorescence. Rev. Palaeobot. Palynol. 25: 241-252.
Crepet, W. L. 1989. History and implications of the early North American fossil record of Fagaceae. *In* P. R. Crane and S. Blackmore (eds.), Evolution, Systematics, and Fossil History of the Hamamelidae, Vol. 2: 'Higher' Hamamelidae, pp. 45-66. Systematics Association Special Vol. 40B, Clarendon Press, Oxford.
Crepet, W. L. 1996. Timing in the evolution of derived floral characters: Upper Cretaceous (Turonian) taxa with tricolpate and tricolpate-derived pollen. Rev. Palaeobot. Palynol. 90: 339-359.
Crepet, W. L. and C. P. Daghlian. 1980. Castaneoid inflorescences from the Middle Eocene of Tennessee and the diagnostic value of pollen (at the subfamily level)

in the Fagaceae. Amer. J. Bot. 67: 739-757.
Crepet, W. L. and C. P. Daghlian. 1981. Lower Eocene and Paleocene Gentianaceae: floral and palynological evidence. Science 214: 75-77.
Crepet, W. L. and C. P. Daghlian. 1982. Euphorbioid inflorescences from the Middle Eocene Claiborne Formation. Amer. J. Bot. 69: 258-266.
Crepet, W. L., C. P. Daglian and M. Zavada. 1980. Investigations of angiosperms from the Eocene of North America: a new juglandaceous catkin. Rev. Palaeobot. Palynol. 30: 361-370.
Crepet, W. L. and D. L. Dilcher. 1977. Investigations of angiosperms from the Eocene of North America: A mimosoid inflorescence. Amer. J. Bot. 64: 714-725.
Crepet, W. L. and G. D. Feldman. 1991. The earliest remains of grasses in the fossil record. Amer. J. Bot. 78: 1010-1014.
Crepet, W. L. and E. M. Friis. 1987. The evolution of insect pollination in Angiosperms. In E. M. Friis, W. G. Chaloner and P. R. Crane (eds.), The Origin of Angiosperms and Their Biological Consequences, pp. 181-201. Cambridge University Press, Cambridge.
Crepet, W. L. and P. S. Herendeen. 1992. Papilionoid flowers from the Early Eocene of southeastern North America. In P. S. Herendeen and D. L. Dilcher (eds.), Advances in Legume Systematics, Part 4. The Fossil Reocrd. The Royal Botanic Gardens, Kew.
Crepet, W. L. and K. C. Nixon. 1989a. Extinct trasitional Fagaceae from the Oligocene and their phylogenetic implications. Amer. J. Bot. 76: 1493-1505.
Crepet, W. L. and K. C. Nixon. 1989b. Earliest megafossil evidence of Fagaceae: phylogenetic and biogeographic implications. Amer. J. Bot. 76: 842-855.
Crepet, W. L. and K. C. Nixon. 1994. Flowers of Turonian Magnoliidae and their implications. Plant Syst. Evol. (Suppl.) 8: 73-91.
Crepet, W. L. and K. C. Nixon. 1996. The fossil history of stamens. In W. G. D'Arcy and R. C. Keating (eds.), The Anther, Form, Function and Phylogeny. Cambridge University Press, Cambridge.
Crepet, W. L. and K. C. Nixon. 1998a. Fossil Clusiaceae from the Late Cretaceous (Turonian) of New Jersey and implications regarding the history of bee pollinataion. Amer. J. Bot. 85: 1122-1133.
Crepet, W. L. and K. C. Nixon. 1998b. Two new fossil flowers of magnoliid affinity from the Late Cretaceous of New Jersey. Amer. J. Bot. 85: 1273-1288.
Crepet, W. L., K. C. Nixon and M. A. Gandolfo. 2004. Fossil evidence and phylogeny: The age of major angiosperm clsdes based on mesofossil and macrofossil evidence from Cretaceous deposits. Amer. J. Bot. 91: 1666-1682.
Crepet, W. L., K. C. Nixon and M. A. Gandolfo. 2005. An extinct calycanthoid taxon, *Jerseyanthus calycanthoides*, from the Late Cretaceous of New Jersey. Amer. J. Bot. 92: 1475-1485.
Crepet, W. L., K. C. Nixon, E. M. Friis and J. V. Freudenstein. 1992. Oldest fossil flowers of hamamelidaceous affinty, from the Late Cretaceous of New Jersey. Proc. Natl. Acad. Sci. USA. 89: 8986-8989.
Crepet, W. L. and T. F. Stuessy. 1978. A reinvestigation of the fossil *Viguiera cron-*

quistii (Compositae). Brittonia 30: 483-492.

Crepet, W. L. and D. W. Taylor. 1985. The diversification of the Leguminosae: first fossil evidence of the Mimosoideae and Papilionoideae. Science 228: 1087-1089.

Crepet, W. L. and D. W. Taylor. 1986. Primitive mimosoid flowers from the Paleocene-Eocene and their systematic and evolutionary implications. Amer. J. Bot. 73: 548-563.

Cronquist, A. 1981. An Integrated System of Classification of Flowering Plants. Columbia University Press, New York, 1262 pp.

Crowley, T. J. and G. R. North. 1991. Paleoclimatology. Oxford University Press, New York.

Currey, D. R. 1965. An ancient bristlecone pine stand in eastern Nevada. Ecology 46: 564-566.

Czeczott, H. 1951. Srodkowo-miocenska flora Zalesiec kolo Wisniowca (in Polish). I. Acta. Geol. Pol. 2: 349-445.

Daghlian, C. P. 1981. A review of the fossil record of monocotyledons. Bot. Rev. 47: 517-555.

Daghlian, C. P. and W. L. Crepet. 1983. Oak catkins, leaves and fruits from the Oligocene Catahoula Formation and their evolutionary significance. Amer. J. Bot. 70: 639-649.

Daghlian, C. P., W. L. Crepet and T. Deleboryas. 1980. Investigations of Tertiary angiosperms: A new flora including *Eomimosoidea plumosa* from the Oligocene of eastern Texas. Amer. J. Bot. 67: 309-320.

Davies, E. H. and G. Norris. 1976. Ultrastructural analysis of exine and apertures in angiospermous colpoid pollen (Albian, Oklahoma). Pollen Spores 28: 129-144.

Davies, T. J., T. G. Barraclough, M. W. Chase, P. S. Soltis and D. E. Soltis. 2004. Darwin's abominable mystery: Insights from a supertree of the angiosperms. Proc. Natl. Acad. Sci. USA. 101: 1904-1909.

Davis, P. H. and V. H. Heywood. 1963. Principles of Angiosperm Taxonomy. Oliver & Boyd, Edinburgh.

Dawson, J. W. 1859a. On collection of Tertiary plants from the vicinity of the City of Vancouver, B. C. Proc. Trans. Roy. Soc. Canada 1: 137-162.

Dawson, J. W. 1859b. On fossil plants from the Devonian rocks of Canada. Quart. J. Geol. Soc. London 15: 477-488.

Dawson, J. W. 1870. The primitive vegetaion of the earth. Nature 2: 85-88.

Dawson, J. W. 1871. The fossil plants of the Devonian and Upper Silurian formations of Canada, pp. 1-92. Geol. Surv. Can., Montreal.

Delevoryas, T. 1964. Two petrified angiosperms from the Upper Cretaceous of South Dakota. J. Paleontol. 38: 584-586.

Delevoryas, T. 1968. Investigations of North American cycadeoids: Structure, ontogeny and phylogenetic considerations of cone of *Cycadeoidea*. Palaeontographica B 121: 121-133.

Delevoryas, T. 1971. Biotic provinces and the Jurassic-Cretaceous floral transition. Proceed. North Amer. Paleontol. Conv., Part L. 1660-1674.

Delevoryas, T. and J. E. Mickle. 1995. Upper Cretaceous magnoliaceous fruit from

British Columbia. Amer. J. Bot. 82: 763-768.
Dettmann, M. E. 1973. Angiospermous pollen from Albian to Turonian sediments of eastern Australia. Spec. Publ. Geol. Soc. Aust. 4: 3-34.
Dettmann, M. E. 1994. Cretaceous vegetation: the microfossil record. In R. S. Hill (ed.), History of the Australian Vegetation: Cretaceous to Recent, pp. 143-170. Cambridge University Press, Cambridge.
Dettmann, M. E. and G. Playford. 1969. Palynology of the Australian Cretaceous-a review. In K. S. W. Cambell (ed.), Stratigraphy and Palaeontology: Essays in Honour of Dorothy Hill, pp. 174-210. Australian National University Press, Canberra.
Dettmann, M. E., D. T. Pocknall, E. J. Romero and M. C. Zamaloa. 1990. *Nothofagidites* Erdtman ex Potonié, 1960: a catalogue of species with notes on the paleographic distribution of *Nothofagus*. Bl. (southern beech). New Zealand Geol. Surv. Palaeontl. Bull. 60: 1-79.
Dilcher, D. L. 1989. The occurrence of fruits with affinity to Ceratophyllaceae in Lower and mid-Cretaceous sediments. Amer. J. Bot. 76 (Suppl.6): 162.
Dilcher, D. L., D. C. Christophel, H. O. Bhagwandin, Jr. and L. J. Scriven. 1990. Evolution of the Casuarinaceae: Morphological comparision of some extant species. Amer. J. Bot. 77: 338-355.
Dilcher, D. L. and P. R. Crane. 1984. *Archaeanthus*: An early angiosperm from the Cenomanian of the western interior of North America. Ann. Missouri Bot. Gard. 71: 351-383.
Dilcher, D. L. and C. P. Daghlian. 1977. Investigations of angiosperms from the Eocene of southeastern North America: *Philodendron* leaf remains. Amer. J. Bot. 64: 526-534.
Dilcher, D. L. and W. L. Kovach. 1986. Early angiosperm reproduction: *Caloda delevoryana* gen. et sp. nov., a new fructification from the Dakota Formation (Cenomanian) of Kansas. Amer. J. Bot. 73: 1230-1237.
Dilcher, D. L. and S. R. Manchester. 1986. Investigations of angiosperms from the Eocene of North America: leaves of the Engelhardieae (Juglandaceae). Bot. Gaz. 147: 189-199.
Dilcher, D. L. and S. R. Manchester. 1988. Investigations of angiosperms from the Eocene of North America: A fruit belonging to the Euphorbiaceae. Tert. Res. 9: 45-58.
Dilcher, D. L., F. W. Potter and W. L. Crepet. 1976. Investigations of angiosperms from the Eocene of North America: Juglandaceous winged fruits. Amer. J. Bot. 63: 532-544.
DiMichele, W. A. 1981. Arborescent lycopods of Pennysylvanian age coals: *Lepidonendron*, with description of a new species. Palaeontographica B 175: 85-125.
Donoghue, M. J. and J. A. Doyle. 1989a. Phylogenetic analysis of angiosperms and the relationships of Hamamelidae. In P. R. Crane and S. Blackmore (eds.), Evolution, Systematics, and Fossil History of the Hamamelidae, Vol. 1: Introduction and 'Lower' Hamamelidae, pp. 17-45. Systematics Association Special Vol. 40A, Clarendon Press, Oxford.

Donoghue, M. J. and J. A. Doyle. 1989b. Phylogenetic studies of seed plants and angiosperms based on morphological characters. *In* B. Ferholm, K. Bremer and H. Jörnwall (eds.), The hierachy of life. Excerpta Medica, pp. 181-193. Elsevier Science, Amsterdam.

Doran, J. B. 1980. A new species of *Psilophyton* from the Lower Devonian of northern New Brunswick, Canad. Can. J. Bot. 58: 2241-2262.

Dorofeev, P. I. 1957. O pliotsenovai flore nagavskikh glin na donu. Dokldy Akademia Nauk SSSR. 117: 124-126.

Dorofeev, P. I. 1959. Materialy k Poznaniyu Miotsenovoi Flory Rostovskoi Oblasti. Problemy Botaniki 4: 143-189.

Dorofeev, P. I. 1963. Tertiary Floras of Western Siberia. Akad. Nauk SSSR, Moscow-Leningrad.

Dorofeev, P. I. 1964. Saumatskaya Flora g. Apsherouska. Dokl. Akad. Nauk SSSR 156: 82-84.

Dorofeev, P. I. 1969. The Miocene Flora of the Mamontova Mountains. Nauka, Leningrad, 124 pp.

Dorofeev, P. I. 1970. Treticnye flory Urala (in Russioan). Izd Nauka, Liningrad.

Dorofeev, P. I. 1973. Systematics of ancestral forms of *Brasenia*. Paleont. Jour. 7: 219-227.

Dorofeev, P. I. 1974a. Nymphaeales. *In* A. Takhtajan (ed.), Iskopaemye cvetkovye rastenija SSSR. I. Izd, pp. 52-85. Nauka, Leningrad [In Russian].

Dorofeev, P. I. 1974b. *Leitneria*. *In* L. Budantsev (ed.), Fossil, Flowering Plants of Russia and Adjacent States, Vol. 3: Leitneriaceae-Juglandaceae. Komarov Bot. Inst. Russ. Acad. Sci. St. Petersburg. pp. 8-12, pl. 47-55 [In Russian].

Dorofeev, P. I. 1997. On the taxonomy of fossil *Decodon* J. F. Gmel. (Lythraceae). Bot. Zhurn. 62: 664-672.

Dorofeev, P. I. 1988. Miocene Floras of the Tambov District. *In* F. Ju. Velichkevich (ed.), Posthumous work. Akad. Nauk, Leningrad, 196 pp.

Douglas, J. G. 1994. Cretaceous vegetation: the macrofossil record. *In* R. S. Hill (ed.), History of the Australian vegetaion: Cretacous to recent, pp. 171-188. Cambridge University Press, Cambridge.

Doyle, J. A. 1969. Cretaceous angisperm pollen of the Atlantic Coastal Plain and its evolutionary significance. J. Arnold Arbor. 50: 1-35.

Doyle, J. A. 1973. The monocotyledons: their evolution and comparative biology. V. Fossil evidence on early evolution of the Monocotyledons. Quart. Rev. Biol. 48: 399-413.

Doyle, J. A. 1992. Revised palynological correlations of the lower Potomac Group (USA) and the Cocobeach sequences of Gabon (Barremian-Aptian). Cretaceous Res. 13: 337-349.

Doyle, J. A. and M. J. Donoghue. 1987. The origin of angiosperms: a cladistic approach. *In* E. M. Friis, W. G. Chaloner and P. R. Crane (eds.), The Origin of Angiosperms and Their Biological Consequences, pp. 17-49. Cambridge University Press, Cambridge.

Doyle, J. A. and L. J. Hickey. 1976. Pollen and leaves from the Mid-Cretaceous

Potomac Group and their bearing on early angiosperm evolution. *In* C. B. Beck, (ed.), Origin and Early Evolution of Angiosperms, pp. 139-206. Columbia Unversity Press, New York and London.

Doyle, J. A. and C. L. Hotton. 1991. Diversification of early angiosperm pollen in a cladistic ontext. *In* S. Blackmore and S. H. Barnes (eds.), Pollen and Spores, Patterns of Diversity. Systematics Association Special Vol. 44, pp. 169-195. Clarendon Press, Oxford.

Doyle, J. A., C. L. Hotton and J. V. Ward. 1990a. Early Cretaceous tetrads, zonasulcate pollen and Winteraceae. I. Taxonomy, morphology and ultrastructure. Amer. J. Bot. 77: 1544-1557.

Doyle, J. A., C. A. Hotton and J. V. Ward. 1990b. Early Cretaceous tetrads, zonasulcate pollen and Winteraceae. II. Cladistic analysis and implications. Amer. J. Bot. 77: 1558-1568.

Doyle, J. A., S. Jardiné and S. Doerenkamp. 1982. *Afropollis*, a new genus of early angiosperm pollen with notes on the Cretaceous palynostratigraphy and paleoenvironments of northern Gondwana. Bull. Centres Rech. Explor.-Prod. Elf-Aquitaine 6: 39-117.

Doyle, J. A. and E. I. Robbins. 1977. Angiosperm pollen zonation of the continental Cretaceous of the Atlantic Coastal Plain and its application to deep wells in the Salisbury embayment. Palynology 1: 43-78.

Doyle, J. A., M. Van Campo and B. Lugardon. 1975. Observations on exine structure of *Eucommiidites* and Lower Cretaceous angiosperm pollen. Pollen Spores 17: 429-486.

Drinnan, A. N. and T. C. Chambers. 1986. Flora of the Lower Cretaceous Koonwarra Fossil Bed (Korumbarra Group), South Gippsland, Victoria. *In* P. A. Jell and J. Roberts (eds.), Plants and Invertebrates from the Lower Cretaceous Koonwarra Fossil Bed, South Gippsland, Victoria. Assoc. Aust. Palaeont. Sydney Mem. 3: 1-205.

Drinnan, A. N. and P. R. Crane. 1990. Cretaceous paeobotany and its bearing on the biogeography of ancestral angiosperms. *In* T. N. Taylor and E. L. Atylor (eds.), Antarctic paleobiology: Its rele in the reconstruction of Gondowana, pp. 192-219. Springer-Verlag, New York.

Drinnan, A. N., P. R. Crane, E. M. Friis and K. R. Pedersen. 1990. Lauraceous flowers from the Potomac Group (mid-Cretaceous) of eastern North America. Bot. Gaz. 151: 370-384.

Drinnan, A. N., P. R. Crane, E. M. Friis and K. R. Pedersen. 1991. Angiosperm florwers and tricolpate pollen of buxaceous affinity from the Potomac Group (mid-Cretaceous) of eastern North America. Amer. J. Bot. 78: 153-176.

Drinnan, A. N., P. R. Crane and S. B. Hoot. 1994. Patterns of floral evolution in the early diversification of non-magnoliid dicolyledons (eudicots). Plant Syst. Evol. (Suppl.) 8: 93-122.

Duarte, L. 1985. Vegetais fosseis da Chapada do Araripe, Br VIII Congresso brasileiro de Paleontologiea, 1983, MME-DNPM, Servicio Geologia, Rio de Janeiro, 27, Paleontol Estratigrafia 2: 557-563.

Dusén, P. 1908. Über die tertiäre Flora der Seymour-Insel. Wiss Erg Schwed Südpol Exped 1901-1903 3: 1-27.
Edwards, D. 1970. Fertile Rhyniophytina from the Lower Devonian of Britain. Palaeontology 13: 451-461.
Edwards, D. 1979. A late Silurian flora from the Lower Old Red Sandstone of south-west Dyfed. Palaeontology 22: 23-52.
Edwards, D. 1980. Evidence for the sporophytic status of the Lower Devonian plant, *Rhynia gwynne-vaughanii* Kidstone et Lang. Rhynie Chert. Rev. Palaeobot. Palynol. 29: 177-188.
Edwards, D. 1986. Dispersed cuticles of putative non-vascular plants from the Lower Devonian of Brittain. Bot. Jour. Linn. Soc. 93: 259-275.
Edwards, D. 1993. Bryophyta. *In* M. J. Benton (ed.), The Fossil Record 2, pp. 775-778. Chapman & Hall, London.
Edwards, D., K. L. Davies and L. Axe. 1992. A vascular conducting strand in the early land plant *Cooksonia*. Nature 357: 683-685.
Edwards, D. and D. S. Edwards. 1986. A reconsideration of the Rhyniophytina Banks. *In* R. A. Spicer and B. A. Thomas (eds.), Systematic and Taxonomic Approaches in Palaeobotany. Systematics Association Special Vol. 31, pp. 199-220. Oxford University Press, Oxford.
Edwards, D. and U. Fanning. 1985. Evolution and environment in the late Silurian-early Devonian: the rise of the pteridophytes. Phil. Trans. Roy. Soc. London B 309: 147-165.
Edwards, D., U. Fanning and J. B. Richardson. 1986. Stomata and sterome in early land plants. Nature 323: 438-440.
Edwards, W. N. 1927. The occurrence of *Koelreuteria* (Sapindaceae) in Tertiray rocks. Ann. Mag. Nat. Hist., 9th ser. 20: 109-112.
Eklund, H. 2000. Lauraceous flowers from the Late Cretaceous of North Carolina, U. S.A. Bot. Jour. Linn. Soc. 132: 397-428.
Eklund, H. 2003. First Cretaceous flowers from Antarctica. Rev. Paleobot. Palynol. 127: 187-217.
Eklund, H., D. J. Cantrill and J. E. Francis. 2004a. Late Cretaceous plant mesofossils from Table Nunatak, Antartica. Cretaceous Research 25: 211-228.
Eklund, H., J. A. Doyle and P. S. Herendeen. 2004b. Morphological phylogenetic analysis of living and fossil Chloranthaceae. Int. J. Plant Sci. 165: 107-151.
Eklund, H., E. M. Friis and K. J. Pedersen. 1997. Chloranthaceous floral structures from the Late Cretaceous of Sweden. Plant Syst. Evol. 207: 13-42.
Eklund, H., and J. Kvaček. 1998. Lauraceous inflorescences and flowers from the Cenomanian of Bohemia (Czech Republic, Central Europe). Int. J. Plant Sci. 159: 668-686.
Endress, P. K. and E. M. Friis. 1991. *Archamamelis*, hamamelidalean flowers from the Upper Cretaceous of Sweden. Plant Syst. Evol. 175: 101-114.
Endress, P. K. and A. Igersheim. 2000. The reproductive structures of the basal Angiosperm *Amorella trichopoda* (Amborellaceae). Int. J. Plant Sci. 161 (Suppl. 6): S237-S248.

Engler, A. 1879/1882. Versuch einer Entwicklungsgeschichte der Pflanzenwelt seit der Tertiärperiode I/II. E. Engelman, Leipzig, 203 pp.

Erdtman, G. 1948. Did dicotyledonous plants exist in Jurrasic time? Geol. Fören. Stockholm Förh. 70: 265-271.

Erdtman, G. 1971. Pollen morphology and Plant Taxonomy, Angiosperms. Noble Offset Printer, New York.

Erwin, D. M. and R. A. Stockey. 1989. Permineralized monocotyledons from the Middle Eocene Princeton chert (Allenby Formation) of British Columbia: Alismataceae. Can. J. Bot. 67: 2636-2645.

Erwin, D. M. and R. A. Stockey. 1990. Sapindaceous flowers from the middle Eocene Princeton chert (Allenby Formation) of British Columbia, Canada. Can. J. Bot. 68: 2025-2034.

Erwin, D. M. and R. A. Stockey. 1991. Silicified monocotyledons from the Middle Eocene Princeton chert (Allenby Formation) of British Columbia, Canada. Rev. Palaeobot. Palynol. 70: 147-162.

Erwin, D. M. and R. A. Stockey. 1992. Vegetative body of a permineralized monocolydenon from the Middle Eocene Princeton Chert of British Columbia. Cour. Forschungsinstitut Senckenberg 147: 307-327.

Eyde, R. H. 1972. Note on geologic histories of flowering plants. Brittonia 24: 111-116.

Eyde, R. H. 1988. Comprehending *Cornus*: puzzles and progress in the systematics of the Dogwoods. Bot. Rev. 54: 233-351.

Eyde, R. H. 1997. Fossil record and ecology of *Nyssa* (Cornaceae). Bot. Rev. 63: 97-123.

Eyde, R. H., A. Bartlett and E. S. Barghoorn. 1969. Fossil record of *Alangium*. Bull. Torrey Bot. Club 96: 288-314.

Faegri, K. and J. Iversen. 1989. Textbook of Pollen Analysis. Blackburn Press, New Jersey.

Fairon-Demaret, M. and S. E. Schecker. 1987. Typification and redescription of *Moresnetia zalesskyi* Stockmans, 1948, an early seed plant from the Upper Famennian of Belgium. Bull. Inst. Roy. Sci. Nat. Belg., Sci. de la Terre 57: 183-199.

Fanning, U., D. Edwards and J. B. Richardson. 1992. A diverse assemblage of early land plants from the Lower Devonian of the Welsh Borderland. Bot. Jour. Linn. Soc. 109: 161-188.

Fanning, U., J. B. Richardson and D. Edwards. 1988. Cryptic evolution in an early land plant. Evolutionary Trends in Plants 2: 13-24.

Fanning, U., J. B. Richardson and D. Edwards. 1991. A review of *in situ* spores in Silurian land plants. *In* S. Blackmore and S. H. Barnes (eds.), Pollen and Spores, pp. 25-47. Clarendon Press, Oxford.

Fergusson, D. K., H. Jänichen and K. L. Alvin. 1978. *Amentotaxus* Pilger from the European Tertiary. Feddes Rep. 89: 379-411.

Fields, P. H. 1996. The Succor Creek Flora of the Middle Miocene Sucker Creek Formation, Southwestern Idaho and Eastern Oregon: Systematics and Paleoecology. Ph. D. Dissertation, Michigan State University, East Lansing.

Frankes, L. A. 1999. Estimating the global thermal state from Cretaceous sea surface and continental temperature data. Geol. Soc. Ameri. Spec. Paper 332: 49-57.

Friedman, W. E. and J. H. Williams. 2004. Developmental evolution of the sexual process in ancient flowering plant lineages. Plant Cell 16 (Suppl 1): S119-S132.

Friis, E. M. 1983. Upper Cretaceous (Senonian) floral structures of Juglandalean affinity containing Normapolles pollen. Rev. Palaeobot. Palynol. 39: 161-188.

Friis, E. M. 1984. Preliminary report of Upper Cretaceous angiosperm reproductive organs from Sweden and their level of organization. Ann. Missouri Bot. Gard. 71: 403-418.

Friis, E. M. 1985a. Structure and function in Late Cretaceous angiosperm flowers. Biol. Skrif. 25: 1-37.

Friis, E. M. 1985b. Angiosperm fruits and seeds from the Middle Miocene of Jutland (Denmark). Biol. Skrif. 24: 1-165.

Friis, E. M. 1985c. *Actinocalyx* gen. nov., sympetalous angiosperm flowers from the Upper Cretaceous of southern Sweden. Rev. Palaeobot. Palynol. 45: 171-183.

Friis, E. M. 1988. *Spirematospermum chandlerrae* sp. nov., an extinct Zingiberaceae from the North American Cretacous. Tert. Res. 9: 7-12.

Friis, E. M. 1990. *Silvianthemum suecicum* gen. et sp. nov., a new saxifragalean flower from the Late Cretaceous of Sweden. Biol. Skrif. 36: 1-35.

Friis, E. M., W. G. Chaloner and P. R. Crane (eds.). 1987. The Origin of Angiosperms and their Biological Consequences. Cambridge University Press, Cambridge, 358 pp.

Friis, E. M. and P. R. Crane. 1989. Reproductive structures of Cretaceous Hamamelidae. *In* P. R. Crane and S. Blackmore (eds.), Evolution, Systematics, and Fossil History of the Hamamelidae, Vol. 1: Introduction and 'Lower' Hamamelidae, pp. 155-174. Systmatics Association Special Vol. 40A, Clarendon Press, Oxford.

Friis, E. M., P. R. Crane and K. R. Pedersen. 1986. Floral evidence for Cretaceous chloranthoid angiosperms. Nature 320: 163-164.

Friis, E. M., P. R. Crane and K. R. Pedersen. 1988. Reproductive structures of Cretaceous Platanaceae. Biol. Skrif. 31: 1-56.

Friis, E. M., P. R. Crane and K. R. Pedersen. 1991. Stamen diversity and *in situ* pollen of Cretaceous angiosperms. *In* S. Blackmore and S. H. Barnes (eds.), Pollen and Spores: Patterns of Diversification, pp. 197-224. Systematic Association Special Vol. 44, Clarendon Press, Oxford.

Friis, E. M., P. R. Crane and K. R. Pedersen. 1997a. *Anacostia*, a new basal angiosperm from the Early Cretaceous of North America and Portugal with trichotomocolpate/ monocolpate pollen. Grana 36: 225-244.

Friis, E. M., P. R. Crane and K. R. Pedersen. 1997b. Fossil history of magnoliid angiosperms. *In* K. Iwatsuki and P. H. Raven (eds.), Evolution and Diversification of Land Plants, pp. 121-156. Bot. Soc. Japan, Springer, Japan.

Friis, E. M. and W. L. Crepet. 1987. Time of appearance of floral features. *In* E. M. Friis, W. G. Chaloner and P. R. Crane (eds.), The Origins of Angiosperms and their Biological Consequences, pp. 145-179. Cambridge University Press, Cam-

bridge.
Friis, E. M., J. A. Doyle, P. K. Endress and Q. Leng. 2003a. *Archaefructus* -angiosperm precursor or specialized early angiosperm? Trends in Plant Science 8: 369-373.
Friis, E. M., H. Eklund, K. R. Pedersen and P. R. Crane. 1994a. *Virginianthus calycanthoides* gen. et sp. nov.; a calycanthaceous flower from the Potomac Group (Early Cretaceous) of eastern North America. Int. J. Plant. Sci. 155: 772-785.
Friis, E. M. and K. R. Pedersen. 1996a. Chapter 14B. Angiosperm pollen in situ in Cretaceous reproductive organs. *In* J. Jansonius and D. C. McGregor (eds.), Palynology: Principles and Applications, Vol. 1. American Association of Stratigraphic Palynologists Foundation, Salt Lake City, pp. 409-426.
Friis, E. M. and K. R. Pedersen. 1996b. *Eucommiitheca hirsuta,* a new pollen organ with *Eucommiidites* pollen from the Early Cretaceous of Portugal. Grana 35: 104-112.
Friis, E. M., K. R. Pedersen and P. R. Crane. 1992. *Esgueiria* gen. nov., fossil flowers with combretaceous features from the Late Cretaceous of Portugal. Biol. Skrift. 41: 1-45.
Friis, E. M., K. R. Pedersen and P. R. Crane. 1994b. Angiosperm floral structures from the Early Cretaceous of Portugal. Plant. Syst. Evol. (Suppl.) 8: 31-49.
Friis, E. M., K. R. Pedersen and P. R. Crane. 1995. *Appomattoxia ancistrophora* gen. et sp. nov.; a new Early Cretaceous plant with similarities to *Circaeaster* and extant Magnoliidae. Amer. J. Bot. 82: 933-943.
Friis, E. M., K. R. Pedersen and P. R. Crane. 1999. Early angiosperm diversification: The diversity of pollen associated with angiosperm reproductive structures in Early Cretaceous floras from Protugal. Ann. Missouri Bot. Gard. 86: 259-296.
Friis, E. M., K. R. Pedersen and P. R. Crane. 2000a. Fossil floral structures of a basal angiosperm with monocolpate, reticulate-acolumellate pollen from the Early Cretaceous of Portugal. Grana 39: 226-239.
Friis, E. M., K. R. Pedersen and P. R. Crane. 2000b. Reproductive structure and organization of basal angiosperms from the early Cretaceous (Barremian or Aptian) of western Portugal. Int. J. Plant Sci. 161: S169-S182.
Friis, E. M., K. R. Pedersen and P. R. Crane. 2001. Fossil evidence of water lilies (Nymphaeales) in the Early Cretaceous. Nature 410: 357-360.
Friis, E. M., K. R. Pedersen and P. R. Crane. 2004. Araceae from the Early Cretaceous of Portugal: Evidence on the emergence of Monocotyledons. Proceed. Nat. Acad. Sci. USA. 101: 16565-16570.
Friis, E. M., K. R. Pedersen and P. R. Crane. 2005. When Earth started blooming insights from the fossil record. Current Opinion in Plant Biology 8: 1-8.
Friis, E. M., K. R. Pedersen and P. R. Crane. 2006. Cretaceous angiosperm flowers: Innovation and evolution in plant reproduction. Palaeogeogr. Palaeoclimatol. Palaeoecol. 231: (in press)
Friis, E. M., K. R. Pedersen and J. Schönenberger. 2003b. *Endressianthus*, a new Normapolles-producing plant genus of fagalean affinity from the Late Cretaceous of Portugal. Int. J. Plant Sci. 164 (5 Suppl.): S201-S223.
Friis, E. M. and A. Skarby. 1981. Structurally preserved angiosperm flowers from the

Upper Cretaceous of southern Sweden. Nature 291: 484-486.
Friis, E. M. and A. Skarby. 1982. *Scandianthus* gen. nov., angiosperm flowers of saxifragalean affinity from the Upper Cretaceous of southern Sweden. Ann. Bot. 50: 569-583.
Frumin, S. I., H. Eklund and E. M. Friis. 2004. *Mauldinia hirsute* sp. nov., a new member of the extinct genus *Mauldinia* (Lauraceae) from the Late Cretaceous (Cenomanian-Turonian) of Kazakhstan. Int. J. Plant Sci. 165: 883-895.
Frumin, S. I. and E. M. Friis. 1996. Liriodendroid seeds from the Late Crataecous of Kazakhstan and North Carolina, USA. Rev. Palaeobot. Palynol. 94: 39-55.
Frumin, S. I. and E. M. Friis. 1999. Magnoliid reproductive organs from the Cenomanian-Turonian of north-western Kazakhstan: Magnoliaceae and Illiciaceae. Plant Syst. Evol. 216: 265-288.
Gabel, M. L., D. C. Backlund and J. Haffner. 1992. Sedge (Cyperaceae) achenes from the Late Barstovian of Nebraska. J. Paleontol. 66: 525-529.
Galtier, J. and A. C. Scott. 1985. Diversification of early ferns. Proceed. Roy. Soc. Edinb. B86: 289-301.
Gandolfo, M. A., K. C. Nixon and W. L. Crepet. 1995. Fossil flowers with hydrageacean affinity from the Late Cretaceous of New Jersey. Amer. J. Bot. 85: 376-380.
Gandolfo, M. A., K. C. Nixon and W. L. Crepet. 1996. A fossil flower with affinities to the order Capparales from Late Cretaceous sediments of New Jersey. Amer. J. Bot. 83 (Suppl.): 157-158.
Gandolfo, M. A., K. C. Nixon, W. L. Crepet and G. E. Ratcliffe. 1997. A new fossil fern assignable to Gleicheniaceae from Late Cretaceous sediments of New Jersey. Amer. J. Bot. 84: 483-493.
Gandolfo, M. A., K. C. Nixon and W. L. Crepet. 1998a. *Tylerianthus crossmanensis* gen. et sp. nov. (aff. Hydrangeaceae) from the Upper Cretaceous of New Jersey. Amer. J. Bot. 85: 376-386.
Gandolfo, M. A., K. C. Nixon and W. L. Crepet. 1998b. A new fossil flower from the Turonian of New Jersey: *Dressiantha bicarpellata* gen. et sp. nov. (Capparales). Amer. J. Bot. 85: 964-974.
Gandolfo, M. A., K. C. Nixon, W. L. Crepet, D. W. Stevenson and E. M. Friis. 1998c. Oldest known fossil flowers of monocotyledons. Nature 394: 532-533.
Gandolfo, M. A., K. C. Nixon and W. L. Crepet. 2001. Turonian Pinaceae of New Jersey. Plant Syst. Evol. 226: 187-203.
Gandolfo, M. A., K. C. Nixon and W. L. Crepet. 2002. Triuridaceae fossil flowers from the Upper Cretaceous of New Jersey. Amer. J. Bot. 89: 1940-1957.
Gandolfo, M. A., K. C. Nixon and W. L. Crepet. 2004. Cretaceous flowers of Nymphaeaceae and implications for complex insect entrapment pollination mechanisms in early Angiosperms. Proceed. Nat. Acad. Sci. USA. 101: 8056-8060.
Gee, C. T. 1990. On the fossil occurrence of the mangrove palm *Nypa*, *In* E. Knobloch and Z. Kvacek (eds.), Proceedings of the Symposium 'Paleofloristic and Paleoclimatic Changes in the Cretaceous and Tertiary', pp. 315-319. Geological Sur-

vey Publisher, Prague.
Geissert, F. and H.-J. Gregor. 1981. Einige interessante und neue sommergrüne Pflanzenelemente (Fruktificationen) aus dem Elsässer Pliozän (Genera, *Sabia* Colebr., *Wikstroemia* Endl., *Alangium* Lan., *Nyssa* L. *Halesia* Ellis, *Rehdendrodendron* Hu.). Mitt. Bad. Landesvereins Naturk. Naturschutz N. F. 12: 233-239.
Geissert, F., H.-J. Gregor and D. H. Mai. 1990. Die Saugbagger-Flora. Documenta Nature 57: 1-208.
Germemaad, J. H., C. A. Hopping and J. Muller. 1968. Palynology of Tertiary sediments from tropical area. Rev. Palaeobot. Palynol. 6: 189-348.
Gokhtuni, N. G. and A. L. Takhtajan. 1988. Additional data on the Late Sarmatian plants from the Nakhichevan satiferous deposits. Bot. Zhurn. 73: 1708-1710.
Golenberg, E. M. 1991. Amplification and analysis of Miocene plant fossil DNA. Phil. Trans. Roy. Soc. London B 333: 419-427.
Golenberg, E. M., D. E. Giannasi, M. T. Clegg, C. J. Smiley, M. Durbin, D. Henderson and G. Zurawski. 1990. Chloroplast DNA sequence from a Miocene *Magnolia* species. Nature 344: 656-658.
Golovneva, L. B. 1991. The new genus *Paleootrapa* (Trapaceae?) and new species *Quereuxia* from the Rarytkin series (The Koryak Upland, Maastrichitain-Danian). Bot. Zhurn. 76: 601-610.
Golovneya, L. B. 1994. Maastrichtian-Danian floras of Koryak Upland. Russ. Acad. Sci., Proc. Komarov. Bot. Inst., St. Petersburg, Issue 13.
Gonzalez, G. 1967. A palynological study on the Upper Los Cuervos and Mirador Formations, Lower and Middle Eocene Tibu area, Columbie. E. J. Bill, Leiden, 68 pp.
Göppert, H. R. 1836. De floribus in statu fossilis commentatio. Nova Acta Leopoldiana 18 : 547-572.
Göppert, H. R. 1852. Fossil flora des Übergansgebirges. Nova Acta Leopoldiana 22: 1-299.
Goremykin, V. V., K. I. Hirsch-Ernst, S. Wölfl and F. H. Hellwig. 2003. Analysis of the *Amborella trichopoda* chloroplast genome sequence suggests that *Amborella* is not a basal Angisperm. Mol. Bio. Evol. 20: 1499-1505.
Goth, K. 1986. Erster Nachweis von *Spirematospermum*-Samen aus der Oberkreide von Kössen in Tirol. Courier Forschungsinstitut Senckenberg 86: 171-175.
Gottwald, H. 1992. Woods from marine sands of the late Eocene near Helmstedt (Lower Saxony/Germany). Palaeontographica B 225: 27-103.
Gould, R. E. and T. Delevoryas. 1977. The biology of *Glossopteris*: Evidence from petrified seed-bearing and pollen-bearing organs. Alcheringa 1: 387-399.
Graham, A. 1987. Tropical American Tertiary floras and paleoenvironments: Mexico, Costa Rica and Panama. Amer. J. Bot. 74: 1519-1531.
Graham, A. 1989. Studies in neotropical paleobotany. VII. The Lower Miocene communities of Panama - the La Boca Formation. Ann. Missouri Bot. Gard. 76: 50-66.
Graham, A. 1999. Late Cretaceous and Cenozoic History of North American Vegeta-

tion, North of Mexico. Oxford University Press, New York, 350 pp.
Graham, A. and D. M. Jarzen. 1969. Studies in neotropical paleobotany. I: The Oligocene communities of Puerto Rico. Ann. Missouri Bot. Gard. 56: 308-357.
Graham, J. B., R. Dudley, N. M. Aguilar and C. Gans. 1995. Implications of the late Palaezoic oxygen pulse for physiology and evolution. Nature 375: 117-120.
Grande, L. 1984. Paleontology of the Green River Formation, with a review of the fish fauna. Bull. Geol. Surv. Wyoming 63: 1-333.
Gray, J. 1985. The microfossil record of early land plants: Advances in understanding of early terrestrialization, 1970-1984. *In* W. G. Chaloner and J. D. Lawson (eds.), Evolution and Environment in the Late Silurian and Early Devonian. pp. 167-195. Phil. Trans. Roy. Soc. London B 309: 167-195.
Gray, J. 1988. Land plant spores and the Ordovicain-Silurian boundary. Bull. Brit. Mus. (Nat. Hist.) Geol. 43: 351-358.
Gray, J. and W. Shear. 1992. Early life on land. Amer. Sci. 80: 444-456.
Gregor, H.-J. 1978. Die Miozänen Frucht- und Samen-Floren der oberpfalzer Braunkohle I. Funde aus den sandigen Zwichenmitteln. Palaeontographica B 167: 8-103.
Gregor, H.-J. 1980. Seeds of the genus *Coriaria* Linné (Coriariaceae) in the European Neogene. Tert. Res. 3: 61-69.
Gregor, H.-J. 1981. *Schisandra geissertii* nova spec. -Ein exotisches Element im Elsässer Pliozän (Sessenheim, Brunssumien). Mitt. Bad. Landesvereins Naturk. Naturschutz N. F. 12: 241-247.
Gregor, H.-J. 1982. Die Jungtertiaren Floren Suddeutschlands. Ferdinand Enke, Stuttgart, 278 pp.
Gregor, H.-J. 1983. Erstnachweis der Gattung *Tacca* Forst 1776 (Taccaceae) im Europaischen Alttertiar. Documenta Naturae 6: 27-31.
Gregor, H.-J. 1989. Aspects of the fossil record and phylogeny of the family Rutaceae. Plant Syst. Evol. 162: 251-265.
Grierson, J. D. and P. M. Bonamo. 1979. *Leclercquia complexa*: earliest ligulate lycopod (Middle Devonian). Amer. J. Bot. 66: 474-476.
Grote, P. J. 1989. Selected Fruits and Seeds from the Middle Eocene Claiborne Formation of Southeastern North America. Ph. D. Dissertation, Indianana University, Bloomington.
Grote, P. J. and D. L. Dilcher. 1989. Investigations of angiosperms from the Eocene of North America: a new genus of Theaceae based on fruit and seed remains. Bot. Gaz. 150: 190-206.
Grote, P. J. and D. L. Dilcher. 1992. Fruits and seeds of Tribe Gordonieae (Theaceae) from the Eocene of North America. Amer. J. Bot. 79: 744-753.
Groot, J. J. and C. R. Groot 1962. Plant microfossils from Aptian, Albian and Cenomanian deposits of Portugal. Comun. Serv. Geol. Portugal 46: 133-176.
Gubeli, A. A., P. A. Hochuli and W. Wildi. 1984. Lower Cretaceous turbiditic sediments from the Rif chain (norththern Morocco)- palynology, stratigraphy and palaeogeographic setting. Geologische Rundschau 73: 1981-1114.
Guo, S.-X., Z. H. Sun, H.-M. Li and Y. Dou. 1984. Paleocene magafossil flora from Altai of Xinjiang. Bull. Nanjing Inst. Geol. Paleont. Acad. Sin. 10: 119-146.

Hably, L. and S. R. Manchester. 2000. Fruits of *Tetrapterys* (Malpighiaceae) from the Oligocene of Hungary and Slovenia. Rev. Palaeobot. Palynol. 111: 93-101.

Halle, T. G. 1927. Palaeozoic plants from central Shansi. Palaeontologia Sinica, Ser. A. (Geol. Surv. China, Peking) 21: 1-316, pls. 1-64.

Haq, B. U., J. Hardenbol and P. R. Vail. 1988. Chronology of fluctuating sea levels since the Triassic. Science 235: 1156-1167.

Harris, T. N. 1939. *Naiadita*, a fossil bryophyte with reproductive organs. Ann. Bryolog. 12: 57-70.

Harris, T. M. 1974. *Williamsoniella lignieri*: its pollen and the compression of spericalpollen grains. Palaeontology 17: 125-148.

Hedlund, R. W. and G. Norris. 1968. Spores and pollen grains from Fredericksburgian (Albian) strata, Marshall County, Oklahoma. Pollen Spores 10: 129-159.

Herendeen, P. S. 1991a. Lauraceous wood from the mid-Cretaceous Potomac Group of eastern North America: *Paraphyllanthoxylon marylandense* sp. nov. Rev. Palaeobot. Palynol. 69: 277-290.

Herendeen, P. S. 1991b. Charcoalified angiopserm wood from the Cretaceous of eastern North America and Europe. Rev. Palaeobot. Palynol. 70: 225-239.

Herendeen, P. S. 1992. The fossil history of the Leguminosae from the Eocene of southeastern North America. *In* P. S. Herendeen and D. L. Dilcher (eds.), Advances in Legume Systematics, Part 4. The Fossil Record, pp. 85-160. The Royal Botanic Gardens, Kew.

Herendeen, P. S. and P. R. Crane. 1992. Early caesalpinioid fruits from the Palaeogene of southern England. *In* P. S. Herendeen and D. L. Dilcher (eds.), Advances in Legume Systematics, Part 4. Advances in Legume Systematics IV: Fossil Leguminosae, pp. 57-68. Royal Botanic Gardens, Kew.

Herendeen, P. S. and P. R. Crane. 1995. The fossil history of the Monocolyledons. *In* P. J.Rudall, P. J. Cribb, D. F. Cutler and C. J. Humphries (eds.), Monocotyledons: Systematics and Evolution, pp. 1-21. Royal Botanic Gardens, Kew.

Herendeen, P. S., P. R. Crane and A. N. Drinnan. 1995. Fagaceous flowers, fruits, and cupules from the Campanian (Late Cretaceous) of central Georgia, USA. Int. J. Plant Sci. 156: 93-116.

Herendeen, P. S., W. L. Crepet and K. C. Nixon. 1993. *Chloranthus*-like stamens from the Upper Cretaceous of New Jersey. Amer. J. Bot. 80: 865-871.

Herendeen, P. S., W. L. Crepet and K. C. Nixon. 1994. Fossil flowers and pollen of Lauraceae from the Upper Cretaceous of New Jersey. Plant Syst. Evol. 189: 29-40.

Herendeen, P. S. and D. L. Dilcher. 1990a. *Diplotropis* (Leguminosae, Papilionoideae) from the Middle Eocene of Southeastern North America. Syst. Bot. 15: 526-533.

Herendeen, P. S. and D. L. Dilcher. 1990b. Reproductive and vegetative evidence for the occurrence of *Crudia* (Leguminosae, Caesalpinoideae) in the Eocene of Southeastern North America. Bot. Gaz. 151: 402-413.

Herendeen, P. S. and D. L. Dilcher. 1990c. Fossil mimosoid legumes from the Eocene and Oligocene of southeastern North America. Rev. Palaeobot. Palynol. 62: 339-361.

Herendeen, P. S. and D. L. Dilcher. 1991. *Caesalpinia* subgenus *Mezoneuron*

(Leguminosae, Caesalpinoideae) from the Tertiary of North America. Amer. J. Bot. 78: 1-12.
Herendeen, P. S. and B. F. Jacobs. 2000. Fossil legumes from the Middle Eocene (46.0 Ma) Mahenge Flora of Singida, Tanzania. Amer. J. Bot. 87: 1358-1366.
Herendeen, P. S., D. H. Les and D. L. Dilcher. 1990. Fossil *Ceratophyllum* (Ceratophyllaceae) from the Tertiary of North America. Amer. J. Bot. 77: 7-16.
Herendeen, P. S., S. Magallón-Puebla, R. Lupia, P. R. Crane and J. Kobylinska. 1999. A preliminary conspectus of the Allon flora from the Late Creataceous (Late Santonian) of central Georgia, U.S.A. Ann. Missouri Bot. Gard. 86: 406-471.
Hermsen, E. J., M. A. Gandolfo, K. C. Nixon and W. L. Crepet. 2003. *Divisestylus* gen. nov. (Aff. Iteaceae), a fossil saxifrage from the Late Cretaceous of New Jersey, USA. Amer. J. Bot. 90: 1373-1388.
Hesse, M. 2001. Pollen characters of *Amborella trichopoda* (Amborellaceae): A reinvestigation. Int. J. Plant Sci. 162: 201-208.
Heywood, V. H. (ed.) 1978. Flowering Plants of the World. Oxford University Press, Oxford.
Hickey, L. J. 1977. Stratigraphy and paleobotany of the Golden Valley Formation (Early Tertiary) of western North Dakota. Mem. Geol. Soc. Amer. 150: 1-183.
Hickey, L. J. 1991. Preliminary report on the flora of the Meeteetse Foramtion (Late Cretaceous) of Wyoming and Montana. Amer. J. Bot. 78: (Suppl. 6): 115.
Hickey, L. J. and J. A. Doyle. 1977. Early Cretaceous fossil evidence for angiosperm evolution. Bot. Rev. 43: 3-104.
Hickey, L. J. and R. K. Peterson. 1978. *Zingiberopsis*, a fossil genus of the ginger family from Late Cretaceous to Early Eocene sediments of Western Interior North America. Can. J. Bot. 56: 1136-1152.
Hill, C. R. 1996. A plant with flower-like organ from the Wealden of the Weald (Lower Cretaceous), southern England. Cretaceous Res. 17: 27-38.
Hill, R. S. 1988. A re-investigation of *Nothofagus muelleiri* (Ett.) Paterson and *Cinnamomum nuytsii* Ett. From the Late Eocene of Vegetable Creek. Alcheringa 12: 221-231.
Hill, R. S. 1991a. Tertiary *Nothofagus* (Fagaceae) macrofossils from Tasmania and Antarctica and their bearing on the evolution of the genus. Bot. Jour. Linn. Soc. 105: 73-112.
Hill, R. S. 1991b. Leaves of *Eucryphia* (Eucryphiaceae) from Tertiary sediments in South-eastern Australia. Austral. Syst. Bot. 4: 481-497.
Hill, R. S. and D. C. Christophel. 1988. Tertiary leaves of the tribe Banksieae (Proteaceae) from south-eastern Australia. Bot. Jour. Linn. Soc. 97: 205-227.
Hill, R. S. and M. K. Macphail. 1985. A fossil flora from rafted Plio-Pleistocene mudstones at Regatta Point, Tasmania. Aust. J. Bot. 33: 497-517.
Hill, R. S. and J. Read. 1991. A revised infragenetic classification of *Nothofagus* (Fagaceae). Bot. Jour. Linn. Soc. 105: 37-72.
Hirmer, M. 1927. Handbuch der Paläobotanik. Oldenbourgh, Munich and Berlin.
Holland, P. G. 1978. An evolutionary biogeography of the genus *Aloe*. J. Biogeogr. 5: 213-226.

Holmes, P. L. (ed.) 1991. The Plant Fossil Record Database, Version 1.0, International Organization of Palaeobotany. Magnetic Publication, London.

Horiuchi, J. 1996. Neogene floras of the Kanto District. Sci. Rep. Inst. Geosci. Univ. Tsukuba, ser. B, Geol. Sci. 17: 109-208.

Horrell, M. A. 1991. Phytogeography and palaeoclimatic interpretation of the Maastrichitian. Palaeogeogr. Palaeoclimatl. Palaeoecol. 86: 87-138.

Hsu, H. H. and R. W. Chaney. 1940. Miocene flora from Shantung Province, China. Publ. Carnegie Inst. Wash. 507: 1-147, pls. 1-57.

Hueber, F. M. 1961. Hepaticites devonicus, a new fossil liverwort from the Devonian of New York. Ann. Missouri Bot. Gard. 48: 125-132.

Hughes, N. F., G. E. Drewry and J. F. Laing. 1979. Barremian earlist angiosperm pollen. Paleontology 22: 513-533.

Hughes, N. F. and A. B. McDougall. 1990. Barremian-Aptian angiospermid pollen records from southern England. Rev. Palaeobot. Palynol. 65: 145-151.

Huzioka, K. 1961. A new Paleogene species of the genus *Eucommia* from Hokkaido, Japan. Trans. & Proc. Palaeontol. Soc. Jap., N. S. 41: 9-12, pl. 2.

Huzioka, K. 1963. The Utto flora of northern Honshu. *In* Tertiary Floras of Japan, Miocene floras. Collab. Assoc. Commem. 80th Aniv. Geol. Surv. Japan, Tokyo, pp. 153-216, pls. 28-40.

Huzioka, K. and E. Takahashi. 1970. The Eocene flora of the Ube coal-field, southwest Honshu, Japan. J. Fac. Mining Coll. Akita Unv. Ser. A. 4(5): 1-88, 21 pl.

Huzioka, K. and K. Uemura. 1979. The *Comptonia-Liquidambar* forest druing the Middle Miocene Daijima age in Japan. Rep. Res. Inst. Underground Resources, Min. Coll., Akita Univ. 45: 37-52 [In Japanese].

Iljiskaya, J. A. 1986. Izmienienie flory Zajsankoy vpadiny a konca mela po Miocen. Problemy Paleobotaniki, Nauka, Leningrad.

Ivany, L. C., R. W. Portell and D. S. Jones. 1990. Animal-plant relationships and paleobiogeography of an Eocene seagrass community from Florida. Palaios 5: 244-258.

Jacobs, B. F. and C. H. S. Kabuye. 1989. An extinct species of *Pollia* Thunberg (Commelinaceae) from the Miocene Ngorora Formation, Kenya. Rev. Palaeobot. Palynol. 59: 67-76.

Jacobs, B. F., J. D. Kingston and L. L. Jacobs. 1999. The origin of grass dominated ecosystems. Ann. Missouri Bot. Gard. 86: 590-644.

Jähnichen, H. 1990. New records of the conifer *Amentotaxus gladifolia* (Ludwig) Ferguson, Jähnichen and Alvin, 1978, from the Polish and Czedhoslovakian Tertiary and its recognition in Canada, North America and Europe. Tert. Res. 12: 69-80.

Jain, R. K. 1963. Studies of Musaceae. 1. *Musa cardiopsperma* sp. nov., a fossil banana fruit from the Deccan Intertrappean series. India. Palaeobotnisnst 12: 45-58.

Janis, C. M. 1993. Tertiary mammal evolution in the context of changing climates, vegetation and tectonic events. Ann. Rev. Ecol. Syst. 24: 467-500.

Jansonius, J. and D. C. McGregor. (eds.) 1996. Palynology: Principles and Application. Vol. 1. American Association of Stratigraphic Palynologistis Foundation, Salt Lake City.

Janssen, T. and K. Bremer. 2004. The age of major monocot group inferred from 800+*rbcL* sequences. Bot. Jour. Linn. Soc. 146: 385-395.

Janzen, D. M. 1977. *Aquilapollenites* and some santalalean genera: a botanical comparison. Grana 16: 29-39.

Jarzen, D. M. 1978. Some Maestrichtian palynomorphs and their phytogeographical and paleoecological implications. Palynology 2: 29-38.

Janzen, D. M. 1982. Palynology of Dinosaur Provincial Park (Campanian). Alberta Syllogeus 38: 1-69, pl. 1.

Janzen, D. M. and M. E. Dettmann. 1989. Taxonomic revision of *Tricolpites* reticulates Cookson ex Couper, 1953 with notes on the biogeography of *Gunnera* L. Pollen Spores 31: 97-112.

Jarzen, D. M. and D. J. Nichols. 1996. Pollen. *In* J. Jansonius and D. C. MacGregor (eds.), Palynology: Principles and Application. Vol. 1. pp. 261-291. American Association of Stratigraphic Palynologishtis Foundation, Salt Lake City.

Johnson, K. R. 1996. Description of seven common fossil leaf species from the Hell Creek Formation (Upper Cretaceous: Upper Maastrichitian), North Dakota, South Dakota, and Montana. Proc. Denver Mus. Nat. Hist. Ser. 3, no 12: 1-47.

Johnson, L. A. S. and K. K. Wilson. 1989. Casuarinaceae: a synopsis. *In* P. R. Crane and S. Blackmore (eds.), Evolution, Systematics, and Fossil History of the Hamamelidae, Vol. 2: 'Higher' Hamamelidae, pp. 167-188. Systematic Association Special Vol. 40B, Clarendon Press, Oxford.

Jones, J. H. and D. L. Dilcher. 1980. Investigations of angiosperms from the Eocene of North America: *Rhamnus marginatus* (Rhamnaceae) reexamined. Amer. J. Bot. 67: 959-967.

Jones, J. H., S. R. Manchester and D. L. Dilcher. 1988. *Dryophyllum* Debey ex Saporta, juglandaceous not fagaceous. Rev. Palaeobot. Palynol. 56: 205-211.

Kedves, M. 1989. Evolution of the Normapolles complex. *In* P. R. Crane and S. Blackmore (eds.), Evolution, Systematics, and Fossil History of the Hamamelidae, Vol. 2: "Higher" Hamamelidae, pp. 1-7. Systematics Association Special Vol. 40B, Clarendon Press, Oxford.

Keller, J. A., P. S. Herendeen and P. R. Crane. 1996. Fossil flowers and fruits of the Actinidiaceae from the Campanian (Late Cretaceous) of Georgia. Amer. J. Bot. 83: 528-541.

Kenrick, P. 1994. Alternation of generations in land plants: new phylogenetic and morphological evidence. Biological Reviews 69: 293-330.

Kenrick, P. 2003. Fishing for the first plants. Nature 425: 248-249.

Kenrick, P. and P. R. Crane. 1991. Water-conducting cells in early fossil land plants: Implications for the early evolution of Tracheophytes. Bot. Gaz. 152: 335-356.

Kenrick, P. and P. R. Crane. 1997a. The origin and early diversification of Land Plants, a cladistic study. Smithsonian Institution Press, Washington D.C., 441 pp.

Kenrick, P. and P. R. Crane. 1997b. The origin and early evolution of plants on land. Nature 389: 33-39.

Kidston, R. and W. H. Lang. 1917. On Old Red Sandstone plants showing structure, from the Rhynie Chert Bed, Aberdeenshire. Part I. *Rhynia gwynne-vaughanii*, Kidston and Lang. Trans. Roy. Soc. Edinburgh 51: 761-784.

Kidston, R. and W. H. Lang. 1920a. On Old Red Sandstone plants showing structure, from the Rhynie Chert Bed, Aberdeenshire, Part II. Additional notes on *Rhynie gwynne-vaughanii*, Kidston and Lang; with description of *Rhynia major*, n. sp., and *Hornea lignieri* n. g., n. sp. Trans. Roy. Soc. Edinburgh 52: 603-627.

Kidston, R. and W. H. Lang. 1920b. On Old Red Sandstone plants showing structure, from the Rhynie Chert Bed, Aberdeenshire, Part III. *Asteroxylon mackiei*, Kidston and Lang. Trans. Roy. Soc. Edinburgh 52: 643-680.

Kidston, R. and W. H. Lang. 1921a. On Old Red Sandstone plants showing structure, from the Rhynie Chert Bed, Aberdeenshire, Part IV. Restorations of the vascular cryptogogams, and discussion of their bearing on the general morphology of the Pteridophyta and the origin of the organization of land-plants. Trans. Roy. Soc. Edinburgh 52: 831-854, pl. 1.

Kidston, R. and W. H. Lang. 1921b. On Old Red Sandstone plants showing structure, from the Rhynie Chert Bed, Aberdeenshire, Part V. The Thallophyta occurring in the peat-bed; the succession of the plants throughout a vertical section of the bed, and the conditions of accumulations and preservation of the deposit. Trans. Roy. Soc. Edinburgh 52: 855-902.

Kimura, T. 1961. Mesozoic plants from the Itoshiro Subgroup, the Tetori Group, Central Honshu, Japan. Trans. Proc. Paleonto. Soc. Japan, N. S., 41: 21-31, pls. 4-6.

Kirchheimer, F. 1957. Die Laubgewächse der Braunkohlenzeit. Veb. Wilhelm. Knapp. Verlag., Halle (Saale), 783 pp.

Knappe, H. and L. Ruffle. 1975. Neue Monimiaceen-Blatter im Santon des Subherzyn und ihre phytogeographischen Beziehungen zur Flora des ehemaligen Gondwana-Kontinentz. Wissen. Zeit. Humb.-Univ. Berlin, Math.-Natur. Reihe 24: 493-499.

Knobloch, E. 1984. Megasporen aus der Kreide von Mitteleuropa. Shornik Geologických Věd, Paleontologie 26: 157-195.

Knobloch, E. and Z. Kvaček. 1993. Miozäne Floren der südböhmischen Becken. Sborn. Geol. Věd Paleontol. 33: 39-77.

Knobloch, E. and D. H. Mai. 1983. Carbonized seeds and fruits from the Cretaceous of Bohemia and Moravia and their stratigraphical significance. Knihovnicka Semniho pynu a nafty 4: 305-332.

Knobloch, E. and D. H. Mai. 1984. Neue Gattungen nach Früchten und Samen aus dem Cenoman bis Maastricht (Kreide) von Mitteleuropa. Feddes Repert. 95: 3-41, pls 1-16.

Knobloch, E. and D. H. Mai. 1986. Monographie der Früchte und Samen in der Kreide von Mitteleuropa. Rozpr. Ústředn. Ústavu Geolog. Praha 47: 1-219, 56 pls.

Knowlton, F. H. 1926. Flora of the Latah Formation of Spokane, Washington, and Coeur d'Alene, Idaho. U. S. Geol. Surv. Prof. Paper 140: 17-81.

Koch, B. E. and W. L. Friedrich. 1971. Früchte und Samen von in der Kreide von Mitteleuropa. Rozpr. Ústředn. Ústavu Geolog. 47: 1-217, 1-56 pls.

Koenigswald, W. van. 1989. Fossillagerstatte Rott bei Hennef am Siebengebirge. Rheinlandia Verlag, Siegburg, 82 pp.

Kokawa, S. 1961. Distribution and phytogeography of Menyanthes remains in Japan. Jour. Biol. Osaka City Univ. 12: 123-151.

Kokawa, S. 1965. Fossil endocarp of *Davidia* in Japan. Jour. Biol. Osaka City Univ. 16: 45-51.

Kolakovsky, A. A. 1957. Pervoe dopolnenie k kodorskoj flore (Meore-Atara). Tr. Such. Bot. Cada. 10 [In Russian].

Kolakovsky, A. A. 1964. Pliotsenovaja flora Pitsundy. Tr. Such. Bot. Cada. 14 [In Russian].

Konopka, A. S., P. S. Herendeen and P. R. Crane. 1998. Sporophytes and gametophytes of Dicranaceae from the Santonian (Late Cretaceous) of Georgia, USA. Amer. J. Bot. 85: 714-723.

Konopka, A. S., P. S. Herendeen, G. L. S. Merrill and P. R. Crane. 1997. Sporophytes and gametophytes of Polytrichaceae from the Campanian (Late Cretaceous) of Georgia, U.S.A. Int. J. Plant Sci. 158: 489-499.

Koriba, K. and S. Miki. 1960. *Archaezostera*, a new genus from the Upper Cretaceous in Japan. Paleobotanist 7: 107-110, pl. I-II.

Kovach, W. L. and D. L. Dilcher. 1988. Megaspores and other dispersed plant remains from the Dakota Formation (Cenomanian) of Kansas. U.S.A. Palynology 12: 89-119.

Kovar-Eder, J. 1992. A remarkable preservation state of fossil leaves recognized in *Potamogeton*. Cour. Forsch. Senck. 147: 393-397.

Krassilov, V. A. 1976. The Tsagayan flora of Ameur region. Nauka Press, Academic Sciences of USSR, Moscow [In Russian].

Krassilov, V. A. 1978. Mesozoic lycopods and ferns from the Bureja Basin. Palaeontographica B 166: 16-29.

Krassilov, V. A., P. V. Shilin and V. A. Vachrameev. 1983. Cretaceous flowers from Kazakhstan. Rev. Palaeobot. Palynol. 40: 91-113.

Kräusel, R. and H. Weyland. 1937. Pflanzenreste aus dem Devon. X Zwei Pflanzenfunde im Oberdevon der Eifel. Senckenbergiana 19: 338-355.

Krutzsch, W. 1969. Taxonomie syncolp(or)ater und morphologische benachbarter Pollengattungen und -Arten(*Sporae dispersae*) aus der Oberkreide und dem Tertiär. I. Syncolp(or)atoide und syncolp(or)atoide Pollenfromen. Pollen Spores 11: 397-424.

Krutzsch, W. 1989. Paleogeography and historical phytogeography (paleochorology) in the Neophyticum. Pl. Syst. Evol. 162: 5-61.

Kryshtofovich, A. N. 1921. Tertiary Plants of the Amgu River of the Primorye Region Collected by A. G. Kuznetsov. Materials on Geology and Mineral Resources of the Far East No. 15: 1-15 [In Russian].

Kulkarni, A. R. and K. S. Patil. 1977. *Aristolochioxylon prakashii* from the Deccan Intertrappean Beds of wardha district, Maharashtra. Geophytol. 7: 44-49.

Kuprianova, L. A. 1967. Palynological data for the history of the Chloranthaceae. Pollen Spores 9: 95-100.

Kvaček, Z. 1989. Fosilní *Tetraclinis* Mast. (Cuppressaceae). Čas. Nàr. Muz. Prazw. 155/1986 (1-2): 45-53.
Kvaček, Z. 1992. Lauralean angiosperms in the Cretaceous. Cour. Forsch. Senck. 147: 345-367.
Kvaček, Z. 1994. Connecting links between the Arctic Palaeogene and European Tertiary floras. *In* M. C. Boulter and H. C. Fisher (eds.), Cenozoic Plants and Climates of the Arctic. Nato ASI ser. Vol. 127, pp. 251-266. Springer, Heidelberg.
Kvaček, Z. 1995. *Limnobiophyllum* Krassilov-A fossil link between the Araceae and the Lemnaceae. Aquatic Bot. 50: 49-61.
Kvaček, Z. 1996. Are the Turgayan floras homogeneous? *In* M. A. Akhmetiev and M. P. Doludenko (eds.), Memorial Conference Decicated to Vsevolod Andreevich Vakrameev, pp. 29-33. Abstracts and Proceedings, Nov. 13-14, 1996, Russ. Acad. Sci. Geol. Inst., Moscow, GEOS.
Kvaček, Z. and C. Bůžek. 1994. A new early Miocene *Mahonia* Nutt. (Berberidaceae) of Europe. Vestn. České Geolgickeno Ustavu 69: 59-61.
Kvaček, Z., C. Bůžek and F. Holy. 1982. Review of *Buxus* fossils and a new large-leaved species from the Miocene of Central Europe. Rev. Palaeobot. Palynol. 37: 361-394.
Kvaček, Z., Č. Bůžek and S. R. Manchester. 1991. Fossil fruits of *Pteleaecarpum* Weyland- Tiliaceous not sapindaceous. Bot. Gaz. 152: 522-523.
Kvaček, Z. and H. Eklund. 2003. A report on newly recovered reproductive structures from the Cenomanian of Bohemia (Central Europe). Int. J. Plant Sci. 164: 1021-1039.
Kvaček, Z., L. Hably and S. R. Manchester. 2001. *Sloanea* (Elaeocarpaceae) fruits and foliage from the Early Oligocene of Hungary and Slovenia. Palaeontographica B 259: 113-124.
Kvaček, Z. and M. Konzalová. 1996. Emended characteristics of *Cercidiphyllum crenatum* (Unger) R. W. Brown based on reproductive structures and pollen in situ. Palaeontographica B 239: 147-155.
Kvaček, Z. and S. R. Manchester. 2004. Vegetative and reproductive structure of the extinct *Platanus neptuni* from the Tertiary of Europe and relationships within the Platanaceae. Plant Syst. Evol. 244: 1-29.
Kvaček, Z., S. R. Manchester and S.-X. Guo. 2001. Trifoliolate leaves of *Platanus bella* (Heer) comb. n. from the Paleocene of North America, Greenland, and Asia and their relationships among extinct and extant Platanaceae. Int. J. Plant Sci. 162: 441-458.
Kvaček, Z., S. R. Manchester and H. E. Schorn. 2000. Cones, seeds, and foliage of *Tetraclinis salicornioides* (Cupressaceae) from the Oligocene and Miocene of western North America: a geographic extension of the European Tertiary species. Int. J. Plant Sci. 161: 331-344.
Kvaček, Z., S. R. Manchester, R. Zetter and M. Pingen. 2002. Fruits and seeds of *Craigia bronnii* (Malvaceae -Tilioideae) and associated flower buds from the late Miocene Inden Formation, Lower Rhine Basin, Germany. Rev. Palaeobot. Palynol. 119: 311-324.

Kvaček, Z. and H. Walther. 1989. Paleobotanical studies in Fagaceae of the European Tertiary. Plant Syst. Evol. 162: 213-229.

Kvaček, Z. and H. Walther. 1991. Revision der mitteleuropäischen tertiären Fagaceen nach blattepidermal Characteritiken. Feddes Repert. 102: 471-434.

Kvaček, Z. and H. Walther. 1992. History of *Fagus* in Central Europe- An attempt of new interpretation of Fagus evolution. *In* J. Kovar-Eder (ed.), Palaeovegetational Development in Europe and Regions Relevant to its Palaeofloristic Evolution, pp. 169-172. Museum of Natural History, Vienna.

Kvaček, Z. and H. Walther. 1998. The Oligocene volcanic flora of Kundratice near Litoměřice, České Středohoří Volcanic Complex (Czech Republic)-a review. Acta Mus. Natl. Pragar. Ser. B, Hist. Nat. 54: 1-42.

Lakhanpal, R. N. 1958. The Rujada flora of north central Oregon. Univ. Calif. Publ. Geol. Sci. 35: 1-66.

Lakhanpal, R. N. 1970. Tertiary floras of India and their bearing on the historical geology of the region. Taxon 19: 675-694.

Lakhanpal, R. N. and J. S. Guleria. 1986. Fossil leaves of *Dipterocarpus* from the Lower Siwalik beds near Jawalamukhi, Himachal Pradesh. Palaeobotanist 35: 258-262.

Lakhanpal, R. N., J. S. Guleria and N. Awasthi. 1984. The fossil flora of Kachchh. III. Tertiary megafossils. Palaeobotanist 33: 228-319.

Łańcucka-Środoniowa, M. 1979. Macroscopic plant remains from the freshwater Miocene of the Nowy Sacz Basin (West Carpathians, Poland). Acta Paleobotanica 20: 3-117.

Łańcucka-Środoniowa, M. 1980. Macroscopic remains of the dwarf misletoe *Arceuthobium* Bieb. (Loranthaceae) in the Neogene of Poland. Acta Palaeobotanica 21: 61-66.

Lang, W. H. 1937a. On the plant-ramains from the Downtonian of England and Wales. Phil. Trans. Roy. Soc. London B 227: 245-292.

Lang, W. H. 1937b. A specimen of *Sporogonites* from the "Grès de Wépion" (Lower Devonian, Belgium). Bull. Musée Roy. d'hist. nature. Belgique 13: 1-7.

Lang, W. H. and I. C. Cookson. 1935. On the flora, including vascular land plants, associated with *Monograptus*, in rockes of Silurian age, from Victoria, Australia. Phil. Trans. Roy. Soc. London B 224: 421-449.

Leng, Q. and E. M. Friis. 2003. *Sinocarpus decussatus* gen. et sp. nov., a new angiosperm with basally syncarpous fruits from the Yixian Formation of Northeast China. Plant Syst. Evol. 241: 77-88.

Leng, Q., J. Schönenberger and E. M. Friis. 2005. Late Cretaceous follicular fruits from southern Sweden with systematic affinities to early diverging eudicots. Bot. Jour. Linn. Soc. 148: 377-407.

LePage, B. A. and J. F. Basinger. 1991. A new species of *Larix* (Pinaceae) from the early Tertiary of Axel Heiberg Island, Arctic Canada. Rev. Paleobot. Palynol. 70: 89-111.

Les, D. H. 1988. The origin and affinities of the Ceratophyllaceae. Taxon 37: 326-345.

Li, H. and D. W. Taylor. 1998. *Aculeovinea yunguiensis* gen. et sp. nov. (Gigantopter-

idales), a new tason of gigantopterid stem from the Upper Permian of Guizhou Province, China. Int. J. Plant Sci. 159: 1023-1033.
Li, H. and D. W. Taylor. 1999. Vessel-bearing stems of *Vasovinea tianii* gen. et sp. nov. (Gigantopteridales) from the Upper Permian of Guizhou Province, China. Amer. J. Bot. 86: 1563-1575.
Li, H., E. L. Taylor and T. N. Taylor. 1996. Permian vessels elements. Science 271: 188-189.
Li, H. and B. Tian. 1990. Anatomic study of foliage leaf of *Gigantonoclea guizhouensis* Gu et Zhi (in Chinese). Acta. Palaeontologica. Sinica 29: 216-227.
Li, H., B. Tian, E. L. Taylor and T. N. Taylor. 1994. Foliar anatomy of *Gigantonoclea guizhouensis* (Gegantopteridales) from the Upper Permian of Guizhou Proveince, China. Amer. J. Bot. 81: 679-687.
Li, X. and Z. Yao. 1983. Fructifications of gigantopterids from South China. Palaeontographica B 185: 11-26.
Lidgard, S. and P. R. Crane. 1990. Angiosperm diversification and Cretaceous floristic trends: a comparison of palynofloras and leaf macrofloras. Paleobiology 16: 77-93.
Lignier, O. 1908. Sur l'évolution morphologique du régne vegetal. Assoc. Franç. Advance. Sci. 1908: 530-542.
Linder, H. P. 1987. The evolutionary history of the Poales/Restionales-a hypothesis. Kew Bull. 42: 279-318.
Linder, H. P. and I. K. Ferguson. 1985. On the pollen morphology and phylogeny of the Restionales and Poales. Grana 24: 65-76.
Lumbert, S. H., C. Den Hartog, R. C. Phillips and F. S. Olsen. 1984. The occurrence of fossil seagrasses in the Avon Park Formation (late Middle Eocene), Levy County, Florida. Aquatic Bot. 20: 121-129.
Luo, Z. 1999. A refugium for relicts. Nature 400: 24-25.
Lupia, R. 1995. Paleobotanical data from fossil charcoal: an actualistic study of seed plant reproductive structures. Palaios 10: 465-477.
Lupia, R. 1999. Discardant morphological disparity and taxonomic diversity during the Cretaceous angiosperm radiataion: North American pollen record. Paleobiology 25: 1-28.
Lupia, R., S. Lidgard and P. R. Crane. 1999. Comparing palynological abundance and diversity: implication for biotic replacement during the Cretaceous angiosperm radiation. Paleobiology 25: 305-340.
Macdonald, A. D. 1989. The morphology and relationships of the Myricaceae. *In* P. R. Crane and S. Blackmore (eds.), Evolution, Systematics, and Fossil History of the Hamamelidae, Vol. 2: 'Higher' Hamamelidae, pp. 147-165. Systematics Association Special Vol. 40B, Clarendon Press, Oxford.
MacGinitie, H. D. 1941. A Middle Eocene flora from the central Sierra Nevada. Publ. Carnegie Inst. Wash. Pub. 584: 1-178, 47 pl.
MacGinitie, H. D. 1953. Fossil plants of the Florissant Beds, Colorado. Publ. Carnegie Inst. Wash. 599: 1-198, pl. 1-75.
MacGinitie, H. D. 1969. The Eocene Green River flora of northwestern Colorado and

northeastern Utah. Univ. Calif. Publ. Geol. Sci. 83: 1-140.
MacGinitie, H. D. 1974. An early middle Eocene flora from the Yellowstone-Absaroka Volcanic Province, northwestern Wind River Basin, Wyoming. Univ. Calif. Publ. Geol. Sci. 108: 1-103, 45 pl.
Macphail, M. K., N. F. Alley, E. M. Truswell and I. R. K. Sluiter. 1994. Early Tertiary vegetation: evidence from spores and pollen. *In* R. S. Hill (ed.), History of the Australian vegetation: Cretaceous to Recent, pp. 328-367. Cambridge University Press, Cambridge.
Madison M. and B. H. Tiffney. 1976. The seeds of the Monstereae: their morphology and fossil record. J. Arnold Arboretum 57: 185-201.
Mädler, K. 1939. Die Pliozane Flora von Frankfurt am Main. Abh. Senck. Nattur. Gesell. 446: 1-202.
Magallón-Puebla, S. 1997. Affinity within Hydrageaceae a structurally preserved Late Cretaceous flower (Coniacian-Santonian of Georgia, USA). Amer. J. Bot. 84 (Suppl.): 215.
Magallón-Puebla, S. and S. R. S. Cevallos-Ferris. 1994a. *Eucommia* constans n. sp. fruits from Upper Cenozoic strata of Puebla, Mexico: Morphological and anatomical comparison with *Eucommia ulmoides* Oliver. Int. J. Plant Sci. 155: 80-85.
Magallón-Puebla, S. and S. R. S. Cevallos-Ferris. 1994b. Fossil legume fruits from Tertiary strata of Puebla, Mexico. Can. J. Bot. 72: 1027-1038.
Magallón-Puebla, S., P. R. Crane and P. S. Herendeen. 1999. Phylogentic pattern, diversity, and diversification of eudicots. Ann. Missouri Bot. Gard. 86: 297-372.
Magallón-Puebla, S., P. S. Herendeen and P. R. Crane. 1997. *Quadriplatanus georgianus* gen. et sp. nov.: Staminate and pistillate platanaceous flowers from the late Cretaceous (Coniacian-Santonian) of Georgia, U.S.A. Int. J. Plant Sci. 158: 373-394.
Magallón-Puebla, S., P. S. Herendeen and P. R. Crane. 2001. *Androdecidua endressii* gen. et sp. nov., from the late Cretaceous of Georgia (Unites States): Further floral diversity in Hamamelidoideae (Hamamelidaceae). Int. J. Plant Sci. 162: 963-983.
Magallón-Puebla, S., P. S. Herendeen and P. K. Endress. 1996. *Allonia decandra*, floral remains of the tribe Hamamelideae (Hamamelidaceae) from Campanian strata of southeastern USA. Pl. Syst. Evol. 202: 177-198.
Mai, D. H. 1964. Die Mastixioideen-Floren im Tertiär der Oberlausitz. Paläontol. Abh. Abt. B 2: 1-192.
Mai, D. H. 1968. Zwei ausgestorbene Gattungen im Tertiar Europas und ihre florengeschichtliche Bedeutung. Palaeontographica B 123: 184-199.
Mai, D. H. 1970. Subtropische Elemente im europäischen Tertiär I. Paläontol. Abh., Abt. B 3: 441-503.
Mai, D. H. 1976. Fossile Fruchte und Samen aus dem Mitteleozän des Geiseltales. Abh. Zent. Geol. Inst. Paläontol. Abh. 26: 93-149.
Mai, D. H. 1980. Zur Bedeutung von Relikten in der Florengeschichte, *In* W. Vent (ed.), 100 Jahre Arboretum 1879-1979, pp. 281-307, Berlin.
Mai, D. H. 1981. Der Formenkreis der Vietnam-Nuss (*Carya poilanei* (Chev.) Leryo)

in Europas. Feddes Pepert. 92: 339-385.
Mai, D. H. 1984. Karpologische Untersuchungen der Steinkerne fossiler und rezenter Amygdalaceae (Rosales). Feddes Repert. 95: 299-322.
Mai, D. H. 1985a. Entwicklung der Wasser- und Sumpfpflanzen-Gesellschaften Europas von der Kreide bis ins Quartär. Flora Morphol. Geobot. Ockophysiol. 176: 449-511.
Mai, D. H. 1985b. Beiträge zur Geschichte einiger holziger Saxifragales-Gattungen. Gleditschia 13: 75-88.
Mai, D. H. 1987a. Neue Früchte und Samen aus Paläozänen Ablagerungen Mitteleuropas. Feddes Repert. 98: 197-229.
Mai, D. H. 1987b. Neue Arten nach Früchten und Samen aus dem Tertiär von Nordwestsachsen und der Lausitz. Feddes Repert. 98: 105-126, pl. 3-11.
Mai, D. H. 1989. Fossile Funde von *Castanopsis* (D. Don) Spach (Fagaceae) und ihre Bedeutung für die europäischen Lorbeerwälder. Flora 182: 269-286.
Mai, D. H. 1995. Tertiäre Vegetationsgeschichte Europas. Gustav Fischer, Jena.
Mai, D. H. and E. Palamarev. 1977. Neue paläofloristische Funde aus kontenentalen und brackischen Tertiärformationen in Bulgarien. Feddes Repert. 108: 481-456.
Mai, D. H. and H. Walther. 1978. Die Floren der Haselbacher Serie im Weisselster-Becken (Bezirk Leipzig, DDR). Abh. Staat. Mus. Minera. Geol. Dresden 28: 1-101, 50 pl.
Mai, D. H. and H. Walther. 1983. Die fossilen Floren des Welfselseter-Beckens und seiner Randgebiete. Hall. Jahr. f. Geowiss 8: 59-76.
Mai, D. H. and H. Walther. 1985. Die obereozänen Floren des Weisselster-Beckens und seiner Randgebiete. Abh. Staat. Mus. Minera. Geol. Dresden 33: 1-260.
Mai, D. H. and H. Walther. 1988. Die Pliozänen Floren von Thuringen/Deutsche Demokratische Republik. Quartärpaläontologie 7: 55-297.
Mainetto, E. 1998. East Asian elements in the Plio-Pleistocene florasa of Italy. *In* A. Zang and W. Sugong (eds.), Floristic Characteristics and Diversity in East Asian Plants, pp. 71-87. Springer, New York.
Maisey, J. G. 1991. Santana fossils: an illustrated atlas. TFH, Neptune City, N. J., 459 pp.
Mamay, S. H., J. M. Miller, D. M. Rohr and W. E. Stein Jr. 1988. Foliar morphology and anatomy of the gigantopterid plant, *Delnortea abbottiae*, from the Lower Permian of West Texas. Amer. J. Bot. 75: 1409-1433.
Manchester, S. R. 1980. *Chattawaya* (Sterculiaceae): a new genus of wood from the Eocene of Oregon and its implications for the xylem evolution of the extant genus, *Pterospermum*. Amer. J. Bot. 67: 59-67.
Manchester, S. R. 1981. Fossil plants of the Eocene Clarno Nut Beds. Oregon Geology 43: 75-81.
Manchester, S. R. 1986. Vegetative and reproductive morphology of an extinct plane tree (Platanaceae) from the Eocene of western North America. Bot. Gaz. 147: 200-226.
Manchester, S. R. 1987a. The fossil history of the Juglandaceae. Monographs in Systematic Botany from the Missouri Botanical Garden 21: 1-137.

Manchester, S. R. 1987b. Exinct ulmaceous fruits from the Tertiary of Europe and western North America. Rev. Palaeobot. Palynol. 52: 119-129.
Manchester, S. R. 1988. Fruits and seeds of *Tapiscia* (Staphyleaceae) from the middle Eocene of Oregon, USA. Tert. Res. 9: 59-66.
Manchester, S. R. 1989a. Attached reproductive and vegetative remains of the extinct American-European genus *Cedrelospermum* (Ulmaceae) from the early Teriary of Utach and Colorado, USA. Amer. J. Bot. 76: 256-276.
Manchester, S. R. 1989b. Systemactics and fossil history of the Ulmaceae. *In* P. R. Crane and S. Blackmore (eds.), Evolution, Systematics, and Fossil History of the Hamamelidae, Vol. 2: 'Higher' Hamamelidae, pp. 221-251. Systematics Association Special Vol. 40B, Clarendon Press, Oxford.
Manchester, S. R. 1989c. Early history of the Juglandaceae. Plant Syst. Evol. 162: 231-350.
Manchester, S. R. 1991. *Cruciptera*, a new genus of juglandaceous winged fruit from the Eocene and Oligocene of western North America. Syst. Bot. 16: 715-725.
Manchester, S. R. 1992. Flowers, fruits and pollen of *Florissantia*, an extinct malvalean genus from the Eocene and Oligocene of western North America. Amer. J. Bot. 79: 996-1008.
Manchester, S. R. 1994a. Inflorescence bracts of fossil and extant *Tilia*, in North America, Europe and Asia: Pattens of morphologic divergence and biogeographic history. Amer. J. Bot. 81: 1176-1185.
Manchester, S. R. 1994b. Fruits and seeds of the Middle Eocene Nut Beds flora, Clarno Formation, North Central Oregon. Palaeontogr. Amer. 58: 1-205.
Manchester, S. R. 1999. Biogeographical relationships of North American Tertiary floras. Ann. Missouri Bot. Gard. 86: 472-522.
Manchester, S. R. 2001. Leaves and fruits of *Aesculus* (Sapindales) from the Paleocene of North America. Int. J. Plant Sci. 162: 985-998.
Manchester, S. R. 2002. Leaves and fruits of *Davidia* (Cornales) from the Paleocene of North America. Syst. Bot. 27: 368-382.
Manchester, S. R., M. A. Akhmetiev and T. M. Kodrul. 2002. Leaves and fruits of *Celtis aspera* (Newberry) comb. nov. (Celtidaceae) from the Paleocene of North America and eastern Asia. Int. J. Plant Sci. 163: 725-736.
Manchester, S. R. and Z.-D. Chen. 1996. *Palaeocarpinus aspinosa* sp. nov. (Betulaceae) from the Paleocene of Wyoming, USA. Int. J. Plant Sci. 157: 644-655.
Manchester, S. R. and Z.-D. Chen. 1998. A new genus of Coryloideae (Betulaceae) from the Paleocene of North America. Int. J. Plant Sci. 159: 522-532.
Manchester, S. R., M. E. Collinson and K. Goth. 1994. Fruits of the Juglandaceae from the Eocene of Messel, Germany and implications for early Tertiary phytogeographic exchange between Europe and western North America. Int. J. Plant Sci. 155: 388-394.
Manchester, S. R. and P. R. Crane. 1983. Attached leaves, inflorescences, and fruits of *Fagopsis*, an extinct genus of fagaceous affinity from the Oligocene Florissant Flora of Colorado, U.S.A. Amer. J. Bot. 70: 1147-1164.
Manchester, S. R. and P. R. Crane. 1987. A new genus of Betulaceae from the

Oligocene of western North America. Bot. Gaz. 148: 263-273.

Manchester, S. R., P. R. Crane and D. L. Dilcher. 1991. *Nordenskioldia* and *Trochodendron* (Trochodendraceae) from the Miocene of northwestern North America. Bot. Gaz. 152: 357-368.

Manchester, S. R., P. R. Crane and L. B. Golovneva. 1999. An extinct genus with affinities to extant *Davidia* and *Camptotheca* (Cornales) from the Paleocene of North America and eastern Asia. Int. J. Plant Sci. 160: 188-207.

Manchester, S. R. and D. L. Dilcher. 1982. Pterocaryoid fruits (Juglandaceae) in the Paleogene of North America and their evolutionary and biogeographic significance. Amer. J. Bot. 69: 275-286.

Manchester, S. R. and D. L. Dilcher. 1997. Reproductive and vegetative morphology of *Polyptera* (Juglandaceae) from the Paleocene of Wyoming and Montana. Amer. J. Bot. 84: 649-663.

Manchester, S. R., D. L. Dilcher and W. D. Tidwell. 1986. Interconnected reproductive structures and vegetative remains of *Populus* (Salicaceae) from the Middle Eocene Green River Formation, northeastern Utah. Amer. J. Bot. 73: 156-160.

Manchester, S. R., D. L. Dilcher and S. L. Wing. 1998. Attached leaves and fruits of myrtaceous affinity from the middle Eocene of Colorado, USA. Rev. Palaeobot. Palynol. 102: 153-163.

Manchester, S. R. and M. J. Donoghue. 1995. Winged fruits of Linaceae (Caprifoliaceae) in the Tertirary of western North America: *Diplodipelta* gen. nov. Int. J. Plant Sci. 156: 709-722.

Manchester, S. R. and S.-X. Guo. 1996. *Palaepcarpinus* (extinct Betulaceae) from northwestern China: New evidence for Paleocene floristic continuity between Asia, North America and Europe. Int. J. Plant Sci. 157: 240-246.

Manchester, S. R. and E. J. Hermsen. 2000. Flowers, fruits, seeds, and pollen of *Landeenia* gen. nov., an extinct sapindalean genus from the Eocene of Wyoming. Amer. J. Bot. 87: 1909-1914.

Manchester, S. R. and W. H. Kress. 1993. Fossil bananas (Musaceae): *Ensete oregonense* sp. nov. from the Eocene of western North America and its phytogeographic significance. Amer. J. Bot. 80: 1264-1272.

Manchester, S. R. and H. W. Meyer. 1987. Oligocene fossil plants of the John Day Formation, Fossil, Oregon. Oregon Geology 49: 115-127.

Manchester, S. R. and B. H. Tiffney. 1993. Fossil fruits of *Pyreacantha* and related Phytocreneae in Paleogene of North America, Europe and Africa. Amer. J. Bot. 80: 91 [Abstract].

Manchester, S. R. and B. H. Tiffney. 2001. Integration of paleobotanical and neobotanical data in the assessment of phytogeographic history of holarctic angiosperm clades. Int. J. Plant Sci. 162 (suppl. 6): S19-S27.

Manchester, S. R. and Y. Wang. 1998. Systematic re-evaluation of so-called *Astromium* (Anacardiaceae) fruits form the Eocene of western North America and Miocene of eastern Asia. Amer. J. Bot. 85: (6): 78 [Abstract].

Manos, P. S. and K. C. Nixon and J. J. Doyle. 1993. Cladistic analysis of restriction site variation within the chloroplast DNA inverted repeat region of selected

Hamamelididae. Syst. Bot. 18: 551-562.
Manos, P. S. and A. M. Stanford. 2001. The historical biogeography of Fagaceae: Tracking the Tertiary history of temperate and subtropical forests of the northern hemisphere. Int. J. Plant Sci. 162 (suppl. 6): S77-S93.
Manos, P. S. and K. P. Steeler. 1997.Phylogenetic analyses of "higher" Hamamelididae based on plastid sequence data. Amer. J. Bot. 84: 1407-1419.
Martin, W., A. Gierl and H. Saedler. 1989. Molecular evidence for pre-Cretaceous angiosperm origins. Nature 339: 46-48.
Martinetto, E. 1994. Analisi paleocarpologica dei depositi continentali pliocenici della Stura de Lanzo. Boll. Mus. Regionale Sci. Nat. Torino 12: 137-172.
Martinetto, E. 1998. East Asian elements in the Plio-Pleistocene floras of Italy. In A. Zang and W. Sugong (eds.), Floristic Characteristic and Diversity in East Asian Plants, pp. 71-87. Springer, New York.
Mathur, A. K. and U. B. Mathur. 1985. Boraginaceae (Angiosperm) seeds and their bearing on the age of Lameta Beds of Gujarat. Current Science 54: 1070-1071.
Matsumoto, M., A. Momohara, T. A. Ohsawa and Y. Syoya. 1997a. Permineralized *Docondon* (Lythraceae) seeds from the Middle Miocence of Hokkaido, Japan with reference to the biogeographic history of the genus. Jap. J. Hist. Bot. 5: 53-65.
Matsumoto, M., T. A. Ohsawa, M. Nishida and H. Nishida. 1997b. *Glyptostrobus rubenosawaensis* sp. nov. a new permineralzed conifer species from the middle Miocene, central Hokkaido, Japan. Paleont. Res. 1: 81-99.
Matsuo, H. 1956. On the Neogne fossil *Palaeoipomoea fukuiensis* gen. et sp. nov. from Fukui Prefecture, Central Japan. Sci. Rep. Kanazawa Univ. 4: 281-286.
Matsuo, H. 1967. Paleogene floras of northwestern Kyushu, Part I: The Takashima flora. Ann. Sci., Kanazawa Univ. 4: 15-90.
Mayo, S. J. 1991. A revision of *Philodendron* subgenus *Meconostigma* (Araceae). Kew Bull. 46: 601-682.
McClain, A. M. and S. R. Manchester. 2001. *Dipteronia* (Sapindaceae) from the Tertiary of North America and implications for the phytogeographic history in the Aceroideae. Amer. J. Bot. 88: 1316-1325.
McDougall, I., F. H. Brown and J. J. Fleagle. 2005. Stratigraphic placement and age of modern humans from Kibish, Ethiopia. Nature 433: 733-736.
McIver, E. E. 1992. Fossil *Fokienia* (Cupressaceae) from the Paleocene of Alberta, Canada. Can. J. Bot. 70: 742-749.
McIver, E. E. and I. F. Basinger. 1990. Fossil seed cones of *Fokienia* (Cupressaceae) from the Paleocene Ravenscrag Formation of Saskatchewan, Canada. Can. J. Bot. 68: 1609-1618.
McIver, E. E. and I. F. Basinger. 1993. Flora of the Ravenscrag Formation (Paleocene), southwestern Saskatchewan, Canada. Palaeontog. Canad. 10: 1-167.
Médus, J. 1987. Analyse quantitative des palynoflores du Campanien de Sedano, Espagne. Rev. Palaebot. Palynol. 51: 309-326.
Mehrotra, R. C. 1981. Fossil wood of *Sonneratia* from the Deccan Intertrappean Beds of Mandla District, Madhya Pradesh. Geophytol. 18: 129-134.

Meller, B. 1996. Charakteristische Karpo-Taphocoenosen aus den untermiozänen Sedimenten des Köflack-Voitsberger Braunkohlenrevieres (Steiermark, Östereich) im Vergleich. Mitt. Abt. Geol. Paläontol. Landesmus. Joanneum 54: 215-229.

Meyen, S. V. 1987. Geography of macroevolution in higher-plants. Zhurnal Obschchei Biologii 48: 291-309.

Meyer, W. H. and S. R. Manchester. 1997. The Oligocene Bridge Creek flora of the John Day Foramtion, Oregon. Univ. Calif. Publ. Geol. Sci. 141: 1-197, 75pl.

Miki, S. 1937. Plant fossils from the Stegodon Beds and the Elephas Beds near Akashi. Jap. J. Bot. 2: 303-341, pls, 8, 9.

Miki, S. 1938. On the change of flora of Japan since the Upper Pliocene and the floral composition at the presnt. Jap. Journ. Bot. 9: 213-251.

Miki, S. 1941. On the change of flora in eastern Asia since Tertiry Period I. The clay or lignite beds flora in Japan with special reference to the *Pinus trifolia* beds in central Hondo. Jap. J. Bot. 11: 237-303.

Miki, S. 1952. *Trapa* of Japan with special reference to its remains. J. Inst. Polytechn. Osaka City Univ. Ser D, 3: 1-30.

Miki, S. 1956. Endocarp remains of Alangiaceae, Cornaceae, and Nyssaceae in Japan. J. Inst. Polytechn. Osaka City Univ. Ser D, 7: 275-297.

Miki, S. 1960. Nymphaeaceae remains in Japan, with new fossil genus *Eoeuryale*. J. Inst. Polytechn. Osaka City Univ. Ser D, 11: 63-78.

Miki, S. 1961. Aquatic floral remains in Japan. J. Biol. Osaka City Univ. 12: 91-121.

Miki, S. and S. Kokawa. 1962. Late Cenozoic floras of Kyushu, Japan. J. Biol. Osaka City Univ. 13: 65-85.

Mildenhall, D. C. 1980. New Zealand Late Cretaceous and Cenozoic plant biogeography: a contribution. Palaeogeogr. Palaeoclimatol. Palaeoecol. 31: 197-233.

Mildenhall, D. C. and Y. M. Crosbie. 1979. Some porate pollen from the Upper Tertiary of New Zealand. N. Z. J. Geol. Geophys. 22: 499-508.

Millay, M. A. and T. N. Taylor. 1979. Paleozoic seed fern pollen organs. Bot. Rev. 45: 301-375.

Miller, H. 1859. The Old Red Sandsteone. Hamilton & Adams, London.

Miller, C. N. and J. M. Malinky. 1986. Seed cones of *Pinus* from the Late Cretaceous of New Jersey, USA. Rev. Palaeobot. Palynol. 46: 257-272.

Mohr, B. A. R. and H. Eklund. 2003. *Araripia florifera*, a magnoliid angiosperm from the Lower Cretaceous Crato Formation (Brazil). Rev. Palaeobot. Palynol. 126: 279-292.

Mohr, B. A. R. and E. M. Friis. 2000. Early Angiosperms from the Lower Cretaceous Crato Formation (Brazil), a preliminary report. Int. J. Plant Sci. 161 (Suppl. 6): S155-S167.

Moldowan, J. M., J. Dahl, B. J. Huizinga, F. J. Fago, L. J. Hickey, T. M. Peakman and D. W. Taylor. 1994. The molecular fossil record of oleanane and its relation to angiosperms. Scinece 265: 768-771.

Moldowan, J. M., D. Zinniker, J. Dahl, F. J. Fago, H. Li and D. Winship Taylor. 2001. Clues to the evolutionary roots of angiosperms from the molecular fossil oleanane, 20th Inter. Meet. Organ. Geoch. Nancy, France (abstracts), v. 1, p. 95-

96.
Momohara, A. 1997. Cenozoic history of evergreen broad-leaved forest in Japan. Nat. Hist. Res., Special Issue No. 4. 141-156.
Monteillet, J. and J.-R. Lappartient. 1981. Fruits et graines du Crétacé supérior des carriès de Paki. Rev. Palaeobot. Palynol. 34: 331-344.
Morgan, J. 1959. The morphology and anatomy of American species of the genus *Psaronius*. Illinois Biological Monographs. No. 27: 1-107.
Morley, R. J. 2000. Origin and evolution of tropical rain forests. John Wiley & Sons, Chichester.
Muller, J. 1981. Fossil pollen records of extant angiosperms. Bot. Rev. 47: 1-142.
Muller, J. 1984. Significance of fossil pollen for angiosperm history. Ann. Missouri Bot. Gard. 71: 419-443.
Müller-Stoll, W. R. and E. Mädel. 1960. Juglandaceen-Hölzer aus dem Tertiär des pannonischen Beckens. Senckenbergiana Lethaea 41: 255-295.
南木睦彦, 辻誠一郎. 1996. 上総国分尼寺遺跡の井戸内堆積物から産した植物化石群. 植生史研究 4：25-34.
Namburdiri, E. M. V., W. D. Tidwell, B. N. Smieth and N. P. Herbert. 1978. A C_4 plant from the Miocene. Nature 276: 816-817.
那須孝悌. 1980. ウルム氷期最盛期の古植生について. 文部科学研究費補助金（総合研究A）昭和54年度研究成果報告書『ウルム氷期以降の生物地理に関する総合研究』：55-61.
Nathorst, A. G. 1913. Die Pflanzenreste der Röragen-Ablagerung. *In* V. M. Goldschmidt (ed.), Das Devongebiet am Röragen bei Röros. Videnskapsselskapets Skrifter, Mathematische-naturwissenschaftliche Klasse 9: 1-27.
Nathorst, A. G. 1915. Zur Devonflora des westlichen Norwergens. Bergens Museums Aarbok 9: 1-34.
Navale, G. K. B. 1968. *Castanoxylon* gen. nov., from Tertiary beds of the Cuddalore Series near Podicherry, India. Palaeobotanist 11: 131-137.
Negru, A. G. 1979. Early Pontian Flora from the Region Between Dnestr and Prutsk. Akad. Nauk. Moldavian S. S. R. Botanic Garden, Stinca, Kishinev, 110 pp. [in Russian].
Nichols, D. J. 1992. Plants at the K/T boundary. Nature 356: 295.
Nikitin, V. 1957. Pliocene and Quaternary floras of Woronesh, Moscow. Akad. Nauk SSSR.
Niklas, K. J., B. H. Tiffney and A. H. Knoll. 1983. Patterns in vascular land plant diversification. Nature 303: 614-616.
Nishida, H. 1985. A structurally preserved magnolialean fructification from the mid-Cretaceous of Japan. Nature 318: 58-59.
Nishida, H. 1994. *Elsemaria*, a Late Cretaceous angiosperm fructification from Hokkaido, Japan. Pl. Syst. Evol. (Suppl.) 8: 123-135.
Nishida, H. and M. Nishida. 1988. *Protomonimia kasai-nakajhongii* gen. et sp. nov.: a permineralized magnolialean fructification from the mid-Cretaceous of Japan. Bot. Mag. Tokyo 101: 397-426.
Nishida, H., K. B. Pigg, K. Kudo and J. F. Rigby. 2004. Zooidogamy in the Late Permian genus *Glossopteris*. J. Plant Res. 117: 323-328.

Nishida, H., K. B. Pigg and J. F. Rigby. 2003. Swimming sperm in an extinct Gondwanan plant. Nature 422: 396–397.
Nishida, M. 1962. On some petrified plants from the Cretaceous of Choshi, Chiba Prefecture. Jap. J. Bot. 18: 87–104.
Nixon, K. C. and W. L. Crepet. 1989. *Trigonobalanus* (Fagaceae): Taxonomic status and phylogenetic relationships. Amer. J. Bot. 76: 828–841.
Nixon, K. C. and W. L. Crepet. 1993. Late Cretaceous fossil flowers of Ericalean affinity. Amer. J. Bot. 80: 616–623.
Nixon, K. C., W. L. Crepet, D. Stevenson and E. M. Friis. 1994. A reevaluation of seed plant phylogeny. Ann. Missouri Bot. Gard. 81: 484–533.
Nøhr-Hansen, H. and E. B. Koppelhus. 1988. Ordovician spores with trilete rays from Washington Land, North Greenland. Rev. Palaeobot. Palynol. 56: 305–311.
Ohsawa, T. and H. Nishida. 1990. Miscellaceous notes on the wood anatomy of South American *Nothofagus*. *In* M. Nishida (ed.), A Report of the Paleobotanical Survey to Patagoina, Chile (1989), pp. 16–18. Faculty of Science, Chiba Univeristy, Chiba, Japan.
Okutsu, H. 1940. On the Nenoshiroishi Plant beds and its flora. Jubl. Publ. Commem. Prof. Yabe's 60th Birthday. Vol. 2: 613–634.
Olson, J. S. 1985. Cenozoic fluctuations in biotic parts of the global carbon cycle. *In* E. T. Sundquist and W. S. Broecker (eds.), The Carbon Cycle and atmospheric CO_2: natural variations Archean to present, pp. 377–396. American Geophysical Union, Washington.
Pacltová, B. 1981. The evolution and distribution of *Normapolles* pollen during the Cenophytic. Rev. Palaeobot. Palynol. 35: 175–208, pl. 1–20.
Page, V. M. 1968. Angiosperm wood from the Upper Cretaceous of central California Amer. J. Bot. 55: 168–172.
Page, V. M. 1979. Dicotyledonous wood from the Upper Cretaceous of Central California. J. Arnold Arbor. 60: 323–349.
Pais, J. and Y. Reyre. 1981. Problèmes posés par la population sporo-pollinique d'un niveau à plantes de la série de Buarcos (Portugal). Soc. Geol. Portugal Boletim. 22: 35–40.
Palamarev, E. 1968. Karplogische Reste aus dem Miozäne Nordbulgariens. Palaeontographica B 123: 200–212.
Pant, D. D. 1962. The gametophyte of the Psilophytales. *In* P. Maheshwari, B. M. Johri and I. K. Vasil (eds.), Proc. Summer School of Botany, pp. 276–301. Darjeeling.
Pedersen, K. R., P. R. Crane, A. N. Drinnan and E. M. Friis. 1991. Fruits from the mid-Cretaceous of North America with pollen grains of the Clavatipollenites type. Grana 30: 577–590.
Pedersen, K. R., P. R. Crane and E. M. Friis. 1989. Pollen organs and seeds with *Eucommiidites* pollen. Grana 28: 279–294.
Pedersen, K. R., E. M. Friis and P. R. Crane. 1993. Pollen organs and seeds with *Decussosporites* Brenner from Lower Cretaceous Potomac Group sediments of eastern USA. Grana 32: 273–289.

Pedersen, K. R., E. M. Friis, P. R. Crane and A. N. Drinnan. 1994. Reproductive structures of an extinct platanoid from the Early Cretaceous (latest Albian) of eastern North America. Rev. Palaeobot. Palynol. 80: 291–303.
Penny, J. H. J. 1988. Early Cretaceous striate tricolpate pollen grom the borehole Mersa Matruh 1, North West Desert, Egypt. J. Micropalaeontol. 7: 201–215.
Penny, J. H. J. 1991. Early Cretaceous angiosperm pollen from the borehole Mersa Matruh 1, North West desert, Egypt. Palaeontographica B 222: 31–88.
Pérez-Hérnandez, B. R., R. A. Rodríguez-de la Rosa and S. R. S. Cevallos-Ferriz. 1997. Permineralized infructescence from the Cerro del Pueblo Formation (Campanian), mear Saltillo, Coahuila, Mexico. Phtolaccaceae. Amer. J. Bot. 84 (suppl.): 139.
Pettitt, J. M. and C. B. Beck. 1968. *Archaeosperma arnoldii* –A cupulate seed from the Upper Devonian of North America. Contrib. Mus. Palaont. Univ. Mich. 22: 139–154.
Pflug, H. D. 1953. Zur Entstehung und Entwicklung des angiospermiden Pollen in der Erdgeshichite. Palaeontographica B 95: 60–171.
Pflug, H. D. 1978. Yeast-like microfossils detected in oldest sediments of the Earth. Naturwissenschaften 65: 611–615.
Phillips, P. P. and C. J. Felix. 1971. A study of Lower and Middle Cretaceous spores and pollen from the southeastern United States. II. Pollen. Pollen Spores 13: 447–473.
Pigg, K. B. 1992. Evolution of Isoetalean lycopsids. Ann. Missouri Bot. Gard. 79: 589–612.
Pigg, K. B. and R. A. Stockey. 1991. Platanaceous plants from the Paleocene of Alberta, Canada. Rev. Palaeobot. Palynol. 70: 125–146.
Pigg, K.B., R. A. Stockey and S. L. Maxell. 1992. *Paleomyrtinaea*, a new genus of permineralized fruits and seeds from the Eocene of British Columbia and Paleocene of North Dakota. Can. J. Bot. 71: 1–9.
Pimenova, H. V. 1954. Sarmatskaja fiora Amvrosievki. Tr. Inst. Geol. Nauk AN, USSR, ser Stratigr i Paleontol 8 [In Russian].
Plunkett, G. M., D. E. Soltis and P. S. Soltis. 1996. Higher level relationships of Apiales (Apiceae and Araliaceae) based on phylogenetic analysis of *rbc*L sequences. Amer. J. Bot. 83: 499–515.
Pneva, G. P. 1988. Novy tretichny vid roda *Aponogeton* (Aponogetonaceae) iz Kazakhstana in Karakalpakii. Botanicheskii Zhurnal 73: 1597–1599.
Pockanall, D. T. and Y. M. Crosbie. 1988. Pollen morphology of *Beauprea* (Proteaceae): modern and fossil. Rev. Palaeobot. Palynol. 53: 305–327.
Poinar, H. N., R. J. Cano and G. O. Poinar. 1993. DNA from an extinct plant. Nature 363: 677.
Pons, D. 1983. *Lecythidospermu, bolivarensis* (Berry) nov. comb., graine de fossile Lecythidaceae (Angiosperme) du Tertiare de la Colombie. Annales de Paléontologie 69: 1–12.
Pons, D., M. E. Olivera-Babinsky and M. de Lima. 1992. Quelques observation sur la palynologie de l'Aptien supérieure dt de l'Albien du Bassin d'Araripe (NE du

Brésil). Atlas do I Simposio sobre a Basia do Araripe e bacias interiored do Nordeste, Crato, pp. 241-252.
Poole, I. and J. E. Francis. 2000. The first record of fossil wood of Winteraceae from the Upper Cretaceous of Antarctica. Ann. Bot. 85: 307-315.
Potonič, R. 1932. Pollen fromen aus tertiären Braunkohle (3. Mitteilung); Jahrbuch der Preussischen Geologischen Landesanstallt zu Berlin. 52 (for 1931): 1-7.
Potonič, R. 1934. Zur Mikrobotanik des eozänen Humodil des Geiseltales. Arbeiten aus dem Institut für Paläobotanik und Petrographie der Brennsteine 4: 25-125, 6pls.
Potter, F. W. 1976. Investigations of angiosperms from southeastern North America: Pollen assemblages from Miller Clay Pit, Henry County, Tennessee. Palaeontographica B 157: 44-96.
Praglowski, J. 1979. The pollen morphology of the Haloragaceae with reference to taxonomy. Grana 10: 159-239.
Procházka, M. and C. Bůžek. 1975. Maple leaves from the Tertiary of North Bohemia. Edice Rozpravy Ustř. Úst. Geologického 41.
Pryer, K. M., H. Schneider, A. R. Smith, R. Cranfill, P. G. Wolf, J. S. Hunt and S. D. Sipes. 2001. Horsetails and ferns are a monophyletic group and the closest living relatives to seed plants. Nature 409: 618-622.
Quiang, J. I., L. I. Hongqi, L. M. Bowe, L. I. U. Yusheng and D. W. Taylor. 2004. Early Cretaceous *Archaefructus eoflora* sp. nov. with beisexual flowers from Beipiano, Western Liaoning, China. Acta Geologica Sinica. 78: 883-896.
Radford, N. W. and G. Rouse. 1954. The classification of recently discovered Cretaceous plant microfossils of potential importance to the stratigraphy of Western Canadian coals. Can. J. Bot. 32: 187-201.
Ramshaw, J. A. M., D. L. Richardson, B. T. Meatyard, R. H. Brown, M. Richardson, E. W. Thopson and D. Bouter. 1972. The time of origin of the flowering plants determined by using amino acid sequence data of cytochrome C. New Phytol. 71: 773-779.
Rásky, K. 1956a. Fossilis Novenyek a Budapest Kornyeki 'Budai' Margaossziethol. Foldtani Koziony 86: 167-169.
Rásky, K. 1956b. Fossil plants from the marl formation of the environs of Budapest. Bull. Hung. Geol. Soc. 86: 167-179.
Rásky, K. 1962. Tertiary Plant Remains from Hungary (Upper Eocene and Middle Oligocene) Ann. Hist.- Nat. Mus. Natl. Hung. 54: 31-55.
Raven, P. H. and D. I. Axelrod. 1974. Angiosperm biogeography and past continental movements. Ann. Missouri Bot. Gard. 61: 539-673.
Raven, P. H. and R. M. Pohhill. 1981. Biogeography of the Leguminosae. *In* R. M. Polhill and P. R. Raven (eds.), Advances in Legume Systematics, pp. 27-34. Royal Botanic Gardens, Kew.
Rees, P. M., M. T. Gibbs, A. M. Zigler, J. E. Kutzbach and P. J. Behling. 1999. Permian climates: evaluating model predictions using global paleobotanical data. Geology 27: 891-894.
Rees, P. M., A. M. Ziegler and P. J. Valdes. 2000. Jurassic phytogeography and cli-

mates: new data and model comparisons. *In* F. M.Hueber, K. G. Macleod and S. L. Wing (eds.), Warm Climates in Earth History, pp. 297-318. Cambridge University Press, Cambridge.

Regali, M. S. P. 1989. *Tucanopollis,* um género novo das angiospermas primitivas. Bol. Geosciê. Petrobras. 3: 395-402.

Reid, E. M. and M. E. J. Chandler. 1926. The Bembridge Flora: Catalogue of Cainozoic Plants in the Department of Geology, Vol. 1: The Bembridge Flora. British Museum (Nat. Hist.), London, 206 pp.

Reid, E. M. and M. E. J. Chandler. 1933. The London Clay Flora. British Museum (Nat. Hist.), London.

Reinsch, P. 1881. Neue Untersuchungen über die Mikrostruktur der Steinkohle des Carbon, der Dyas and Trias, pp. 1-124, pls. 1-94. Leipzig.

Rember, W. C. 1991. Stratigraphy and Paleobotany of Miocene Lake Sediments near Clarkia, Idaho. Ph. D. Dissertation, University of Idaho, Moscow.

Remy, W. 1982. Lower Devonian gametophytes: relation to the phylogeny of land plants. Science 215: 1625-1627.

Remy, W. and H. Hass. 1991. *Langiophyton mackiei* nov. gen. nov. spec. ein Gametophy mit Archegoniophoren aus dem Chert von Rhynie (Unterdevon. Schottland). Argumenta Palaeobotanica 8: 69-117.

Remy, W. and R. Remy. 1980. *Lyonophyton rhyniensis* nov. gen. et nov. spec., ein Gametophyt aus dem Chert von Rhynie (Unterdevon, Schottland). Argumenta Palaeobotanica 6: 37-72. Abb. 1-6, Taf 7-13.

Remy, W., R. Remy, H. Hass, S. Schultka and F. Franzmeryer. 1980. *Sciadophyton* Steinmann: ein Gametophyt aus dem Siegen. Argumenta Palaeobotanica 6: 73-94.

Retallack, G. J. and D. L. Dilcher. 1981a. Early angiosperm reproduction: *Prisca reynoldsii,* gen. et sp. nov. from Mid-Cretaceous coastal deposits in Kansas, U.S. A. Palaeontographica B 179: 103-137.

Retallack, G. J. and D. L. Dilcher. 1981b. Arguments for a glossopterid ancestery of angiosperms. Paleobiology 7: 54-67

Retallack, G. J. and D. L. Dilcher. 1988. Reconstruction of selected seed ferns. Ann. Missouri Bot. Gard. 75: 1010-1057.

Rodríguez-de la Rosa, R. A. and S. R. S. Cevallos-Ferriz. 1994. Upper Cretaceous zingiberalean fruits with in situ seeds from southeast Coahuila, Mexico. Int. J. Plant Sci. 155: 86-805.

Rohwer, J. G. 1993. Lauraceae. *In* K. Kubitzki, J. G. Rohwer and V. Bittrich (eds.), The families and genera of vascular plants. 11 Flowering plants-dicotyledons. Magnoliid, Hamamelid and Caryophyllid families, pp. 366-391. Springer, Berlin.

Romero, E. J. 1986a. Paleogene phytogeography and climatology of south America. Ann. Missouri Bot. Gard. 73: 449-461.

Romero, E. J. 1986b. Fossil evidence regarding the evolution of *Nothofagus* Blume. Ann. Missouri Bot. Gard. 73: 276-283.

Romero, E. J. and M. C. Dibbern. 1985. A review of the species described as *Fagus* and *Nothofagus* by Dusen. Palaeontographica 197 B: 123-137.

Romero, E. J. and L. J. Hickey. 1976. A fossil leaf of Akaniaceae from Paleocene

beds in Argentina. Bull. Torrey Bot. Club 103: 126-131.
Rothwell, G. W., S. E. Scheckler and W. H. Gillespie. 1989. *Elkinsia* gen. nov., a late Devonian gymnosperm with cupulate ovules. Bot. Gaz. 150: 170-189.
Rowe, N. P. 1988a. A herbaceous lycophyte from the Lower Carboniferous Drybrook sandstone of the Forest of Dean, Gloucestershire. Palaeontology 31: 69-83.
Rowe, N. P. 1988b. Two species of the lycophyte genus, *Eskdalia*, Kidston from the Drybrook Sandstone (Visean) of Breat Britain. Palaeontographica B 208: 81-103.
Rowe, N. P. 1992. Winged late Devonian seeds. Nature 359: 682.
Rowley, D. B., A. Raymond, J. T. Parrish, A. L. Lottes, C. R. Scotese and A. M. Ziegler. 1985. Carboniferous paleogeographic, phytogeographic, and paleoclimatic reconstructions. Inter. Journ. Coal Geol. 5: 7-42.
Rüffle, L. 1963. Die obermiozäne (Sarmatische) Flora von Randecker Maar. Palaeont. Abhandle. 1: 139-296.
Rüffle, L. 1965. Monimiaceen-Blatter im aiteren Senon von Mitteleuropa. Geologie 14: 78-89.
Rüffle, L. and H. Knappe. 1988 Ökologische und paläogeographische Bedeutung der Oberkreideflora von Quedlinburg, besonders einiger Loranthaceae und Monimiaceae. Hall. Jb. F. Geowiss. 13: 49-65.
Samylina, V. A. 1968. Early Cretaceous angiosperms of the Soviet Union based on leaf and fruit remains. Bot. Jour. Linn. Soc. 61: 207-218.
Sanderson, M. J., J. L. Thorne, N. Wikström and K. Bremer. 2004. Molecular evidence on plant divergence times. Amer. J. Bot. 91: 1656-1665.
Saporta, G. 1968. Prodrome d'une flore fossile des travertines anciens de Sezanne. Mém. Soc. GéFrance, 2nd Ser. 8: 289-436.
Schaarschmidt, F. and V. Wilde. 1986. Palmenblüten und-blatter aus dem Eozän von Messel. Courier Forschungsinstitut Senckenberg 86: 177-202.
Scheckler, S. E. 1985. Origins of the coal swamp biome: Evidence from the southern Applachians. Geol. Soc. Amer. Abst. 17: 134.
Scheckler, S. E. 1986. Geology, floristics and paleoecoloty of Late Devonian coal swamps from Appalachian Laurentia (U.S.A.). Ann. Soc. Geol. Belgi. 109: 209-222.
Scheuring, B. W. 1970. Palynologische und palynostratigraphische Untersuchungen des Keupers im Bölchentunnel. Schwiz. Palaeontol. Abh. 88: 1-119.
Schmid, R. and M. J. Schmid. 1973. Fossils attributed to the Orchidaceae. American Orchid Society Bulletin 42: 17-27.
Schneider, H., E. Schuettpelz, K. M. Pryer, R. Cranfill, S. Magallón and R. Lupia. 2004. Ferns diversified in the shadows of Angisperms. Nature 428: 553-557.
Schönenberger, J. and E. M. Friis. 2001. Fossil flowers of Ericalean affinity from the Late Cretaceous of southern Sweden. Amer. J. Bot. 88: 467-480.
Schönenberger, J., E. M. Friis, M. L. Matthews and P. K. Endress. 2001a. Cunoniaceae in the Cretaceous of Europe: Evidence from fossil flowers. Ann. Bot. 88: 423-437.
Schönenberger, J., K. R. Pedersen and E. M. Friis. 2001b. Normapolles flowers of fagalean affinity from the Late Cretaceous of Portugal. Plant Syst. Evol. 226: 205-230.

Schopf, J. M. 1976. Morphologic interpretation of fertile structures in *Glossopterid* gymnosperms. Rev. Palaeobot. Palynol. 21: 25-64.

Schorn, H. E. 1966. Revision of the Fossil Species of *Mahonia* from North America. Master's Thesis, University of California, Berkeley, Calofornia.

Schorn, H. E. 1994. A preliminary discussion of fossil larches (*Larix*, Pinaceae) from the Arctic. Quatern. Int. 22/23: 173-183.

Schorn, H. E. and W. C. Wehr. 1986. *Abies milleri*, sp. nov. from the Middle Eocene Klondike Mountain Formation, Republic, Ferry County, Washington. Burke Mus. Contr. Antropol. Nat. Hist. 1: 1-7.

Schrank, E. 1987. Paleozoic and Mesozoic palynomorphs from Northeast Africa (Egypt and Sudan) with special reference to Late Cretaceous pollen and dinofiagellates. Berliner Geowiss. Abh (A) 75: 249-310.

Scotese, C. R. 2001. Atlas of Earth History. PALEOMAP Project, Arlington, Texas, 52 pp.

Scott, D. H. 1909. Studies in fossil botany. Adam and Charles Black, London.

Scott, R. A. and E. A. Wheeler. 1982. Fossil woods from the Eocene Clarno Formation of Oregon. IAWA Bul. n. s. 3: 135-154.

Selden, P. A. and D. Edwads. 1989. Colonisation of the land. *In* K. C. Allen and D. E. G. Briggs (eds.), Evolution and the Fossil Record. Belhaven Press, London.

Serlin, B. S. 1982. An Early Cretaceous fossil flora from northwest Texas: its composition and implications. Palaeontographica B 182: 52-86.

Seward, A. C. and V. M. Conway. 1935. Fossil plants from Kingigtok and Kagdlunguak, West Greenland. Meddel Grønland 93: 1-41.

Shimakura, M. 1937. Studies on fossil woods from Japan and adjacent Islands contribution II. The Cretaceous wood from Japan, Saghalien and Manchoukuo. Sci. Rep. Tohoku Imp. Univ., ser. 2 (Geol.) 19: 1-73. pls. 15.

Sims, H. J., P. S. Herendeen and P. R. Crane. 1998. New genus of fossil Fagaceae from the Santonian (late Cretaceous) of central Georgia, U.S.A. Int. J. Plant Sci. 159: 391-404.

Sims, H. J., P. S. Herendeen, R. Lupia, R. A. Christopher and P. R. Crane. 1999. Fossil flowers with Normapolles pollen from the Upper Cretaceous of southeastern North America. Rev. Palaeobot. Palynol. 106: 131-151.

Singh, C. 1983. Cenomanian microfloras of the Peace River area, northwestern Alberta. Res. Coun. Alta. Bull. 44: 1-322.

Skelton, P. W. (ed.) 2003. The Cretaceous World. Cambridge University Press, Cambridge.

Smiley, C. L. and L. M. Huggins. 1981. *Pseudofagus idahoensis*, n. gen. et sp. (Fagaceae) from the Miocene Clarkia flora of Idaho. Amer. J. Bot. 68: 741-761.

Smiley, C. J. and W. C. Rember. 1985. Composition of the Miocene Clarkia flora. *In* C. J. Smiley (ed.), Late Cenozoic history of the Pacific Northwest, pp. 95-112. Pacific Div. Amer. Assoc. Advancem. Sci., San Francisco.

Smith, G. F. and B. E. Van Wyk. 1991. Generic relationships in the Alooideae (Asphodelaceae). Taxon 40: 557-581.

Sole de Porta, N. 1971. Algunos generos nuevos de polen procedentes de la Formación Guaduas (Maastrichtiense-Paleoceno) de Colombia. Studia. Geol. Salamanca 2: 133-143.

Soltis, D. E. and P. S. Soltis. 2004. *Amborella not* a "basal angiosperm"? Not so fast. Amer. J. Bot. 91: 997-1001.

Soltis, P. S., D. E. Soltis and C. J. Smiley. 1992. An rbcL sequence from a Miocene Taxodium (bald crypress). Proc. Natl. Acad. Sci. USA 89: 449-451.

相馬寛吉, 辻誠一郎. 1988. 植物化石からみた日本の第四紀. 第四紀研究 26：281-291.

Specht, R. L., M. E. Dettmann and D. M. Jarzen. 1992. Community associations and structure in the Late Cretaceous vegetation of southeast Australasia and Antarctica. Palaeogeography, Palaeoclimatology and Palaeoecology, 94: 283-309.

Srinivasan, V. and E. M. Friis. 1989. Taxodiaceous conifers from the Upper Cretaeous of Sweden. Biol. Skrif. 35: 1-57.

Srivastava, S. K. 1969. Assorted angiosperm pollen from the Edmonton Formation (Maastrichtian), Alberta, Canada. Can. J. Bot. 47: 975-989.

Srivastava, S. K. 1977. Microspores from the Fredericksburg Group (Albian) of the southern United States. Paléobiologie Continentale 6: 1-119.

Srivastava, S. K. 1994. Evolution of Cretaceous phytogeoprovinces, continents and climates. Rev. Paleobot. Palynol. 82: 197-224.

Stewart, W. N. 1983. Paleobotany and the Evolution of Plants. Cambridge University Press, New York, 405 pp.

Stewart, W. N. and T. Delevoryas. 1952. Bases for determining relationships among the Medullosaceae. Amer. J. Bot. 39: 505-516.

Stewart, W. N. and T. Delevoryas. 1956. The medullosan pteridosperms. Bot. Rev. 22: 45-80.

Stewart, W. N. and G. W. Rothwell. 1993. Paleobotany and the Evolution of Plants, 2nd ed. Cambridge University Press, Cambridge.

Stockey, R. A. 1987. A permineralised flower from the Middle Eocene of British Columbia. Amer. J. Bot. 74: 1878-1887.

Stockey, R. A. and P. R. Crane. 1983. *In situ Cercidiphyllum*-like seedling from the Paleocene of Alberta, Canada. Amer. J. Bot. 70: 1564-1568.

Stockey, R. A., G. L. Hoffman and G. W. Rothwell. 1997. The fossil monocot *Limnobiophyllum scutatum*: Resolving the phylogeny of Lemnaceae. Amer. J. Bot. 84: 355-368.

Stockey, R. A. and S. R. Manchester. 1988. A fossil flower with *in situ Pistillipollenites* from the Eocene of British Columbia. Can. J. Bot. 66: 313-318.

Stockey, R. A. and K. B. Pigg. 1991. Flowers and fruits of *Princetonia allenbyensis* from the Middle Eocene chert of British Columbia. Rev. Palaeobot. Palynol. 70: 163-172.

Stone, D. E. 1989. Biology and evolution of temperate and tropical Juglandaceae. *In* P. R. Crane and S. Blackmore (eds.), Evolution, Systematics, and Fossil Hisroty of the Hamamelidae, Vol. 2: 'Higher' Hamamelidae, pp. 117-145. Systematics Association Special Vol. 40B, Clarendon Press, Oxford.

Stopes, M. C. and K. Fujii. 1910. Studies on the structure and affinities of Cretaceous plants. Phil. Trans. 201B: 1-90, pls 9.

Strauss, A. 1969. Beitrage zur Kenntnis der Pliozanflora von Willershausen Vll. Die angiospermen Fruchte und Samen. Argumenta Palaeobotanica 3: 163-197.

Sun, F. and R. A. Stockey. 1992. A new species of *Palaeocarpinus* (Betulaceae) based on infructescences, fruits and associated staminate inflorescences and leaves from the Paleocene of Alberta, Canad. Int. J. Plant Sci. 153: 136-146.

Sun, G., D. L. Dilcher, S. Zheng and Z. Zhou. 1998. In search of the first flower: a Jurassic Angiosperm, *Archaefructus*, from Northeast China. Science 282: 1692-1695.

Sun, G., Q. Ji, D. L. Dilcher, S. Zheng, K. C. Nixon and X. Wang. 2002. Archaefructaceae, a new basal angiosperm family. Science 296: 899-904.

Sun, G., Z. Schaolin, D. L. Dilcher, W. Yongdong and M. Shengwu. 2001. Early angiosperms and their associated plants from western Liaoning, China. Sci. Tech. Edu. Pub. Shanghai, 227 pp. [in Chinese].

Sun, Z. and D. L. Dilcher. 1988. Fossil *Smilax* from Eocene sediments in western Tennessee. Amer. J. Bot. 75 (suppl. 6, pt. 2): 118.

Sun, Z. and D. L. Dilcher. 2002. Early angiosperms from the Lower Cretaceous of Jixi, eastern Heilonggjiang, China. Rev. Paleobot. Palynol. 121: 91-112.

Suzuki, M., L. Joshi and S. Noshiro. 1991. *Tetracentron* wood from the Miocene of Noto Peninsula, central Japan, with a short revision of homoxylic fossil woods. Bot. Mag. Tokyo 104: 37-48.

Swisher, C. C., Y.-Q. Wang, X.-L. Wang, X. Xu and Y. Wang. 1999. Cretaceous age for the feathered dinosaurs of Liaoning, China. Nature 400: 58-61.

Swisher, C. C., X. Wang, Z. Zhou, Y. Wang, F. Jin, J. Zhang, X. Xu, F. Zhang and Y. Wang. 2002. Further support for a Cretaceous age for the feathered-dinosaur beds of Liaoning, China: New Ar/^{39}Ar dating of the Yixian and Tuchengzi Formations. Chin. Sci. Bull. 47: 135-138.

Szafer, W. 1952. A member of the family Podostemaceae in the Tertiary of the West Carpathian Mountains. Acta Societas Botanica Polonica 21: 747-69 [in Polish, English summary].

Szafer, W. 1954. Pliocene Flora from the Vicinity of Czorsztyn (West Carpathians) and its relationship to the Pleistocene. Instytut Geologiczny Prace 11: 1-238.

Szafer, W. 1961. Miocene Flora from Stare Gliwice in Upper Silesia. Instytut Geologiczny Prace 18: 1-205.

高橋 清. 1990. Aquilapollenites 花粉グループと Normapoles 花粉グループ——その分布と層位学的意義. 長崎大学教養部紀要 自然科学 30：95-132.

高橋 清. 1996. 被子植物花粉の起源と多様化. 海鳥社, 福岡市, 278 pp.

Takahashi, K. and M. Suzuki. 2003. Dicotydedonous fossil wood flora and early evolution of wood characters in the Cretaceous of Hokkaido, Japan. IAWA J. 24: 269-309.

Takahashi, M. 1994. Exine development in *Illicium religiosum* Sieb. et Zucc. (Illiciaceae). Grana 33: 309-312.

Takahashi, M. 1995. Development of structure-less pollen wall in *Ceratophyllum demersum* L. J. Plant Res. 108: 205-208.

Takahashi, M. 1997. Fossil spores and pollen grains of Cretaceous (Upper

Campanian) from Sakhalin, Russia. J. Plant Res. 110: 283-298.
Takahashi, M., P. R. Crane and H. Ando. 1999a. Fossil flowers and associated plant fossils from the Kamikitaba locality (Ashizawa Formation, Futaba Group, Lower Coniacian, Upper Cretaceous) of Northeast Japan. J. Plant Res. 112: 187-206.
Takahashi, M., P. R. Crane and H. Ando. 1999b. *Esgueiria futabensis* sp. nov. a new angiosperm flower from the Upper Cretaceous (lower Coniacian) of northeastern Honshu, Japan. Paleont. Res. 3: 81-87.
Takahashi, M., P. R. Crane and H. Ando. 2001a. Fossil megaspores of Marsileales and Selaginellales from the Upper Coniacian to Lower Santonian (Upper Cretaceous) of the Tamagawa Formation (Kuji Group) in Northeastern Japan. Int. J. Plant Sci. 162: 431-439.
Takahashi, M., P. R. Crane and S. R. Manchester. 2002. *Hironoia fusiformis* gen. et sp. nov.; a cornalean fruit from the Kamikitaba locality (Upper Cretaceous, Lower Coniacian) in northeastern Japan. J. Plant Res. 115: 463-473.
Takahashi, M., P. S. Herendeen and P. R. Crane. 2001b. Lauraceous fossil flower from the Kamikitaba Locality (lower Coniacian; Upper Cretaceous) in northeastern Japan. J. Plant Res. 114: 429-434.
Takahashi, M. and K. Saiki. 1995. Maastrichian angispermous pollen records from Sakhalin, Russia. J. Plant Res. 108: 47-52.
Takhtajan, A. 1956. Telomophyta. Academiae Scientiarum, Moscow.
Takhtajan, A. (ed.) 1974. Magnoliaceae-Eucommiaceae (Magnoliophyta Fossilia URSS, Vol. 1). Nauka, Leningrad, 188 pp. [in Russian].
Takhtajan A., V. Vakrameev and G. P. Radchenko (eds.) 1963. Fundamentals of paleontology: Gymnosperms and angiosperms. Akad. Nauk SSSR., Moscow [In Russian].
Tanai, T. 1961. Neogene floral change in Japan. J. Fac. Sci. Hokkaido Univ., Ser. 4, 11: 119-398.
棚井敏雅. 1971. 北半球の第三紀植物地理について. 松下久道教授記念論文集, pp. 201-216.
Tanai, T. 1972. Tertiary history of vegetation in Japan. *In* A. Graham (ed.), Vegetation and Vegetational History of Northern Latin America, pp. 235-255. Elsevier, Amsterdam.
Tanai, T. 1974. Evolutionary trend of the genus *Fagus* around the northern Pacific basins. *In* Symposium on Origin and Phytogeography of Angiosperms. Birbal Sahni Inst. Palaeobot., Special Publ. no. 1. pp. 62-83.
棚井敏雅. 1978. 24. 被子植物. 藤岡一男編 新版 古生物学IV, pp. 311-383. 朝倉書店, 東京.
Tanai, T. 1979. Late Cretaceous floras from the Kuji district, Northeastern Honshu, Japan. J. Fac. Sci. Hokkaido Univ., Ser. 4, 19: 75-136.
Tanai, T. 1983. Revisions of Tertiary *Acer* from east Asia. J. Fac. Sci. Hokkaido Univ., Ser. 4, 20: 291-390.
Tanai, T. 1990. Euphorbiaceae and lcacinaceae from the Paleogene of Hokkaido, Japan. Bull. Natl. Sci. Mus. Tokyo, Ser. C. 16: 91-118.
Tanai, T. 1992. Juglandaceae from the Paleogene of Hokkaido, Japan. Bull. Natl. Sci. Mus. Tokyo, Ser. C. 18: 13-41.
Tanai. T. 1995. Fagaceous leaves from the Paleogene of Hokkaido, Japan. Bull.

Natl. Sci. Mus. Tokyo, Ser. C. 21: 71-101.
Tanai, T. and N. Suzuki. 1963. Miocene floras of southwestern Hokkaido, Japan. *In* Tertiary floras of Japan Miocene floras. Collab. Assoc. Commem. 80th Anniv. Geol. Surv. Jap., Tokyo.
Tanai, T. and N. Suzuki. 1965. Late Tertiary floras from north-eastern Hokkaido, Japan. Palaecontol. Soc. Jap. Special Pap. 10: 1-117, 21 pl.
Tanai, T. and K. Uemura. 1994. Lobed oak leaves from the Tertiary of East Asia with reference to the oak phytogeogrpahy of the Northern Hemsphere. Trans. & Proc. Palaeontol. Soc. Jap., NS 173: 343-365.
Tao, J.-R. and X.-Z. Xiong. 1986. The lastest Cretaceous flora of Heilongjiang Province and the floristic relationship between East Asia and North America (con.). Acta Phytotax. Sin. 24: 121-135.
Taylor, D. W. 1988b. Eocene floral evidence of Lauraceae: Corroboration of the North American megafossil record. Amer. J. Bot. 75: 948-957.
Taylor, D. W. 1990. Paleobiogeographic relationships of angiosperms from the Cretaceous and Early Tertiary of the North American area. Bot. Rev. 56: 279-417.
Taylor, D. W. and W. L. Crepet. 1987. Fossil floral evidence of Malpighiaceae and an early plant pollinator relationship. Amer. J. Bot. 74: 274-286.
Taylor, D. W. and L. J. Hickey. 1990. An Aptian plant with attached leaves and flowers: implications for angiosperm origin. Science 247: 702-704.
Taylor, D. W. and L. J. Hickey. 1992. Phylogenetic evidence for the herbaceous origin of angiosperms. Plant Syst. Evol. 180: 137-156.
Taylor, D. W. and L. J. Hickey. 1996b. Evidence for and implications of an herbaceous origin for Angiosperms. *In* D. W. Taylor and L. J. Hickey (eds.), Flowering Plant Origin, Evolution and Phylogeny, pp. 232-266. Chapman & Hall, London.
Taylor, T. N. 1982. The origin of land plants: a paleobotanical perspective. Taxon 31: 155-177.
Taylor, T. N. 1988a. The origin of land plants: some answers, more questions. Taxon 37: 805-833.
Taylor, T. N. and E. L. Taylor. 1993. The Biology and Evolution of Fossil Plants. Prentice Hall, New Jersey, 982 pp.
Teixeira, C. 1945. Nymphéacées fossiles du Portugal. Serviçs Geológicos de Portugal, Lisbon.
Thayn, G. F. and W. D. Tidwell. 1984. A review of the genus *Paraphyllanthoxylon*. Rev. Palaeobot. Palynol. 43: 321-335.
Thomasson, J. R. 1979. Late Cenozoic grasses and other angiosperms from Kansas, Nebraska, and Colorado: biostratigraphy and relationships to living taxa. Bull. Kansas Geol. Surv. 218: 1-68.
Thomasson, J. R. 1982. Fossil grass anthoecia and other plant fossils from arthoropod burrows in the Miocene of Western Nebraska. J. Paleontol. 56: 1011-1017.
Thomasson, J. R. 1983. *Caryx graceii* sp. n. *Cyperocarpus eliasii* sp. n., *Cyperocarpus terrestris* sp. n., *Cyperocarpus pulcherrima* sp. n. (Cyperaceae) from the Miocene of Nebraska. Amer. J. Bot. 70: 435-449.
Thomasson, J. R. 1987a. Late Miocene plants from northeastern Nebraska. J.

Paleontol. 61: 1065-1079.
Thomasson, J. R. 1987b. Fossil grasses: 1820-1986 and beyond. *In* T. R. Soderstrom, K. W. Hilu, C. S. Campbell and M. E. Barkworth (eds.), Grass Systematics and Evolution, pp. 159-171. Smithsonian Institution Press, Washington, D.C.
Thomasson, J. R., M. E. Nelson and R. J. Zakrezewski. 1986. A fossil grass (Gramineae: Chloridoideae) from the Miocene with Kranz anatomy. Science 233: 876-878.
Tidwell, W. D. and E. M. V. Nambudiri. 1989. *Tomlinsonia thomassonii,* gen. et sp. nov., a permineralized grass from the Upper Miocene Ricardo Formation, California. Rev. Palaeobot. Palynol. 60: 165-177.
Tidwell, W. D. and L. R. Parker. 1990. *Protoyucca shadishii* gen. et sp. nov., an arborescent monocotyledon with secondary growth from the Middle Miocene of northwestern Nevada, U.S.A. Rev. Palaeobot. Palynol. 62: 79-95.
Tiffney, B. H. 1977. Dicotyledoneous angiosperm flower from the Upper Cretaceous of Martha's Vineyard, Massachusetts. Nature 265: 136-137.
Tiffney, B. H. 1979. Fruits and seeds of the Brandon Lignite, III. *Turpinia* (Staphyleaceae). Brittonia 31: 39-51.
Tiffney, B. H. 1981a. Fruits and seeds of the Brandon lignite, VI. *Microdiptera* (Lythraceae). J. Arnold Arbor. 62: 487-516.
Tiffney, B. H. 1981b. *Euodia costata* (Chandler) Tiffney (Rutaceae) from the Eocene of southern England. Paläontol. Zhurn. 55: 185-190.
Tiffney, B. H. 1993. Fruits and seeds of the Tertiary Brandon Lignite. VII. *Sargentodoxa* (Sargentodoxaceae). Amer. J. Bot. 80: 517-523.
Tiffney, B. H. and E. S. Barghoorn. 1979. Fruits and seeds of the Brandon Lignite IV. Illiciaceae. Amer. J. Bot. 66: 321-329.
Tiffney, B. H. and K. K. Haggard. 1996. Fruits of Mastixioideae (Cornaceae) from the Paleogene of western NorthAmerica. Rev. Palaeobot. Palynol. 92: 29-54.
Tiffney, B. H. and S. R. Manchester. 2001. The use of geological and paleontological evidence in evaluating plant phylogeographic hypotheses in the Northern Hemisphere. Int. J. Plant Sci. 162 (suppl. 6): S3-S17.
Tiffney, B. H. and J. U. McClammer. 1988. A seed of the Annonaceae from the Palaeocene of Pakistan. Tert. Res. 9: 13-20.
Tobe, H., T. Jaffré and P. H. Raven. 2000. Embryology of *Amborella* (Amborellaceae): Descriptions and polarity of character states. J. Plant Res. 113: 271-280.
Torres, T. and M. Rallo. 1981. Anatomia de troncos fósiles del Cretácico superior de Pichasca en el Norte de Chile. Anais II Congr. Latinoamer Paeontol. (Porto Alegre, Brazil) 2: 449-460.
Tralau, H. 1963. Asiatic dicotyledonous affinites in the Cainozoic flora of Europe. Kongl. Svenska Vetenskapsakad. Handl. 93: 1-87, 5 pl.
Tralau, H. 1968. Evolutionary trends in the genus *Ginkgo*. Lethaia 1: 63-101.
Traverse, A. 1988. Palaeopalynology. 1st ed. Unwin Hyman, Boston.
Truswell, E. M. 1990. Cretaceous and Tertiary vegetation of Antarctica: a palynological perspective. *In* T. N. Taylor and E. L. Taylor (eds.), Antarctic Paleobiology, pp. 71-88. Spering-Verlag, New York.

Tsukagoshi, M., Y. Ono and T. Hashimoto. 1997. Fossil endocarp of *Davidia* from the Early Pleistocene sediments of the Toka Group in Gifu Prefecture. Central Japan. Bull. Osaka Mus. Nat. Mus. Natur. Hist. 51: 12-23.

Tsukagoshi, M. and K. Suzuki. 1990. On the Late Miocene *Cinnamomun* and *Paliurus* from the lawer Part of the Takamine Formation, Western Mountainous region of the Yonezawa Basin, Northeast Honshu, Japan. Bull. Misunami Fossil Mus. 17: 71-78.

Uemura, K. 1979. Leaf compressions of *Buxus* from the Upper Miocene of Japan. Bull. Nat. Sci. Mus. (C) 5: 1-8.

Uemura, K. 1988. Late Miocene floras in Northeast Honshu, Japan. National Science Museum, Tokyo.

植村和彦. 2002. 新生代植物群における"アジア要素"とその植物地理学的意義. 日本植物分類学会設立記念国際シンポ. 日本産植物をめぐる生物地理 2：1-7.

Uemura, K., and H. Nishida. 2002. Pollen, spores and other palynomorphs. In N. Ikeya, H. Hirano and K. Ogasawara (eds.), The Database of Japanese Fossil Type specimens described during the 20th Century, Palaeont. Soc. Japan, Spec. Pag. no. 40. Part 2, pp. 117-173.

Uemura, K., H. Nishida, M. Suzuki and A. Momohara. 2002. In N. Ikeya, H. Hirano and K. Ogasawara (eds.), The Database of Japanese Fossil Type Specimens described during the 20th Century, Palaeonto. Soc. Japan, Spec. Pap., no. 40. Part, 2, pp. 9-116.

Uemura, K. and T. Tanai. 1993. Betulaceous leaves and fruits from the Oligocene of Kitami, Hokkaido, Japan. Mem. Natl. Sci. Mus. Tokyo 26: 21-29.

Upchurch, G. R., P. R. Crane and A. N. Drinnan. 1994. The megaflora from the Quantico lacolity (Upper Albian), Lower Cretaceous Potomac Group of Virginia. Mem. Virginia Mus. Nat. Hist 4: 1-57.

Upchurch, G. R. and D. L. Dilcher. 1990. Cenomanian angiosperm leaf megafossils, Dakota Formation, Rose Creek Locality, Jefferson County, southeastern Nebraska. United States Geological Survey Bulletin 1915: 1-52.

Upchurch, G. R. Jr., B. L. Otto-Bliesner and C. R. Scotese. 1999. Terrestrial vegetation and its effect on climate during the latest Cretaceous. *In* E. Barrera and C. C. Johnson (eds.), Evolution of the Cretaceous ocean-climate system, pp. 406-426. Geological Society of America, Boulder, Colorado.

Vakhrameev, V. A. 1991. Jurrasic and Cretaceous floras and Climates of the Earth. Cambridge University Press, Cambridge.

Valdes, P. J. 1993. Atomospheric general circulation models of the Jurassic. Phil. Trans. Roy. Soc. London B 341: 317-326.

Van der Burgh, J. 1987. Miocene floras in the Lower Rhenish Basin and their ecological interpretation. Rev. Palaeobot. Palynol. 52: 299-366.

Vaudois-Miéja, N. 1976. Sur deux fruits fossiles de Rubiaceae provenant des Grès Sabals de l'Anjou. Actes du 97é Congres National des Sociétés de Savantes, Nantes 1972, Section des Sciences 4: 167-183.

Vaudois-Miéja. N. 1982. À propos de *Diospyrocarpum senescens* (Crié) Vaudois 1980 (Ebenacées). Rev. Palaeobot. Palynol. 36: 25-33.

Vaudois-Miéja, N. 1983. Extension paléogeographique en Europe de l'actuel genre asiatique *Rehderodendron* Hu (Styracacées). Compt. Rend. Acad. Sci. Paris, Sér. II, 296: 125-130.

Vaudois-Miéja, N. and A. Lejal-Nicol. 1987. Paléocarpologie africaine: apparition dés l'Aptien en Égypte d'um Palmier (*Hyphaeneocarpon aegypticacum* n. sp.) Compt. Rend. Acad. Sci. Paris, Sér. II, 304: 233-238.

Vink, W. 1993. Winteraceae. *In* K. Kubitzki, J. G. Rohwer and V. Bittrich (eds.), The Families and Genera of Vascular plants. II. Flowering plants-Dicotyledons. Magnoliid, Hamamelid and Caryophyllid families. pp. 630-638. Springer-Verlag, Berlin.

Voight, E. 1981. Upper Cretaceous brozoan-seagrass association in the Maastrichitian of the Netherlands. *In* G. P. Larwood and C. Nielsen (eds.), Recent and Fossil Bryozoa, pp. 281-298. Olsen and Olsen, Fredensborg.

von Balthazar, M., K. R. Pedersen and E. M. Friis. 2005. *Teixeiria lusitanica*, a new fossil flower from the Early Cretaceous of Portugal with afinities to Ranunculales. Plant Syst. Evol. 255: 55-75.

von Post, L. 1916. Om skogsträdpollen I sydsvenska torfmosslagerföl̈ider. Geol. Fören. Stockh. Förh. 38: 384-390.

Vozein-Serra, C. and D. Pons. 1990. Intérêts phylogénétique et paléoécologique des structures ligneuses homoxylées découvertes dans le Cretacé inferieur de Tibet méridional. Palaeontographica B 216: 107-127.

Walker, J. W., G. J. Brenner and A. G. Walker. 1983. Winteraceous pollen in the Lower Cretaceous of Israel: early evidence of a magnolialean angiosperm family. Science 220: 1273-1275.

Walker, J. W. and A. G. Walker. 1984. Ultrastructure of Lower Cretaceous angiosperm pollen and the origin and early evolution of fiowering plants. Ann. Missouri Bot. Gard. 71: 464-521.

Walther, H. 1972. Studien über tertiäre *Acer* Mitteleuropas. Abh. Staat. Mus. Minera. Geol. Dresden 19: 1-309.

Wang, S. S., Y. Wang, H. Hu and H. Li. 2001. The existing time of Sihetun vertebrate in western Liaonig, China - Evidence from U - Pb dating of zircon. Chin. Sci. Bull. 46: 779-781.

Wang, Y. and S. R. Manchester. 2000. *Chaneya*, A new genus of winged fruit from the Tertiary of North America and eastern Asia. Int. J. Plant Sci. 161: 167-178.

Ward, J. V. 1986. Early Cretaceous angiosperm pollen from the Cheyenne and Kiowa Formations (Albian) of Kansas, USA. Palaeontographica 202B: 1-81.

Ward, J. V. and J. A. Doyle. 1994. Ultrastructure and relationships and mid-Cretaceous polyforate and triporate pollen from northern Gondwana. *In* M. H. Kurman and J. A. Doyle (eds.), Ultrastructure of Fossil Spores and Pollen, pp. 161-172. Royal Botanic Gardens, Kew.

Ward, J. V., J. A. Doyle and C. L. Hotton. 1989. Probable granular magnoliid angiosperm pollen from the Early Cretaceous. Pollen Spores 33: 113-132.

Watari, S. 1949. Studies on the fossil woods from the Tertiary of Japan. VI. *Meliosoma oldhami* Miquel from the Miocene of Shimane. Bot. Mag. Tokyo 62:

83-86.
Wehr, W. C. 1995. Early Tertiary flowers, fruits, and seeds of Washington State and adjacent areas. Washington Geol. 23: 3-16.
Wehr, W. C. and D. Q. Hopkins. 1994. The Eocene orchards and gardens of Rebublic, Washington. Washington Geol. 22: 27-34.
Wehr, W. C. and S. R. Mancester. 1996. Paleobotanical significance of flowers, fruits, and seeds from the Eocene of Rebublic, Washington. Washington Geol. 24: 25-27.
Wellman, C. H., P. L. Osterloff and U. Mohiuddin. 2003. Fragments of the earliest land plants. Nature 425: 282-285.
Weyland, H. 1937. Beiträge zur Kenntnis der Rheinischen Tertiärflora. II. Erste Erganzungen und Berichitigungen zur Flora der Blätterkohle und des Polierschiefers von Rott im Siebengebirge. Palaeontographica B 83: 67-122.
Weyland, H. 1938. Beiträge zur kenntnis der rheinischen Tertiär fiora. III. Palaeontographica B 83: 123-171.
Weyland, H. 1957. Kritische Untersuchungen zur kuticularan algre tertiärer Blatter III. Monocotylen der rheinischen Braunkohle. Palaeontographica B 103: 34-74.
WGCPC (Writing Group of Cenozic Plants of China). 1978. Cenozoic Plants from China, Fossil Plants of China, Vol. 3. Science Press, Beijing.
Wheeler, E. A. 1991. Paleocene dicotyledonous trees from Big Bend National Park, Texas; Variability in wood types common in the Late Cretaceous and Early Tertiary, and ecological inference. Amer. J. Bot. 78: 658-671.
Wheeler, E. A., M. Lee and L. C. Matten. 1987. Dicotyledonous woods from the Upper Cretaceous of southern Illinois. Bot. Jour. Linn. Soc. 95: 77-100.
Wheeler, E. A. and L. C. Matter. 1977. Fossil wood from an Upper Miocene locality in northeastern Colorado. Bot. Gaz. 138: 112-118.
Wheeler, E. A., R. A. Scott and E. S. Barghoorn. 1977. Fossil dicotyledonous woods from Yellowstone National Park. II. J. Arnold Arbor. 58: 280-306.
Wheeler, E. A., R. A. Scott and E. S. Barghoorn. 1978. Fossil dicotyledonous woods from Yellowstone National Park, II. J. Arnold Arbor. 59: 1-26.
Whittemore, A. T. 1997. *Berberis*. *In* Flora of North America Editorial Committee (eds.), Flora of North America North of Mexico, Vol. 3, pp. 276-286. Oxford University Press, New York.
Wieland, G. R. 1906. American Fossil Cycads. Carnegie Inst. Washington (Publ. 34), Washington, D.C., 293 pp.
Wijninga, V. M. and P. Kuhry. 1990. A Pliocene florule from the Subachoque valley (Cordillera Oriental, Columbia). Rev. Palaeobot. Palynol. 62: 249-290.
Wikström, N., V. Savolainen and M. W. Chase. 2001. Evolution of the angiosperms: calibrating the family tree. Proc. Roy. Soc. London, Ser. B 268: 2211-2220.
Wikström, N., V. Savolainen and M. W. Chase. 2003. Angiosperm divergence time: congruence and incongruence between fossils and sequence divergence estimates. *In* P. C. J. Donoghue and M. P. Smith (eds.), Telling the evolutionary time: molecualr clocks and the fossil record, 142-165. Taylor & Francis, London.
Wilde, V. 1989. Untersuchungen zur Systematik der Blattreste aus dem Mitteleozan der Grube Messel bei Darmstadt (Hessen, Bundesrepublik Deutschland). Cour.

Forsch. Senck. 115: 1-213.
Wilde, V. and H. Frankenhäuser. 1998. The Middle Eocene plant taphocoenosis from Eckfeld (Eifel, Germany). Rev. Palaeobot. Palynol. 101: 7-28.
Wilde, V., K.-H. Lengtat and S. Rizkowski. 1992. Die oberpliozäne Flora von Willerschausten am Harz von Adolf Straus. Ber. Naturhist. Ges. Hannover 134: 7-115.
Wilkinson, H. P. 1981. The anatomy of the hypocotyls of *Ceriops* Arnott (Rhizophoraceae), Recent and fossil. Bot. Jour. Linn. Soc. 82: 139-164.
Willis, K. J. and J. C. McElwain. 2002. The Evolution of Plants. Oxford University Press, Oxford, 378 pp.
Wilson, L. R. and R. M. Webster. 1946. Plant microfossils from the Fort Union Coal of Montana. Amer. J. Bot. 33: 278.
Wing, S. L. and L. D. Boucher. 1998. Ecological aspects of the Cretaceous flowering plants radiation. Ann. Rev. Earth Planet Sci. 26: 379-421.
Wing, S. L. and L. J. Hickey. 1984. The *Platycarya perplex* and the evolution of the Juglandaceae. Amer. J. Bot. 71: 388-411.
Wing, S. L., L. J. Hickey and C. C. Swisher. 1993. Implications of an exceptional fossil flora for Late Cretaceous vegetation. Nature 363: 342-344.
Wnuk, C. 1996. The development of floristic provinciality during the Middle and Late Paleozoic. Rev. Palaeobot. Palynol. 90: 6-40.
Wolfe, J. A. 1964. The Miocene floras from Fingerrock Wash southwestern Nevada. U.S. Geol. Surv. Prof. Paper 454N: 1-36.
Wolfe, J. A. 1972. An interpretation of Alaskan Tertiary floras. *In* A. Graham (ed.), Floristics and paleofloristics of Asia and eastern North America, pp. 201-233. Elsevier, Amsterdam.
Wolfe, J. A. 1973. Fossil forms of Amentiferae. Brittonia 25: 334-355.
Wolfe, J. A. 1977. Paleogene floras from the Gulf of Alaska Region. U.S. Geol. Surv. Prof. Paper 997: 1-108, pls 1-30.
Wolfe, J. A. 1978. A paleobotanical interpretation of Tertiary climates in the Northern Hemisphere. Amer. J. Sci. 66: 694-703.
Wolfe, J. A. 1989. Leaf-architectural analysis of the Hamamelididae. *In* P. R. Crane and S. Blackmore (eds.), Evolution, Systematics, and Fossil History of the Hamamelidae, vol. 2: 'Higher' Hamamelidae, pp. 75-104. Systematics Association Special Vol. 40B, Clarendon Press, Oxford.
Wolfe, J. A. 1991. Palaeobotanical evidence for a June "impact" at the Cretaceous/Tertiary boundary. Nature 352: 420-423.
Wolfe, J. A. and H. E. Schorn. 1989. Paleoecologic, paleoclimatic, and evolutionary significance of the Oligocene Creede flora, Colorado. Paleobiology 15: 180-198.
Wolfe, J. A. and T. Tanai. 1987. Systematics, phylogeny, and distribution of *Acer* (maples) in the Cenozoic of western North America. J. Fac. Sci. Hokkaido Univ. 22: 1-246.
Wolfe, J. A. and G. R. Upchurch. 1986. Vegetation, climatic and floral changes at the Cretaceous-Tertiary boundary. Nature 324: 141-152.
Wolfe, J. A. and W. Wehr. 1987. Middle Eocene dicotyledonous plants from Republic, northeastern Washington. U. S. Geol. Surv. Bull. 1597: 1-25.

Wolfe, K. H., M. Gouy, Y.-W. Yang, P. M. Sharp and W. H. Li. 1989. Date of the monocot-dicot divergence estimated from chloroplast DNA sequence data. Proc. Natl. Acad. Sci. UAS 86: 6201-6205.

Wolfe, K. H., W. -H. Li and P. M. Sharp. 1987. Rates of nucleoid substitution vary greatly among plant mitochondrial, chloroplast, and nuclear DNAs. Proc. Natl. Acad. Sci. USA 84: 9054-9058.

Yao, Z. 1983. The type locality and topotypes of *Gigantopteris nicotianaefolia* Schenk Acta Palaeontol. Sinica 22: 1-8 [in Chinese].

Zavada, M. Z. and J. M. Benzon. 1987. First fossil evidence for the primitive angiosperm family Lactoridaceae. Amer. J. Bot. 74: 1590-1594.

Zavada, M. Z. and T. N. Taylor. 1986. Pollen morphology of Lactoridaceae. Plant. Syst. Evol. 154: 31-39.

Zetter, R. 1984. Morphologische Untersuchungen an Fagus-Blättern aus dem Neogen von Österreich. Beitr. Paläontol. Österr. Wien 11: 207-288.

Zhilin, S. G. 1974a. The first Tertiary species of the genus *Aponogeton* (Aponogetonaceae). Botanicheskii Zhurnal 59: 1203-1206.

Zhilin, S. G. 1974b. Tretichny flory Ustyurta. Nauka Press, Leningrad.

Zhilin, S. G. 1989. History of the development of the temperate forest flora in Kazakhstan, U.S.S.R. from the Oligocene to the early Miocene. Bot. Rev. 55: 205-330.

Zhilin, S. G. 1991. Methods and problems of palaeofloristics (on the material of the Paleogene and the Neogene floras in Kazakhstan), pp.57-88. *In* S. G. Zhilin (ed.), Some Thoughts by A. N. Krystofovich on the Floristic Cahnges in the Tertiary of Eurashia. Acad. Sci. USSR, Inst. Bot. Komarov, Leningrad.

Zhou, Z., W. L. Crepet and K. C. Nixon. 2001. The earliest fossil evidence of the Hamamelidaceae: Late Cretaceous (Turonian) inflorescences and fruits of Althingioideae. Amer. J. Bot. 88: 753-766.

Zimmermann, W. 1938. Die Telometheorie. Biologe 7: 385-391.

Zimmermann, W. 1952. Main results of the "Telome Theory". The Palaeobotanist 1: 456-470.

Zimmermann, W. 1965. Die Telomtheorie. Fischer, Stuttgart.

図版の版権使用許可に関する謝辞

本書をまとめるにあたり，下記の出版社，研究機関，学会，学会誌および個人の方々に多くの貴重な図版の版権使用を快くご了解いただきました。ご協力いただきました皆様方に厚くお礼を申し上げます。

AASP Foundation; Alcheringa; American Journal of Botany; American Scientist; Annals of Botany; Annals of Missouri Botanical Garden; Biologiske Skrifter; Birbal Sahni Institute of Palaeobotany, Lucknow; Blachwell Pub. Ltd.; Botanical Journal of Linnean Society; Botanical Society of America; Cambridge University Press; Canadian Journal of Botany; Christopher R. Scotese, The Paleomap Project; Contrib. Mus. Paleonto., University Michigan; Courtesey of the Paleontological Research Institution, Cornell University; Ted Delevoryas; David L. Dilcher; Else Marie Friis; Elsevier; Grana; International Journal of Plant Sciences; IODP Management International, Inc.; Jeffrey M. Osborn; Jennifer McElwain; Journal of Plant Research; Katherine J. Willis; Missouri Botanical Garden Press; Museum of Paleontology, University of Michigan; National Academy of Sciences, U.S.A; The Open University; Nature; Oxford University Press; Palaeobotanist; Palaeontographica Americana; Palaeontographica B.; Palaeontological Association; Paleontological Research; Peter R. Crane; Plant Systematics and Evolution; Review of Paleobotany and Palynology; Schweizerbart-Publishers, www.schweizerbart.de; Science, AASP; Springer-Verlag Nethrlands; Springer-Verlag, Tokyo; Springer-Verlag, Wien; Sun Ge; Swedish Museum of Natural History; The Royal Danish Academy of Sciences; The Royal Society of Edinburgh; The University of Chicago Press;

Thomas N. Taylor; Texas A & M Univeristy; Vaughn M. Bryant；日本古生物学会；日本植物学会；北海道大学出版会；益富地学会館；井上浩芳氏；西田治文氏；亘理俊次氏のご遺族

おわりに

　日本は火山活動が活発であり，化石の研究には向いていない地域であるといわれていたことがある。ところが，福井県の手取層群や福島県の双葉層群などに見られるように次々と大型の動物化石が発見されており，日本は，決して化石研究の不毛地帯ではないことが明らかにされてきた。これまでにも，相馬寛吉や高橋清らによって花粉化石の研究がなされており，植物化石については，三木茂，棚井敏雅，西田誠らによって国際的にも貴重な研究成果が蓄積されてきた。さらに，私達の研究により，福島県の双葉層群から3次元的な構造を保持している小型化石が発見されたことによって，国際的に推進されている白亜紀における被子植物の初期進化の研究の一翼を担うことができるようになった(Takahashi *et al*., 1999a, b, 2001a, b, 2002)。

　被子植物の起源や初期分化群を解明するためには，前期白亜紀の地層における研究の推進が求められている。これまでに前期白亜紀の地層から小型化石が発見されているのは，西ポルトガルの後期バレミアン期〜前期アプチアン期の地層と北アメリカのメリーランド州からバージニア州にかけてのアプチアン期に限定されている。今後，ジュラ紀〜前期白亜紀の地層からの黎明期の被子植物の初期進化群の解明が期待されており，すでにヨーロッパではこの年代の地層での研究に着手されている。日本では，前期白亜紀の地層から被子植物の小型化石が含まれている地層は発見されていない。

　私は，初期進化段階の被子植物の小型化石を求めて，四国の領石層群を探したことがある。領石層群は，後期ジュラ紀から前期白亜紀にいたる地層で，領石植物群と呼ばれる植物化石が産出することで知られており，植物分類学者として有名な牧野富太郎が興味をもって植物化石を集めたこともあった。この地層は浅海成層に非海成層を含んでおり，ウラジロ科やトクサ類，ソテツ目，球果類の印象化石が発見されているが，被子植物の化石は発見されていない。残念ながら，領石層群はかなりの高圧が加わっているために堆積岩

の固結度が高く，堆積岩は硬く水にいれても分解することはなかった。植物の小型化石を探すためには，どうしても固結度の低い非海成層である必要がある。

　富山県，石川県，福井県，長野県，群馬県にかけて分布する手取層群は中期ジュラ紀〜前期白亜紀にかけての地層であり，被子植物の初期進化の解明のためには興味深い地層である。この地層から，ウラジロ科，ゼンマイ目，トクサ科，ベネチテス類，ソテツ目，イチョウ目，球果類などの印象化石が発見されているが，やはり被子植物の化石は発見されていない(Kimura, 1961)。私も手取層群を調査したことがあるが，全体的に固結度が高い岩質層からなっており，小型化石を発見することはできなかった。ただし，手取層群は淡水成層を含んでおり，将来的に固結度の低い岩層が見つかれば小型化石の発見が期待される。

　国内の後期白亜紀の地層のなかで，小型化石が発見される可能性が高いのは久慈層群である。久慈層群はサントニアン期〜カンパニアン期にかけての地層であり，海成層と非海成層が交互に堆積した層序からなる(Ando, 1997)。固結度が低く，水にいれると容易に分解する層が含まれていることも確認している。この地層からは，白亜紀の代表的な花粉化石である *Aquilapollenites* も発見されている。久慈層群における小型化石の研究によって，将来的には *Aquilapollenites* の花化石が明らかにされるかも知れない。小型化石の研究の可能性のあるもう1つの地層は，北海道の函淵層群である。函淵層群は，カンパニアン期〜マストリヒチアン期の地層であり，上部の方にわずかに固結度の低い非海成層を含んでいる。この非海成層には褶曲作用の影響があるが，ていねいに探していけば，*Aquilapollenites* の花化石など保存性のよい小型化石を発見できることが期待される。

　地球規模では，北半球においては　東南アジアや中国，シベリア地域などの白亜紀の地層から小型化石による研究が進展することが期待される。最近，ロシアから小型化石が含まれている新たな地層が発見され，双葉層群と共通する小型化石が見つかっているようである。東南アジア地域におけるジュラ紀〜前期白亜紀の地層からの小型化石の研究が，被子植物初期進化の解明に

非常に大きな貢献となることが期待されている。

　南半球は，小型化石の研究がされていない地域であった．しかし，最近では，南極の白亜紀地層で小型化石の研究がされており，今後，南アメリカやアフリカでの研究が期待されている(Crane *et al.*, 2004)．

　これまでに，地球環境の変遷と結びつけながら，陸上植物の進化と多様化の過程を紹介してきた．この本からも明らかになったように，地層のなかから発見される断片化した植物化石や花粉を結びつけ，それぞれの植物の形態的特徴や生活史を明らかにし，さらに被子植物の起源や系統関係を解明していくという地道な研究の積み上げによって，少しずつ陸上植物の進化過程がわかってきた．5億年にもおよぶ地球の歴史の流れのなかで進化してきた陸上植物の姿を明らかにしていくことは容易ではない．緑の植物に包まれた豊かな地球が，これからも多様な植物にあふれた環境であるためにも，さらに自然環境の維持のためにも，陸上植物の全体的な詳細な進化の解明が必要であろう．

　　　2006年1月20日

　　　　　　　　　　　　　　　　　　　　　　　　　　髙橋　正道

索　引

【あ行】

アオイ科　264, 381
アオギリ科　382
アカテツ科　394
アカニア科　380
アカネ科　399
アカバナ科　357
アケビ科　339
アサ科　375
アジサイ科　186, 389
アステリア科　319
アセトリシス　43
圧縮化石　16
阿仁合型植物群　248
アプチアン期　120
アブラナ科　380
アマ科　371
アマモ科　318
アヤメ科　319
アリノトウグサ科　349
アルビアン期　145
アワゴケ科　402
アワブキ科　332
アンボレラ科　9, 296
イイギリ科　373
維管束植物　68
イグサ科　326
イチイ科　295
イチョウ科　294
イチョウ類　91
イネ科　326
　イネ科草本　245

イノモトソウ綱　73
イラクサ科　379
イワウメ科　391
イワショウブ科　318
イワヒバ目　201
印象化石　16
ウコギ科　404
ウマノスズクサ科　311
ウラジロ科　191
ウリ科　358
ウリノキ科　389
ウルシ科　383
ウルム氷期　270
エウクリフィア科　374
エウポマチア科　308
エゴノキ科　394
エスカロニア科　220, 403
エタノール凍結割断法　35
エノキ科　262, 375
エパクリス科　393
エンゴサク科　341
オオバコ科　402
オクナ科　371
雄蕊　282
オシロイバナ科　344
オゾン層　47
オトギリソウ科　262
オミナエシ科　407
オモダカ科　314
オレアナン　20, 89

【か行】

外層　41
カイトニア　96
外表層　41
カエデ科　386
ガガイモ科　399
カキノキ科　392
殻斗　96
萼片　282
カタバミ科　375
カタバミ目　373
カツマダソウ科　324
カツラ科　259, 347
カナビキボク科　346
カネラ科　302
カバノキ科　360
花粉外膜　40
花粉化石　36
花粉型　37
花粉の極性　39
花粉のサイズ　283
花粉分析　245
花弁　282
ガマ科　255, 327
上北迫植物化石群　193
カヤツリグサ科　254, 325
ガリア科　398
カワゴケソウ科　372
カワツルモ科　317
ガンコウラン科　393
完新世　271
カンゾウ科　319
カンナ科　328
カンパニアン期　205
カンラン科　383
ギガントプテリス目　89
キキョウ科　406
キク科　406

北ゴンドワナ　121
北ローラシア　120
キツネノマゴ科　400
気囊型花粉　165
キブシ科　352
脚層　41
球果類　98, 118
暁新世　242
キョウチクトウ科　398
巨大化　291
ギョリュウ科　345
キリラ科　391
キルカエアステル科　339
キントラノオ科　371
キンポウゲ科　341
クサトベラ科　406
久慈層群　492
クズウコン科　328
クスノキ科　169, 182, 194, 212, 285, 305
クスノキ目　130
グネツム科　295
グネツム類　118
クノニア科　230, 373
クマツヅラ科　402
グミ科　375
グリセリンジェリー　44
クリソバラヌス科　369
クリプテロニア科　354
クルミ科　261, 365
クロウメモドキ科　376
グロソプテリス　87
クロタキカズラ科　397
クロッソソマ科　352
クワ科　376
グンネラ科　342
ケイロレピス科　118
ケシ科　341
原維管束植物　68

堅果　285
鉱化化石　17
合生心皮　277
小型化石　20
コカノキ科　372
ゴクラクチョウカ科　329
コケ植物　51
　　コケ植物化石　238
コショウ科　312
古草本
　　古草本起源説　126
　　古草本説　286
コニアシアン期　193
コハク(琥珀)　19
ゴマ科　401
ゴマノハグサ科　402
コミカンソウ科　372
コルダイテス　83
ゴンドワナ大陸　3

【さ行】
サガリバナ科　393
サクラソウ科　394
ザクロ科　355
サトイモ科　315
サボテン科　343
左右相称花　206
サルゼントカズラ科　340
サンアソウ科　327
三孔型花粉　178
三溝粒型花粉　39
三条型胞子　50
三畳紀　93
酸素　2
サントニアン期　203
シオデ科　321
シオニラ科　316
シキミ科　167, 300

シキミモドキ科　303
シクンシ科　197, 231, 354
ジジメレス科　332
始新世　242
シソ科　401
シダ種子植物　81
シダ類　117
シッポゴケ科　238
シナノキ科　382
四分胞子　48
重力散布　285
樹冠分岐年代　278
樹幹分岐年代　278
ジュラ紀　93
シュロソウ科　321
ショウガ科　329
小胞子　63
植物遺体化石　18
シリコンオイル　44
シレンゲ科　390
進化傾向　280
真正維管束植物　68
真正ウラボシ綱　73
真正双子葉群　287
真正単葉植物　70
ジンチョウゲ科　382
スイカズラ科　407
スイセイジュ科　334
ズイナ科　351
スイレン科　179, 251, 298
スイレン目　126
スギ科　294
　　スギ科型花粉　165
スギナモ科　402
スグリ科　349
スズカケノキ科　213, 259, 336
スズカケノキ目　155
ステップ地帯　248

スベリヒユ科　345
スポロポレニン　48
スミレ科　373
スリアナ科　360
セキショウ科　314
石炭紀　77
セノマニアン期　165
セリ科　404
前維管束植物　67
鮮新世　247
漸新世　245
センダン科　384
センリョウ科　125, 147, 166, 180, 209, 285, 296
痩果　285
ソテツ類　91

【た行】

大気　2
第三紀周極要素起源説　249
台島型植物群　248
大胞子　63
　　大胞子膜　102
第四紀　270
苔類　52
タコノキ科　322
タシロイモ科　320
ダチスカ科　358
タデ科　345
タヌキモ科　401
多胞子嚢植物　67
単溝粒型花粉　39
単子葉群　132
単性花　277
柱状体　41
中新世　247
虫媒花　284
チューロニアン期　177

重複受精　7
ツゲ科　153, 173, 331
ツツジ科　392
ツツジ目　188, 233, 236
ツヅラフジ科　340
ツバキ科　269, 395
ツユクサ科　324
ツルボラン科　319
テーチス海周縁地域　276
デボン紀　53
テロム説　55
トウエンソウ科　328
トウダイグサ科　369
トウツルモドキ科　325
動物散布型　285
ドクウツギ科　358
トケイソウ科　371
トチカガミ科　316
トチノキ科　386
トチュウ科　397
トベラ科　405
トリメニア科　301

【な行】

内層　41
ナス科　403
ナデシコ科　344
ナンキョクブナ科　368
ニガキ科　386
ニクズク科　310
二叉分枝　55
二酸化炭素　2
ニシキギ科　357
西ゴンドワナ起源説　275
ニレ科　378
ヌマミズキ科　388
熱帯高地起源説　100, 276
粘着糸　189

索引　499

ノウゼンカズラ科　400
ノボタン科　356

【は行】
配偶体化石　59
パイナップル科　324
ハイノキ科　395
白亜紀　111
函淵層群　492
ハゴロモモ科　299
バショウ科　328
ハス科　334
ハスノハギリ科　304
バターナット科　369
花　6
ハナイ科　316
パナマソウ科　321
ハマザクロ科　355
バラ科　263, 377
バラ群　173
バレミアン期　120
ハンカチノキ　268
パンゲア超大陸　75
ハンゲショウ科　253, 312
ハンニチバナ科　381
パンヤ科　382
バンレイシ科　308
ヒカゲノカズラ類　69
ヒサカキ属　269
ヒシ科　355
被子植物　6
ヒドノラ科　311
ヒノキ科　294
ヒメハギ科　360
ビャクダン科　346
ビャクブ科　322
ヒユ科　343
ヒルガオ科　403

ヒルギ科　372
ピール法　18
ヒルムシロ科　317
ビワモドキ科　342
風散布　285
フウチョウソウ科　380
フウチョウソウ目　187
風媒花　284
フウロウソウ科　353
フクギ科　190, 369
フゴニア科　371
フサザクラ科　339
フジウツギ科　399
フタバガキ科　381
双葉層群　193
ブドウ科　352
フトモモ科　356
ブナ科　228, 362
　ブナ科植物　250
ブナ目　226
フミリア科　370
フルイ選別法　28
分岐年代　289
分子時計　277
ベネチテス　85
ペルム紀　84
ベンケイソウ科　348
ペンタフィラックス科　394
胞子嚢群説　72
放射相称花　206
ホシクサ科　325
ポトマック植物化石群　145
ホルトノキ科　374
ポーレンキット　284
ボロボロノキ科　345
ホロムイソウ科　318
ホンゴウソウ科　185

【ま行】

マオウ型花粉　165
マストリヒチアン期　205
マタタビ科　235, 268, 390
マタタビ属　268
マツ科　294
マツ属　271
マツブサ科　300
マツムシソウ科　407
マツモ科　302
マメ科　358
マメモドキ科　373
マルクグラビア科　393
マンサク科　349
マンサク目　216
ミカン科　384
ミクリ科　255, 327
ミズアオイ科　324
ミズキ科　195, 266, 387
ミズニラ目　201
ミソハギ科　354
ミゾハコベ科　369
ミツガシワ科　406
ミツバウツギ科　353
南ゴンドワナ　120
南ローラシア　121
ムクロジ科　265, 385
ムラサキ科　396
メギ科　339
メタセコイヤ　18
モクセイ科　401
モクセンゴケ科　344
モクマオウ科　362
モクレン科　213, 252, 308
モクレン型　150, 170, 182
モクレン説　279
モクレン目　307
モチノキ科　405

モニミア科　306

【や行】

ヤシ科　323
ヤシ類　177
ヤドリギ科　346
ヤナギ科　372
ヤブコウジ科　393
ヤマグルマ科　257, 333
ヤマゴボウ科　344
ヤマノイモ科　320
ヤマモガシ科　335
ヤマモモ科　367
雄蕊　282
ユキノシタ科　186, 351
ユキノシタ目　219
ユズリハ科　349
ユリ科　320

【ら行】

ライニー植物　52, 54
ライニーチャート　53
ラクトリス科　311
ラセン配列　277
ラン科　254, 319
陸上生活　51
リュウゼツラン科　319
領石層群　491
遼寧省　137
リョウブ科　269, 391
リョウブ属　269
リンドウ科　399
レイトネリア科　387
レースソウ科　315
ロイプテレア科　367
ロウバイ科　148, 304
ローラシア大陸　3

索 引

【A】

Acanthaceae 400
Aceraceae 386
Acoraceae 314
Actinidiaceae 268, 390
Actinocalyx 233
Aculeovinea 89
Agavaceae 319
Aglaophyton 57
Akaniaceae 380
Alangiaceae 389
Alismataceae 314
Allon 208
Allonia 216
Amaranthaceae 343
Amborella 9
Amborella 型 123
Amborellaceae 9, 296
Amersinia 267
Anacardiaceae 383
Anacostia 134
Androdecidua 217
Annonaceae 308
Antiquacupula 228
Antiquocarya 224
Aphyllopteris 51
Apiaceae 404
Apocynaceae 398
Aponogetonaceae 315
Appomattoxia 160
Aquifoliaceae 405
Aquilapollenites 型花粉 203
Araceae 315
Araliaceae 404
Archaeanthus 151
Archaefructaceae 108
Archaefructus 106
Archaeopteris 80

Archaeosperma 72
Archamamelis 218
Arcto-Tertiary Geoflora 249
Arecaceae 323
Aristolochiaceae 311
Ascarina 118
Asclepiadaceae 399
Asphodelaceae 319
Asteliaceae 319
Asteraceae 406
Axelrodia 104

【B】

Baragwanathia 51
Bedellia 224
Bennettitales 85
Berberidaceae 339
Besselia 50
Betulaceae 360
Bignoniaceae 400
Bombacaceae 382
Boodlepteris 191
Boraginaceae 396
Brasenia 252
Brassicaceae 380
Bromeliaceae 324
Burseraceae 383
Butomaceae 316
Buxaceae 331

【C】

Cabombaceae 299
Cactaceae 343
Calamites 79
Callitrichaceae 402
Calycanthaceae 304
Campanulaceae 406
Campylopodium 238

Canellaceae 302
Cannabaceae 375
Cannaceae 328
Capparaceae 380
Caprifoliaceae 407
Caryanthus 224
Caryocaraceae 369
Caryophyllaceae 344
Casuarinaceae 362
Caytonia 96
Caytoniales 96
Celastraceae 357
Celtidaceae 262, 375
Celtis 262
Centrolepidaceae 324
Ceratophyllaceae 302
Cercidiphyllaceae 259, 347
Chloranthaceae 296
Chloranthistemon 180, 210
Chrysobalanaceae 369
Circaeasteraceae 339
Cistaceae 381
Clavatipollenites 118
Clethraceae 269, 391
Clusiaceae 369
Combretaceae 354
Commelinaceae 324
Connaraceae 373
Convolvulaceae 403
Cooksonia 60
Cordaites 83
Coriariaceae 358
Cornaceae 266, 387
Couperites 166
Crassulaceae 348
Cronquistiflora 184
Crossosomataceae 352
Crypteroniaceae 354

Cucurbitaceae 358
Cunoniaceae 373
Cupressaceae 294
Cupules 96
Cycadeoidea 85
Cyclanthaceae 321
Cymodoceaceae 316
Cyperaceae 254, 325
Cyrillaceae 391

【D】
Daphniphyllaceae 349
Datiscaceae 358
Detrusandra 184
Diapensiaceae 391
Didymelaceae 332
Dilleniaceae 342
Dioscoreaceae 320
Dipsacaceae 407
Dipterocarpaceae 381
Dipteronia 265
DNA 化石 19
Dressiantha 187
Droseraceae 344

【E】
Ebenaceae 392
Elaeagnaceae 375
Elaeocarpaceae 374
Elatinaceae 369
Elskinsia 72
Empetraceae 393
Eorhynia 51
Epacridaceae 393
Erdtmanithecaceae 102
Ericaceae 392
Eriocaulaceae 325
Ernestiodendron 78

Erythroxylaceae 372
Escalloniaceae 403
Esgueiria 197, 231, 286
Eucommiaceae 397
Eucommiidites 100
Eucommitheca 102
Eucryphiaceae 374
Euphorbiaceae 369
Euphyllophytina 70
Eupomatiaceae 308
Eupteleaceae 339
Eutrachophytes 68

【F】
Fabaceae 358
Fagaceae 362
Flacourtiaceae 373
Flagellariaceae 325
Fumariaceae 341

【G】
Garryaceae 398
Gentianaceae 399
Geraniaceae 353
Gigantonoclea 89
Gigantopteridales 89
Gigantopteris 89
Ginkgoaceae 294
Glossopteris 87
Gnetaceae 295
Goodeniaceae 406
Grossulariaceae 349
Gunneraceae 342

【H】
Haloragaceae 349
Hamamelidaceae 349
Hemerocallidaceae 319

Hernandiaceae 304
Hippocastanaceae 386
Hippuridaceae 402
Hironoia 196
Horneophyton 57
Hugoniaceae 371
Humiriaceae 370
Hydnoraceae 311
Hydrangeaceae 389
Hydrocharitaceae 316
Hypericaceae 262
Hypericum 262

【I】
Icacinaceae 397
Illiciaceae 300
Illiciospermum 167
Iridaceae 319
Iteaceae 351

【J】
Joffrea 259
Juglandaceae 261, 365
Julianiaceae 383
Juncaceae 326

【L】
Lactoridaceae 311
Lamiaceae 401
Langiophyton 59
Lardizabalaceae 339
Lauraceae 305
Lauranthus 194
Lebachia 78
Lecythidaceae 393
Leitneriaceae 387
Lentibulariaceae 401
Lepidodendron 78

504　索　引

Lesqueira　152
Liliaceae　320
Liliacidites　37
Linaceae　371
Liriodendroidia　171
Loasaceae　390
Loganiaceae　399
Loranthaceae　346
Lycophytina　68
Lyonophyton　59
Lythraceae　354

【M】
Mabelia　185
Magnoliaceae　252, 308
Magnoliales　307
Malpighiaceae　371
Malvaceae　264, 381
Manningia　222
Marantaceae　328
Marcgraviaceae　393
Mauldinia　169
Medullosa　82
Megaspore membrane　102
Melanthiaceae　321
Melastomataceae　356
Meliaceae　384
Menispermaceae　340
Menyanthaceae　406
Mesofossils　20
Microvictoria　179
Molaspora　201
Monimiaceae　306
Moraceae　376
Musaceae　328
Myricaceae　367
Myristicaceae　310
Myrsinaceae　393

Myrtaceae　356

【N】
Naiadita　52
Nelumbonaceae　334
Neusenia　212
Nordenskioldia　257
Normantus　227
Normapolles 型花粉　165, 178, 204, 222
Nothofagaceae　368
Nyctaginaceae　344
Nymphaeaceae　251, 298
Nyssaceae　388

【O】
Ochnaceae　371
Olacaceae　345
Oleaceae　401
Onagraceae　357
Opiliaceae　346
Orchidaceae　254, 319
Oxalidaceae　375
Oxalidales　373

【P】
Paleoclusia　190
Paleoenkianthus　189
Pallaviciniites　52
Palmae　323
Pandanaceae　322
Papaveraceae　341
Paradinandra　234
Parasaurauia　235
Passifloraceae　371
Pedaliaceae　401
Pennicarpus　133
Pennistemon　133
Pentaphylacaceae　394

索　引

Perseanthus　182
Phyllanthaceae　372
Phytolaccaceae　344
Pinaceae　294
Piperaceae　312
Pittosporaceae　405
Plantaginaceae　402
Platanaceae　259, 336
Platanocarpus　155
Platanus　259
Platydiscus　230
Poaceae　326
Podostemaceae　372
Polygalaceae　360
Polygonaceae　345
Polyptera　261
Polysporangiophytes　67
Pontederiaceae　324
Portulacaceae　345
Potamogetonaceae　317
Primulaceae　394
Proteaceae　335
Protofagacea　230
Protomonimia　183
Protracheophytes　67
Psaronius　79
Psilophytales　55
Psilophyton　53
Punicaceae　355

【Q】
Quadriplatanus　215

【R】
Ranunculaceae　341
Restionaceae　327
Rhamnaceae　376
Rhizophoraceae　372

Rhoipteleaceae　367
Rhynia　57
Rhyniopsida　68
Rosaceae　263, 377
Rubiaceae　399
Rubus　263
Ruppiaceae　317
Rutaceae　384

【S】
Sabiaceae　332
Salicaceae　372
Sanmiguelia　104
Santalaceae　346
Sapindaceae　265, 385
Sapotaceae　394
Sargentodoxaceae　340
Saururaceae　253, 312
Saxifragaceae　351
Scandianthus　219
Scania　208
Scheuchzeriaceae　318
Schisandraceae　300
Sciadophyton　59
Scrophulariaceae　402
Silvianthemum　220
Simaroubaceae　386
Sinocarpus　137
Smilacaceae　321
Solanaceae　403
Sonneratiaceae　355
Spanomera　153, 173
Sparganiaceae　255, 327
Sporogonites　51
Stachyuraceae　352
Staphyleaceae　353
Stemonaceae　322
Sterculiaceae　382

Strelitziaceae　329
Styracaceae　394
Surianaceae　360
Symplocaceae　395
Synangial hypothesis　72

【T】
Taccaceae　320
Tamaricaceae　345
Taxaceae　295
Taxodiaceae　294
Teixeiria　136
Tetracentraceae　334
Theaceae　269, 395
Thymelaeaceae　382
Tilia　265
Tiliaceae　382
Tofieldiaceae　318
Torres Vedras 層　122
Tortilicaulis　51
Tracheophytes　68
Trapaceae　355
Trimeniaceae　301
Trochodendraceae　257, 333
Tylerianthus　186
Typhaceae　255, 327

【U】
Ulmaceae　378
Urticaceae　379

【V】
Vale de Agua　126
Valerianaceae　407
Vasovinea　89
Verbenaceae　402
Verrutriletes　201
Violaceae　373
Virginianthus　148
Viscaceae　346
Vitaceae　352

【W】
Williamsonia　85
Winteraceae　303

【X】
Xyridaceae　328

【Z】
Zannichelliaceae　317
Zingiberaceae　329
Zosteraceae　318

髙橋正道(たかはし　まさみち)

1950 年　山形県に生まれる
1979 年　東北大学大学院理学研究科博士課程修了
現　在　新潟大学理学部教授　理学博士
専　門　植物系統分類学・花粉形態学・古植物学。日本植物学会・日本植物分類学会・アメリカ植物学会所属。
主論文　Takahashi, M., P. R. Crane and S. R. Manchester. 2002. *Hironoia fusiformis* gen. et sp. nov.; a cornalean fruit from the Kamikitaba locality (Upper Cretaceous, Lower Coniacian) in northeastern Japan. J. Plant Res. 115: 463-473. Takahashi, M., P. S. Herendeen and P. R. Crane. 2001. Lauraceous fossil flower from the Kamikitaba locality (Lower Coniacian; Upper Cretaceous) in northeastern Japan. J. Plant Res. 114: 429-434. Takahashi, M., P. R. Crane and H. Ando. 2001. Fossil megaspores of the Marsileales and Selaginellales from the upper Coniacian to lower Santonian (Upper Cretaceous) of the Tamagawa Formation (Kuji Group) in northeastern Japan. Int. Jour. Plant Sci. 162: 431-439. など

被子植物の起源と初期進化

2006 年 2 月 25 日　第 1 刷発行
2014 年 5 月 10 日　第 4 刷発行

著　者　髙橋正道
発 行 者　櫻井義秀

発 行 所　北海道大学出版会
札幌市北区北 9 条西 8 丁目　北海道大学構内(〒 060-0809)
Tel.011(747)2308・Fax.011(736)8605・http://www.hup.gr.jp/

㈱アイワード／石田製本㈱　　　　　　　　© 2006　髙橋正道

ISBN978-4-8329-8131-7

プラント・オパール図譜 —走査電子顕微鏡写真による 植物ケイ酸体学入門—	近藤 錬三著	B5・400頁 価格9500円
日本産花粉図鑑	三好 教夫 藤木 利之著 木村 裕子	B5・880頁 価格18000円
植物生活史図鑑Ⅰ 春の植物No.1	河野昭一監修	A4・122頁 価格3000円
植物生活史図鑑Ⅱ 春の植物No.2	河野昭一監修	A4・120頁 価格3000円
植物生活史図鑑Ⅲ 夏の植物No.1	河野昭一監修	A4・124頁 価格3000円
花の自然史 —美しさの進化学—	大原 雅編著	A5・278頁 価格3000円
植物の自然史 —多様性の進化学—	岡田 博 植田邦彦編著 角野康郎	A5・280頁 価格3000円
高山植物の自然史 —お花畑の生態学—	工藤 岳編著	A5・238頁 価格3000円
森の自然史 —複雑系の生態学—	菊沢喜八郎 甲山 隆司編	A5・250頁 価格3000円
新北海道の花	梅沢 俊著	四六変・464頁 価格2800円
新版 北海道の樹	辻井 達一 梅沢 俊著 佐藤 孝夫	四六・320頁 価格2400円
北海道の湿原と植物	辻井達一 橘ヒサ子編著	四六・266頁 価格2800円
写真集 北海道の湿原	辻井 達一 岡田 操著	B4変・252頁 価格18000円
札幌の植物 —目録と分布表—	原 松次編著	B5・170頁 価格3800円
普及版 北海道主要樹木図譜	宮部 金吾 工藤 祐舜著 須崎 忠助画	B5・188頁 価格4800円
有用植物和・英・学名便覧	由田 宏一編	A5・376頁 価格3800円

━━━━━━━北海道大学出版会━━━━━━━

価格は税別